STRUKTUR UND EIGENSCHAFTEN DER KRISTALLE

EINE EINFÜHRUNG IN DIE GEOMETRISCHE, CHEMISCHE UND PHYSIKALISCHE KRISTALLKUNDE

VON

HELMUT G. F. WINKLER

DR. PHIL., O. PROFESSOR DER MINERALOGIE
AN DER UNIVERSITÄT MARBURG A. D. LAHN

ZWEITE, ERWEITERTE UND UMGEARBEITETE AUFLAGE

MIT 111 ABBILDUNGEN, 2 TAFELN UND 82 TABELLEN

Springer-Verlag Berlin Heidelberg GmbH
1955

ISBN 978-3-642-94659-2   ISBN 978-3-642-94658-5 (eBook)
DOI 10.1007/978-3-642-94658-5

BRÜHLSCHE UNIVERSITÄTSDRUCKEREI GIESSEN

Vorwort zur zweiten Auflage.

Dankbar habe ich die Gelegenheit benutzt, die nach vier Jahren bereits vergriffene 1. Auflage des vorliegenden Buches für die 2. Auflage zu überarbeiten. Dabei bin ich dem vielseitig, vor allem von Studenten, geäußerten Wunsch nachgekommen, nicht nur im Anhang stichwortartig, sondern zusammenhängend auf die für die Kristallchemie und Kristallphysik notwendigen Grundlagen der geometrischen Kristallographie einzugehen. Die in knapper Form dargestellten kristallgeometrischen Grundlagen, die bis zur anschaulichen Erklärung der Raumgruppen führen, bestreiten nun überwiegend den ersten Teil A des vorliegenden Buches. Der dann folgende Teil B, der die Grundlagen der Kristallchemie und die Abweichungen vom Idealkristall behandelt, ist erheblich umgearbeitet und erweitert worden. Auf eine systematische Aufzählung von Strukturtypen wurde verzichtet, weil Sammelwerke vorliegen, zu denen der Fortgeschrittene ohnehin greifen muß. Die in der ersten Auflage vorgenommene Einteilung der Strukturen in isometrische, schichtenartige, kettenartige, Schichten- und Kettengitter wurde fallengelassen, wodurch Wiederholungen vermieden und Platz gespart werden konnte. Der dritte Teil C, welcher zeigt, wie sich bei Betrachtung einer bestimmten physikalischen Eigenschaft der Einfluß der jeweiligen Kristallstruktur auswirkt, ist nur wenig umgearbeitet worden.

In dem vorliegenden Buch wurde bewußt den Bedürfnissen des Anfängers Rechnung getragen und versucht, den jungen Studenten, vor allem der Mineralogie, Chemie, Geologie und Physik, in anschaulicher Weise an die Probleme heranzuführen und ihm den Stoff durch Aufzeigen von Querbeziehungen zu anderen Zweigen der Naturwissenschaft interessant zu gestalten.

Man mag die Frage aufwerfen, warum nicht auch noch andere Eigenschaften behandelt worden sind, denn z. B. das Kristallwachstum, der Zusammenhang zwischen Kristallmorphologie und Kristallstruktur, die Zwillingsbildung durch Druck bzw. Wachstum, ferner Ferromagnetismus, Ferroelektrizität, Kristallelastizität, Reaktionen im festen Zustand usw. sind ja auch Eigenschaften, die nur im Zusammenhang mit der jeweiligen Kristallstruktur diskutiert werden können. Jene Eigenschaften sind

jedoch hier nicht behandelt worden, weil sie zum Teil ein umfangreicheres
Rüstzeug erfordern, zum Teil von authentischer Seite bereits dargestellt
worden sind, zum Teil aber auch noch nicht hinreichend aufgeklärt sind,
um sie in knapper Form darstellen zu können. Ich war bestrebt, den
Umfang des Buches nicht wesentlich ansteigen zu lassen, um den jungen
Studenten ein preislich erschwingliches Buch als einführendes Lehrbuch
der Kristallgeometrie, Kristallchemie und Kristallphysik an die Hand
zu geben. Ich bin besonders dankbar, daß der Springer-Verlag diesem
Wunsche so viel Verständnis entgegengebracht und in stets zuvor-
kommender Weise alle meine Wünsche erfüllt hat.

Herrn Kollegen H. Kuhn bin ich für anregende Diskussionen sehr
dankbar und Herrn Dr. B. Brehler danke ich auch diesmal wieder
herzlich für seine Hilfe beim Lesen der Korrekturen.

Marburg/Lahn, Juni 1955.

Mineralogisches Institut der Universität.

Helmut G. F. Winkler.

Auszug aus dem Vorwort zur ersten Auflage.

Das vorliegende kleine Buch ist aus Vorlesungen entstanden, die ich im Sommersemester 1949 am Mineralogischen Institut der Universität Göttingen gehalten habe. Sie richteten sich nicht nur an Mineralogen und Geologen, sondern in gleicher Weise an Physiker und Chemiker. Die Aufnahme, die diese Vorlesungen gefunden haben, und das Interesse, welches sie erweckten, geben mir den Mut, sie in erweiterter Form einem breiteren Kreis kristallkundlich interessierter Naturwissenschaftler als Buch zu übergeben.

Wenn man unter Kristallstruktur nicht nur das Kristallgitter und seinen chemischen Stoffbestand versteht, sondern ebenfalls die Art der Bindungskräfte einschließt, welche zwischen Bausteinen wirken, und die Abweichung eines Kristalls von der dreidimensional unendlichen periodischen Anordnung der Bausteine eines Idealkristalls berücksichtigt, dann besteht zwischen Kristallstruktur und physikalischen und chemischen Eigenschaften kristalliner Festkörper ein ursächlicher Zusammenhang. Das ist uns besonders seit etwa 15 Jahren mehr und mehr bewußt geworden; und diese Erkenntnis hat zur systematischen Behandlung und Lösung vieler Probleme geführt, welche nicht nur wissenschaftlich von Interesse, sondern auch bereits zum Teil von erheblichem technischem Nutzen sind.

Dieses Arbeitsgebiet liegt auf den Grenzen zwischen Kristallographie einerseits und Chemie, Physik, physikalischer Chemie, Metallkunde und Mineralogie andererseits. Es erstreckt sich daher über sehr viele Einzelprobleme, aus denen hier eine Auswahl getroffen wurde. Ich habe jedoch versucht, die Zusammenhänge zwischen Struktur und Eigenschaften der Kristalle derart aufzuzeigen, daß vorliegende Schrift eine *Einführung in die Kristallchemie und Kristallphysik* darstellt, also in die *physikalische* und *chemische Kristallkunde*.

Neben einem einführenden Kapitel gliedert sich die Darstellung in zwei Hauptteile, die sich in den Überschriften auf den ersten Blick kaum unterscheiden: „Kristallstruktur und Eigenschaften" bzw. „Eigenschaft und Kristallstrukturen". Damit soll gesagt sein, daß im ersten Teil, ausgehend von der Kristallstruktur, eine Anzahl verschiedener Eigenschaften der Kristalle behandelt wird, während im zweiten Teil, ausgehend von jeweils einer bestimmten Eigenschaft, gezeigt werden soll, wie sich diese bei verschiedenen Kristallstrukturen äußert. Abgesehen von gelegentlichen unvermeidbaren Wiederholungen werden im zweiten Teil Probleme aufgezeigt, welche im ersten zweckmäßigerweise noch nicht behandelt werden konnten. Durch diese Art der Darstellung legen wir sozusagen zwei verschieden orientierte Querschnitte durch das Gebiet der physikalischen und chemischen Kristallkunde, wodurch eine bessere Übersichtlichkeit und Klarheit erstrebt wird.

Die hier in Tabellen verarbeiteten physikalischen Daten sind, wenn die Originalliteratur nicht angegeben ist, folgenden Tabellenwerken entnommen:

D'ANS, J., u. E. LAX: Taschenbuch für Chemiker und Physiker. Berlin: Springer 1943 und 1948.

BIRCH, F., J. F. SCHAIRER u. H. C. SPICER: Handbook of physical constants. Geolog. Soc. Amer., Special papers **1942**, Nr. 36.

LANDOLT-BÖRNSTEIN: Physikalisch-chemische Tabellen. 5. Auflage. Hrsg. v. W. A. ROTH und K. SCHEEL. 2 Bde 1923. I. Erg.-Bd. (1927). II. Erg.-Bd. 1. u. 2. Teil (1931). III. Erg.-Bd. 1. u. 2. Teil (1935), 3. Teil (1936). Berlin: Springer.

LARSEN, E. S., u. H. BERMAN: The microscopic determination of the nonopaque minerals. Geolog. Surv. of America, Bulletin **1934**, 848.

NIGGLI, P.: Tabellen zur allgemeinen und speziellen Mineralogie. Berlin 1927.

STAUDE, H.: Physikalisch-chemisches Taschenbuch. Leipzig 1945.

PALACHE, CH., H. BERMAN u. C. FRONDEL: The system of mineralogy (Dana 7. Auflage), Bd. 1. New York und London 1944 und 1946.

Die Unterlagen für die Kristallstrukturen wurden im wesentlichen den „Strukturberichten" Band 1 bis 7 entnommen.

Herzlich möchte ich Herrn Professor Dr. CARL W. CORRENS dafür danken, daß er mir die Verwendung einer größeren Anzahl von Abbildungen aus seinem Buch „Einführung in die Mineralogie", Springer-Verlag 1949, gestattet hat.

Göttingen, August 1950.

Mineralogisch-kristallographisches
    Institut der Universität.

HELMUT G. F. WINKLER.

Inhaltsverzeichnis.

A. Einführung und kristallgeometrische Grundlagen.

1. Gesetzmäßigkeiten aus der Frühzeit der Kristallchemie.

Gegen Ende des 18. Jahrhunderts begann man im wissenschaftlichen Sinne die Vielgestalt der Kristalle zu erforschen, indem man anfing, die Winkel zu *messen*, welche Kristallflächen miteinander bilden; es entstand die beschreibende geometrische Kristallkunde. Gleichzeitig setzte die Entwicklung einer chemischen Systematik der Stoffe ein, und so kam es, daß schon frühzeitig die Frage nach den Zusammenhängen zwischen Kristallgestalt und chemischer Zusammensetzung aufgeworfen wurde. Über ein Jahrhundert lang wurden Tausende von Kristallen vermessen, ihre Flächenwinkel, Achsenabschnitte, Symmetrieelemente (Kristallklasse) bestimmt und diese Daten in Beziehung zu dem chemischen Stoffbestand der betreffenden Kristalle gestellt. Den Abschluß dieses frühen Stadiums der Kristallchemie bildet das fünfbändige Werk P. VON GROTHs[1].

Einige der wichtigsten Gesetzmäßigkeiten aus der Frühzeit der Kristallchemie sind folgende:

Der Satz von HAÜY, daß im allgemeinen jedem chemisch einheitlichen Stoff ein für diesen Stoff charakteristischer Komplex von Kristallflächen zukommt, derart, daß man Gleichheit oder Ungleichheit zweier Stoffe schon mittels der Kristallgestalt feststellen kann. (Ausgenommen sind hierbei natürlich solche Stoffe, die dem kubischen Kristallsystem angehören, in dem ja die Lagen der Kristallflächen zueinander bereits eindeutig durch die Symmetrie festgelegt sind.)

Dieser Satz ist bis heute die Grundlage der Kristallchemie, denn er enthält die Erkenntnis, daß der Kristallbau eines Stoffes von der chemischen Zusammensetzung abhängig ist und daß Änderungen der chemischen Zusammensetzung im allgemeinen auch Änderungen des Kristallbaues bewirken.

Der Satz von HAÜY wird jedoch durch vier weitere Entdeckungen in wichtiger Weise eingeschränkt:

Durch E. MITSCHERLICHs Entdeckung der *Isomorphie* (1819), wodurch die Ähnlichkeit der Kristallgestalt bei chemisch verschiedenen, aber analog zusammengesetzten Stoffen nachgewiesen wurde.

---

[1] v. GROTH, P.: Chemische Kristallographie. Leipzig 1906 bis 1919.

Durch die ebenfalls von MITSCHERLICH (1822) gemachte Entdeckung der *Polymorphie*, wodurch gezeigt wurde, daß der gleiche chemische Stoff unter verschiedenen physikalischen Bedingungen verschiedene Arten von Kristallen bilden kann.

Durch die von L. PASTEUR (1860) erkannte Beziehung zwischen Spiegelbildisomerie des Molekülbaues und dem Vorkommen von spiegelbildlichen Kristallgestalten (Enantiomorphie) bei gleicher chemischer Zusammensetzung. Dies wurde zuerst an den Rechts- und Links-Kristallen der Weinsäure erkannt. Von dieser Art der Enantiomorphie, die auf dem Bau der Molekeln beruht, muß man eine andere Art unterscheiden, die auf die Anordnung der an sich kugelsymmetrischen Bausteine im Kristallgitter zurückzuführen ist, wie z. B. beim Rechts- und Links-Quarz, Abb. 1.

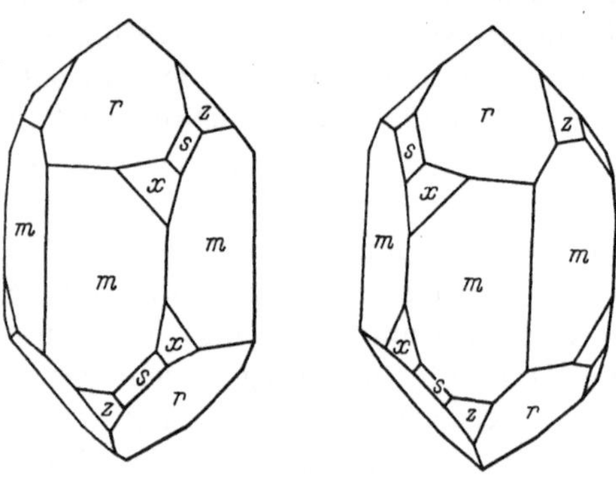

Abb. 1. Links- und Rechts-Quarz.

Schließlich wird die Gültigkeit des HAÜYschen Satzes durch die zuerst von F. RINNE (1894 bis 1897) beschriebene Eigentümlichkeit weiterhin eingeschränkt, wonach nämlich Stoffe sehr verschiedener chemischer Zusammensetzung, z. B. Mg und ZnO, eine sehr ähnliche äußere Kristallgestalt aufweisen können. Diese Erscheinung nannte man *Isotypie*; sie ist allerdings erst später in ihren Ursachen geklärt worden und beruht darauf, daß bestimmte Achsenverhältnisse der Kristalle geometrisch bevorzugt sind; vor allem das Verhältnis $c:a = 1,63:1$ der hexagonal dichtesten Kugelpackung. (Die Bedeutung des Wortes Isotypie hat sich inzwischen geändert. Man versteht unter isotypen Substanzen solche mit gleichem Gittertyp. Die Beziehung zwischen Mg, welches in der hexagonal dichtesten Kugelpackung kristallisiert, und ZnO, welches ein hexagonales Gitter vom Typ der Wurtzits bildet, fällt also heute nicht mehr unter den Begriff der Isotypie.)

Obgleich im Verlaufe dieser ersten Untersuchungen in der chemischen Kristallographie auch schon manche Überlegungen geäußert worden sind, die über die Erklärung des atomaren Aufbaues der Kristalle spekulierten, so konnten eindeutige Tatsachen über die wahre innere Struktur der Kristalle erst gewonnen werden, nachdem die Werkzeuge zur Verfügung standen, mit denen die tatsächliche Anordnung der Bausteine im Kristall und die Art der zwischen den Bausteinen wirkenden Kräfte ermittelt werden konnten: Die Kristallstrukturbestimmung mit Hilfe der Röntgenstrahlen und die Bestimmung der Verteilung der Elektronendichte zwischen den Bausteinen mittels der röntgenographischen Fourier-Synthese. Jetzt war man nicht mehr auf einen Vergleich der chemischen Zusammensetzung mit der äußeren Kristallgestalt allein angewiesen; man konnte die räumliche Anordnung, die Größe der Bausteine, die Bindungskräfte zwischen den Bausteinen im Kristallgitter mit dem chemischen Stoffbestand in Beziehung bringen, und so entstand aus der ,,Chemischen Kristallographie'' die moderne Kristallchemie, welche nach den gesetzmäßigen Zusammenhängen zwischen Kristallstruktur und Chemismus fragt. Als Beginn dieser modernen Entwicklung können die Untersuchungen W. L. BRAGGS (1920) über die Atomabstände in einer Reihe eng verwandter chemischer Verbindungen, den Alkalihalogeniden, angesehen werden. Seit dieser Zeit wurden fundamentale Gesetzmäßigkeiten erkannt, die meistens so dargestellt werden, daß systematisch die chemischen Zusammensetzungen zu den Kristallstrukturen in Beziehung gebracht werden. Man hat nun im Laufe der Entwicklung erkannt, daß außer chemischen auch physikalische Eigenschaften mit der Kristallstruktur in enger Beziehung stehen, so daß sich die Problemstellung der Kristallchemie beträchtlich erweitert hat. Zur Kristallchemie ist die Kristallphysik getreten. Beide zusammen umfassen das Studium der Beziehungen der Kristallstruktur eines Stoffes zu seinen physikalischen und chemischen Eigenschaften; man sollte deshalb von physikalischer und chemischer Kristallkunde sprechen. Ihr Ziel ist es, aus der einem Kristall eigenen speziellen Anordnung der Atome, aus der Kristallstruktur, eine Anzahl von physikalischen und chemischen Eigenschaften zu verstehen. In der folgenden Darstellung soll besonders unter diesem Blickwinkel das Reich der Kristalle betrachtet werden; doch scheint es angebracht, zunächst die kristallgeometrischen Grundlagen aufzuzeigen, welche für das Verständnis der Beziehungen zwischen Kristallstruktur und Eigenschaften notwendig sind.

2. Kristallgeometrische Grundlagen.

Was ist ein Kristall? Auf Schritt und Tritt — im wörtlichen Sinne — begegnen wir Kristallen. Eine Zementstraßendecke, ein Basalt- oder Granitpflaster besteht aus einer Anzahl verschiedener Kriställchen; Gesteine sind *Gemenge* aus verschiedenen Kristallen (aus Mineralen), also heterogen. Kristalle dagegen gehören zu den homogenen Festkörpern, deren Zusammensetzung i. a. durch eine chemische Formel angegeben werden kann; häufig, beispielsweise beim Kandiszucker, erkennt man die von ebenen Flächen und geraden Kanten begrenzte Kristallgestalt. Aber diese kann sich nur ausbilden, wenn keine räumliche Hemmung während des Wachsens vorhanden ist; anderenfalls kann der Kristall seine

1*

charakteristische Gestalt nicht annehmen: er ist nicht *idiomorph*, sondern *allotriomorph* gewachsen. Immer dann aber, wenn keine räumliche Behinderung der Kristallisation erfolgt, wird sich eine von ebenen Flächen begrenzte Gestalt ausbilden, und das hat seine Ursache in der besonderen Art der Atomanordnung: In jedem homogenen Festkörper sind nämlich, sofern er als Kristall oder als kristallin bezeichnet werden kann, die Schwerpunkte der atomaren oder molekularen Bausteine (im allgemeinen) in den drei Dimensionen des Raumes in jeweils *gleichbleibenden* Abständen (Perioden) angeordnet. Eine *dreidimensional unendliche periodische Atomanordnung* ist das Fundamentale eines jeden Kristalls. Bei nichtkristallinen homogenen Festkörpern, welche man amorph nennt, liegt keine streng periodische Ordnung der Atome vor, wie z. B. bei Gläsern. Man kann diesen Unterschied sehr leicht experimentell feststellen; denn in analoger Weise, wie Lichtwellen an einem optischen Strichgitter[1] interferieren und gebeugte Lichtbündel erzeugen, so tun es die wesentlich kurzwelligeren Röntgenstrahlen, wenn sie durch einen Kristall geschickt werden (Abb. 2). Dieses im Jahre 1912 von MAX VON LAUE, FRIEDRICH und KNIPPING durchgeführte Experiment hat sowohl die streng periodische Anordnung der Atome in Kristallen bewiesen, als auch die — damals noch umstrittene — Wellennatur des Röntgenlichtes. Amorphe Festkörper mit unperiodischer Atomanordnung können dagegen keine scharfen Interferenzen des Röntgenlichtes entstehen lassen.

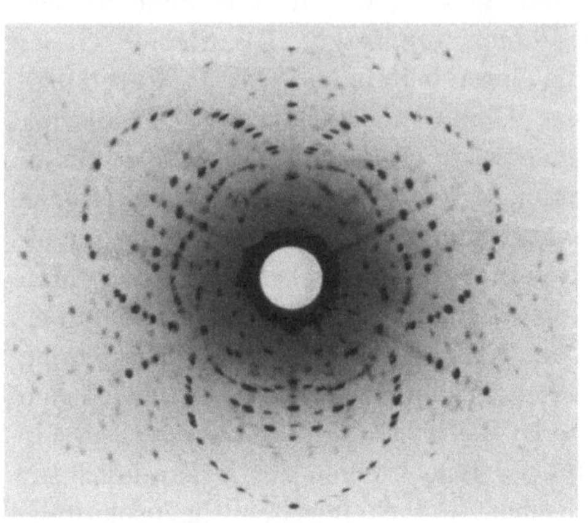

Abb. 2. Laue-Aufnahme des trigonalen Hoch-$K_2Li(AlF_6)$ in Richtung der c-Achse. Der Kristall gehört der Kristallklasse $3\,m - C_{3v}$ an; die Anordnung der Interferenzpunkte entspricht der um ein Symmetriezentrum vermehrten Symmetrie $\bar{3}\,m - D_{3d}$.

Für das Auftreten von scharfen Röntgeninterferenzen muß mindestens ein Volumen von etwa 1000 Å (1 Å $= 1 \cdot 10^{-8}$ cm) Seitenlänge eine periodische Atomanordnung aufweisen. Wenn nun Röntgenlicht beim Durchgang durch einen Festkörper keine scharfen Interferenzen erzeugt, dann braucht die Atomanordnung noch nicht völlig ungeordnet zu sein, sondern es können auch äußerst kleine, nur z. B. 100 Å große Bereiche mit einer periodischen Ordnung vorliegen. Wir besitzen also

---

[1] Ein Strichgitter ist z. B. eine schwarze Platte, auf der viele lineare Spaltöffnungen parallel und in einem stets *gleichen* Abstand (z. B. von 0,1 mm) angebracht sind.

noch keine Methode, den theoretisch amorphen Zustand nachzuweisen und sprechen deshalb besser von „röntgen-amorph".

Die für jeden Kristall fundamentale dreidimensional periodische Atomanordnung muß etwas eingehender erläutert werden. Wir betrachten z. B. einen Ausschnitt aus einer modernen Tapete (Abb. 3) und erkennen zunächst acht Einzelmotive (Stern, Blatt, verschiedene Blüten), die das sich ständig wiederholende Gesamtmotiv der Tapete bilden.

Dieses Gesamtmotiv wiederholt sich in der Richtung a nach jeweils einer Länge a_0, während in der Richtung b (die hier mit a den willkürlichen Winkel von 118° bildet) der Schritt bis zur Identität jeweils die Länge b_0 hat. Man kann dieses zweidimensionale Tapetenmuster also durch Translation des Motives aufbauen, wobei der Translationsbetrag (*Translationsperiode*) in Richtung a die Länge a_0, und in Richtung b die Länge b_0 hat. Wenn wir uns nun an Stelle des Tapetenmotivs, das im vorliegenden Fall aus acht Einzelmotiven besteht, eine Gruppe von acht verschiedenen oder auch gleichen *Atomarten* vorstellen, und uns ferner eine dritte Translationsrichtung c (welche nicht mit den Richtungen a und b in einer Ebene liegt) mit dem von a_0 und b_0 verschiedenen Translationsbetrag c_0 denken, dann haben wir bereits eine theoretisch mögliche Kristallstruktur mit ihrer dreidimensional unendlichen periodischen Atomanordnung vor uns. Diese ist das einzig fundamentale Merkmal eines Kristalls. Eine *Symmetrie*, die uns gerade aus der Kristallwelt in so großer Mannigfaltigkeit bekannt ist, braucht nicht unbedingt vorhanden zu sein. Wir kennen Kristalle, wie z. B. die des Kaliumdichromats, welche keinerlei Symmetrie besitzen.

Abb. 3. Moderne Tapete mit eingezeichneten a-, b-Richtungen und den Translationsperioden a_0 und b_0.

Außer den kleinsten Translationsperioden a_0 und b_0 erkennt man in der Abb. 4 noch eine Anzahl größerer Translationsperioden, z. B. auf den beiden strichliert eingezeichneten Scharen von Gittergeraden. In dem hier dargestellten allgemeinen Fall bezeichnet man die *kleinsten* Translationsperioden als *Elementarperioden*, und man nennt den von ihnen aufgespannten Raum die *Elementarzelle*. Durch lückenloses Aneinanderfügen von praktisch unendlich vielen Elementarzellen wird die Kristallstruktur aufgebaut. Die Elementarzelle hat jeweils ein bestimmtes Volumen, eine bestimmte Form und einen bestimmten atomaren Inhalt;

in dem in Abb. 4 dargestellten Fall enthält die Elementarzelle ein großes Atom und zwei verschiedene kleine Atome. Es ist jedoch unserer Wahl überlassen, ob wir die Ecken der Elementarzelle in die Schwerpunkte der großen oder aber in die Schwerpunkte der anderen Atome oder zwischen die Schwerpunkte legen, wie es durch die strich-punktierten bzw. gestrichelten Linien rechts unten bzw. rechts oben angedeutet ist.

In Abb. 4 ist eine Ebene einer gedachten Kristallstruktur dargestellt, aus der bereits abgelesen werden kann, daß im allgemeinen jede Richtung

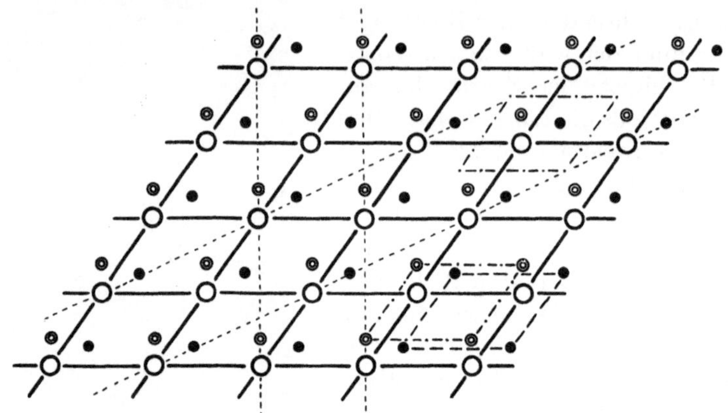

Abb. 4. Ebene einer Kristallstruktur.

im Kristall verschieden dicht mit Atomschwerpunkten besetzt ist. Dadurch ist zwangsläufig bedingt, daß gewisse Eigenschaften, die sog. vektoriellen Eigenschaften (wie z. B. Lichtausbreitung, Kompressibilität, Härte usw.) in verschiedenen Richtungen des Kristalls verschieden sind: dieses wird mit *Anisotropie* bezeichnet. Jeder Kristall verhält sich mindestens gegenüber einigen vektoriellen Eigenschaften anisotrop, während amorphe homogene Festkörper, wie z. B. Gläser, sich stets in allen Richtungen gleich verhalten, also *isotrop* sind.

Gesetz der Winkelkonstanz. Eine Äußerung der durch die dreidimensional periodische Atomanordnung bedingten Anisotropie ist auch die Kristallgestalt; denn wenn nicht die Wachsgeschwindigkeiten in verschiedenen Richtungen verschieden, sondern gleich wären, dann hätte ja die Wachstumsform eine Kugel sein müssen. Kristalle sind aber, wenn sie ungehindert wachsen konnten, von ebenen Flächen begrenzt, und bereits NIELS STENSEN[1] (1669) und vor allem ROMÉ DE L'ISLE (1783) haben erkannt, daß bei allen Kristallen derselben Kristallart die Winkel zwischen analogen Flächen gleich sind (bei gleicher Temperatur und

---

[1] Vergl. die historische Betrachtung von SEIFERT, H.: Sudhoffs Archiv 38, 29 (1954).

gleichem Druck). Dieses zwangsläufig aus der periodischen Atomanordnung zu verstehende sog. „*Gesetz der Winkelkonstanz*" wird durch die
schematische Abb. 5 verdeutlicht, in der, von einer idealen Kristallgestalt ausgehend, verschiedene sog. Verzerrungen dargestellt worden
sind (vgl. Abb. 6), die z. B. durch einseitige Zufuhr der Ionen hervorgerufen sein können. Es wird hier sehr deutlich, daß den Flächengrößen
keine Bedeutung zukommt, sondern daß allein die Winkel zwischen den
Flächen charakteristisch sind. Kristallflächen sind zweidimensional

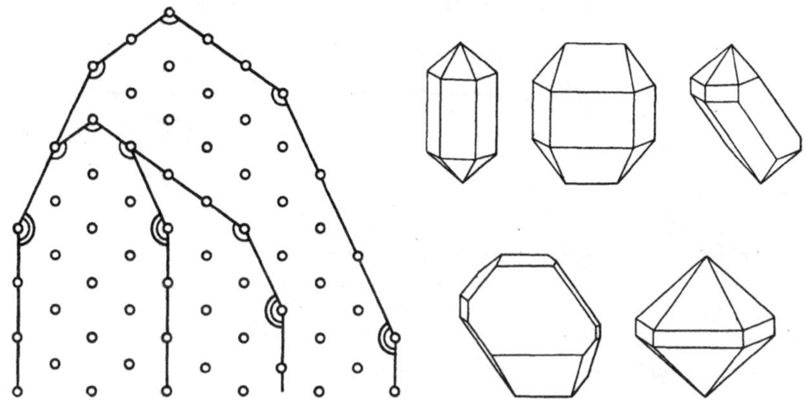

Abb. 5. Gesetz der Winkelkonstanz.   Abb. 6. Ideale, unverzerrte, und drei verschieden
stark verzerrte Quarzkristalle (aus HILLER).

periodisch mit atomaren Teilchen besetzte Ebenen (sog. *Netzebenen*), und
Kristallkanten sind eindimensional periodisch besetzte Geraden (sog.
Gittergeraden).

Zwecks weiterer Erläuterung des Prinzips einer Kristallstruktur
betrachten wir zunächst in der Abb. 4 nur jeweils die Schwerpunkte der
einen Atomart und vervollständigen die periodische Punktanordnung
in der dritten Dimension, Abb. 7. Die Elementarperioden sind verschieden groß, $a_0 \neq b_0 \neq c_0$, und die Winkel zwischen den Kanten der
Elementarzelle sind ebenfalls verschieden groß und nicht 90°. Man
nennt die Richtungen der Kanten der Elementarzelle, also a, b und c,
kristallographische Achsen und bezeichnet die Winkel zwischen ihnen
folgendermaßen:

$$\text{Winkel } a \wedge b = \gamma$$
$$\text{Winkel } a \wedge c = \beta$$
$$\text{Winkel } b \wedge c = \alpha .$$

Einfach-primitive BRAVAIS-Gitter. Eine Punktanordnung, die *allein
durch unendlich oft wiederholte Translation eines Punktes* in drei nicht
komplanaren Richtungen erzeugt wird, nennt man ein Punktgitter oder

primitives Translationsgitter (englisch: lattice). Das in Abb. 7 dargestellte Gitter, mit seinen drei verschiedenen und von 90° abweichenden Achsenneigungen nennt man *triklines Translationsgitter*. Seine Elementarzelle enthält *einen* Punkt; denn jeder an der Ecke befindliche Punkt gehört ja acht an jeder Ecke zusammenstoßenden Elementarzellen gemeinsam an, so daß ein Eckpunkt in bezug auf *eine* Elementarzelle nur als $\frac{1}{8}$ zählt; die Punkte an den 8 Ecken ergeben $8 \times \frac{1}{8} = 1$ Punkt als Inhalt der Elementarzelle. Deshalb nennt man solch ein Translationsgitter auch *einfach*-primitives Translationsgitter.

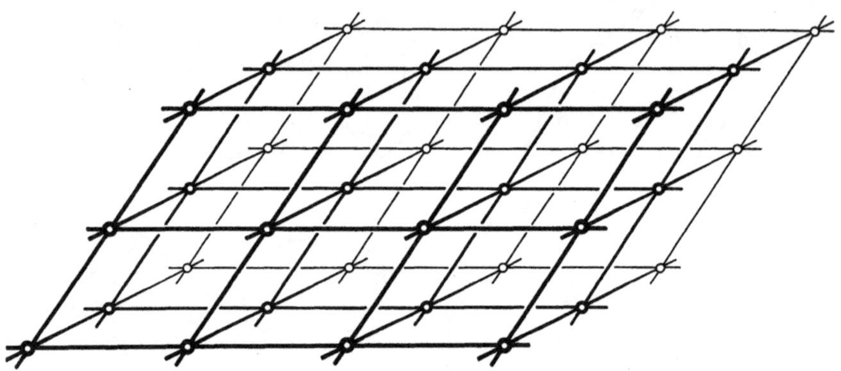

Abb. 7. Einfach-primitives triklines Punktgitter.

Betrachten wir nun noch einmal die Abb. 4, die das Prinzip einer Kristallstruktur — allerdings nur zweidimensional — erläutert, dann erkennen wir, daß die Struktur aufgefaßt werden kann als *parallele* Ineinanderstellung dreier kongruenter *einfach-primitiver* Translationsgitter; die Punkte jedes einzelnen Translationsgitters entsprechen den Schwerpunkten *einer* Atomart. (Die wichtigste Ausnahme bilden Mischkristalle, bei denen verschiedene Atomarten *ein* Translationsgitter besetzen.) Eine zweite Atomart besetzt ein zweites kongruentes Translationsgitter. Aus diesem Hinweis ahnt man bereits, wie wichtig die mathematische Konzeption eines Translationsgitters für die geometrische Strukturtheorie und damit für die Deutung der Kristallstrukturen ist.

Es gibt nun außer dem in Abb. 7 dargestellten allgemeinsten, nämlich triklinen primitiven Translationsgitter noch eine bestimmte Anzahl weiterer. Bereits M. L. FRANKENHEIM (1835) hat sich Gedanken darüber gemacht, wie viele dreidimensionale Punktgitter man aufbauen kann, aber A. BRAVAIS (1850) hat die richtige Anzahl von insgesamt 14 Punktgittern abgeleitet, die man daher auch BRAVAIS-Gitter nennt[1]. Er untersuchte, welche unterschiedlichen Arten von Punktgittern allein

---

[1] WINKLER, H. G. F.: Hundert Jahre BRAVAIS-Gitter. Naturwiss. **37**, 385 (1950); **38**, 104 (1951).

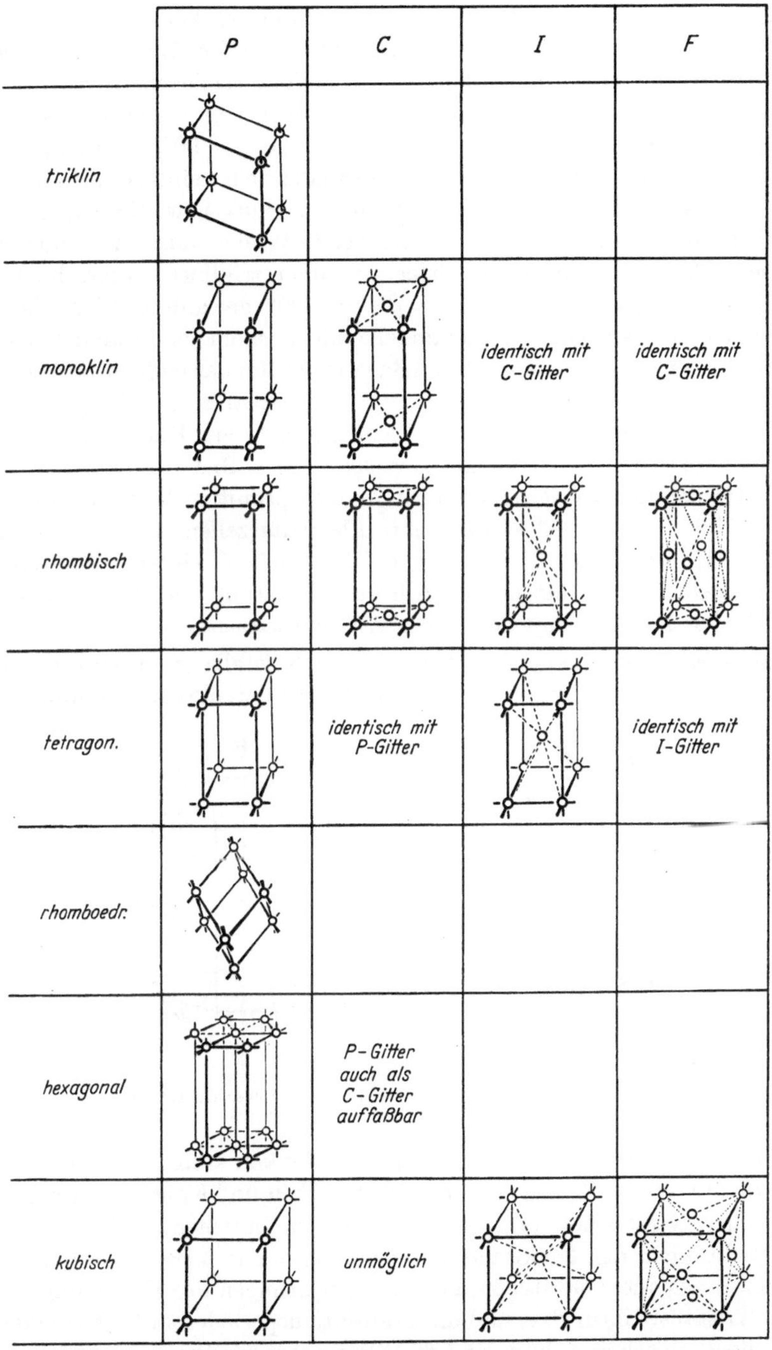

	P	C	I	F
triklin				
monoklin			identisch mit C-Gitter	identisch mit C-Gitter
rhombisch				
tetragon.		identisch mit P-Gitter		identisch mit I-Gitter
rhomboedr.				
hexagonal		P-Gitter auch als C-Gitter auffaßbar		
kubisch		unmöglich		

Abb. 8. Die 7 einfach-primitiven Bravais-Gitter und die 7 mehrfach-primitiven Bravais-Gitter.

durch Translation eines Punktes erhalten werden können, indem er nicht nur — wie beim triklinen Punktgitter — die drei Winkel zwischen den Translationsrichtungen und die drei Translationsbeträge völlig willkürlich wählte, sondern einigen oder allen von ihnen bestimmte Werte gab. Wenn z. B. $a_0 \neq b_0 \neq c_0$ und $\alpha = \gamma = 90^0$, aber $\beta \neq 90^0$ gewählt werden, dann entsteht ebenfalls ein einfach-primitives BRAVAIS-Gitter (Inhalt der Elementàrzelle 1 Punkt), welches aber, da nur *eine* Achse einen von 90^0 verschiedenen Winkel mit einer anderen Achse bildet, als *monoklines* Gitter von dem triklinen unterschieden wird. Wenn $a_0 = b_0 = c_0$ und $\alpha = \beta = \gamma = 90^0$ gewählt werden, dann ergibt sich eine würfelige Elementarzelle mit je einem Punkt an den acht Ecken des Kubus; man nennt dieses BRAVAIS-Gitter das einfach-primitive *kubische* Gitter. Wählt man z. B. $a_0 = b_0 = c_0$ und $\alpha = \beta = \gamma \neq 90^0$, dann entsteht ein Gitter, dessen Elementarzelle ein Rhomboeder ist; deshalb bezeichnet man es als *rhomboedrisches* BRAVAIS-Gitter. Auf diese Art entstehen insgesamt sieben einfach-primitive BRAVAIS-Gitter, die in Abb. 8 (linke Reihe) durch ihre Elementarzellen dargestellt sind.

Die Kanten der Elementarzelle der sieben einfach-primitiven BRAVAIS-Gitter sind nun hinsichtlich ihrer Richtung und ihrer Längenverhältnisse identisch mit den sieben *Kristallsystemen.*

Die sieben Kristallsysteme. Unter einem Kristallsystem wird jeweils ein aus drei Richtungen gebildetes Koordinatenkreuz verstanden,

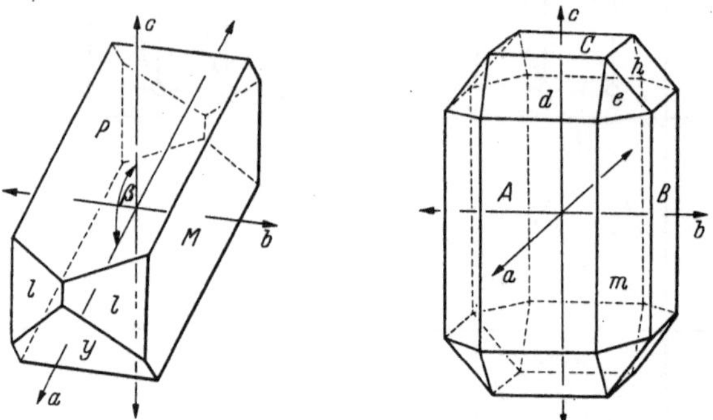

Abb. 9. Achsenkreuze im Orthoklas und Olivin. Die kristallographischen Achsen sind a, b und c.

welches man sich in jeden Kristall gestellt denken kann, um auf dieses Koordinatenkreuz die Lagen der Kristallflächen und Kantenrichtungen, bzw. aller Netzebenen und Gittergeraden zu beziehen; siehe Abb. 9. Die Richtungen des Koordinatenkreuzes werden als kristallographische Achsen bezeichnet; sie stellen die Kantenrichtungen der Elementarzelle einer Kristallstruktur dar, und die Translationsperioden in Richtung der kristallographischen Achsen sind die Elementarperioden.

Es ist allgemein üblich, einen Kristall so aufzustellen, daß die c-Achse vertikal verläuft, die b-Achse von rechts nach links und die a-Achse von vorne nach hinten.

Es seien die Bestimmungsstücke und die Bezeichnungen der sieben Kristallsysteme aufgeführt:

Kristallsystem	Elementarperioden auf den kristallographischen Achsen	Von den Achsen eingeschlossene Winkel
1. triklin	$a_0 \neq b_0 \neq c_0$	$\alpha \neq \beta \neq \gamma \neq 90°$
2. monoklin	$a_0 \neq b_0 \neq c_0$	$\alpha = \gamma = 90°,\ \beta \neq 90°$
3. orthorhombisch	$a_0 \neq b_0 \neq c_0$	$\alpha = \beta = \gamma = 90°$
4. tetragonal	$a_0 = b_0 \neq c_0$	$\alpha = \beta = \gamma = 90°$
5. hexagonal und trigonal[1]	$a_0 = b_0 \neq c_0$	$\alpha = \beta = 90°,\ \gamma = 120°$
6. rhomboedrisch[1]	$a_0 = b_0 = c_0$	$\alpha = \beta = \gamma \neq 90°$ (Rhomboederwinkel α_R)
7. kubisch	$a_0 = b_0 = c_0$	$\alpha = \beta = \gamma = 90°$

Mehrfach-primitive Bravais-Gitter. Nunmehr können wir uns kurz den restlichen sieben Bravais-Gittern zuwenden, die sich von den vorher besprochenen einfach-primitiven Punktgittern dadurch unterscheiden, daß außer an den Ecken der Elementarzelle noch weitere Punkte vorhanden sind. Wenn z. B. die drei Translationsrichtungen jeweils einen Winkel von 60° einschließen und die Translationsbeträge in allen drei Richtungen gleich sind, dann ergibt sich ein Punktgitter mit einer rhomboedrischen Elementarzelle (mit $\alpha_R = 60°$); man kann aber aus diesem speziellen Gitter auch eine größere Zelle herausgreifen, welche die Form eines Würfels hat, d. h. man kann dieses spezielle rhomboedrische Punktgitter mit $\alpha_R = 60°$ auf das kubische Kristallsystem beziehen; Abb. 10. Die kubische Elementarzelle dieses Punktgitters enthält nun außer den acht Eckpunkten noch jeweils einen Punkt, der sich genau auf der Mitte jeder der sechs Seitenflächen des Würfels befindet; man nennt daher dieses Bravais-Gitter das allseitig flächenzentrierte kubische Gitter. Jeder auf der Flächenmitte befindliche Punkt ist zwei Elementarzellen gemeinsam, also in bezug auf eine Elementarzelle nur $\frac{1}{2}$ wert; $6 \times \frac{1}{2} = 3$ Punkte. Dazu kommen die $8 \times \frac{1}{8}$ Eckpunkte, so daß der

---

[1] Trigonale Kristalle, die gegenüber hexagonalen Kristallen eine dreizählige Symmetrieachse als c-Achse statt einer sechszähligen haben, können kristallmorphologisch auf das hexagonale oder auch auf das rhomboedrische Achsenkreuz bezogen werden, wenn keine Spiegelebene senkrecht zur dreizähligen Achse vorhanden ist. Bei den Klassen $C_{3h} - \bar{6}$ und $D_{3h} - \bar{6}\,m\,2$ ist eine solche Spiegelebene vorhanden, so daß diese Klassen nicht auf das rhomboedrische Achsenkreuz bezogen werden können. Aber trigonale Kristalle haben eine atomare Kristallstruktur, der entweder das Translationsschema des hexagonalen oder des rhomboedrischen Bravais-Gitters zugrunde liegt.

Inhalt der Elementarzelle 4 identische Punkte beträgt, weshalb man das Gitter als vierfach-primitives BRAVAIS-Gitter bezeichnet. — Ähnlich ist es, wenn man ein Punktgitter aus rhomboedrischen Elementarzellen aufbaut, welche einen Rhomboederwinkel $\alpha_R = 109°28'12''$ haben. In diesem speziellen Fall kann man nämlich wieder eine kubische Elementarzelle aus dem Gitter herausgreifen, Abb. 11; sie enthält jedoch außer den Punkten an den Würfelecken einen Punkt, der sich genau im Zentrum des Würfels befindet. Dieses BRAVAIS-Gitter wird kubisch

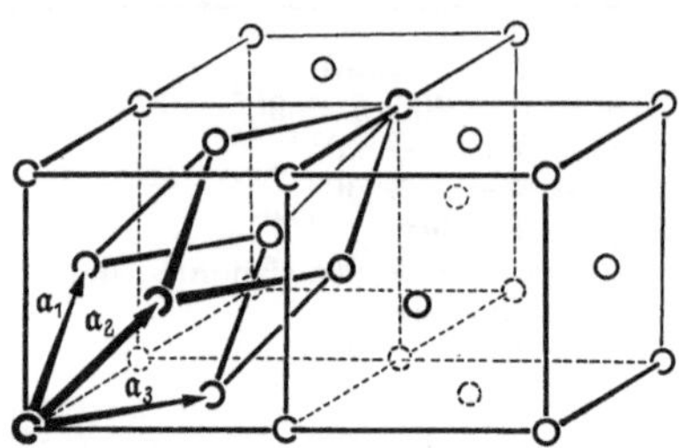

Abb. 10. Kubisch flächenzentriertes BRAVAIS-Gitter mit rhomboedrischer einfach-primitiver Elementarzelle ($\alpha_R = 60°$). (Nach P. P. EWALD.)

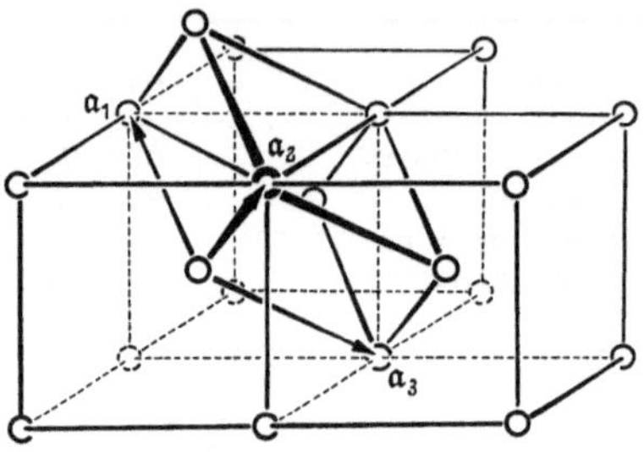

Abb. 11. Kubisch raumzentriertes Gitter mit rhomboedrischer einfach-primitiver Elementarzelle; Rhomboederwinkel $\alpha_R = 109° 28'$. (Nach P. P. EWALD.)

raumzentriertes oder innenzentriertes Gitter genannt; es ist ein zweifach-primitives Gitter. Dieses und die restlichen, ebenfalls mehrfach-primitiven BRAVAIS-Gitter sind nebst ihrer Symbolisierung durch jeweils einen Buchstaben wie P, C, I bzw. F in Abb. 8, Seite 9 dargestellt.

Es sei darauf hingewiesen, daß man nicht mehr als 14 BRAVAIS-Gitter unterscheidet; denn es ist z. B. das tetragonale basiszentrierte Gitter (C-Gitter) mit dem tetragonalen einfach-primitiven Gitter identisch. Man kann nämlich aus dem tetragonalen basiszentrierten Gitter, wenn man nur den Bereich zweier benachbarter Elementarzellen betrachtet, eine einfach-primitive, wiederum tetragonale Zelle herausgreifen, deren a-Kanten in Richtung der Diagonalen der Grundfläche des C-Gitters verlaufen und deren a_0-Identitätsperioden die halbe Länge jener Diagonalen haben. Analog kann aus dem tetragonalen allseitig-flächenzentrierten Gitter eine tetragonale innenzentrierte Zelle herausgegriffen werden, so daß beide Gitter prinzipiell identisch sind und nur das innenzentrierte Gitter aufgeführt wird. Weiterhin sind das monokline allseitig-flächenzentrierte und das innenzentrierte Gitter identisch mit dem monoklinen basiszentrierten C-Gitter. (Die kleinste einfach-primitive Zelle der mehrfach primitiven Gitter hat nur bei den beiden kubischen Gittern die Form eines Rhomboeders, während sie sonst die Form eines jeweils bestimmten Prismas hat.)

Bedeutung der BRAVAIS-Gitter. Aus dem Wesen eines BRAVAIS-Gitters, welches ja allein durch periodische Translation *eines* Punktes in drei nicht komplanaren Richtungen entstanden ist, ergibt sich sofort, daß alle Gitterpunkte identisch sind, und das besagt, daß sie nur von den Schwerpunkten einer Atomart (Ausnahme: Mischkristalle) belegt

werden können. Es können also nur *Elementkristalle* eine Kristallstruktur bilden, bei der die geometrische Anordnung der Atomschwerpunkte mit der Punktanordnung in einem Bravais-Gitter identisch ist.
In einigen Fällen ist das verwirklicht. Es wird die Punktanordnung des
kubisch allseitig-flächenzentrierten Gitters von den Atomschwerpunkten
in den Kristallstrukturen z. B. des Cu, Ag, Au, Pt, Al, Pb, Fe (zwischen
1401° und 906° C) befolgt. Das kubisch innenzentrierte Bravais-Gitter

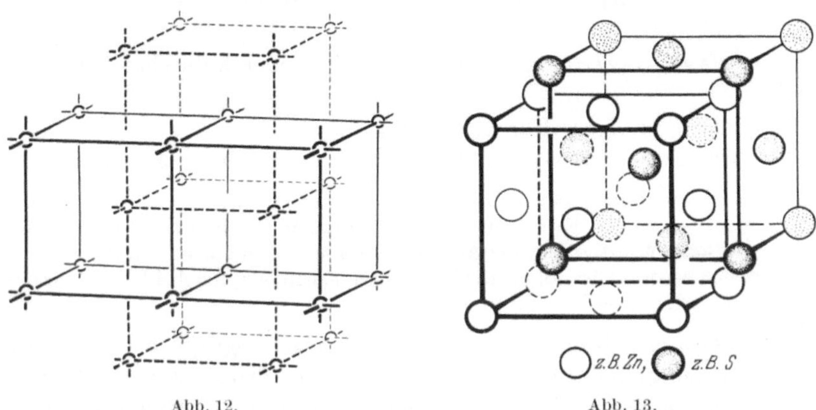

Abb. 12.   Abb. 13.

Abb. 12. Ineinanderstellung zweier kubisch einfach-primitiver Bravais-Gitter zum CsCl-Gitter bzw.
zum kubisch innenzentrierten Raumgitter. Die Gitter sind derart ineinandergestellt, daß das zweite
Gitter im Zentrum des ersten steht. Im CsCl wird das eine (ausgezogene) Gitter von Cs-, das andere
(gestrichelt gezeichnete) Gitter von Cl-Schwerpunkten besetzt.

Abb. 13. Ineinanderstellung zweier kubisch flächenzentrierter Bravais-Gitter zum Zinkblende-Gitter.

gibt die Anordnung der Atomschwerpunkte in den Kristallstrukturen
sämtlicher Alkalimetalle und z. B. des Ba, V, Nb, Ta, Mo, W
und Fe (unterhalb 906° und oberhalb 1401°C) an. Die große Bedeutung
der Bravais-Gitter jedoch erklärt sich aus der Tatsache, daß jede noch
so komplizierte, vielatomige Kristallstruktur als parallele Ineinanderstellung mehrerer kongruenter Bravais-Gitter aufgefaßt werden kann.
So kann z. B. die Lage der Schwerpunkte der Kationen und Anionen des
CsCl durch eine bestimmte Ineinanderstellung zweier einfach-primitiver
kubischer Bravais-Gitter beschrieben werden, was in Abb. 12 gezeigt ist.
Ein anderes Beispiel ist in Abb. 13 dargestellt, wo eine ganz bestimmte
Ineinanderstellung zweier kubisch flächenzentrierter Bravais-Gitter die
Punktlagen in der Struktur der Zinkblende, ZnS, angibt. Eine andere
Art der Ineinanderstellung zweier gleichfalls flächenzentrierter Gitter
gibt die Schwerpunktlagen des Na und Cl in der Struktur des Steinsalzes
an, während eine bestimmte Ineinanderstellung dreier solcher Bravais-
Gitter die Kristallstruktur des Flußspates, CaF_2, beschreibt.

Jeder Kristallstruktur als dreidimensional unendlicher periodischer
Atomanordnung liegt das Translationsschema eines der 14 Bravais-Gitter

zugrunde. Man nennt die Bravais-Gitter auch *Translationsgruppen*, die man folgendermaßen symbolisiert:

P = *primitives*, triklines, monoklines, rhombisches, tetragonales, kubisches oder hexagonales Bravais-Gitter.

(Bisher hat man das hexagonale Bravais-Gitter mit C symbolisiert, aber in den „International Tables for X-Ray Crystallography", 1952, S. 7, wurde das Symbol P eingeführt.)

I = *innenzentriertes* rhombisches, tetragonales oder kubisches Bravais-Gitter.

F = *allseitig-flächenzentriertes* rhombisches oder kubisches Bravais-Gitter.

R = *rhomboedrisches* Bravais-Gitter.

C = *flächenzentriertes* monoklines oder rhombisches Bravais-Gitter.

(Die hier mit C bezeichnete Fläche ist diejenige, in der die a- und b-Achse liegen; man nennt diese Fläche die Basisfläche; daher C = basisflächenzentriertes Gitter. Es kann günstig sein, die Achsen derart zu vertauschen, daß die B- oder die A-Fläche zentriert ist; dann wird das entsprechende Symbol A bzw. B für das flächenzentrierte Gitter benutzt.)

Die hier angegebenen Symbole der Translationsgruppen werden wir bei der Behandlung der Raumgruppen benötigen, wo sie stets am Anfang eines Raumgruppensymbols stehen und das Translationsschema angeben.

Punktkoordinaten. Die kristallographischen Achsen verlaufen den gedachten Kanten der Elementarzelle einer Kristallstruktur parallel. In der Elementarzelle nehmen die Atome eine bestimmte Lage ein, die eindeutig durch die jeweiligen Koordinaten der Atomschwerpunkte angegeben werden kann. Die hierzu notwendigen drei Koordinatenachsen sind die kristallographischen Achsen a, b und c; der Koordinatennullpunkt ist ein Eckpunkt der Elementarzelle. Die auf die a-Achse bezogene Koordinate wird mit x bezeichnet, y bzw. z sind die auf die b- bzw. c-Achse bezogenen Koordinaten. Die Punktkoordinaten sind also x, y und z, die in doppelte eckige Klammern gesetzt werden: $[[xyz]]$ Die Koordinaten werden ermittelt, indem man z. B. durch den Punkt drei Ebenen legt, die jeweils zwei kristallographischen Achsen parallel verlaufen und dann feststellt, welcher Bruchteil der Koordinateneinheit jeweils abgeschnitten wird, Abb. 14. Die in der Zeichnung dargestellten

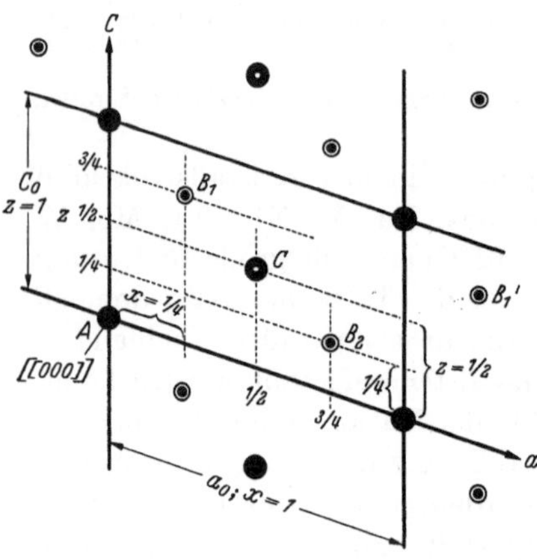

Abb. 14. Punktkoordinaten $[[xyz]]$.

Atomschwerpunkte liegen alle in der durch die a- und c-Achse festgelegten Ebene (Zeichenebene). Wir wollen uns die dritte kristallographische Achse b mit der Identitätsperiode b_0 senkrecht zu der dargestellten Ebene vorstellen (monoklines Achsenkreuz). Der Punkt A hat als Koordinatenanfangspunkt natürlich die Koordinaten $[[000]]$.

Punkt B_1 hat die Koordinaten

$$x = \tfrac{1}{4},\ y = 0,\ z = \tfrac{3}{4};\ \text{Symbol}\ \big[[\tfrac{1}{4}\,0\,\tfrac{3}{4}]\big]$$

Punkt B_2 hat die Koordinaten

$$x = \tfrac{3}{4},\ y = 0,\ z = \tfrac{1}{4};\ \text{Symbol}\ \big[[\tfrac{3}{4}\,0\,\tfrac{1}{4}]\big]$$

Punkt C hat die Koordinaten

$$x = \tfrac{1}{2},\ y = 0,\ z = \tfrac{1}{2};\ \text{Symbol}\ \big[[\tfrac{1}{2}\,0\,\tfrac{1}{2}]\big]$$

Wenn Punkt A als Eckpunkt der Elementarzelle und damit als Koordinatenanfangspunkt gewählt wird, $A = [[000]]$, dann ist natürlich jeder andere Eckpunkt A' mit A identisch. A' hat die Koordinaten $[[001]]$, die identisch mit $[[000]]$ sind. $A'' = [[101]] \equiv [[000]]$. Identität der Punktkoordinaten gilt natürlich auch für $B_1 \equiv B_1' = \big[[\tfrac{1}{4}\,0\,\tfrac{3}{4}]\big]$, denn die beiden Punkte werden durch Translation um a_0 in Richtung a ineinander übergeführt. Punktkoordinaten geben also immer nur Bruchteile der jeweiligen Identitätsperiode an.

Die Lagen der zwei Punkte, die sich in der Elementarzelle des innenzentrierten kubischen, tetragonalen und orthorhombischen BRAVAIS-Gitters befinden (vgl. Abb. 8), sind demnach durch $[[000]]$ und $\big[[\tfrac{1}{2}\,\tfrac{1}{2}\,\tfrac{1}{2}]\big]$ eindeutig angegeben. Die vier Punkte in der Elementarzelle des allseitig flächenzentrierten orthorhombischen und kubischen BRAVAIS-Gitters haben die Lagen $[[000]]$, $\big[[0\,\tfrac{1}{2}\,\tfrac{1}{2}]\big]$, $\big[[\tfrac{1}{2}\,0\,\tfrac{1}{2}]\big]$ und $\big[[\tfrac{1}{2}\,\tfrac{1}{2}\,0]\big]$. Die Angabe der Schwerpunktlagen der Atome in der Elementarzelle einer Kristallstruktur wird als „Basis" bezeichnet; denn ihre Angabe genügt, um die ganze Struktur dreidimensional unendlich aufzubauen.

Richtungssymbole. Die Lage einer Geraden ist durch die Koordinaten von zwei auf der Geraden liegenden Punkten bestimmt. Da in einer Kristallstruktur parallele Richtungen identisch sind, kann jede Richtung parallel verschoben werden, bis sie durch den Koordinatennullpunkt geht. Dann genügt zur eindeutigen Kennzeichnung der Richtung das *Verhältnis der Koordinaten* irgend*eines* auf der Richtungsgeraden liegenden Punktes. In Abb. 15 ist der Koordinatenanfangspunkt in O gelegt worden. Zwecks Feststellung der Koordinaten irgendeines Punktes auf der Gittergeraden $1'$ muß die Gerade parallel verschoben werden, bis sie durch den Koordinaten-Nullpunkt, d. h. durch den Schnittpunkt der kristallographischen Achsen geht; diese Lage zeigt die Gerade 1. Auf der Gittergeraden 1 hat der erste Punkt die Koordinaten $u = 1, v = 0$, und $w = 2$; der zweite Punkt hat die Koordinaten $u = 2, v = 0, w = 4$. Das Verhältnis der Koordinaten eines jeden auf der Geraden 1 liegenden Punktes ist natürlich dasselbe, es ist $1 : 0 : 2$. Das auf die kleinst möglichen ganzen Zahlen gebrachte Koordinatenverhältnis dient zur eindeutigen Kennzeichnung einer Richtung in dem durch das Koordinatenkreuz bestimmten Raum. Das Symbol ist $[uvw]$; es wird in *eckige* Klammern gesetzt. Die Richtung Nr. 1 hat das Richtungssymbol [102]. Die Gittergerade 2 der Abb. 15 hat das Symbol [101].

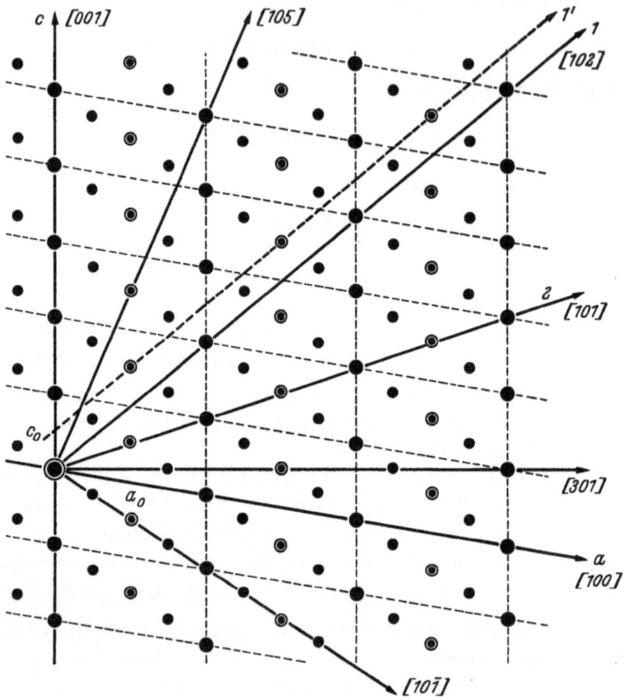

Abb. 15. Richtungssymbole $[u\,v\,w]$.

Ein Punkt auf der a-Achse hat die Koordinaten $u = 1$ (oder ein Vielfaches von 1), $v = 0$ und $w = 0$; die a-Achse wird daher stets mit [100] symbolisiert; entsprechend hat die kristallographische b-Achse stets das Symbol [010] und die c-Achse [001]. (Im hexagonalen Kristallsystem ist das Symbol der c-Achse [0001], weil man zu $a = a_1$ und $b = a_2$, die einen Winkel $\gamma = 120°$ bilden, in der gleichen Ebene noch eine dritte Achse a_3, die mit a_2 ebenfalls einen Winkel von 120° einschließt, verwendet, wodurch die Übersichtlichkeit und Anschaulichkeit im hexagonalen Kristallsystem erhöht wird.)

Flächenindices. Die Lage einer Fläche im Raum kann ausgedrückt werden durch die sog. Achsenabschnitte; denn eine Fläche kann immer mit einer, zwei bzw. allen drei Koordinatenachsen (kristallographischen Achsen) zum Schnitt gebracht werden. Die Längen, welche die Fläche von den Achsen abschneidet, werden, ausgehend vom Koordinatennullpunkt, auf jeder Achse in der ihr jeweils zukommenden natürlichen *Maßeinheit* gemessen, und dieses sind wieder die Identitätsperioden a_0, b_0 bzw. c_0. Kristallographische *Achsenabschnitte* sind also ·die von den Flächen auf den kristallographischen Achsen abgeschnittenen Längen, die mit den Identitätsperioden als Maßeinheiten gemessen werden. Die Abb. 16 möge das erläutern.

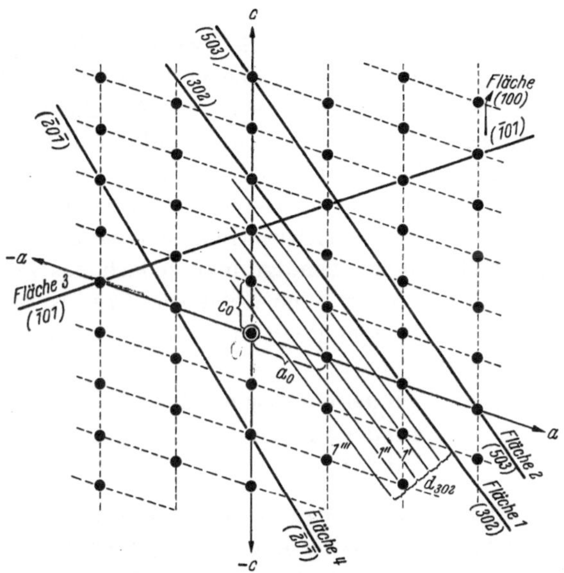

Abb. 16. Flächenindices ($h\,k\,l$).

Wir denken uns ein einfach-primitives monoklines Gitter, von dem die Ebene dargestellt ist, in der die a- und c-Achse liegen; die b-Richtung steht dann senkrecht auf der Zeichenebene. Die Gerade 1 stellt die Spur einer Netzebene dar, welche senkrecht auf der Zeichenebene steht und zur b-Achse parallel verläuft; sie schneidet die b-Achse erst im Unendlichen, so daß in bezug auf die b-Achse der Achsenabschnitt ∞ ist. Von der a-Achse werden aber 2 a_0-Einheiten abgeschnitten und von der c-Achse 3 c_0-Einheiten; die Achsenabschnitte der Fläche 1 sind also:

auf der a-Achse 2 Einheiten

auf der b-Achse ∞ Einheiten

auf der c-Achse 3 Einheiten:

. Die parallel zu 1 verlaufenden und in identischer Weise mit Punkten besetzten Netzebenen, z. B. 1′ und 1″ und 1‴ haben folgende Achsenabschnitte:

	Fläche 1′	*Fläche* 1″	*Fläche* 1‴
auf der a-Achse	1 Einheiten	$\frac{2}{3}$ Einheiten	$\frac{1}{3}$ Einheiten
auf der b-Achse	∞ Einheiten	∞ Einheiten	∞ Einheiten
auf der c-Achse	$\frac{3}{2}$ Einheiten	1 Einheiten	$\frac{1}{2}$ Einheiten.

Da wir in jedem Kristallgitter stets eine *Schar* unendlich vieler parelleler identischer Netzebenen haben, wird die Lage einer Netzebene im Gitter durch das *Verhältnis* der Achsenabschnitte eindeutig gekennzeichnet, welches natürlich für parallele Ebenen gleich ist. Das Verhältnis der Achsenabschnitte der parallelen Flächen 1, 1′, 1″ und 1‴ ist $2 : \infty : 3 = 1 : \infty : \frac{3}{2} = \frac{2}{3} : \infty : 1 = \frac{1}{3} : \infty : \frac{1}{2}$. Die Reihenfolge ist stets derart, daß zuerst der Achsenabschnitt auf der a-Achse, dann der auf der b-Achse und schließlich der auf der c-Achse genannt wird.

Das Verhältnis der Achsenabschnitte genügt völlig, um die Lage einer Fläche in bezug auf das Achsenkreuz eindeutig zu beschreiben. Aus Zweckmäßigkeitsgründen benutzt man jedoch das *reziproke Verhältnis der Achsenabschnitte*, um eine Netzebene bzw. Kristallfläche zu symbolisieren. Man bezeichnet dann den kleinsten ganzzahligen *reziproken* Achsenabschnitt

auf der a-Achse mit h

auf der b-Achse mit k

auf der c-Achse mit l

und nennt sie MILLERsche *Indices* nach W. H. MILLER. Das in runde Klammern gesetzte Symbol (hkl) gibt dann (unter Fortlassung der :) das auf kleinste ganze Zahlen gebrachte Verhältnis der reziproken Achsenabschnitte einer Fläche an. Für die Schar der in Abb. 16 eingezeichneten Fläche 1 ergeben sich demnach die MILLERschen Indices: (302); denn $\frac{1}{2} : \frac{1}{\infty} : \frac{1}{3} = \frac{1}{1} : \frac{1}{\infty} : \frac{2}{3} = \frac{3}{2} : \frac{1}{\infty} : \frac{1}{1} = \frac{3}{1} : \frac{1}{\infty} : \frac{2}{1} = 3 : 0 : 2$.

Wir erkennen nun an unserer Darstellung, daß die dem Koordinatenanfangspunkt *nächstgelegene* rationale, d. h. mit Punkten periodisch belegte Netzebene 1‴ von der a-Achse $\frac{1}{3} a_0$, von der b-Achse $\frac{1}{0}$, d. h. $\infty\, b_0$ und von der c-Achse $\frac{1}{2} c_0$ abschneidet. Allgemein gilt, daß eine Netzebenenschar (hkl) die kleinsten Achsenabschnitte $\frac{1}{h} a_0$, $\frac{1}{k} b_0$ und $\frac{1}{l} c_0$ liefert und daß die vollständige Netzebenenschar a_0 in h Teile teilt, b_0 in k Teile und c_0 in l Teile. (In Abb. 16 sind von der vollständigen Netzebenenschar sechs Netzebenen dargestellt, deren Abstand, der mit d_{hkl} bezeichnete *Netzebenenabstand*, für jede Schar von Netzebenen einen bestimmten Wert besitzt.

Diejenige Fläche, die nur die a-Achse schneidet, also parallel der b- und c-Achse geht, hat die Indices (100). Die Fläche, die nur die b-Achse schneidet, heißt (010), und die Fläche (001) schneidet nur die c-Achse. (Diese Flächen stehen natürlich *nicht* immer senkrecht auf der jeweiligen Achse; nur bei rechtwinkligen Achsensystemen.)

Betrachten wir nun die Lage der Fläche 3, die in der Abb. 16 ebenfalls parallel der *b*-Achse verläuft: Sie schneidet, verglichen mit der Fläche (302), von der *a*-Achse ein Stück jenseits (links) vom Koordinatenanfangspunkt ab; man kennzeichnet diesen Teil der *a*-Achse als *negativ*. Bei normaler Aufstellung des Achsenkreuzes verläuft die positive Richtung vom Koordinatenanfangspunkt nach vorne, die negative Richtung nach hinten; die positive *b*-Achse verläuft vom Nullpunkt nach rechts, die negative nach links; bei der vertikal stehenden *c*-Achse verläuft die positive Richtung vom Nullpunkt nach oben, die negative nach unten (vgl. Abb. 16). Wenn nun ein Achsenabschnitt auf der negativen Richtung einer Achse liegt, dann wird das durch einen Strich über dem Index *h* bzw. *k* bzw. *l* symbolisiert.

Die Achsenabschnitte der Fläche 3 sind aus der Abb. 16 sofort abzulesen:

auf der negativen *a*-Achse   2 Einheiten
auf der *b*-Achse ∞ Einheiten
auf der positiven *c*-Achse   2 Einheiten.

Verhältnis der Achsenabschnitte $\bar{2} : \infty : 2 = \bar{1} : \infty : 1$.

Kleinstes ganzzahliges reziprokes Verhältnis = MILLERsche Indices $(\bar{1}01)$. Für die Fläche 4 ist das Verhältnis der Achsenabschnitte $\bar{1} : \infty : \bar{2}$; Indices $(\bar{2}0\bar{1})$.

Aus dieser Betrachtung ist es offensichtlich, daß das Verhältnis der Achsenabschnitte bzw. der MILLERschen Indices stets ein *Verhältnis rationaler Zahlen* (einschließlich ∞ bzw. 0) sein muß, weil Flächen an oder in einem Kristall zweidimensional periodisch mit Atom-Schwerpunkten besetzte Netzebenen sind und deshalb nur rationale Vielfache der Elementarperioden abschneiden können.

Für uns ist also jene Tatsache, die als *Gesetz der rationalen Achsenabschnittsverhältnisse* (auch als Parametergesetz) bezeichnet wird, zwangsläufig aus dem dreidimensional periodischen Raumgitteraufbau der Kristalle verständlich. Aber dieses Gesetz, welches allein aus kristallmorphologischen Studien bereits von HAUY (1801), WEISS (1815) und NEUMANN (1821) abgeleitet worden ist, war bei dem damaligen Stand der Kristallographie eine wunderbare Entdeckung, die in ganz besonderem Maße die seinerzeitige Hypothese von einer diskontinuierlichen, periodischen Atomanordnung unterbaute.

Die Flächen, welche eine Kristallgestalt begrenzen, haben oft recht kleine Indices (BRAVAIS-Regel); diese niedrig indicierten Flächen (mit relativ großem Netzebenenabstand d_{hkl}) sind dichter mit Atom-Schwerpunkten besetzt als Netzebenen mit großen Indices.

Von dem Verhältnis der Achsenabschnitte muß streng das sog. *Achsenverhältnis* unterschieden werden; dieses gibt das Verhältnis der

2*

Längen der Identitätsperioden $a_0 : b_0 : c_0$ an. Das Achsenverhältnis wird in der Form $\frac{a_0}{b_0} : 1 : \frac{c_0}{b_0}$ angegeben und als $a : 1 : c$ geschrieben; es ist im Gegensatz zu den Richtungssymbolen und zu den Flächen-Indices *kein* Verhältnis *rationaler* Zahlen; denn z. B. beim $BaSO_4$, welches im rhombischen Kristallsystem kristallisiert, ist $a_0 = 8,85$ Å, $b_0 = 5,44$ Å und $c_0 = 7,13$ Å, so daß das Achsenverhältnis demnach $1,627 : 1 : 1,311$ ist.

Kristallberechnung. Im Rahmen dieser Darstellung sei nur kurz gezeigt, wie man die Indizierung der an einem Kristall ausgebildeten Flächen erhalten kann.

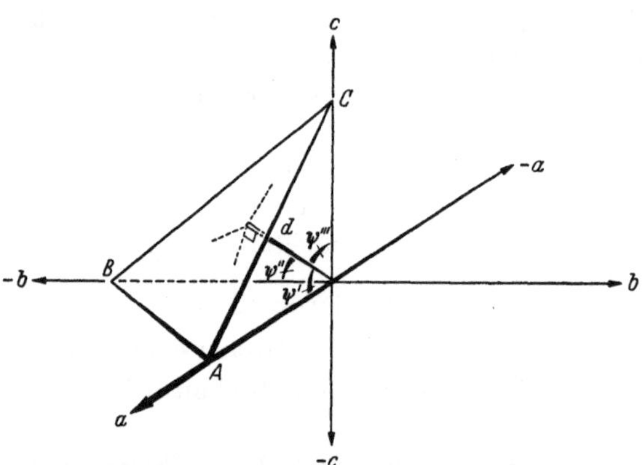

Abb. 17. Allgemeine Winkelbeziehung zwischen dem Lot auf einer Fläche (Flächennormale) und den von der Fläche auf den kristallographischen Achsen abgeschnittenen Strecken OA, OB und OC (diese Strecken sind noch keine kristallographischen Achsenabschnitte!).

Bei der Besprechung der Flächenindices wurden die Achsenabschnitte eingeführt, welche die auf den drei kristallographischen Achsen von der Fläche abgeschnittenen Längen darstellen, wobei die Längen in der *jeweiligen* Maßeinheit (Identitätsperiode) gemessen werden. Wenn wir aber einen Kristall morphologisch untersuchen, dann kennen wir die Maßeinheiten nicht, so daß wir zunächst gezwungen sind, die Lage einer Fläche zu ermitteln, indem wir feststellen, wie groß das Verhältnis der in *gleicher*, willkürlicher Maßstabseinheit gemessenen Strecken ist, welche die Fläche von den kristallographischen Achsen abschneidet. (Diese Strecken sind keine kristallographischen Achsenabschnitte in dem oben definierten Sinne.) Wir wollen die Strecken allgemein OA, OB bzw. OC nennen. Man erhält das Verhältnis $OA : OB : OC$ folgendermaßen: Man denke sich das Lot vom Koordinatennullpunkt auf eine Fläche gefällt; das Lot habe die Länge d und der Winkel, den das Lot mit der a-Achse bildet sei ψ', während ψ'' der Winkel zwischen dem Lot und der b-Achse und ψ''' der Winkel zwischen dem Lot und der c-Achse sei. Dann ist (vgl. Abb. 17) die Strecke $OA = \dfrac{d}{\cos \psi'}$; $OB = \dfrac{d}{\cos \psi''}$ und $OC = \dfrac{d}{\cos \psi'''}$. Also $OA : OB : OC = \dfrac{1}{\cos \psi'} : \dfrac{1}{\cos \psi''} : \dfrac{1}{\cos \psi'''}$

$$= \frac{\cos \psi''}{\cos \psi'} : 1 : \frac{\cos \psi''}{\cos \psi'''} .$$

Die ψ-Winkel erhält man teilweise oder vollständig durch Messung
der Richtung der Senkrechten auf jeder Kristallfläche (Richtung der
Flächennormalen), am schnellsten mittels des zweikreisigen Reflexions-
goniometers, welches V. GOLDSCHMIDT 1892 entwickelt hat. Beispielsweise
ist bei einem Kristall mit rechtwinkligem Achsenkreuz der Winkel
zwischen den Flächennormalen einer Fläche (hkl) und der Flächennormalen (100) gleich $=\psi'$ für die Fläche (hkl). Häufig ist man jedoch
gezwungen, entweder die durch das Kristallvermessen ermittelte

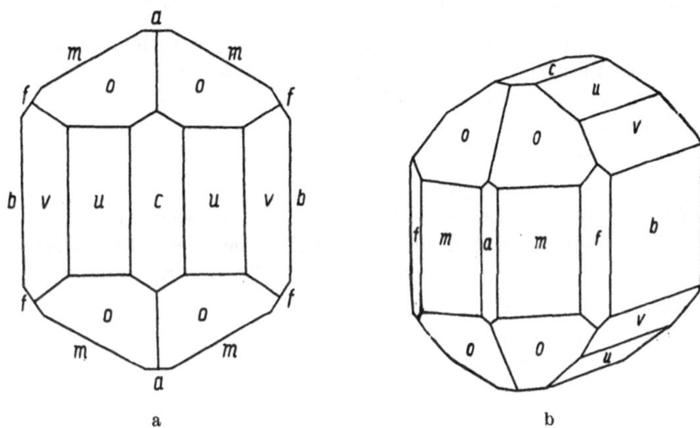

a   b

Abb. 18a u. b. Seitenansicht und Kopfbild des $(NH_4)_2SO_4$.

Symmetrie zur Hilfe zu nehmen oder — nach Darstellung aller Flächen-
normalenrichtungen in der stereographischen Projektion — sphärische
Dreiecke zu berechnen.

Nachdem mit Hilfe des obigen Verhältnisses der sog. Richtungskosinusse das Verhältnis der von einer Fläche auf den Achsen abgeschnittenen Strecken $OA : OB : OC$ ermittelt worden ist, muß das Verhältnis der kristallographischen Achsenabschnitte festgestellt werden.
Wenn das Verhältnis der wahren, strukturbedingten Achsenabschnitte
ermittelt werden soll, dann ist es notwendig, von den Flächen, welche alle
drei Achsen schneiden, diejenige auszuwählen, die die Achsen im Verhältnis der Identitätsperioden $a_0 : b_0 : c_0$ schneidet; das ist die sog.
Einheitsfläche. Wenn das Achsenverhältnis $\dfrac{a_0}{b_0} : 1 : \dfrac{c_0}{b_0} = a : 1 : c$
röntgenographisch bestimmt ist, dann findet man sofort, welches von
dem für alle Flächen berechneten Verhältnis $OA : OB : OC$ identisch mit
$a : 1 : c$ ist, so daß die Einheitsfläche ermittelt ist; sie hat natürlich die
Indices (111). Da es in unserer Zeit keine Schwierigkeiten bereitet, die
Identitätsperioden und somit das Achsenverhältnis eines Kristalls
röntgenographisch zu ermitteln, brauchen wir nicht auf die umfangreichen Erfahrungsregeln der alten Kristallographen über die Wahl der

Einheitsfläche einzugehen, zumal jene Regeln keineswegs frei von Ausnahmen sind. Es müssen nur die Regeln bezüglich der Wahl der Elementarzelle (im tetragonalen, monoklinen und triklinen System) beachtet werden; siehe DANA[1]).

Aus dem Verhältnis der von einer Fläche auf den Achsen abgeschnittenen Strecken erhält man nun vermittels Division durch das Achsenverhältnis das auf die Abschnitts*einheiten* bezogene Verhältnis; also das Verhältnis der Achsenabschnitte. Das Verhältnis der *reziproken* Achsenabschnitte liefert dann die MILLERschen Indices (hkl).

Beispiel: Wir wählen Ammonsulfat[2], $(NH_4)_2SO_4$, von dem man sich selbst durch langsames Verdunstenlassen einer gesättigten kalten Lösung in einem trockenen Raum Kristalle herstellen kann, wie sie in Abb. 18a und b in der Seitenansicht und als Kopfbild dargestellt sind. Die Messung der Winkel zwischen den Flächennormalen, die A. E. H. TUTTON[3] vorgenommen hat, ergab:

$c \wedge a = 90°$ Die Normalen auf den Flächen a, b und c schließen jeweils einen
$c \wedge b = 90°$ Winkel von 90° ein, so daß wir am zweckmäßigsten ein recht-
$a \wedge b = 90°$ winkliges Achsenkreuz wählen, bei dem die Achsen parallel
diesen drei Flächennormalen verlaufen. Es ist dann

für die Fläche a $\psi' = \ \ 0°,\ \psi'' = 90°,\ \psi''' = 90°$
für die Fläche b $\psi' = 90°,\ \psi'' = \ \ 0°,\ \psi''' = 90°$
für die Fläche c $\psi' = 90°,\ \psi'' = 90°,\ \psi''' = \ \ 0°$

$$
\left.
\begin{aligned}
a \wedge m &= 29°23' = \psi' \\
b \wedge m &= 60°35' = \psi'' \\
c \wedge m &= 90° \ \ \ = \psi'''
\end{aligned}
\right\} \quad \text{für Fläche } m
$$

$$
\left.
\begin{aligned}
a \wedge f &= 59°24' = \psi' \\
b \wedge f &= 30°36' = \psi'' \\
c \wedge f &= 90° \ \ \ = \psi'''
\end{aligned}
\right\} \quad \text{für Fläche } f
$$

$$
\left.
\begin{aligned}
a \wedge v &= 90° \ \ \ = \psi' \\
b \wedge v &= 34°20' = \psi'' \\
c \wedge v &= 55°40' = \psi'''
\end{aligned}
\right\} \quad \text{für Fläche } v
$$

$$
\left.
\begin{aligned}
a \wedge u &= 90° \ \ \ = \psi' \\
b \wedge u &= 53°48' = \psi'' \\
c \wedge u &= 36°12' = \psi'''
\end{aligned}
\right\} \quad \text{für Fläche } u
$$

$$
\left.
\begin{aligned}
a \wedge o &= 34°39' = \psi' \\
c \wedge o &= 56°09' = \psi'''
\end{aligned}
\right\} \quad \text{für Fläche } o
$$

$b \wedge o = \psi''$ ist nicht gemessen worden, berechnet sich aber bei rechtwinkligem Achsenkreuz nach der Beziehung $\cos^2 \psi' + \cos^2 \psi''$
$+ \cos^2 \psi''' = 1;\quad \psi'' = 65°54'.$

---

[1] The system of mineralogy of J. D. DANA u. E. S. DANA. 7. Aufl., bearbeitet von CH. PALACHE, H. BERMANN u. CL. FRONDEL, Bd. 1, S. 6, New York und London 1944.

[2] $(NH_4)_2SO_4$ ist z. B. als Sublimationsprodukt am Vesuv und Ätna gefunden worden. Das Mineral wird Mascagnin genannt, weil Paolo Mascagni (1755—1815) als Professor der Anatomie in Siena das natürlich vorkommende Salz zuerst beschrieben hatte.

[3] Z. KRIST. **38**. 602 (1903).

Wir berechnen zunächst das Verhältnis der Richtungskosinusse $\dfrac{\cos \psi''}{\cos \psi'} : 1$ zu $\dfrac{\cos \psi''}{\cos \psi'''}$ für alle Flächen; für diejenigen Flächen, welche die b-Achse nicht schneiden, muß berechnet werden $\dfrac{1}{\cos \psi'} : \dfrac{1}{\cos \psi''} : \dfrac{1}{\cos \psi'''}$; denn wenn $\psi'' = 90°$ ist, dann wäre zum Beispiel $\dfrac{\cos \psi''}{\cos \psi''}$ in dem vorher genannten Verhältnis $\dfrac{0}{0}$, also unbestimmt.

Röntgenographisch sind nun die Identitätsperioden bestimmt worden zu

$$a_0 = 5{,}98 \text{ Å}, \; b_0 = 10{,}62 \text{ Å}, \; c_0 = 7{,}78 \text{ Å},$$

demnach ist das Achsenverhältnis $0{,}563 : 1 : 0{,}733$. Diesem Verhältnis entspricht das für die Fläche o gefundene Verhältnis der Richtungskosinusse, so daß diese Fläche die Einheitsfläche mit dem Achsenabschnittsverhältnis $1 : 1 : 1$ ist. Durch Bezug auf das Verhältnis der Richtungskosinusse der Einheitsfläche ergeben sich dann die in Tab.1 aufgeführten Achsenabschnittsverhältnisse aller anderen Flächen und daraus die MILLERschen Indices.

Tabelle 1.

Fläche	Verhältnis der Richtungskosinusse	Verhältnis der Achsenabschnitte	Indices (hkl)
a	$1 \;\; : \infty : \infty$	$1 \; : \infty : \infty$	100
b	$\infty \;\; : 1 \; : \infty$	$\infty : 1 \; : \infty$	010
c	$\infty \;\; : \infty : 1$	$\infty : \infty : 1$	001
m	$0{,}564 : 1 \; : \infty$	$1 \; : 1 \; : \infty$	110
f	$1{,}691 : 1 \; : \infty$	$3 \; : 1 \; : \infty$	130
v	$\infty \;\; : 1 \; : 1{,}464$	$\infty : 1 \; : 2$	021
u	$\infty \;\; : 1 \; : 0{,}737$	$\infty : 1 \; : 1$	011
o	$0{,}564 : 1 \; : 0{,}733$	$1 \; : 1 \; : 1$	111

Da die Kristallvermessung $\alpha = \beta = \gamma = 90°$ ergab, ist $(NH_4)_2SO_4$ orthorhombisch.

Weiterhin enthüllte die Kristallvermessung, daß alle Flächen derart symmetrisch angeordnet sind, als ob drei senkrecht aufeinanderstehende Spiegelebenen sich in der Mitte des Kristalls träfen. Deshalb sind in der Abb. 18 die spiegelsymmetrisch angeordneten Flächen auch mit gleichen Buchstaben belegt worden; sie liegen aber in verschiedenen Quadranten, so daß die links vorne und oben liegende Fläche o die Indices $(1\bar{1}1)$ hat, die rechts unten und vorne gelegene Fläche o hat die Indices $(11\bar{1})$, die links unten und vorne gelegene Fläche o ist $(\bar{1}1\bar{1})$ usw. Insgesamt gibt es acht o-Flächen (siehe Seitenansicht *und* Kopfbild der Abb. 18), die durch drei Symmetrieebenen ineinander übergeführt werden; es sind kristallographisch *gleichwertige* Flächen. Die Gesamtheit aller gleichwertigen Flächen eines Kristalls nennt man eine *Flächenform*, die man durch die in *geschweifte* Klammern gesetzten Indices der im positiven Oktanten des Achsenkreuzes liegenden Fläche symbolisiert. Also z. B. $\{111\}$ für alle

acht o-Flächen, oder $\{130\}$ für die vier f-Flächen usw. Die Flächen-
formen haben je nach der vorliegenden Kristallklasse (siehe z. B. Tafel 1)
auch Namen. In diesem Falle wird $\{111\}$ eine rhombische Bipyramide,
$\{130\}$ ein rhombisches Prisma $\parallel c$ genannt. $\{100\}$, $\{010\}$ und $\{001\}$, die
jeweils aus einer Fläche und einer parallelen Gegenfläche bestehen,
werden Pinakoide genannte.

Zum Schluß dieses Abschnitts sei noch kurz darauf hingewiesen, daß man aus
der Kenntnis der Indices zweier Kristallflächen leicht das Richtungssymbol der
Schnittkante jener beiden Ebenen ermitteln kann. Eine Richtungsgerade im
Kristall ist ja bestimmt durch die Koordinaten u, v und w irgendeines Punktes der
durch den Nullpunkt geführten Geraden. Wird nun eine Kristallfläche parallel
verschoben, bis sie durch den Koordinatennullpunkt geht, dann ist die Gleichung
dieser Ebene $hu + kv + lw = 0$, wobei u, v und w die Koordinaten irgendeines
Punktes dieser Ebene $(h\,k\,l)$ sind; diese Gleichung gibt natürlich auch die Bedingung
dafür an, daß eine Gerade mit dem Symbol $[uvw]$ in jener Ebene liegt. Eine Gerade $[uvw]$ gehört nun gleichzeitig zwei Ebenen $(h_1k_1l_1)$ und $(h_2k_2l_2)$ an, stellt
also deren Schnittkante dar, wenn die beiden Ebenengleichungen

$$h_1 u + k_1 v + l_1 w = 0 \quad \text{und}$$
$$h_2 u + k_2 v + l_2 w = 0 \quad \text{gleichzeitig erfüllt sind.}$$

Daraus ergibt sich[1] $u : v : w = (k_1 l_2 - k_2 l_1) : (l_1 h_2 - l_2 h_1) : (h_1 k_2 - h_2 k_1)$, was sich
am besten in der Determinatenform einprägt:

$$
\begin{array}{cc|cc|c}
h_1 & k_1\, l_1 & & h_1\, k_1 & l_1 \\
 & & & & \\
h_2 & k_2\, l_2 & & h_2\, k_2 & l_2 \\
\hline
 & u : v : w & & &
\end{array}
$$

Da zwei Geraden eine Fläche bestimmen, können natürlich die Indices dieser
Fläche aus den beiden Richtungssymbolen $[u_1 v_1 w_1]$ und $[u_2 v_2 w_2]$ in analoger Weise
errechnet werden.

Die stereographische Projektion[2]. Um die verschiedenen Richtungen
eines Kristalls im Raum graphisch darzustellen, benutzt man zunächst
die Kugelprojektion, indem man die Richtungen so weit parallel verschiebt, bis sie alle durch den Kugelmittelpunkt gehen und dann die Lage
der Durchstichpunkte feststellt. Die Lage einer Fläche kann ebenfalls
dargestellt werden, wenn man statt der Fläche ihre Flächennormale
betrachtet. Die Durchstichpunkte der Flächennormalen eines Kristalls
auf einer Kugeloberfläche sind in Abb. 19 dargestellt. Die Durchstichpunkte der Flächennormalen nennt man Flächenpole, diejenigen von
Kantenrichtungen Zonenpole, weil in der Kristallographie eine Kanten-
richtung auch „Zone" genannt wird; von Flächen, welche parallele
Kantenrichtungen haben, sagt man, daß sie in einer Zone liegen.

---

[1] Siehe z. B. B. BAULE: Die Mathematik des Naturforschers und Ingenieurs,
Bd. III. Analytische Geometrie S. 225. Leipzig 1945.

[2] TERTSCH H.: Die stereographische Projektion in der Kristallkunde, Verlag
für angewandte Wissenschaften, Wiesbaden 1954.

Die Flächen- bzw. Zonenpole werden nun mit Hilfe der stereographischen Projektion in eine Ebene projiziert. Die Verwendung dieser Projektionsart hat den großen Vorteil, daß sie die Winkel, die ja in der Kristallographie fundamental wichtig sind, richtig wiedergibt und daß Kreise auf der Kugel sich auch in der Projektion als Kreise abbilden.

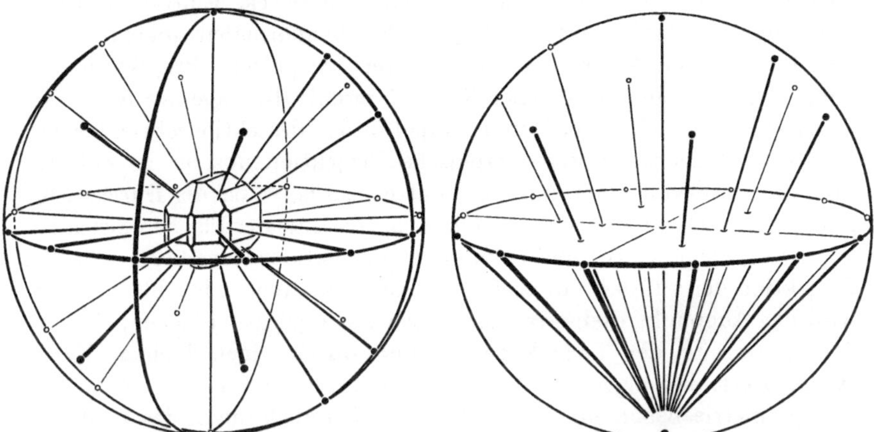

Abb. 19. Kugelprojektion des $(NH_4)_2SO_4$ (konstruiert von B. BREHLER).

Abb. 20. Entstehung der stereographischen Projektion des $(NH_4)_2SO_4$ (konstruiert von B. BREHLER).

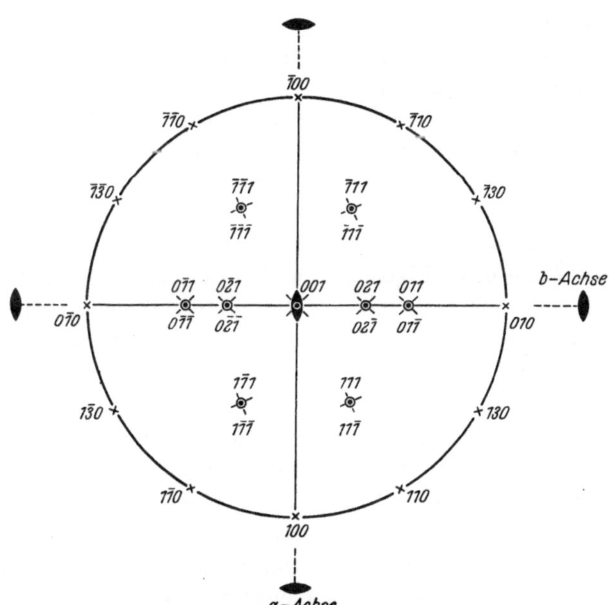

Abb. 21. Stereographische Projektion des Ammonsulfatkristalls der Abb. 18 (c-Achse steht vertikal auf der Zeichenebene). Die aus der Flächenanordnung erkennbaren Symmetrieebenen und zweizähligen Symmetrieachsen sind eingezeichnet.

Die Abbildung der Pole von der Kugeloberfläche in eine Ebene erfolgt nun so, daß Projektionsstrahlen vom „Augpunkt" P zum jeweiligen Flächenpol gezogen werden; der Durchstichpunkt der Projektionsstrahlen mit einer horizontal durch den Kugelmittelpunkt gelegten Ebene stellt dann den projizierten Flächenpol dar, was durch Abb. 20 erläutert wird. In der Praxis bedient man sich zwecks Eintragung bzw. Ablesung der Winkelwerte (z. B. von Flächennormalenwinkeln) eines sog. WULFFschen Netzes, welches die stereographische Projektion der Längen- und Breitenkreise einer Kugel darstellt; die Lage der Kugel ist dabei so gewählt, daß Nord- und Südpol *in* der Projektionsebene liegen. Die Abb. 21 zeigt die stereographische Projektion unseres in Abb. 18 und Abb. 19 abgebildeten Ammonsulfat-Kristalls, wobei der Durchstichpunkt der vertikal stehenden c-Achse, die hier mit der Flächennormalen von (001) identisch ist, im Zentrum der Projektionsebene liegt. Für die Projektion der auf der Unterseite der Kugel ausstechenden Flächenpole wird der Augpunkt diametral, also nach oben gelegt. Flächenpole von der Unterseite der Lagenkugel werden durch einen kleinen Kreis symbolisiert, diejenigen von der Oberseite durch ein kleines Kreuz.

Symmetrieebenen eines Kristalls verlaufen auch durch das Zentrum der Lagenkugel und schneiden ihre Oberfläche in einem größten Schnittkreis. Eine horizontal verlaufende, senkrecht zur c-Achse stehende Symmetrieebene wird also in der Ebene der stereographischen Projektion als Kreis abgebildet, der mit dem sog. Grundkreis, welcher das Projektionsbild begrenzt, zusammenfällt. Parallel zur vertikal gestellten c-Achse verlaufende Symmetrieebenen haben Schnittkreise mit der Lagenkugel, die sich als Geraden, welche durch den Mittelpunkt der Projektionsebene gehen, projizieren. Die projizierten Schnittkreise der Symmetrieebenen werden in der Projektion als ausgezogene Linien dargestellt (vgl. Abb. 21).

Da in der stereographischen Projektion die Lage der Kristallflächen nur durch die Lage ihrer Flächennormalen dargestellt wird, kann man aus der Projektion sehr anschaulich die symmetrische Anordnung der Kristallflächen und damit die Lage von Symmetrieelementen ablesen, ohne — wie bei der Betrachtung eines mehr oder weniger verzerrten Kristalls — durch die unterschiedlichen Flächengrößen irritiert zu werden.

Man stellt in der stereographischen Projektion die Lage von Symmetrierichtungen (das sind Symmetrieachsen) durch ihren Pol oder, wenn sie in der Projektionsebene verlaufen, durch eine *gestrichelte* Gerade dar, an der ein Zeichen für die „Zähligkeit" der Symmetrieachse angebracht ist. Die Lage von Symmetrieebenen wird durch die *ausgezogene* Projektionslinie ihres Schnittkreises mit der Lagenkugel dargestellt. Dieser Vorschriften bedient man sich bei der stereographischen Projektion der 32 Kristallklassen (siehe Tafel 1 im Anhang).

Symmetrieelemente. Bisher ist die Symmetrie, die an Kristallen so offensichtlich ist, nur beiläufig erwähnt, aber nicht behandelt worden, weil sie zum Verständnis der für einen Kristall fundamental wichtigen dreidimensional unendlichen, periodischen Anordnung der Atomschwerpunkte nicht nötig war. Es gibt Kristalle, die außer der stets vorhandenen translatorischen Überführung eines Atomschwerpunktes in einen identischen keine weiteren Symmetrien aufweisen. Aber die Anzahl solcher Kristalle ist sehr gering und eine bestimmte symmetrische Anordnung von Flächen bzw. von atomaren Schwerpunkten ist die Regel im Reich der Kristalle. Dies bedingt auch, daß ein bestimmtes vektorielles Eigenschaftsverhalten nicht in *allen* Richtungen und auf allen Flächen verschieden ist, sondern daß es symmetrische gleichwertige Richtungen und Flächen gibt, die sich gleich verhalten, worauf später eingegangen wird.

Man muß im Reich der Kristalle verschiedene Arten von sog. *Symmetrieoperationen* unterscheiden, welche eine Punktanordnung, eine Richtung oder eine Fläche (Netzebene) in eine identische, jedoch in anderer Lage befindliche überführen, oder, wie man sagt, zur Deckung bringen. Durch Symmetrieoperationen ineinander überführbare Punkte, Richtungen usw. nennt man „gleichwertig". Die einzelnen Symmetrieoperationen sind auf die Wirkung sog. *Symmetrieelemente* zurückzuführen, die man sich im Kristall in bestimmter Weise angeordnet denken kann. Man muß folgende Symmetrieelemente unterscheiden:

1. *Drehachsen.* Die Anzahl der Drehoperationen, die erforderlich sind, um z. B. eine Kristallfläche wieder in ihre Ausgangslage zu bringen, nennt man ihre „Zähligkeit". Es gibt im Kristallreich außer einzähligen Drehachsen (die natürlich auch in jedem nicht-kristallinen Körper vorhanden sind) nur noch zwei-, drei-, vier- und sechszählige Drehachsen; Drehung um $360°/n$, wobei $n = 1, 2, 3, 4$ bzw. 6 ist, stellt jeweils eine Drehoperation dar.

Daß es nur diese, keine fünf-, sieben- oder achtzähligen Drehachsen in Kristallen geben kann, wird bereits bei der Betrachtung der BRAVAIS-Gitter offensichtlich. Bei den allein durch Translation gebildeten BRAVAISschen Punktgittern resultieren, ohne etwa vorgegeben zu sein, nur 1-, 2-, 3-, 4- und 6zählige Drehachsen.

Symbole der Drehachsen:

Graphisches Symbol	Drehachsen	HERMANN-MAUGUIN	SCHOENFLIES	
	einzählige Drehachse . . .	1	C_1	Diese Symbole gelten nur, wenn nicht mit anderen Drehachsen kombiniert worden ist (C von cyclisch).
●	zweizählige Drehachse . .	2	C_2	
▲	dreizählige Drehachse . . .	3	C_3	
■	vierzählige Drehachse . . .	4	C_4	
⬢	sechszählige Drehachse . .	6	C_6	

Wenn diese Achsen jeweils das einzige Symmetrieelement sind, dann sind sie polar, d. h. ein Kristall verhält sich in Richtung und Gegenrichtung einer polaren Achse verschieden. Durch Hinzutreten anderer Symmetrieelemente *können* sie zweiseitig werden.

2. *Drehinversionsachsen.* Drehinversionsachsen liefern gekoppelte Symmetrieoperationen. Sie bringen einen Punkt oder eine Fläche mit sich selbst zur Deckung, wenn eine Drehung um 360°/n um eine Achse *und außerdem* eine Inversion an einem Punkt (Mittelpunkt des Makrokristalls) ausgeführt wird; diesen Punkt nennt man ein *Symmetriezentrum*, dessen Symmetrieoperation in Abb. 22 skizziert ist. Drehung

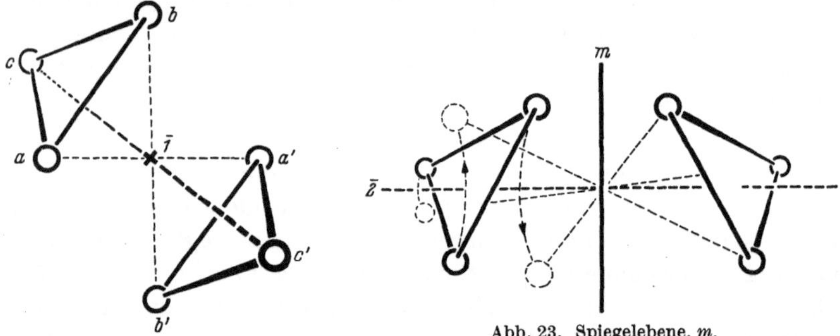

Abb. 22. Inversionszentrum, $\bar{1}$.

Abb. 23. Spiegelebene, m, identisch mit zweizähliger Drehinversionsachse $\bar{2}$.

um volle 360° und Inversion ist demnach die Symmetrieoperation einer einzähligen Drehinversionsachse, welche natürlich identisch ist mit der alleinigen Wirkung eines Symmetriezentrums.

Die Symmetrieoperation einer zweizähligen Drehinversionsachse ist identisch mit der Wirkung einer *Spiegelebene*, welche senkrecht auf der Achse steht; eine Symmetrieebene wird mit m symbolisiert; siehe Abb. 23. Die sechszählige Drehinversionsachse liefert dieselbe symmetrische Anordnung wie die Kombination einer dreizähligen normalen Drehachse mit einer darauf senkrechtstehenden Spiegelebene. Drehinversionsachsen werden nach HERMANN-MAUGUIN durch einen Strich über der die Zähligkeit der Achse bezeichnenden Zahl symbolisiert.

SCHOENFLIES benutzte keine Drehinversionsachsen, sondern an ihrer Stelle *Drehspiegelachsen*, welche eine gekoppelte Symmetrieoperation aus Drehung plus Spiegelung an einer senkrecht zur Drehachse gedachten Spiegelebene darstellt. Drehspiegelachsen werden durch S mit angehängter Zahl für die Zähligkeit symbolisiert. Nur die vierzählige Drehspiegelachse, die als einzige Drehspiegelachse von SCHOENFLIES benutzt wird, ist hinsichtlich der resultierenden Symmetrie identisch mit der Drehinversionsachse gleicher Zähligkeit.

Die Symbole für die Drehinversionsachsen sowie ihre Beziehungen zu Drehspiegelachsen bzw. zu kombinierten Symmetrieoperationen (siehe SCHOENFLIESsche Symbole der Kristallklassen, Tafel 1) sind nachfolgend aufgeführt:

Graphisches Symbol	Drehinversionsachsen [1]	Symbole HERMANN-MAUGUIN	identisch mit folgenden SCHOENFLIES-schen Symbolen (S = Drehspiegelachse)
o	einzählige Drehinversionsachse, identisch mit *Symmetriezentrum*	$\bar{1}$	$C_i = (S_2)$
—	zweizählige Drehinversionsachse, identisch mit *Symmetrieebene*	m	$C_s = (S_1)$
△	dreizählige Drehinversionsachse	$\bar{3}$	$C_{3i} = (S_6)$
◈	vierzählige Drehinversionsachse	$\bar{4}$	$S_4 = S_4$
◉	sechszählige Drehinversionsachse.	$\bar{6}$	$C_{3h} = (S_3)$

Kristallklassen. Die bisher besprochenen Drehachsen und Drehinversionsachsen, einschließlich der Spiegelebene und des Symmetriezentrums, können am Makro-Kristall mit Lichtwellen beobachtet werden, während andere Symmetrieoperationen, die sich in der Größenordnung von Atomabständen abspielen, nicht aufgelöst werden können. Betrachtet man jedoch einen Kristall nicht als Kontinuum, sondern als homogenes Diskontinuum, also seine atomare Bausteinanordnung, dann müssen außer den aufgeführten Symmetrieelementen noch weitere genannt werden, was aber erst bei der Besprechung der Raumgruppen notwendig ist. Zunächst befassen wir uns also nur mit den bereits aufgeführten Symmetrieelementen des Kristallkontinuums. Jedes der zehn genannten Symmetrieelemente stellt nun eine sog. Symmetrie- oder Kristallklasse dar. Aber nicht nur ein einzelnes Symmetrieelement, sondern auch Kombinationen der Symmetrieelemente miteinander sind Kristallklassen. Die Anzahl solcher Kombinationen, welche neue Symmetrien liefern, ist recht begrenzt; es gibt insgesamt 32 Kristallklassen.

Um anschaulich zu entscheiden, ob durch Kombination mehrerer Symmetrieelemente neue Symmetrien oder identische geschaffen werden, wird eine Fläche allgemeiner Lage ($h\,k\,l$) betrachtet; solch eine Fläche schneidet alle drei Achsen und hat Indices, welche *verschieden*

---

[1] Bei einer $\bar{3}$-Drehinversionsachse würde sich, entsprechend der bei den Drehachsen gegebenen Definition für die „Zähligkeit", ergeben, daß sechs Drehoperationen ausgeführt werden müssen, bis die Ausgangslage einer Fläche wieder erreicht ist; man müßte also bei einer $\bar{3}$-Achse von einer „sechszähligen" Drehinversionsachse sprechen, was man jedoch nicht tut. RAAZ hat daher vorgeschlagen, den „*Drehungsindex*", definiert als $\dfrac{360°}{n} = \varphi$ (Winkel der Drehoperation), von der vorher definierten „Zähligkeit" zu unterscheiden. Dann hat die $\bar{3}$-Achse den Drehungsindex drei. Jene Unterscheidung hat nur Bedeutung für die $\bar{1}$- und $\bar{3}$-Achse, denn bei allen anderen Drehinversionsachsen und allen Drehachsen ist der Drehungsindex *gleich* der Zähligkeit. — RAAZ, F.: N. Jhrb. Mineral., Monatshefte **1955**, S. 73.

groß sind. Man unterwirft nun solch eine Fläche allgemeiner Lage den Symmetrieoperationen der einzelnen bzw. der kombinierten Symmetrieelemente so lange, bis die Ausgangslage wieder erreicht ist und stellt fest, ob die Art der symmetrischen Flächenanordnung, d. h. ob die Gestalt der Flächenform (s. S. 23, 49) eine andere ist oder nicht. Besonders anschaulich läßt sich diese Operation mit Hilfe der stereographischen Projektion durchführen; denn die Lage und Anzahl der Flächenpole der allgemeinen Flächenform können dann leicht überblickt werden (siehe Tafel 1 im Anhang). Man überzeugt sich leicht davon, daß es nur eine relativ kleine Anzahl von Kombinationen von Symmetrieelementen geben kann, die eine Flächenform anderer Gestalt, d. h. anderer Symmetrie liefert. Der vollständige Nachweis, daß es nur 32 Kristallklassen gibt, ist eine Aufgabe der Gruppentheorie, die von HESSEL im Jahr 1830 gelöst worden ist.

Betrachten wir z. B. die Kombination einer zweizähligen Drehachse (in Richtung der b-Achse) mit einem auf ihr und im Schwerpunkt des Kristalls liegenden Symmetriezentrum: Es entsteht die Flächenform eines monoklinen Prismas (siehe Tafel 1; Klasse $2/m - C_{2h}$), welches auch eine senkrecht auf der zweizähligen Achse stehende Spiegelebene enthält. Bei der Kombination einer zweizähligen Achse mit einem Symmetriezentrum resultiert also eine Spiegelebene. Daraus folgt auch, daß aus der Kombination einer Spiegelebene mit einem auf ihr liegenden Symmetriezentrum eine zweizählige Achse resultiert und weiter, daß die Kombination einer zweizähligen Achse mit einer senkrechten Spiegelebene ein Symmetriezentrum bedingt. Die drei verschiedenen Kombinationen von jeweils zwei der genannten Symmetrieelemente, und schließlich die Kombination der drei Symmetrieelemente liefern nur *eine* Art der Symmetrie, nur eine Kristallklasse.

Benennung und Symbolisierung der Kristallklassen. Man bezeichnet die 32 Kristallklassen heute in drei verschiedenen Weisen. Nach GROTH dient die *allgemeine* Flächenform zur Bezeichnung. SCHOENFLIES hat Symbole eingeführt, welche die Art der Symmetrieelemente und ihrer Kombinationen bezeichnen:

C bedeutet cyclische Kristallklassen; das sind solche, bei denen nur *eine* Drehachse (ohne oder mit Symmetrieebenen) auftritt; die Zahl für die Zähligkeit der Drehachse wird als Index an C angehängt, z. B. C_1, C_2 usw.

D bedeutet „Diedergruppe"; das besagt, daß senkrecht zu einer Drehachse so viel zweizählige Drehachsen angeordnet sind, wie es der Zähligkeit der Hauptachse entspricht. Die Zähligkeit der Hauptachse wird durch eine angehängte Zahl gekennzeichnet, z. B. D_2, D_3 usw.

Ein Symmetriezentrum hat das Symbol i; C_i wenn es alleine vorkommt.

S_4 ist das Symbol der alleine verwendeten vierzähligen Drehspiegelachse, die mit der Inversionsachse gleicher Zähligkeit identisch ist.

Eine Symmetrieebene wird, wenn sie alleine vorkommt, mit C_s bezeichnet; sonst wird sie durch ein kleines h (horizontal), v (vertikal) oder d (diagonal, d. h. den

Winkel zwischen Achsen halbierend) symbolisiert. Das entsprechende Symbol für die Spiegelebene wird an das Symbol der entsprechenden cyclischen Gruppe oder der Diedergruppe angehängt.

Bei den kubischen Klassen bezeichnet T die Anordnung von 4 dreizähligen und 3 zweizähligen Drehachsen, wie sie beim Tetraeder verwirklicht ist, und O bezeichnet die Anordnung von 4 dreizähligen und 3 vierzähligen Drehachsen, die beim Oktaeder vorliegt.

In neuerer Zeit hat sich die Symbolisierung nach HERMANN und MAUGUIN, welche so anschaulich und konsequent die Raumgruppen bezeichnet, auch für die 32 Kristallklassen eingebürgert. Diese Symbole sind in der Tat sehr anschaulich, wenn man sich einmal mit dem Prinzip der Symbolisierung vertraut gemacht hat.

Das HERMANN-MAUGUINsche Symbol besteht bei den Kristallklassen aus maximal 3 Angaben (Zahlen, Buchstaben oder „Brüchen"), welche die Symmetrieelemente in den sog. Blickrichtungen darstellen. Die *Blickrichtungen* sind geometrisch ausgezeichnete Richtungen, nämlich diejenigen, denen die eventuell vorhandenen *Symmetrieachsen* und *Normalen der Symmetrieebenen* parallel verlaufen.

Reihenfolge der Blickrichtungen:

Triklines System:	Irgendeine Richtung.
Monoklines System:	Nur die b-Achse.
Orthorhombisches System:	a-, b- und c-Achse.
Tetragonales, trigonales und hexagonales System:	1. die Hauptachse (c-Achse),
	2. die Nebenachse (a-Achse),
	3. die Winkelhalbierende zweier Nebenachsen.
Kubisches System:	Die Normalen der Würfel-, Oktaeder- und Rhombendodekaederflächen, also die Richtungen
	1. [100]
	2. [111]
	3. [110].

Befinden sich in der gleichen Blickrichtung eine Achse und die Normale einer Symmetrieebene (oder — bei Raumgruppen — die Normale einer Gleitspiegelebene), so wird das durch einen „Bruchstrich" kenntlich gemacht. Es bedeutet z. B. $\frac{2}{m}$ oder $2/m$, daß eine zweizählige Drehachse senkrecht auf einer Spiegelebene steht.

Die Symbolisierung der einzelnen Symmetrieelemente ist bereits auf S. 27 und 29 angegeben worden.

Die „*vollständigen*" Klassensymbole, die in Tab. 2, S. 33 aufgeführt sind, geben das Symbol der Dreh- bzw. Drehinversionsachsen *und* der Normalen der Spiegelebenen in den drei Blickrichtungen an. Liegen dagegen in einer Blickrichtung eine Symmetrieachse und die Normale einer Spiegelebene, und ist nur eines der beiden Symmetrieelemente für die Erzeugung der Symmetrie der Kristallklasse notwendig, dann wird nur das Symbol für die Spiegelebene aufgeführt; man erhält das „*gekürzte*" Symbol; z. B. $\frac{6}{m}\,mm$ statt $\frac{6}{m}\,\frac{2}{m}\,\frac{2}{m}$ oder mmm statt $\frac{2}{m}\,\frac{2}{m}\,\frac{2}{m}$.

Ein Beispiel möge hier erklärt werden: Das SCHOENFLIESsche Symbol für die höchstsymmetrische kubische Kristallklasse O_h ist nicht sehr anschaulich; das HERMANN-MAUGUINsche Symbol dagegen macht selbst in der „gekürzten" Form $m\,3\,m$ klare und anschauliche Angaben. Es besagt:

1. Senkrecht auf der kristallographischen a-, b- und c-Achse des kubischen Achsenkreuzes stehen jeweils Spiegelebenen.

2. In der Richtung [111] ünd in den gleichwertigen Richtungen, d. h. in Richtung der vier Raumdiagonalen des Würfels, verlaufen dreizählige Drehachsen.

3. Auf den Richtungen [110], also auf den sechs Winkelhalbierenden zwischen den kristallographischen Achsen stehen Symmetrieebenen senkrecht. Man kann sich selbst, z. B. mit Hilfe der stereographischen Projektion der allgemeinen Flächenform, davon überzeugen, daß dann auch 3 vierzählige Drehachsen in Richtung der kristallographischen Achsen und 6 zweizählige Achsen in Richtung [110] und ihren gleichwertigen Richtungen und ein Symmetriezentrum entstehen. Das Symmetriezentrum macht aus den dreizähligen Drehachsen dreizählige Inversionsachsen, $\bar{3}$, so daß das vollständige Symbol dieser Kristallklasse $\dfrac{4}{m}\bar{3}\dfrac{2}{m}$ ist. An diesem Beispiel erkennt man auch, daß im gekürzten Symbol auf die Angabe der $\bar{3}$-Achse zugunsten der 3-Achse verzichtet wird, sofern es möglich ist. Außer in der Klasse $m\,3\,m$ ist das nur noch in der Klasse $m\,3$ möglich, deren vollständiges Symbol $\dfrac{2}{m}\bar{3}$ ist.

Die Symbolisierung der Kristallklassen nach HERMANN-MAUGUIN verdient den Vorzug gegenüber der SCHOENFLIESSchen Symbolisierung; nicht zuletzt auch deshalb, weil das gleiche Prinzip bei der international anerkannten Symbolisierung der Raumgruppen verwendet wird.

Die 32 Kristallklassen sind in der Tafel 1 aufgeführt. Es sind neben der Bezeichnung und Darstellung der allgemeinen Flächenform die Lage der Symmetrieelemente sowohl in stereographischer Projektion als auch in der von NIGGLI[1] gebrachten Darstellung aufgeführt. Die gekürzten Symbole nach HERMANN-MAUGUIN und nach SCHOENFLIES sind ebenfalls angegeben, und die verschiedenen Kristallklassen sind durch dicke Striche zu den 7 Kristallsystemen zusammengefaßt.

Die folgende Zusammenstellung Tab. 2 gibt anhand einer der möglichen anschaulichen Ableitungen einen Überblick über die 32 Kristallklassen.

Zusätzliche Symmetrieelemente des Diskontinuums. An Makrokristallen können nur diejenigen Symmetrieelemente unterschieden werden, welche die Kristallklassen bilden; also die verschiedenen Drehachsen und die verschiedenen Drehinversionsachsen, wozu auch das Symmetriezentrum ($\bar{1}$) und die Spiegelebene ($\bar{2} \equiv m$) gehören. Im dreidimensional periodischen atomaren Diskontinuum jedoch müssen zusätzlich Symmetrieelemente beachtet werden, deren Symmetrieoperationen sich in der Größenordnung der Elementarperioden abspielen:

1. *Translationen.* Die im Reich der Kristalle möglichen verschiedenen Translationsschemata stellen die bereits besprochenen 14 BRAVAIS-Gitter dar (vgl. Seite 7 ff.).

---

[1] NIGGLI, P.: Lehrbuch der Mineralogie und Kristallchemie, 3. Aufl., Teil 1. Berlin 1941.

Tabelle 2. *Die 32 Kristallklassen.*

System	Erzeugende Symmetrieelemente (Die resultierenden Drehachsen, Drehinversionsachsen und Spiegelebenen sind im vollständigen Symbol von Hermann-Mauguin enthalten, welches bei jeder Kristallklasse angegeben ist.)						
	Drehachse	Dreh-inversionsachse	Drehachsen als Diedergruppe	Drehachse + horizontale Spiegelebene	Drehachse + vertikale Spiegelebene	Diedergruppe + horizontale Spiegelebene	Diedergruppe + diagonale Spiegelebene
triklin	$1-C_1$	$\bar{1}-C_i$					
monoklin . . .	$2-C_2$	$(\bar{2}) \equiv m-C_s$		$\dfrac{2}{m}-C_{2h}$			
orthorhombisch			$222-D_2$		$mm\,2-C_{2v}$	$\dfrac{2}{m}\dfrac{2}{m}\dfrac{2}{m}-D_{2h}$	(tetragonal) ($\bar{4}2\,m-D_{2d}$)
rhomboedrisch . oder trigonal	$3-C_3$	$\bar{3}-C_{3i}$	$3\,2-D_3$	(hexagonal)[1] ($\bar{6}-C_{3h}$)	$3\,m-C_{3v}$	(hexagonal)[1] ($\bar{6}\,m\,2-D_{3h}$)	$\bar{3}\dfrac{2}{m}-D_{3d}$
tetragonal . . .	$4-C_4$	$\bar{4}-S_4$	$4\,2\,2-D_4$	$\dfrac{4}{m}-C_{4h}$	$4\,mm-C_{4v}$	$\dfrac{4}{m}\dfrac{2}{m}\dfrac{2}{m}-D_{4h}*$	$\bar{4}2\,m-D_{2d}$
hexagonal . .	$6-C_6$	$\bar{6}-C_{3h}$	$6\,2\,2-D_6$	$\dfrac{6}{m}-C_{6h}$	$6\,mm-C_{6v}$	$\bar{6}\,m\,2-D_{3h}$	$\dfrac{6}{m}\dfrac{2}{m}\dfrac{2}{m}-D_{6h}**$
kubisch	$3\,\blacklozenge+4\,\blacktriangle$		$3\,\blacksquare+4\,\blacktriangle$	$3\,\blacklozenge+4\,\blacktriangle$ + horiz. m	$3\,\blacklozenge+4\,\blacktriangle$ + diagonal. m	$3\,\blacksquare+4\,\blacktriangle$ + horiz. m	
	$23-T$		$432-O$	$\dfrac{2}{m}\bar{3}-T_h$	$\bar{4}3\,m-T_d$	$\dfrac{4}{m}\bar{3}\dfrac{2}{m}-O_h***$	

[1] Auch oft dem trigonalen System zugeordnet, aber *nicht* dem rhomboedrischen.
* D_{4h} ist identisch mit D_{4d}, letzteres Symbol wird daher nicht benötigt.
** D_{6h} ist identisch mit D_{6d}, letzteres Symbol wird daher nicht benötigt.
*** O_h ist identisch mit O_d, letzteres Symbol wird daher nicht benötigt.

2. *Gleitspiegelebenen.* Sie stellen *gekoppelte* Symmetrieoperationen aus Spiegelung plus Translation um einen bestimmten Bruchteil von Identitätsperioden dar. Betrachten wir z. B. eine Gleitspiegelebene in einem monoklinen Kristall; sie steht — entsprechend der meistens befolgten

Die Gleitspiegelebenen:

Graphisches Symbol	Symbol	Gleitkomponente
————————	$\begin{cases} a \\ b \end{cases}$	$a_0/2$ in Richtung [100] $b_0/2$ in Richtung [010]
··················	c	$c_0/2$ in Richtung [001]
—·—·—·—·—·	n	$a_0/2 + b_0/2$ oder $b_0/2 + c_0/2$ oder $a_0/2 + c_0/2$ oder $a_0/2 + b_0/2 + c_0/2$ nur in tetragonalen und kubischen Kristallen
—·—·—· → ·—·—· —·—·—· ← ·—·—· (beide gekoppelt)	d	$a_0/4 \pm b_0/4$ oder $b_0/4 \pm c_0/4$ oder $a_0/4 \pm c_0/4$ oder $a_0/4 \pm b_0/4 \pm c_0/4$ nur in tetragonalen und kubischen Kristallen
————————	m	*normale* Spiegelebene

Übereinkunft — senkrecht der b-Achse und verläuft parallel der a- und c-Achse. Ein Punkt wird nun zunächst in seine spiegelsymmetrische Lage übergeführt, verbleibt dort aber nicht, sondern wird noch z. B. in Richtung der c-Achse um $c_0/2$ translatiert; man symbolisiert solch eine Gleitspiegelebene mit c. Oder der gespiegelte Punkt wird in Richtung der a-Achse um $a_0/2$ *und* weiter in Richtung der c-Achse um $c_0/2$ translatiert.

Solch eine Gleitspiegelebene, bei der die Gleitkomponente $a_0/2+c_0/2$ beträgt, wird mit n symbolisiert. Die Symmetrieoperationen einiger Gleitspiegelebenen werden aus den Abb. 26—28 (S. 37f) deutlich. Nachfolgend sind alle in Kristallen möglichen Gleitspiegelebenen und ihre Symbole aufgeführt.

3. *Schraubenachsen.* Diese Symmetrieelemente liefern ebenfalls *gekoppelte* Symmetrieoperationen, und zwar aus Drehung um $360°/n$ (wobei $n = 2$, 3, 4 oder 6 ist) *plus* Translation in Richtung der Achse; der Translationsbetrag ist ein bestimmter Bruchteil der in der Achsenrichtung vorhandenen Identitätsperiode. Bei einer Anzahl von Schraubenachsen unterscheidet man, wie bei einem Gewinde, einen rechten bzw.

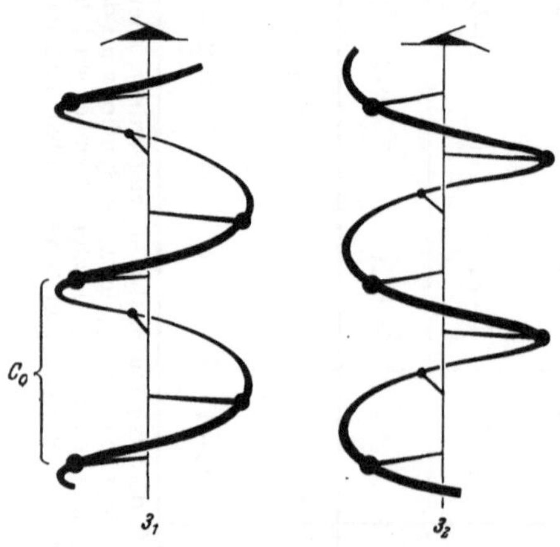

Abb. 24. Dreizählige Schraubenachsen. 3_1 hat einen rechten Windungssinn, 3_2 einen linken.

linken Windungssinn, was in Abb. 24 am Beispiel der beiden dreizähligen Schraubenachsen verdeutlicht ist. Diese Schraubenachsen haben das Symbol 3_1 bzw. 3_2; das bedeutet, daß ein Punkt in einen symmetrisch gleichwertigen Punkt übergeführt wird, wenn eine Drehung von 120° *im Uhrzeigersinn* und gleichzeitig eine Translation um $\frac{1}{3} c_0$ bei der 3_1-Schraubenachse bzw. um $\frac{2}{3} c_0$ bei der 3_2-Schraubenachse erfolgt. 3_1 hat einen rechten Windungssinn, 3_2 einen linken. Wird bei der 3_2-Schraubenachse die Drehung *entgegen* dem Uhrzeigersinn durchgeführt, dann braucht der Punkt nur um $\frac{1}{3} c_0$ translatiert zu werden. Das gleiche gilt für alle Schraubenachsen mit linkem Windungssinn; z. B. bei 6_5 beträgt die Schraubungskomponente nur $\frac{1}{6} c_0$, wenn *entgegen* dem Uhrzeigersinn gedreht wird.

Der Windungssinn kann sogar bei gewissen makroskopischen Vorgängen wahrgenommen werden. Wenn z. B. linear polarisiertes Licht einen Quarzkristall in Richtung der *c*-Achse durchsetzt, dann wird die Polarisationsebene des Lichts nach rechts oder nach links gedreht, weil der trigonale Quarz entweder eine 3_1- oder eine 3_2-Schraubenachse hat. Auch beim Wachstum äußern sich diese Schraubenachsen in der Lage gewisser Flächen: rechtes bzw. linkes Trapezoeder. Dies erkennen wir an Abb. 1 (S. 2).

Die Schraubenachsen.

Graphisches Symbol		Symbol	Schraubungskomponente im Uhrzeigersinn	Windungssinn
vertikal horizontal		2_1	$^1/_2\, c_0$ $^1/_2\, a_0$ oder $^1/_2\, b_0$	kein
		3_1 3_2	$^1/_3\, c_0$ $^2/_3\, c_0$	rechts links
		4_1 4_2 4_3	$^1/_4\, c_0$ $^2/_4\, c_0$ $^3/_4\, c_0$	rechts kein; zugleich Digyre links
		6_1 6_2 6_3 6_4 6_5	$^1/_6\, c_0$ $^2/_6\, c_0$ $^3/_6\, c_0$ $^4/_6\, c_0$ $^5/_6\, c_0$	rechts rechts kein; zugleich Trigyre links links

Raumgruppen. Wir haben gesehen, daß ein Symmetrieelement oder eine bestimmte Kombination von Symmetrieelementen des Kontinuums eine Kristallklasse darstellt. Eine *Raumgruppe* ist nun eine dreidimensional unendliche periodische Anordnung von Symmetrieelementen des Kontinuums und/oder des Diskontinuums. Das räumliche Gerüst der Symmetrieelemente einer Raumgruppe ist so aufgebaut, daß

3*

aus *einem* willkürlich[1] in das Gerüst hineingestellten Punkt (Atomschwerpunkt) durch Vervielfältigung an den jeweils vorhandenen Symmetrieelementen ein dreidimensional periodisches Punktgitter gebildet wird. Die Anzahl der möglichen Raumgruppen beträgt 230; sie wurde gruppentheoretisch von A. Schoenflies[2] und von E. v. Fedorow[3] gleichzeitig abgeleitet. Diese 230 möglichen verschiedenen Punktgitter gehen natürlich weit über die 14 Bravaisschen Punktgitter hinaus; Bravais-Gitter sind ja nur durch verschiedene Translationsschemata zustande gekommen, ohne daß Symmetrieelemente hineingelegt worden sind.

Man kann aber die mit identischen Punkten besetzten Punktgitter der 230 Raumgruppen durch eine *bestimmte* Ineinanderstellung mehrerer jeweils kongruenter Bravais-Gitter erhalten, wobei die Art der Ineinanderstellung gerade durch die Art und Anordnung der Symmetrieelemente einer Raumgruppe bedingt ist. Aus diesem Grunde erfolgt auch die Symbolisierung der Raumgruppen nach Hermann-Mauguin derart, daß man zuerst das Symbol für das Translationsschema $(P, C$ (oder B oder $A)$, F und $I)$ angibt, und dann folgen — wiederum in der Reihenfolge der auf S. 31 angeführten Blickrichtungen — Angaben der Symmetrieelemente. Es werden nicht alle Symmetrieelemente angegeben, sondern nur die zur Charakterisierung notwendigen. Die Auswahl der im Raumgruppensymbol angeführten Symmetrieelemente erfolgte so, daß — wie gesagt — zuerst die Art der Translation, dann Spiegel- bzw. Gleitspiegelebenen, hierauf Dreh- bzw. Schraubenachsen hingeschrieben werden; nur dann, wenn diese Angaben noch nicht ausreichend sind, um alle übrigen, im Symbol nicht genannten Symmetrieelemente der Raumgruppe zu erzeugen, werden Symmetriezentren und Drehinversionsachsen angegeben[4]. Mit diesen Hinweisen können die in vielen Sammelwerken und Lehrbüchern aufgeführten 230 Raumgruppensymbole verstanden werden. Besonders anschaulich sind die graphischen Darstellungen in den „Internationalen Tabellen zur Kristallstrukturbestimmung", Bd. 1, Berlin 1933, und in ihrer Neuauflage, den "International Tables for X-Ray Crystallography", Bd. 1, Birmingham 1952.

Zwecks Erläuterung sollen hier als Beispiele einige einfache Raumgruppen behandelt werden. Wir betrachten diejenigen monoklinen Raumgruppen, in denen nur Spiegel- und Gleitspiegelebenen vorkommen, also keine zweizähligen Achsen. Als Translationsschema kommen bei

---

[1] „Willkürlich" soll bedeuten, daß der Punkt nicht auf oder symmetrisch zwischen Symmetrieelementen liegt; es soll ein Punkt „allgemeiner" Lage sein.

[2] Schoenflies, A.: Kristallsysteme und Kristallstruktur. Leipzig 1891. Theorie der Kristallstruktur. Berlin 1923.

[3] Fedorow, E. v.: Z. Krist. **20**, 28 (1892); **37**, 22 (1903).

[4] Vgl. P. P. Ewald: Artikel im Handbuch der Physik, Bd. 23/II.

monoklinen Kristallen nur das primitive P, und das basiszentrierte C in Frage (siehe BRAVAIS-Gitter). Folgende vier Raumgruppen müssen dann unterschieden werden: Pm, Pc, Cm und Cc. Da man weder das Translationsschema noch einen Unterschied zwischen Gleitspiegelebene und normaler Spiegelebene am Makrokristall feststellen kann, gehören alle vier Raumgruppen der Kristallklasse mit dem Symbol $m - C_s$ an; SCHOENFLIES numeriert vorstehende Raumgruppen folgendermaßen durch C_s^1, C_s^2, C_s^3, C_s^4.

In den folgenden Abbildungen 25 und 26 sind jeweils vier Elementarzellen dargestellt, genauer gesagt, ihre Projektion in die b-c-Ebene. Die

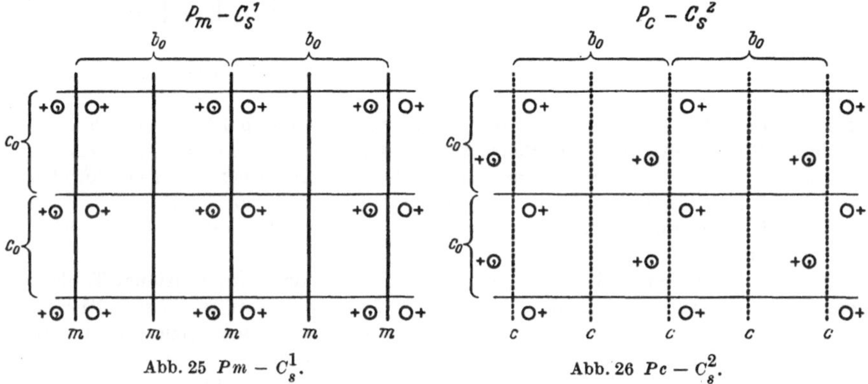

Abb. 25 $Pm - C_s^1$. Abb. 26 $Pc - C_s^2$.

Abb. 25 und 26. Raumgruppe mit allgemeiner, zweizähliger Punktlage.

c-Achse bildet mit der a-Achse den monoklinen Winkel, der hier gerade als $90°$ angenommen sei, so daß die a-Achse senkrecht auf der Projektionsebene steht.

In der Raumgruppe $Pm - C_s^1$ sind zunächst nur normale Spiegelebenen parallel im Abstand b_0 angeordnet; die in der Abb. 25 außerdem noch eingetragene Spur einer Symmetrieebene im Abstand $b_0/2$ resultiert, wovon man sich leicht überzeugen kann, wenn man die Punktanordnung betrachtet. Diese Punktanordnung in einer Elementarzelle ist so zustande gekommen, daß wir irgendwo zwischen die Schar von Spiegelebenen einen Punkt gesetzt haben und auf ihn die einfach-primitive monokline Translation und die Symmetrieoperation der Spiegelebenenschar einwirken lassen. Die Punkte liegen nicht in der Zeichenebene (das wäre die Koordinate $x = 0$), sondern etwas darüber, was durch ein $+$-Zeichen neben dem den Punkt darstellenden Kreis ausgedrückt wird; ein Komma in einem Kreis bedeutet, daß dieses ein gespiegelter Punkt ist.

Die Raumgruppe $Pc - C_s^2$, Abb. 26, enthält statt der normalen Spiegelebenen im Abstand b_0 eine Schar von c-Gleitspiegelebenen mit der Gleitkomponente $c_0/2$. Ein Punkt, der der primitiven Translation des monoklinen Gitters und der Symmetrieoperation der Gleitspiegelebenen unterworfen wird, liefert die in Abb. 26 dargestellte dreidimensional periodische Punktanordnung, aus der man erkennt, daß eine weitere Schar von c-Gleitspiegelebenen resultiert, welche im Abstand $b_0/2$ liegen.

Das Symbol der Raumgruppe $Cm - C_s^3$, Abb. 27, besagt, daß eine Schar von normalen m-Spiegelebenen im Abstand b_0 vorliegt und daß zum Unterschied von der Raumgruppe Pm jeder Punkt der Translation des basiszentrierten BRAVAIS-Gitters unterworfen wird. Mit anderen Worten, zu einem Punkt mit den Koordinaten $[[xyz]]$ entsteht durch Translation ein identischer Punkt mit den Koordinaten $\left[[x + \frac{1}{2}, y + \frac{1}{2}, z]\right]$. Diese beiden in der Elementarzelle befindlichen Punkte werden nun der Symmetrieoperation der Spiegelebenen unterworfen, so

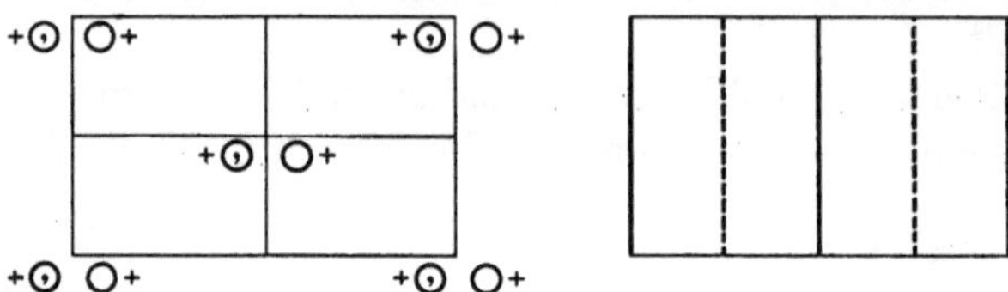

Abb. 27. Raumgruppe $Cm - C_s^3$ mit allgemeiner, vierzähliger Punktlage.

daß das in Abb. 27 dargestellte Punktgitter entsteht, dessen Elementarzelle nunmehr 4 Punkte enthält. Man überzeugt sich ferner davon, daß in dieser Raumgruppe im Abstand $b_0/2$ eine zweite Schar von m-Spiegelebenen und zwischen den m-Spiegelebenen noch zusätzlich a-Gleitspiegelebenen resultieren, die aber im Symbol dieser Raumgruppe unnötig sind (weil sie bereits durch die C-Translationsgruppe bedingt sind).

Die Abb. 27 und auch die folgende Abb. 28 sind den "International Tables" entnommen, um dem Leser die dort gewählte Darstellungsart zu zeigen. Hier ist eine Elementarzelle in die Ebene, in der die a- und b-Achse liegen, projiziert worden. In jeder Abb. sind rechts nur die Symmetrieelemente, auch die resultierenden Symmetrieelemente dargestellt, während links nur die *allgemeine* Punktanordnung in der Raumgruppe ohne die Symmetrieelemente gezeigt wird.

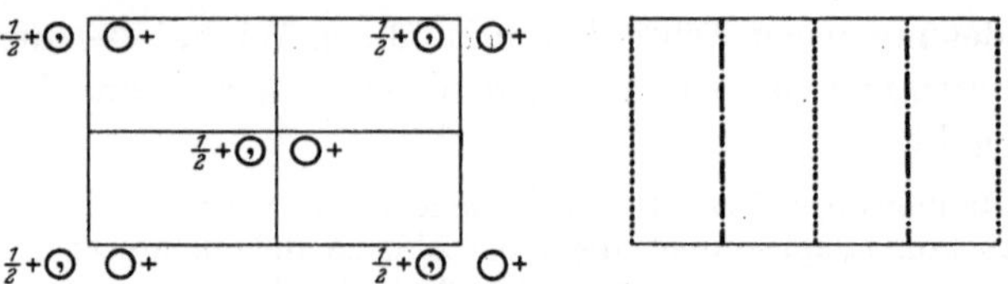

Abb. 28. Raumgruppe $Cc - C_s^4$ mit allgemeiner, vierzähliger Punktlage.

Bei der Raumgruppe $Cc - C_s^4$ ist das Translationsschema ebenfalls basiszentriert wie bei der vorherigen Raumgruppe, aber statt der normalen Spiegelebenen sind c-Gleitspiegelebenen vorhanden. Zu einem Punkt mit den Koordinaten $[[xyz]]$ wird durch die c-Gleitspiegelebene ein Punkt mit den Koordinaten $\left[[x, \bar{y}, \frac{1}{2} + z]\right]$ geschaffen. Da in der Abb. 28 die c-Richtung senkrecht auf der Zeichenebene steht, liegt dieser gespiegelte Punkt um $\frac{1}{2} c_0$ höher über der Zeichenebene als der Ausgangspunkt $[[xyz]]$, was durch $\frac{1}{2} +$ angedeutet ist. Man erkennt nun, daß in dieser Raumgruppe genau zwischen der Schar der c-Gleitspiegelebenen eine Schar von n-Gleitspiegelebenen resultiert, die das Raumgruppensymbol nicht anzuführen braucht. Die n-Gleitspiegelebene spiegelt einen Punkt und translatiert ihn gleichzeitig um $a_0/2 + c_0/2$. Auch die Elementarzelle der Raumgruppe Cc enthält, wie die der Raumgruppe Cm, vier Punkte „allgemeiner Lage"; man spricht hier von einer sog. vierzähligen allgemeinen Punktlage, weil es sich um vier identische Punkte handelt.

In monoklinen Raumgruppen können nur P- und C-Translationen auftreten (vgl. Seite 9), und bei der gewählten Aufstellung, daß die b-Achse senkrecht auf der Spiegelebene steht, können außer m-Spiegelebenen nur a-, c- und n-Gleitspiegelebenen vorhanden sein (d-Gleitspiegelebenen sind nur in rhombischen, tetragonalen und kubischen F- und I-Raumgruppen möglich). Somit sind mit den obigen vier Raumgruppen die Möglichkeiten für die mit der Kristallklasse m-C_s makroskopisch isomorphen Raumgruppen voll erfaßt; denn Cm ist identisch mit Ca, und Cc ist identisch mit Cn, und eine n-Gleitspiegelebene ist nicht mit einer P-Translation verträglich, so daß eine Raumgruppe Pn unmöglich ist.

Außer den in den Abb. 25—28 dargestellten vierzähligen allgemeinen Punktlagen der Raumgruppe Cm und Cc bzw. den zweizähligen allgemeinen Punktlagen der Raumgruppe Pm und Pc unterscheidet man noch „spezielle" Punktlagen, die allgemein dadurch gekennzeichnet sind, daß die Punkte auf einem oder mehreren Symmetrieelementen liegen. Z. B. sind in der Raumgruppe Pm die auf der Spiegelebene liegenden Punkte $[[x\,0\,z]]$ bzw. $\left[x\,\frac{1}{2}\,z]\right]$ zwei spezielle, nicht durch Symmetrie gekoppelte, also einzählige Punktlagen, während in der Raumgruppe Cm die Punkte $[[x\,0\,z]]$ und $\left[[\frac{1}{2}+x,\frac{1}{2},z]\right]$ eine spezielle, aber durch Symmetrieoperation gekoppelte und daher in diesem Falle zweizählige Punktlage darstellen.

Eine Kristallstruktur muß man sich nun folgendermaßen vorstellen: Es liegt ihr das dreidimensional periodische Symmetriegerüst einer der 230 Raumgruppen zugrunde. Eine Atomart besetzt in ihr z. B. eine allgemeine Punktlage mit bestimmten x-, y- und z-Koordinaten, eine andere Atomart besetzt z. B. ebenfalls die allgemeine Punktlage, aber mit anderen Koordinaten für x-, y und z, oder sie besetzt eine oder mehrere spezielle Punktlagen; es können auch nur spezielle Punktlagen besetzt sein. Aber eine Punktlage mit bestimmten Koordinaten kann nur jeweils von *einer* Atomart besetzt sein (Ausnahme Mischkristalle), weil ja die Punkte einer Punktlage identisch sind.

Nehmen wir zur Erläuterung an, wir hätten einen Kristall von Kaliumnitrit, KNO_2, der in der Raumgruppe Cm kristallisiert. Häufig wird bei monoklinen Kristallen eine Achsentransformation vorgenommen, indem die a- und c-Achse vertauscht werden; dann ist nicht mehr die C-Fläche, d. h. die Fläche, in der die a- und b-Achsen liegen, zentriert, sondern die Fläche, die parallel zu den c- und b-Achsen verläuft. Da diese Fläche mit A symbolisiert wird, erhält die Raumgruppe das Symbol Am. Die Achsentransformation wird auch beim KNO_2 ausgeführt. Zu jedem Punkt $[[x\,y\,z]]$ gehört nun durch die flächenzentrierende Translation ein Punkt $\left[[x,\frac{1}{2}+y,\frac{1}{2}+z]\right]$; beide Punkte werden der Symmetrieoperation der Schar von Spiegelebenen unterworfen, so daß eine vierzählige allgemeine Punktlage entsteht. Die Raumgruppe Am enthält nun folgende Punktlagen:

a) spezielle zweizählige Punktlage: $x\,0\,z$; $x,\frac{1}{2},\frac{1}{2}+z$ (auf der Spiegelebene),

b) allgemeine vierzählige Punktlage: $x\,y\,z$; $\quad x,\ \frac{1}{2}+y,\quad \frac{1}{2}+z$; $x\,\bar{y}\,z$; $\quad x,\ \frac{1}{2}-y,\ \frac{1}{2}+z$.

Vom KNO_2 ist $a_0 = 4{,}45$ Å, $b_0 = 4{,}99$ Å, $c_0 = 7{,}31$ Å und $\beta = 114°50'$ bestimmt worden[1]; aus dem Volumen der Elementarzelle und dem spezifischen Gewicht des KNO_2 ergibt sich, daß 2 Formeleinheiten KNO_2 in der Zelle untergebracht sind. Die 2 K besetzen die Punktlage (a) mit den speziellen Koordinaten $x = 0$ und $z = 0$; also

$$2\ \text{K in } [[000]] \text{ und } [[0\,\tfrac{1}{2}\,\tfrac{1}{2}]]\,.$$

Die 2 N-Atome besetzen ebenfalls die zweizählige Punktlage (a), aber mit den Koordinaten für $x = \frac{1}{2}$ und $z = 0{,}486$; also

$$2\ \text{N in } [[\tfrac{1}{2};\,0;\,0{,}486]] \text{ und } [[\tfrac{1}{2};\,\tfrac{1}{2};\,0{,}986]][\,.$$

Die 4 O-Atome besetzen die allgemeine vierzählige Punktlage mit den Koordinatenwerten für $x = 0{,}444$, $y = 0{,}194$ und $z = 0{,}417$.

Aus der Abb. 29, welche eineinhalb Elementarzellen des KNO_2 darstellt, erkennt man die angegebenen Punktlagen (der Koordinatenanfangspunkt ist bezeichnet), und man sieht die den Identitätsabstand b_0 in $\frac{1}{2}$ schneidende Spiegelebene (skizziert), die auch durch $b_0 = 0$ und 1 geht, aber hier nicht erkennbar ist, weil das Strukturbild nur eine

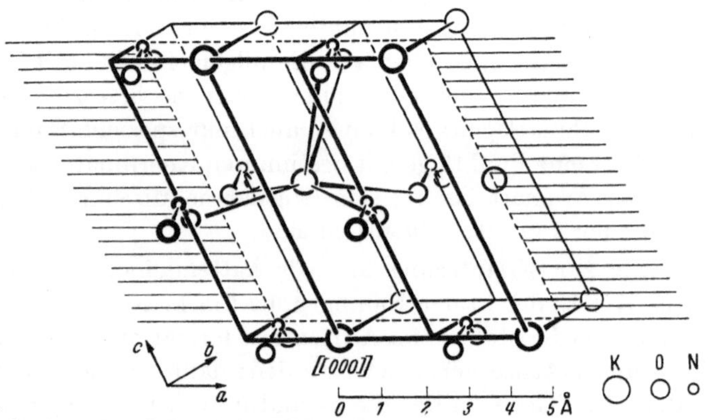

Abb. 29. Struktur des Kaliumnitrit, KNO_2; dargestellt sind $1^1/_2$ Elementarzellen. Monokline Raumgruppe $Am - C_s^3$. Die Elementarzelle enthält 2 Formeleinheiten.

Identitätsperiode b_0 zeigt. Wenn man sich etwas mehr in die Abb. 29 vertieft, dann findet man auch leicht die c-Gleitspiegelebenen, die parallel zur eingezeichneten Spiegelebene im Abstand $\pm\,b_0/4$ verlaufen.

In der Struktur erkennt man auch deutlich die NO_2-Komplexionen. Der Winkel der Bindung zwischen $O\diagup^{N}\diagdown O$ beträgt 132°, der Abstand der O in der Nitritgruppe ist 1,94 Å groß, der Abstand $N-O$ beträgt 1,13 Å. Ein K hat sechs

---

[1] Strukturbericht, Bd. 4 S. 39, 1936.

nächste Sauerstoffnachbarn, je zwei in der Entfernung von 2,74 bzw., 2,75 bzw. 3,01 Å (die Koordination ist eingezeichnet). Fünf Stickstoffatome umgeben ein K-Atom, eines in der Entfernung von 3,31 und je zwei im Abstand von 3,34 bzw. 3,39 Å.

Betrachtet man nur die Anordnung der K-Atome, dann sieht man sofort, daß diese die Punkte eines monoklinen seitenzentrierten BRAVAIS-Gitters besetzen, die N-Atome bilden ebenfalls ein Gitter gleicher Dimensionen. Die Punktlagen der K- und N-Atome entsprechen also einer bestimmten Ineinanderstellung zweier seitenzentrierter BRAVAIS-Gitter. Jedes einzelne dieser BRAVAIS-Gitter hat die Symmetrie der Raumgruppe $A\dfrac{2}{m}$, und erst durch die *Art* der Ineinanderstellung wird die Symmetrie verringert auf $A\,m$, was besonders deutlich wird, wenn wir auch noch die Schwerpunkte der O-Atome in der Struktur betrachten. Die Schwerpunkte der Sauerstoffatome, welche die vierzählige allgemeine Punktlage besetzen, stellen eine bestimmte Art der Ineinanderstellung wiederum zweier monokliner seitenzentrierter Gitter dar. Diese Ineinanderstellung hat, wenn wir sie *für sich alleine* betrachten, in dem vorliegenden Fall die höhere Symmetrie der Raumgruppe $A\dfrac{2}{m}$, aber durch die Art der Ineinanderstellung der mit K-, N- und O-Atomen besetzten Punktgitter ergibt sich für die Struktur des KNO_2 die niedrigere Symmetrie der Raumgruppe $A\,m$.

Eine Kristallstruktur kann also aufgefaßt werden als eine *bestimmte* Ineinanderstellung mehrerer Punktgitter gleicher Zellenabmessungen. Die Art der Ineinanderstellung der Punktgitter gehorcht stets der Symmetrie einer der 230 Raumgruppen. Jedes von einer Atomart besetzte Punktgitter ist entweder ein BRAVAIS-Gitter oder eine bestimmte Ineinanderstellung mehrerer kongruenter BRAVAIS-Gitter.

Von den 230 Raumgruppen sind 11 Raumgruppen lediglich enantiomorphe Raumgruppen, so daß man für eine Häufigkeitsstatistik nur mit 219 Raumgruppen zu rechnen braucht. Eine solche ist von NOWACKI[1] an etwa 3800 Verbindungen aufgestellt worden, die zu dem Ergebnis führte, daß einige Raumgruppen sehr stark bevorzugt werden, andere dagegen fast gar nicht realisiert sind; für die Raumgruppe $P\,\bar{6}$ ist bisher noch überhaupt kein Kristall bekannt geworden. In einem Vortrag interpretiert NOWACKI[2] das statistische Ergebnis folgendermaßen: „Bei den *anorganischen* Verbindungen ergibt das Streben nach möglichst dichter *Kugel*packung die häufigsten Raumgruppen:

---

[1] NOWACKI, W. und J. D. H. DONNAY: Crystal Data. Geol. Soc. Amer., Memoir 60 (1954).

[2] NOWACKI, W.: Vortrag auf der 3. Diskussionstagung der Sektion für Kristallkunde in München, April 1955.

$F\,m\,3\,m - O_h^5$ mit 11%   Raumgruppe der kubisch dichtesten Kugelpackung,

$P\,6_3/m\,m\,c - D_{6h}^4$ mit 6%   Raumgruppe der hexagonal dichtesten Kugelpackung,

$P\,n\,m\,a - D_{2h}^{16}$ mit 6%   Raumgruppe der rhombisch deformierten Kugelpackung.

Allgemein werden von anorganischen Verbindungen orthorhombische, tetragonale, rhomboedrisch-hexagonale und kubische Symmetrien bevorzugt. *Organische* Verbindungen dagegen sind besonders häufig in triklinen, monoklinen und rhombischen Raumgruppen vertreten. In nur acht Raumgruppen kristallisieren bereits 58% aller organischen Kristalle:

$P\,2_1/c - C_{2h}^5$	mit 22%
$P\,2_12_12_1 - D_2^4$	mit 10%
$P\,2_1 - C_2^2$	mit 9%
$C\,2/c - C_{2h}^6$	mit 5%
$P\,\bar{1} - C_i^1$	mit 3%
$P\,2_12_12 - D_2^3$	mit 3%
$P\,b\,c\,a - D_{2h}^{15}$	mit 3%
$P\,n\,m\,a - D_{2h}^{16}$	mit 3%
8 Raumgruppen	mit 58%

„Alle diese Raumgruppen enthalten entweder zweizählige Schraubenachsen (2_1), Gleitspiegelebenen (a, b, c, n) oder Symmetriezentren $(\bar{1})$ oder deren Kombination (eventuell neben 2 und m). Diese und nur diese Symmetrieelemente geben zu (einfachen) Zickzackketten Veranlassung. *Die Zickzackkette ist das wichtigste Baumotiv der Kristallstrukturen organischer Verbindungen.* Sie gewährt eine gute Dipolabsättigung und gestattet eine möglichst dichte Packung der in erster Näherung *ellipsoidförmigen Moleküle.* Es wird vermutet, daß diejenigen Raumgruppen, in welchen eine dichteste Packung von Ellipsoiden möglich ist, bei den organischen Verbindungen häufig auftreten. Das Problem, alle diese dichtesten Ellipsoidpackungen mit ihren Raumgruppen zu finden, ist jedoch noch ungelöst.‟

Bevor wir nun die Frage nach dem Zusammenhang zwischen atomarem Kristallbau und Eigenschaften stellen, muß darauf hingewiesen werden, daß das qualitative Verhalten einer Reihe von Eigenschaften im Kristall bereits durch die Makrosymmetrie charakterisiert werden kann.

3. Eigenschaften, deren Richtungsabhängigkeit im Kristall bereits durch die Makrosymmetrie beschrieben werden kann.

Lichtausbreitung. Schon lange bevor man Raumgruppen und Kristallstrukturen bestimmen konnte, wurden einige Eigenschaften erkannt, die durch die Makrosymmetrie, also durch die Kristallklasse bzw. durch das Kristallsystem bedingt sind. Hierzu gehört z. B. die von der Richtung abhängige Ausbreitungsgeschwindigkeit des Lichts in Kristallen, die in Richtung der Wellennormalen gemessen wird. Das

Verhältnis der Lichtgeschwindigkeit [1] im Vakuum zu der Wellennormalengeschwindigkeit in einem Stoff wird *Brechzahl*, Brechungsquotient oder auch Brechungsindex genannt und mit n bezeichnet. Wenn also die Brechzahl eines Stoffes z. B. $n = 1,5$ ist, dann besagt das, daß die Geschwindigkeit im Stoff 200000 km/sec beträgt; denn $n = \dfrac{300\,000}{200\,000} = 1,5$. Die Brechzahl eines Stoffes ist also proportional dem reziproken Wert der Wellennormalengeschwindigkeit des Lichts in dem Stoff. Für das Vakuum ist natürlich $n = 1$; und da n für Luft mit 1,00029 nur unwesentlich größer ist, können für den normalen Gebrauch alle Brechzahlen gegenüber Luft gemessen werden.

Die Brechzahl ist nur in kubischen Kristallen, weil die Lichtgeschwindigkeit in *allen* Richtungen gleich ist, ebenfalls in allen Richtungen gleich. Kubische Kristalle sind einfachbrechend; man nennt sie optisch isotrope Kristalle. Der Wert der Brechzahl jedoch ist von dem stofflichen Bestand, der Packung der Bausteine im Gitter usw. abhängig, worauf später eingegangen wird.

In allen nichtkubischen Kristallen zerlegt sich die einfallende Lichtwelle in zwei linear polarisierte Wellen von jeweils halber Intensität, welche mit ihren Schwingungsrichtungen aufeinander senkrecht stehen (optische Polarisation). Die Normalen der beiden Wellen haben die gleiche Richtung, aber die Geschwindigkeiten und somit auch die Brechzahlen der beiden Wellen sind verschieden; nichtkubische Kristalle sind daher doppelbrechend. In verschiedenen Richtungen ist die Verschiedenheit der beiden Brechzahlen, die Größe der Doppelbrechung verschieden. Diese optische Anisotropie wird z. B. durch die sog. FLETSCHERsche Indikatrix veranschaulicht. Sie wird folgendermaßen konstruiert:

Wir betrachten eine Wellennormalenrichtung und tragen auf einer senkrecht zu ihr stehenden Ebene vom Fußpunkt aus in den beiden Schwingungsrichtungen der beiden zugehörigen linear polarisierten Wellen die entsprechende Brechzahl (Brechungsindex) als Strecke auf (und zwar in Richtung und Gegenrichtung). Das macht man für alle möglichen Wellennormalenrichtungen, indem man die zu ihnen senkrechten Ebenen alle durch einen Punkt gehen läßt. Die Enden der von diesem Punkt abgetragenen Strecken liegen dann alle auf der Fläche

---

[1] Genauer „Phasengeschwindigkeit"; darunter versteht man den Weg, den z. B. ein Wellenberg oder ein Wellental in der Zeiteinheit zurücklegt. Wenn aus dem Vakuum eine Lichtwelle in einen Körper eindringt, dann tritt durch Überlagerung der Primärwelle mit den von den Atomen ausgehenden Sekundärwellen eine Phasenverschiebung, eine Rückversetzung z. B. des Wellenberges ein, d. h. die Phasengeschwindigkeit wird verlangsamt. Da die Amplitude der *Sekundär*wellen sowohl von der Wellenlänge als auch von der Atomanordnung abhängig ist, folgt, daß die Phasengeschwindigkeit der resultierenden Welle je nach der Wellenlänge und der Kristallrichtung verschieden ist.

eines Ellipsoids. Eine durch den Mittelpunkt der Ellipsoids geführte Ebene ergibt im allgemeinen eine Schnittellipse mit der Indikatrix; deren großer und kleiner Halbmesser also sowohl die beiden Schwingungsrichtungen als auch die Größe der Brechzahlen der zwei zu einer Wellennormalenrichtung gehörenden Wellen angeben.

Die Indikatrix für alle *tetragonalen, trigonalen* und *hexagonalen* Kristalle ist nun prinzipiell gleich; sie hat die Form eines Rotations-ellipsoides, wenn auch die Größen der beiden Halbachsen bei verschiedenen Kristallarten (und verschiedener Wellenlänge des Lichts) verschieden sind. Das Rotationsellipsoid ist stets so orientiert, daß seine Rotationsachse mit der tetragonalen, trigonalen bzw. hexagonalen Hauptachse (c-Achse) des Kristalls zusammenfällt. Diese Richtung ist auch optisch besonders ausgezeichnet, denn die Diametralebene senkrecht zu einer in Richtung der kristallographischen Hauptachse verlaufenden Wellennormalen liefert keine Schnittellipse mit dieser Indikatrix, sondern einen Schnittkreis (Abb. 30).

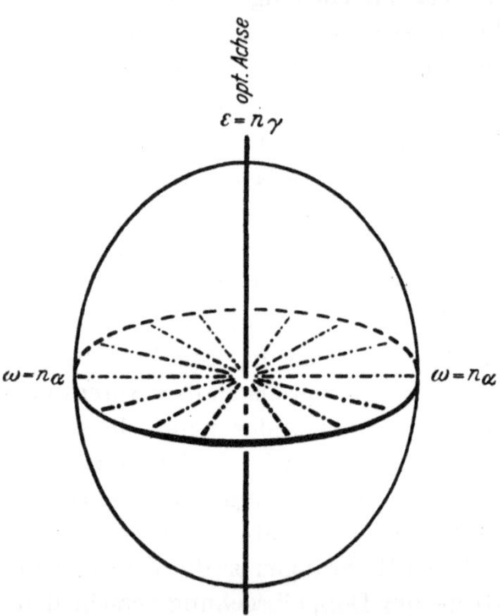

Abb. 30. Indikatrix eines optisch einachsigen Kristalls. Da $\varepsilon > \omega$ ist, wird der optische Charakter dieser Indikatrix definitionsgemäß positiv genannt.

Das heißt, man kann weder definierte Schwingungsrichtungen noch unterschiedliche Brechzahlen feststellen; in dieser Richtung findet keine Doppelbrechung und keine lineare Polarisation statt, so daß sich der Kristall optisch isotrop verhält. Man nennt diese Richtung der optischen Isotropie eine *optische Achse.* Da bei den tetragonalen, trigonalen und hexagonalen Kristallen nur *eine* optische Achse vorhanden ist, bezeichnet man alle diese Kristalle als optisch einachsig. (Eine optische Achse ist nicht mit einer kristallographischen Achse und nicht mit den Hauptachsen eines dreiachsigen Ellipsoids zu verwechseln.)

Bei *rhombischen, monoklinen* und *triklinen* Kristallen kann man die Doppelbrechungsverhältnisse nicht mehr mit Hilfe eines Rotationsellipsoids beschreiben, weil sich dieses nicht mehr mit der niedrigeren Symmetrie jener Kristallklassen verträgt. Man erhält für die rhombischen, monoklinen und triklinen Kristalle ein dreiachsiges Ellipsoid, Abb. 31; die Längen seiner drei geometrischen Achsen geben die Größe der drei Hauptbrechzahlen n_α, n_β und n_γ an; n_α ist die kleinste, n_γ die größte Brechzahl. In solch einer Indikatrix gibt es nun *zwei* Schnitte, die kreisförmig sind; d. h. es gibt zwei Richtungen der optischen Isotropie, also zwei optische Achsen, die jeweils senkrecht auf der Ebene eines Kreisschnitts stehen. Deshalb werden alle diese Kristalle als optisch zweiachsig bezeichnet. Der Winkel, den die optischen Achsen einschließen, wird Achsenwinkel 2 V genannt; seine Größe wird durch die Größen der Hauptbrechzahlen bedingt. Die Ebene in der die optischen Achsen liegen, heißt Achsenebene; auf ihr steht stets n_β senkrecht.

Man kann bei den drei optisch zweiachsigen Kristallsystemen drei verschiedene Lagen der Indikatrix unterscheiden, die durch die Symmetrie jener drei Kristallsysteme bedingt sind; sie sind in der folgenden Übersicht näher bezeichnet.

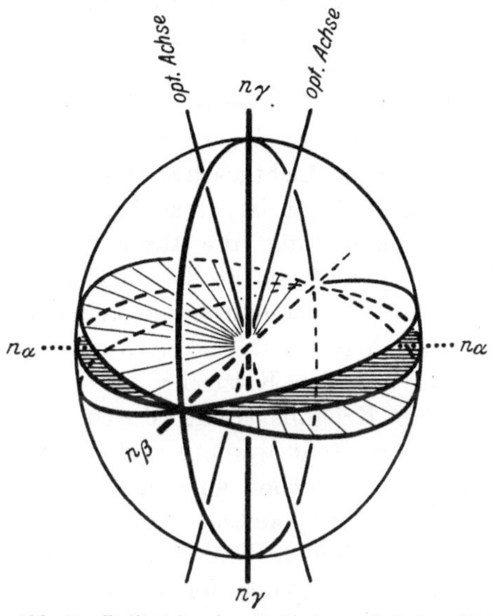

Abb. 31. Indikatrix eines optisch zweiachsigen Kristalls. Ein Kreisschnitt senkrecht der einen optischen Achse ist noch besonders durch radialstrahlige Geraden gekennzeichnet. Da $n\gamma$ den spitzen Winkel zwischen den optischen Achsen halbiert, ist der optische Charakter der hier dargestellten Indikatrix definitionsgemäß positiv.

Übersicht über die Art der Lichtausbreitung.

(5) Kubische Kristalle:	*Einfachbrechend.* Indikatrix eine Kugel.	
(4) Tetragonale, trigonale, hexagonale Kristalle:	*Einachsig doppelbrechend.* Indikatrix ein Rotationsellipsoid. Rotationsachse ‖ kristallographischer Hauptachse.	
(3) Rhombische Kristalle:		(3) Alle drei Achsen der Indikatrix ‖ Kristallachsen.
(2) Monokline Kristalle:	*Zweiachsig doppelbrechend.* Indikatrix ein dreiachsiges Ellipsoid.	(2) Nur eine Achse der Indikatrix ‖ b-Achse des Kristalls.
(1) Trikline Kristalle:		(1) Keine Beziehung zwischen Achsen der Indikatrix und kristallographischen Achsen.

In allen Kristallen hat man demnach insgesamt fünf verschiedene Arten der räumlichen Lichtausbreitung zu unterscheiden, die durch die dem Kristall zugrunde liegende Symmetrie, d. h. letztlich durch die Art der Atomanordnung in der Kristallstruktur bedingt sind.

Die Ziffern, die die fünf verschiedenen Arten des optischen Verhaltens unterscheiden, entsprechen den in der Tab. 3, Seite 49, Spalte 7, angegebenen. Diejenigen Kristallklassen, die sich bezüglich der betrachteten Eigenschaften gleich verhalten, haben dieselbe Ziffer.

So wie die Lichtgeschwindigkeit (bzw. Brechzahl) in einem Kristall richtungsabhängig ist, so sind auch in analoger Weise die Wärme- und Elektrizitätsleitung, die thermische Ausdehnung und die Kompressibilität verschieden groß in den verschiedenen Richtungen eines Kristalls. Die Richtungsabhängigkeit kann in allen diesen Fällen ebenfalls bei kubischen Kristallen durch eine Kugel, bei tetragonalen, trigonalen und hexagonalen Kristallen durch ein Rotationsellipsoid und bei den restlichen Kristallsystemen durch ein dreiachsiges Ellipsoid als Bezugsfläche dargestellt werden, und es ergeben sich je nach Art und Lage dieser Bezugsflächen zu den Achsen eines Kristalls wieder fünf verschiedene Möglichkeiten, die mit den gleichen Ziffern wie bei dem optischen Verhalten in Tab. 3 in der gleichen Spalte gekennzeichnet sind.

Auf die Vorgänge der Lichtausbreitung, der Wärme- und Elektrizitätsleitung, der thermischen Ausdehnung und der Kompressibilität wird später anhand von quantitativen Daten näher eingegangen werden.

Außer jenen Eigenschaften ist die *Elastizität* von Kristallen in den verschiedenen Richtungen von der Symmetrie des Kristalls abhängig; die Richtungsabhängigkeit ist in jedem Kristallsystem dieselbe, aber von Kristallsystem zu Kristallsystem verschieden, es sind demnach sieben verschiedene Fälle zu unterscheiden. Ferner sind bestimmte physikalische Eigenschaften nur in bestimmten Kristallklassen möglich, in anderen dagegen allein schon wegen der Makrosymmetrie des Kristalls ausgeschlossen. Dieses sind die optische Aktivität (optisches Drehvermögen), die Pyro- und Piezoelektrizität.

Die *Pyroelektrizität*, d. h. das Auftreten einer positiven Ladung an einem Ende und einer negativen Ladung am entgegengesetzten Ende einer Kristallrichtung allein durch Temperaturänderung, kann theoretisch nur in solchen Kristallklassen auftreten, welche nur eine polare kristallographische Achse haben, und außerdem in den Klassen C_1 und C_s; das sind 10 Klassen; vgl. Tab. 3. (Die Klassen $1-C_1$ und $m-C_s$ haben unendlich viele polare Achsen; bei $m-C_s$ sind nur die Richtungen senkrecht der Symmetrieebene nicht polar.)

Unter *Piezoelektrizität* versteht man die heute in der Technik sehr wichtige Erscheinung, daß durch Druck in einer Richtung, durch Torsion um eine Richtung oder durch allseitigen Druck ein elektrisches Dipolmoment erzeugt wird. Dieses kann natürlich nur dann auftreten, wenn die Atomanordnung *nicht* zentrosymmetrisch ist. Es gibt 21 Kristallklassen ohne Symmetriezentrum, aber die Klasse $432 - O$ hat eine so hohe Symmetrie, daß sie diesen Effekt nicht mehr zeigt. Somit ist Piezoelektrizität nur in 20 Kristallklassen möglich. Das bedeutet aber noch nicht, daß jeder Kristall, der in einer der 20 piezoelektrischen Klassen kristallisiert, auch tatsächlich piezoelektrisch ist; er kann es sein. Die primäre Voraussetzung für den Nachweis ist natürlich erstens, daß der Kristall nicht die Elektrizität leitet, und zweitens, daß die Bausteine im Gitter eine positive bzw. negative elektrische Ladung tragen, also Ionen sind. Denn ohne relative gegenseitige Verschiebung solcher Ladungsschwerpunkte in der Kristallstruktur kann kein pyro- oder piezoelektrischer Effekt zustande kommen.

Wie von einigen Flüßigkeiten und Lösungen, z. B. Zuckerlösungen, so ist auch von einer Anzahl von Kristallen, insbesondere vom Quarz eine Erscheinung bekannt, die man als optische Aktivität oder *optisches Drehvermögen* bezeichnet. Wenn man nämlich aus einem Polarisator linear polarisiertes Licht in einen solchen Kristall eintreten läßt, und zwar in Richtung seiner optischen Isotropie (also bei kubischen Kristallen in jeder beliebigen Richtung, bei optisch anisotropen Kristallen in Richtung der optischen Achse bzw. Achsen), dann entstehen zwei zirkularpolarisierte Wellen mit rechtem bzw. linkem Drehsinn und *verschiedener* Geschwindigkeit (zirkulare Doppelbrechung); diese setzen sich beim Austritt aus dem Kristall wieder zu einer linear polarisierten Schwingung zusammen, deren Schwingungsrichtung nunmehr gegenüber derjenigen des eingestrahlten Lichtes gedreht ist. Diese Erscheinung kann bei den zentrosymmetrischen Kristallklassen natürlich nicht auftreten. Früher nahm man an (SOHNCKE), daß die optische Aktivität nur in den Kristallklassen auftreten könne, in denen wegen des Fehlens einer Symmetrieebene und eines Symmetriezentrums rechte und linke Kristalle wachsen; das sind die 11 enantiomorphen Klassen. M. BORN und W. VOIGT haben aber gezeigt, daß ein optisches Drehvermögen außerdem in vier weiteren nichtenantiomorphen Kristallklassen, welche zwar kein Symmetriezentrum, aber doch Symmetrieebenen besitzen, auftreten kann, so daß insgesamt 15 Kristallklassen diese Erscheinung zeigen können. Aber es sei ausdrücklich darauf hingewiesen, daß zwar ein Kristall, welcher diese Erscheinung zeigt, eindeutig in eine dieser 15 Kristallklassen gehört, daß aber andererseits nicht jeder Kristall einer solchen Kristallklasse ein optisches Drehvermögen zeigen muß; er *kann* es. Ob er optisch aktiv ist oder nicht hängt von der Bausteinanordnung im Raumgitter ab; nämlich davon, ob die Bausteine schraubenförmig asymmetrisch angeordnet sind oder nicht. Das braucht nicht notwendigerweise zu bedeuten, daß eine Schraubenachse mit Windungssinn als Symmetrieelement im Raumgitter solcher optisch aktiven Kristalle vorhanden ist wie z. B. beim Quarz; es genügt durchaus, daß in irgendeiner Richtung die Bausteine schraubenförmig angeordnet sind wie z. B. beim $NaClO_3$ oder noch deutlicher beim Mesityloxydoxalsäuremethylester, welcher in der Klasse C_s kristallisiert und überhaupt keine Schraubenachse hat[1].

Die wichtigste Anwendung der optischen Aktivität ist die Bestimmung der Konzentration von Zuckerlösungen auf Grund ihres Drehvermögens in einem Apparat, welcher Saccharimeter genannt wird und in dem optisch-aktive Quarzplatten verwendet werden.

Die *Beugung des Röntgenlichts* an einem Kristall ist zentrosymmetrisch; denn G. FRIEDEL (1913) hatte bereits festgestellt, daß in der Regel eine Netzebene das gleiche Reflexionsvermögen an ihrer Vorderseite wie an ihrer Rückseite hat. Das bedeutet, daß die Röntgenbeugung sich so abspielt, als ob zusätzlich zu den vorhandenen Symmetrieelementen ein Symmetriezentrum vorhanden wäre. Daher können polare Richtungen nicht von zweiseitigen Richtungen durch die Symmetrie des Röntgenbildes unterschieden werden. — In besonders deutlicher Weise zeigen *Laue*-Aufnahmen die Kristallsymmetrie, wenn die Kristalle in Richtung einer Symmetrieachse durchstrahlt worden sind. Da aber aus der Kristallklasse, z. B. $2 - C_2$ oder $m - C_s$ durch das Hinzutreten eines Symmetriezentrums die Klasse $2/m - C_{2h}$ wird, geben alle monoklinen Kristalle Laue-Bilder von gleicher Symmetrie, und zwar von der Symmetrie $2/m - C_{2h}$. Auch die trigonalen Klassen $3m - C_{3v}$ und $32 - D_3$ geben die gleiche — wie man sagt — „Laue-Symmetrie" wie die Klasse $\bar{3}m - D_{3d}$; hierfür ist die Abb. 2 (Seite 4) ein Beispiel. Man kann daher insgesamt, entsprechend den 11 zentrosymmetrischen Kristallklassen nur *11 Laue-Symmetrien* unterscheiden. Diese sind besonders dann, wenn die Kristallgestalt schlecht ausgebildet ist, von erheblicher Bedeutung für die praktische Strukturforschung.

Es sei nun ein tabellarischer Überblick gegeben, der es deutlich werden läßt, wie die Richtungsabhängigkeit bzw. die Möglichkeit des Auftretens von physikalischen Eigenschaften allein schon durch die Makrosymmetrie eines Kristalls, welche durch eine der 32 Kristallklassen charakterisiert wird, bedingt ist (Tab. 3)[2]. Gleiche Ziffer in der Tabelle bezeichnet gleiche Art des physikalischen Verhaltens.

---

[1] Einige *Literaturhinweise:* VOIGT, W.: Lehrbuch der Kristallphysik. Leipzig und Berlin 1910. 2. unveränderte Auflage, Leipzig 1928. — BORN, M.: Optik. Berlin 1933. — BORN, M., u. M. GÖPFERT-MAYER: Dynamische Gittertheorie der Kristalle. Handbuch der Physik. 2. Auflage, 24, Teil 2, 623 bis 794. Berlin 1933. — HYLLERAAS: Z. Physik 44, 871 (1927) hat die optische Aktivität numerisch für Quarz berechnet. — LANGE, H.: Ber. Oberrhein. Ges. Natur- u. Heilk. Gießen, Naturwiss. Abt. 23, 20 (1947) gibt eine nichtmathematische, anschauliche Deutung der Beziehungen zwischen Kristallsymmetrie und optischer Aktivität.

[2] Nach LAVES aus: D'ANS u. LAX: Taschenbuch für Chemiker und Physiker, 2. Aufl. S. 154. Berlin-Göttingen-Heidelberg: Springer-Verlag 1949.

Tabelle 3. *Kristallklassen und physikalische Eigenschaften.*

System	Kristallklasse SCHOEN-FLIES	HERMANN-MAUGUIN vollständ.	gekürzt	Benennung nach GROTH	Röntgeno-graphische Laue Symm.	Optik, thermische Ausdehnung, Wärmeleitung, Kompress.	Drehvermögen	Pyro-elektrizität	Piezo-elektrizität
Triklin	C_1	1	1	pedial	1	1	1	1	1
	$C_i(S_2)$	$\bar{1}$	$\bar{1}$	pinakoidal	1	1	—	—	—
Monoklin	C_2	2	2	sphenoidisch	2	2	2	2	2
	$C_s(C_{1h})$	m	m	domatisch	2	2	3	3	3
	C_{2h}	$2/m$	$2/m$	prismatisch	2	2	—	—	—
Rhombisch	C_{2v}	$mm2$	$mm2$	rh. pyramidal	3	3	4	2	4
	$D_2(V)$	222	222	rh. bisphenoidisch	3	3	5	—	5
	$D_{2h}(V_h)$	$\frac{2}{m}\frac{2}{m}\frac{2}{m}$	mmm	rh. bipyramidal	3	3	—	—	—
Tetragonal	C_4	4	4	tetr. pyramidal	4	4	6	2	6
	S_4	$\bar{4}$	$\bar{4}$	tetr. bisphenoid.	4	4	7	—	7
	C_{4h}	$\frac{4}{m}$	$4/m$	tetr. bipyramidal	4	4	—	—	—
	C_{4v}	$4mm$	$4mm$	ditetr. pyramidal	5	4	—	2	8
	$D_{2d}(V_d)$	$\bar{4}\,2m$	$\bar{4}\,2m$	tetr. skalenoedr.	5	4	8	—	9
	D_4	422	422	tetr. trapezoedr.	5	4	6	—	10
	D_{4h}	$\frac{4}{m}\frac{2}{m}\frac{2}{m}$	$4/mmm$	ditetr. bipyramid.	5	4	—	—	—
Trigonal oder rhomboedrisch	C_3	3	3	trig. pyramidal	6	4	6	2	11
	$C_{3i}(S_6)$	$\bar{3}$	$\bar{3}$	rhomboedrisch	6	4	—	—	—
	C_{3v}	$3m$	$3m$	ditr. pyramidal	7	4	—	2	12
	D_3	32	32	trig. trapezoedr.	7	4	6	—	13
	D_{3d}	$\bar{3}\frac{2}{m}$	$\bar{3}m$	trig. skalenoedr.	7	4	—	—	—
Hexagonal	C_6	6	6	hex. pyramidal	8	4	6	2	6
	C_{3h}	$\bar{6}$	$\bar{6}$	trig. bipyramidal	8	4	—	—	14
	C_{6h}	$\frac{6}{m}$	$6/m$	hex. bipyramidal	8	4	—	—	—
	C_{6v}	$6mm$	$6mm$	dihex. pyramidal	9	4	—	2	8
	D_{3h}	$\bar{6}\,2m$	$\bar{6}\,2m$	ditrig. bipyramid.	9	4	—	—	15
	D_6	622	622	hex. trapezoedr.	9	4	6	—	10
	D_{6h}	$\frac{6}{m}\frac{2}{m}\frac{2}{m}$	$6/mmm$	dihex. bipyramid.	9	4	—	—	—
Kubisch	T	23	23	tetraedr. penta-gondodekaedr.	10	5	9	—	16
	T_h	$\frac{2}{m}\bar{3}$	$m3$	disdodekaedr.	10	5	—	—	—
	T_d	$\bar{4}3m$	$\bar{4}3m$	hexakistetraedr.	11	5	—	—	16
	O	432	432	pentagonikosi-tetraedrisch	11	5	9	—	—
	O_h	$\frac{4}{m}\bar{3}\frac{2}{m}$	$m3m$	hexakisoktaedr.	11	5	—	—	—
	Klassen	32	32		32	32	15	10	20
	Gruppen				11	5	9	3	16

B. Kristallstrukturen und Eigenschaften.

In einem Kristall sind im Gegensatz zu amorphen Festkörpern, den meisten Flüssigkeiten und allen Gasen physikalische Eigenschaften richtungsabhängig, was durch die dreidimensional periodische Anordnung der Bausteine verursacht wird. Interessiert man sich nun nicht nur für die Tatsache der Richtungsabhängigkeit, sondern für die quantitativen Eigenschaftsdaten in Kristallen, dann kann die Makrosymmetrie keine Auskunft mehr darüber geben, aber die Kristallstruktur ist dazu in der Lage. Unter *Kristallstruktur* im weiteren Sinne des Wortes versteht man keineswegs nur die räumliche Anordnung und den stofflichen Bestand der Bausteine im Gitter sondern auch die Art der Bindung, die zwischen den Bausteinen wirkt, und die Abweichungen, die der Kristall von einem völlig geordneten, der Gittertheorie voll entsprechenden Idealkristall besitzt. Wenn Kristallstruktur so verstanden wird, dann sind die physikalischen und chemischen Eigenschaften eines Kristalls durch sie bedingt. Diese Zusammenhänge sollen in knapper Form hier aufgezeigt werden. Wir werden sehen, daß man viele Eigenschaften bereits heute, wenigstens qualitativ, durch die Kristallstruktur verständlich machen kann, also durch:

    a) Art der Bindungen zwischen den Bausteinen,
    b) Art der räumlichen Anordnung der Bausteine (Strukturtyp, häufig auch „Gittertyp" genannt).
    c) Stoffliche Art der Bausteine (chemischer Bestand),
    d) Abweichungen vom Idealkristall (Fehlordnung, Baufehler).

Da die Art der zwischen den Bausteinen wirkenden Bindungen von großem Einfluß sowohl auf die Art der dreidimensionalen Bausteinanordnung, als auch auf viele physikalische und chemische Eigenschaften ist, beginnen wir mit einer Betrachtung der verschiedenen Bindungsarten und der durch sie zum Teil weitgehend bedingten Arten der Kristallstrukturbildung. Dann folgt eine Behandlung der Isomorphie und der Polymorphie, die vor allem kristallchemisch wichtig sind. Daran schließt sich die Behandlung der Abweichungen vom Idealkristall an. Nachdem, ausgehend von der Kristallstruktur, bereits auf eine Anzahl von Eigenschaften hingewiesen worden ist, sollen in einem zweiten Teil einige ausgewählte Eigenschaften näher betrachtet und durch die spezielle Kristallstruktur erklärt werden.

I. Bindungsarten.

1. Die heteropolare Bindung.

Man unterscheidet schematisierend vier verschiedene Bindungsarten zwischen den Bausteinen in einem Kristall:

a) ionare oder heteropolare,

b) kovalente oder homöopolare

c) metallische

d) van der Waals- oder zwischenmolekulare Bindung. Von diesen Bindungsarten ist die heteropolare Bindung noch am ehesten anschaulich zu verstehen:

Wenn z. B. Na- und Cl-Atome die kristalline Verbindung NaCl gebildet haben, dann ist von jedem Na-Atom ein Elektron abgegeben, von jedem Cl-Atom ein Elektron aufgenommen worden. Das Na-Atom ist zu einem positiv geladenen Ion mit der Elektronenkonfiguration des Neons geworden und das Cl-Atom zu einem negativ geladenen Ion mit der Elektronenkonfiguration des Argons. In erster Näherung können die einzelnen Ionen als Punktladungen betrachtet werden, deren elektrisches Feld kugelsymmetrisch ist. Daher ziehen sich entgegengesetzt geladene Ionen nach dem COULOMBschen Gesetz an, d. h. die Anziehungskraft ist proportional dem Produkt der Ladungen und umgekehrt proportional dem Quadrat ihres Abstandes. Für zwei gegebene Punktladungen vergrößert sich also die Anziehungskraft bzw. die Anziehungsenergie erheblich mit Verringerung ihres Abstandes; die Veränderung der Energie der Anziehung ist in Abb. 32 durch die untere gestrichelte Kurve dargestellt. Mit zunehmender Annäherung der Ionen aber macht sich auch eine Abstoßungskraft bemerkbar, weil nämlich die Ionen keineswegs Punktladungen, sondern von einer Elektronenwolke endlicher Ausdehnung umgeben sind. Durch eine Wechselwirkung der Elektronenhüllen der Ionen kann quantenmechanisch das Zustandekommen einer Abstoßungskraft bei starker Annäherung der Ionen verstanden werden[1]; sie ist umgekehrt proportional nicht dem Quadrat des Abstandes, sondern einer wesentlich höheren Potenz. Dafür ist die sehr geringe Kompressibilität, also die große Schwierigkeit einer weiteren Annäherung der Ionen in Ionenkristallen ein unmittelbarer Hinweis. Die Veränderung der Abstoßungsenergie mit dem Abstand der Ionen ist als obere strichpunktierte Kurve in Abb. 32 dargestellt.

Da die Abstoßungs- und Anziehungskräfte sich in sehr verschieden starkem Maße mit der Entfernung entgegengesetzt geladener Ionen ändern, muß es einen bestimmten Abstand geben, bei dem beide einander gleich sind; die durch das Zusammenwirken beider Kräfte resultierende Energie muß bei jenem Ionenabstand ein Minimum aufweisen (siehe die ausgezogene Kurve der aus Anziehung und Abstoßung resultierenden Energie in der Abb. 32). Die Ionen werden also in einem bestimmten Abstand voneinander festgehalten, der dem Kräftegleichgewicht (vgl. auch Abb. 93, S. 247), d. h. einem Zustand kleinster

---

[1] Zum Beispiel H. JENSEN: Z. Physik **101**, 164 (1936).

potentieller Energie entspricht. Im NaCl-Kristall z. B. beträgt der kleinste Abstand der Schwerpunkte der Ionen 2,82 Å, im NaF-Kristall 2,31 Å; dieser Abstand ist gleich der Summe der sog. *Wirkungsradien* der beiden Ionen; denn die Kraftwirkung um ein Ion kann in erster Näherung als kugelsymmetrisch, also als allseitig ungerichtet wirkend betrachtet werden.

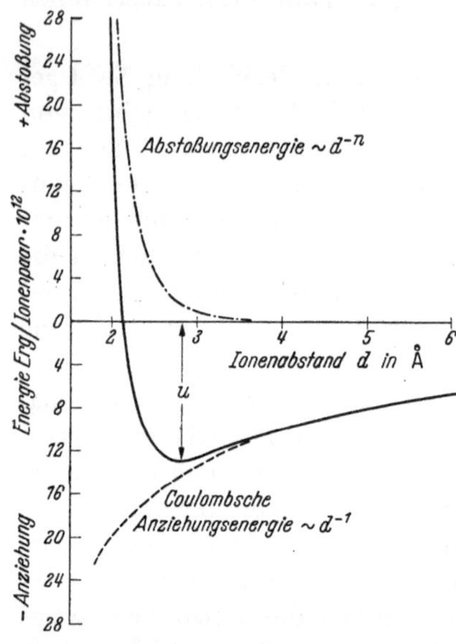

Abb. 32. Energiekurven in Abhängigkeit vom Ionenabstand für ein Ionenpaar im Gitterverband des NaCl. Strich-punktiert: Abstoßungsenergie; gestrichelt: Anziehungsenergie; ausgezogen: resultierende potentielle Energie. (Nähere Erklärung siehe Seite 63 f.)

Ausgehend von der Annahme, daß die Radien die Ausdehnung der Elektronenhülle kennzeichnen, hat WASASTJERNA (1923) durch Messung der Molrefraktion von Ionen, welche etwa proportional dem Volumen der Ionen ist, den Wirkungsradius des F-Ions zu 1,33 Å (und den des O-Ions zu 1,32 Å) berechnet. Nun war es möglich, auch den Wirkungsradius des Na-Ions selbst als Differenz zwischen 2,31 und 1,33 zu 0,98 Å zu bestimmen. Durch die umfangreichen experimentellen Arbeiten V. M. GOLDSCHMIDTs (1923—1927) und die theoretischen Berechnungen L. PAULINGs (1927) sind die Wirkungsradien der meisten Ionen ermittelt worden. In neuerer Zeit sind Korrekturen und Berechnungen erfolgt[1].

Die wichtigsten Wirkungsradien, die auch „*scheinbare Ionenradien*" genannt werden, sind in Tafel II aufgeführt. Tab. 83 im Anhang[2] gibt eine Gegenüberstellung der Radien verschiedener Autoren. Es hat sich immer wieder bestätigt, daß der Wirkungsradius eines bestimmten Ions in allen Kristallarten ziemlich genau gleich bleibt, wenn die Anzahl der entgegengesetzt geladenen Nachbarn gleich ist; aber selbst wenn die Anzahl der Nachbarn verschieden groß ist, ändert sich der Ionenradius nur um einige Prozent. Wir dürfen also für kristallstrukturelle Zwecke die Ionen in den Kristallen in erster Näherung als nahezu starre geladene Kugeln von jeweils bestimmtem Radius betrachten, der meistens

---

[1] ZACHARIASEN, W. H.: Z. Krist. 80, 127 (1931).
KORDES, E.: Z. physik. Chem. B, 48, 91 (1941.)
STOKAR, K.: Helvet. chim. Acta 33, 1403 (1950).
AHRENS, L. H.: Geochim. et Cosmochim. Acta 2, 155 (1955).

[2] Zusammenstellung von S. KORITNIG in Landolt-Börnstein, 6. Aufl., Bd. 1, Teil 4 S. 521, 1955.

zwischen etwa 0,5 und 2 Å liegt. (Der Atomkern selbst ist demgegenüber weniger als 1/10000 groß, was jedoch kristallstrukturell ohne Belang ist.)

Bei Kationen, welche ja Elektronen abgegeben haben, ist der Wirkungsradius kleiner als beim neutralen Atom, und sein Wirkungsradius ist wiederum kleiner als beim Anion, welches ja Elektronen aufgenommen hat; z. B. $Te^{6+} = 0,56$; $Te^{4+} = 0,84$; $Te^0 = 1,43$; $Te^{2-} = 2,12$ Å. Weiterhin steigt der Radius in jeder Gruppe des Periodischen Systems von oben nach unten, also mit zunehmender Anzahl der Elektronenschalen und gleicher Ladung, während in jeder Periode von links nach rechts der Radius des Kations infolge zunehmender Ladung abnimmt. Ein großes Kation ist Cs^+ mit 1,70 Å, das kleinste ist N^{5+} mit etwa 0,15 Å, das größte Anion ist J^- mit 2,20 Å.

Entsprechend der schematisierten einfachen Vorstellung von der allseitig wirkenden Ionenbindung ist es verständlich, daß die Ionen in der Kristallstruktur nach einer möglichst dichten Packung streben. Aber es sind bei der Anordnung der Ionenkugeln nicht nur geometrische Gesichtspunkte zu berücksichtigen, sondern auch die Tatsache, daß in jedem kleinsten Kristallbereich elektrische Neutralität erreicht werden muß. Das geschieht z. B. in einer AB-Verbindung, welche gleichviel Kationen wie Anionen enthält, dadurch daß jedes A-Ion von genau so vielen B-Ionen umgeben ist, wie ein B-Ion von A-Ionen umgeben wird; nur so wird das stöchiometrische Verhältnis $A : B = 1 : 1$ bei elektrostatischer Absättigung gewährleistet. Aus diesem Grunde wird im Steinsalzkristall ein Cl-Ion nicht von 12 oder mehr der fast nur halb so großen Na-Ionen umgeben, was geometrisch möglich wäre, sondern nur von 6 Na^+, weil nämlich aus Platzgründen jedes Na^+ nur von 6 der etwa doppelt so großen Cl-Ionen umgeben werden kann. Die räumliche Anordnung der Ionen in der NaCl-Struktur (Abb. 33) ist also derart, daß jedem Anion sozusagen ein Oktaeder umschrieben ist, an dessen sechs Ecken die Schwerpunkte der Kationen sich befinden, und umgekehrt. Die Anzahl der entgegengesetzt geladenen nächsten Nachbarn, die man *Koordinationszahl* (KZ) nennt, beträgt also für die beiden Ionenarten in der NaCl-Struktur jeweils KZ = 6. Beim CsCl dagegen ist der Unterschied der Ionenradien nicht so groß wie beim NaCl und deshalb können hier 8 Cl^- um 1 Cs^+ gepackt werden und 8 Cs^+ um 1 Cl^-. Das Kristallgitter des CsCl ist also ganz anders als das des NaCl; beim CsCl wird jedes Ion von acht entgegengesetzt geladenen Ionen derart symmetrisch umgeben, daß die acht Ionen der einen Art mit ihren Schwerpunkten an den acht Ecken eines Würfels liegen und das Ion der anderen Art in der Mitte dieses Würfels sitzt (Abb. 34).

Trotzdem CsCl und NaCl als Alkalihalogenide chemisch sehr ähnlich sind, so sind doch ihre Kristallstrukturen sehr verschieden. Diese Verschiedenheit ist bei jenen heteropolaren Kristallen allein auf das unterschiedliche Verhältnis der Ionenradien $R_{Cs}/R_{Cl} = 0,91$ im Vergleich zu $R_{Na}/R_{Cl} = 0,54$ zurückzuführen, also auf rein geometrische Gesichtspunkte; diese sind ganz allgemein für die Gitterbildung der Ionenkristalle von erstrangiger Bedeutung.

Betrachten wir noch einmal die NaCl- und CsCl-Struktur, dann erkennt man sofort, daß keine NaCl- bzw. CsCl-Molekeln existieren. Jedes Anion ist nicht mit einem, sondern mit einer Anzahl von Kationen verbunden, und zwar derart, daß keines der Ionen irgendwie bevorzugt ist.

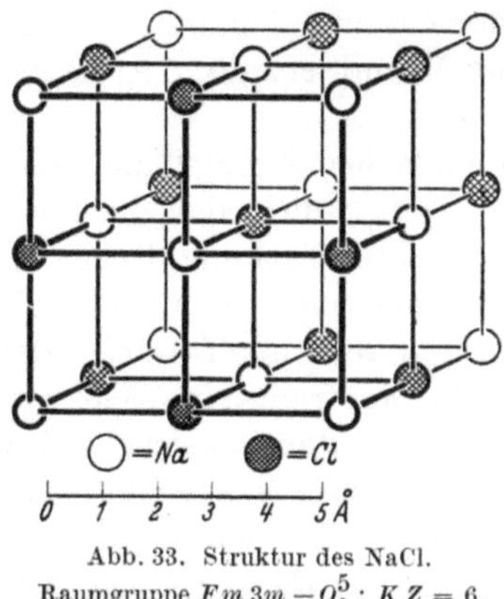

Abb. 33. Struktur des NaCl.
Raumgruppe $Fm\,3m - O_h^5$; $KZ = 6$.

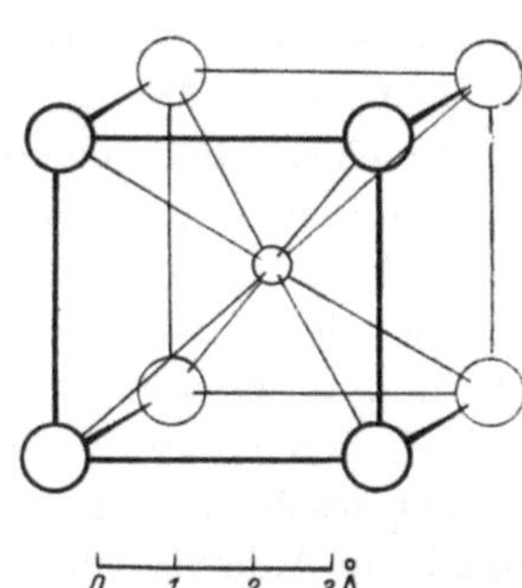

Abb. 34. Struktur des CsCl.
Raumgruppe $Pm\,3m - O_h^1$; $KZ = 8$.

(Koordinationsgitter, im Gegensatz zu den Molekelgittern z. B. organischer Verbindungen.) Die Einwertigkeit des Cl⁻ ist nur Ausdruck für die Ladung, die es trägt, ist aber kein Maß für die Anzahl der Nachbarn, mit denen es verbunden ist, kein Ausdruck etwa für eine einzige Bindung, wie bei homöopolaren Verbindungen.

Wir sahen, daß die heteropolare Bindung ungerichtet ist, so daß unter der Voraussetzung, daß sich die entgegengesetzten Ionenladungen insgesamt neutralisieren, die gebildeten Kristallstrukturen weitgehend durch rein geometrische Packungsmöglichkeiten der kugligen Ionen bedingt sind. Wir werden jetzt sehen, daß verschiedene Packungsmöglichkeiten durch das *Verhältnis der Ionenradien* gegeben sind. Dies wurde bereits 1922 von MAGNUS vermutet, konnte aber erst erprobt werden, nachdem V. M. GOLDSCHMIDT genaue experimentelle Daten über die Größe der Ionen im Gitter beigebracht hatte.

Betrachten wir die Anordnung des CsCl-Gitters mit der KZ 8, in dem ein Atom[1] A in der Mitte des Würfels sitzt und von acht an den Ecken des Würfels gelegenen Atomen B umgeben wird. Wenn wir uns nun die *dichtest* mögliche Packung vorstellen, dann berühren sich die

---

[1] Das Wort „Atom" wird häufig gebraucht, um einfach einen Baustein zu bezeichnen, gleichgültig ob er Ion oder Atom ist.

acht Eckatome B gegenseitig; in der Mitte des Würfels wird ein räumlicher Zwickel gebildet, in dem das A-Atom sitzt, welches eine derartige Größe hat, daß es die acht B-Atome berührt. Der Radius der acht B-Eckatome möge jeweils 1 sein; dann ist die Seitenlänge des Würfels, a, gleich 2. Der Radius desjenigen Atoms, welches, in der Mitte des Würfels sitzend, gerade die acht umgebenden Atome berührt, ist dann gleich der Länge der halben Raumdiagonale minus dem Radius 1 eines B-Eckatoms. Da die Länge der halben Würfeldiagonale $= a/2 \sqrt{3}$ und da $a = 2$ ist, ergibt sich für den Radius des im Zentrum sitzenden Ions $\sqrt{3} - 1 = 0{,}732$. Das Radienverhältnis $R_A/R_B = 0{,}732$ stellt einen unteren Grenzwert für KZ = 8 dar; denn wenn das Radienverhältnis kleiner wäre, dann würden sich zwar alle B-Ionen berühren, aber die A-Ionen wären zu klein, um auch die B-Ionen berühren zu können. Wenn aber die Wirkungssphären entgegengesetzt geladener Ionen sich bei einer gedachten Art geometrischer Anordnung nicht berühren können, dann wird das Minimum an potentieller Energie nicht erreicht, so daß jene gedachte Ionenanordnung (bei niedriger Temperatur) nicht stabil ist. Die Anordnung des CsCl-Gitters mit der Koordinationszahl 8 werden wir also nicht erwarten können, wenn $R_A/R_B < 0{,}73$ ist. Wenn dagegen dieses Verhältnis größer ist, dann bleibt der Kontakt zwischen entgegengesetzt geladenen Ionen A und B erhalten, während sich die gleichartigen B-Atome natürlich nicht mehr berühren. Aus dieser geometrischen Betrachtung folgt, daß man die Koordinationszahl 8 nur erwarten sollte, wenn $R_A/R_B \geqq$ 0,73 ist. Bei Gleichheit aller Ionengrößen, also $R_A/R_B = 1$, ist eine größere Koordinationszahl, nämlich 12, zunächst denkbar. Diese ist zwar bei vielen metallischen Elementen verwirklicht, sie kann jedoch bei heteropolaren $A B$-Verbindungen nicht auftreten, weil bei so hoher KZ die Elektroneutralität nicht erreicht werden kann; denn es können nicht Anionen und Kationen von jeweils 12 entgegengesetzt geladenen Teilchen umgeben werden. (Wenn das Verhältnis der Anzahl Kationen zu Anionen aber z. B. $^1/_3$ ist, dann kann bei dem Radienverhältnis 1 das Kation von 12 Anionen umgeben sein (s. S. 70).)

Wenn das Radienverhältnis kleiner als 0,73 wird, dann bildet sich eine Struktur aus, in der die Koordinationszahl nicht mehr 8 sondern 6 ist, wie es die Struktur vom Typ des NaCl zeigt. Man kann sich leicht überlegen, daß auch diese Atomanordnung geometrisch nur vom Radienverhältnis 0,73 bis zu einem unteren Grenzverhältnis $R_A/R_B = \sqrt{2} - 1$ $= 0{,}414$ möglich ist; denn wenn dieser Wert unterschritten wird, dann kann das Ion A nicht mehr die unmittelbar benachbarten entgegengesetzt geladenen sechs B-Ionen berühren. Die Koordinationszahl 6 ist also zu erwarten in dem Bereich von 0,73 bis 0,41. Unterhalb $R_A/R_B = 0{,}41$ bis zum Grenzwert 0,225 bilden sich Strukturen mit der niedrigeren Koordinationszahl 4 aus.

Die Strukturen des NaCl bzw. CsCl und viele andere Strukturen werden als „*Gittertypen*" bezeichnet, weil eine Anzahl anderer Verbindungen jeweils die gittergeometrisch gleiche Struktur bildet.

Die folgende Tab. 4 gibt die Grenzbereiche der Radienverhältnisse und die dazugehörigen Koordinationszahlen für Verbindungen vom Typ AB und AB_2 an. In AB_2-Verbindungen muß natürlich die Koordinationszahl des B-Ions halb so groß wie die des A-Ions sein, weil sonst

Tabelle 4.

Radienverhältnis	AB-Verbindungen		AB_2-Verbindungen	
	Koordinationszahl	Gittertyp	Koordinationszahl	Typ
$>0{,}732$	8	CsCl	8:4	CaF_2 Fluorit
$0{,}732—0{,}414$	6	NaCl	6:3	TiO_2 Rutil
$0{,}414—0{,}225$	4	Zinkbl. od. Wurtzit[1]	4:2	SiO_2 Cristobalit, Tridymit, Quarz[1]
$0{,}225—0{,}155$	3	Bornitrid, BN[2]	—	—
$<0{,}155$	2	—	2:1	CO_2-Molekelgitter[2]

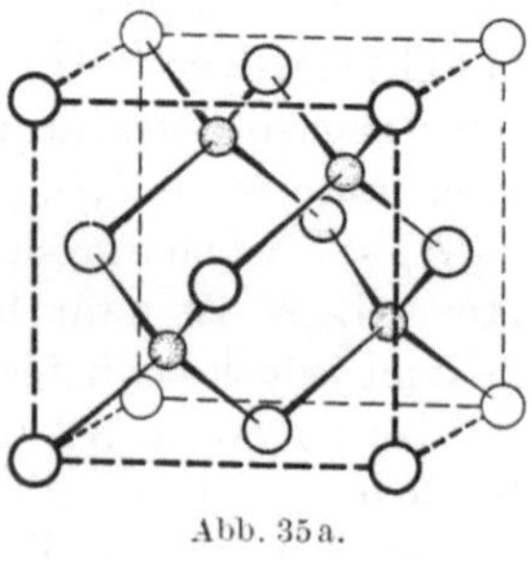

Abb. 35a.

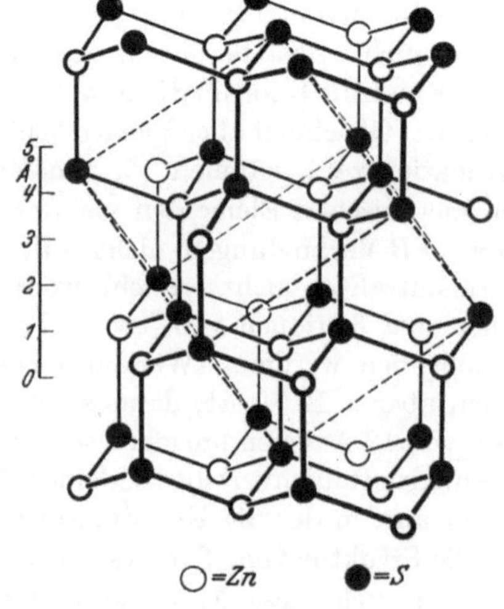

Abb. 35b.

Abb. 35a u. b.   Zinkblende-Gitter, ZnS.
Raumgruppe $F\,\overline{4}\,3\,m - T_d^2$; $KZ = 4$.
a) Elementarzelle; b) auf [111] gestellt.

die Forderung nach elektrischer Neutralität im Kristall nicht erfüllt wäre[3]. In den Abb. 33—39 sind die genannten Strukturtypen dargestellt.

---

[1] Hier bereits homöopolarer Bindungsanteil.
[2] Hier homöopolarer Bindungscharakter.
[3] Siehe elektrostatische Valenzregel, S. 80f.

Jenes sind die Grenzbereiche der Radienverhältnisse, in denen die entsprechende Koordination verwirklicht sein sollte, wenn die Bausteine als Kugeln angesehen werden können. In den folgenden Zusammen-

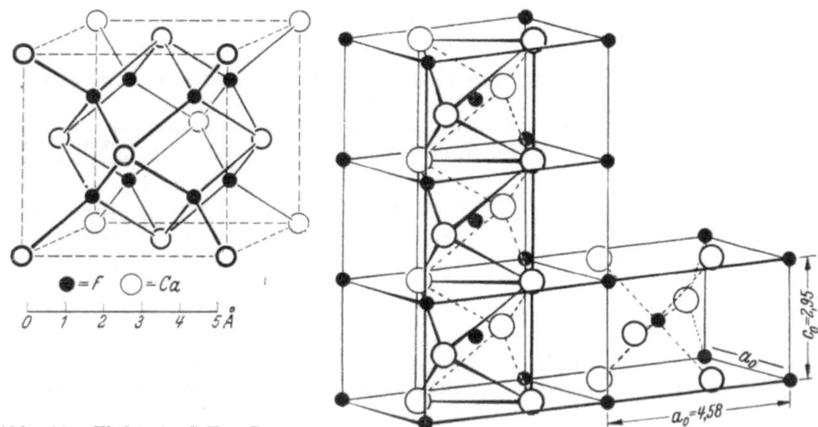

Abb. 36. Flußspat, CaF_2. Raumgruppe $Fm\,3m - O_h^5$; $KZ = 8$ bzw. 4.

Abb. 37. Rutil, TiO_2. Raumgruppe $P4/mnm$; KZ 6 bzw. 3.

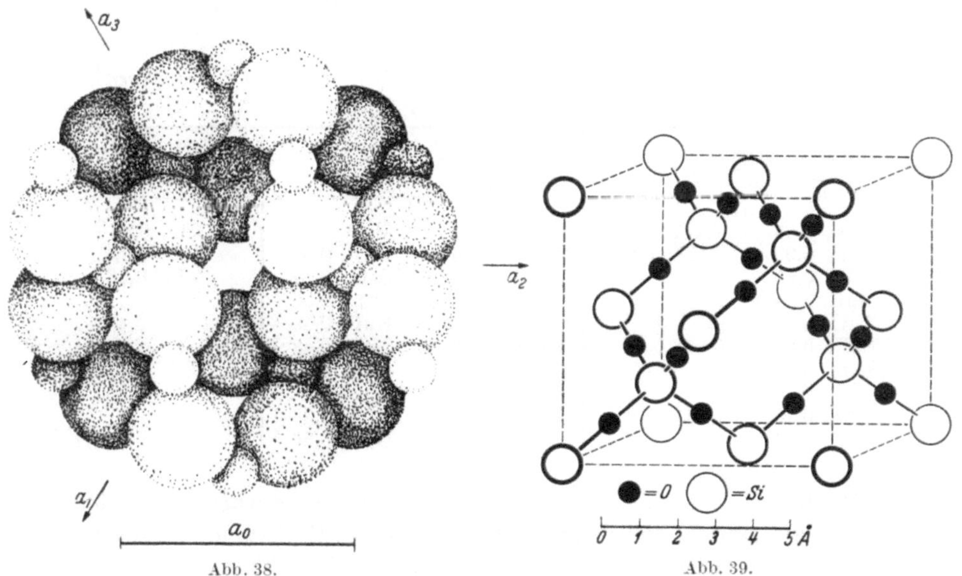

Abb. 38.   Abb. 39.

Abb. 38. Hoch-Quarz, SiO_2 projiziert auf (0001); Enantiomorphe Raumgruppen $C\,6_2\,2 - D_6^4$ und $C\,6_4\,2 - D_6^5$. Hier sind — zum Unterschied von bisherigen Darstellungen — nicht die Schwerpunkte dargestellt, sondern die Wirkungssphären der Ionen, und man erkennt, wie das Si von vier O, das O von 2 Si umgeben wird. Schraubenförmige Anordnung der Tetraeder.

Abb. 39. Struktur des Cristobalits, SiO_2, Raumgruppe $Fd\,3m - O_h^7$; $KZ = 4$ bzw. 2.

stellungen (Tab. 5 und 6 nach R. C. Evans[1]) wird gezeigt, in wie weitem Maße die Strukturbestimmungen das hier wirkende rein geometrische Bauprinzip bestätigt haben; aber es sind auch solche Kristallarten mit angegeben, die die Regel, eine Struktur entsprechend des Radienverhältnisses aufzubauen, nicht erfüllen.

Tabelle 5. *Gittertypen und Radienverhältnis einiger im wesentlichen heteropolarer AB-Verbindungen.*

CsCl-Gitter	Natriumchlorid-Gitter			Zinkblende oder Wurtzit-Gitter
$R_A : R_B > 0{,}732$	0,732 — 0,414			0,414 — 0,225
CsCl 0,91	KF 1,00	KCl 0,73	CaSe 0,56	MgTe 0,37
CsBr 0,84	SrO 0,96	SrS 0,73	NaCl 0,54	BeO 0,26
CsI 0,75	BaO 1/0,94	RbI 0,68	NaBr 0,50	....
....	RbF 0,89	KBr 0,68	CaTe 0,50	BeS 0,20
	RbCl 0,82	BaTe 0,68	MgS 0,49	BeSe 0,18
	BaS 0,82	SrSe 0,66	NaI 0,44	BeTe 0,17
	CaO 0,80	CaS 0,61	LiCl 0,43	
	CsF 1/0,80	KI 0,60	....	
	RbBr 0,76	ScTe 0,60	MgSe 0,41	
	BaSe 0,75	MgO 0,59	LiBr 0,40	
	NaF 0,74	LiF 0,59	LiI 0,35	
	....			

Tabelle 6. *Gittertypen und Radienverhältnis einiger weitgehend heteropolarer AB₂-Verbindungen.*

Fluorit-Gitter		Rutil-Gitter		Quarz-Gitter
$R_A : R_B > 0{,}732$		0,732 — 0,414		0,414 — 0,225
BaF_2 1,05	ZrF_2 0,67	TeO_2 0,67	MoO_2 0,52	GeO_2 0,36
PbF_2 0,99	HfF_2 0,67	MnF_2 0,66	WO_2 0,52	SiO_2 0,29
SrF_2 0,95		PbO_2 0,64	OsO_2 0,51	BeF_2[2] 0,26
HgF_2 0,84		FeF_2 0,62	IrO_2 0,50	....
ThO_2 0,83		CoF_2 0,62	RuO_2 0,49	
CaF_2 0,80		ZnF_2 0,62	TiO_2 0,48	
UO_2 0,79		NiF_2 0,59	VO_2 0,46	
CeO_2 0,77		MgF_2 0,58	....	
PrO_2 0,76		SnO_2 0,56	MnO_2 0,39	
CdF_2 0,74		NbO_2 0,52	GeO_2 0,36	

Die Radienverhältnisregel hat, wie schon angedeutet wurde, auch eine tiefere physikalische Bedeutung. M. Born und J. E. Mayer[3], die für die verschiedenen Gittertypen die Gitterenergie in Abhängigkeit vom Radienverhältnis berechnet haben, konnten zeigen, daß bei Über- oder Unterschreitung eines einem Gittertyp entsprechenden Bereiches des

---

[1] Crystal Chemistry, Cambridge 1946.
[2] BeF_2 kristallisiert im β-Cristobalit-Gitter; siehe Abb. 39.
[3] Born, M. und Mayer, J. E.: Z. Phys. **75**, 15 (1932).

Radienverhältnisses die Struktur instabil wird, denn es gibt dann, wie
Abb. 40 zeigt, jeweils einen anderen Gittertyp, der eine größere Gitterenergie, d. h. eine kleinere potentielle Energie hat. Diese ist i. a. die
thermodynamisch stabilere Struktur. (Exakt gilt diese Aussage jedoch
nur für den absoluten Nullpunkt der Temperatur und für den Druck
Null; siehe Näheres S. 190).

Die Energiekurven machen aber auch die Tatsache verständlich, daß
z. B. LiBr und LiJ mit einem kleineren Radienverhältnis als 0,414
(vgl. Tab. 5) noch im NaCl-
Typ kristallisieren und nicht
im ZnS-Typ; denn nach den
Kurven besteht erst En-
ergiegleichheit zwischen
NaCl- und ZnS-Typ bei
einem Radienverhältnis von
etwa 0,33. Weiterhin wird
aus der Darstellung deut-
lich, daß oberhalb $R_A/R_B =$
0,73 der Energieunterschied
zwischen der Achter-Koor-
dination der CsCl- und der
Sechser-Koordination der
NaCl-Struktur nur sehr gering ist. Wenn man ferner

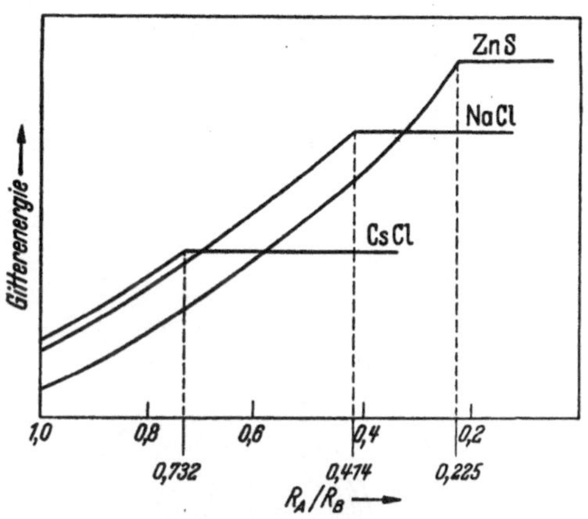

Abb. 40. Zusammenhang zwischen Radienverhältnis und
Gitterenergie. (Nach BORN und MAYER.)

annimmt, daß die bisher gemachte Voraussetzung kugelsymmetrischer
Ionen nicht immer gültig ist, dann dürfte es verständlich werden, daß
viele AB-Verbindungen, die entsprechend der Radienverhältnisregel im
CsCl-Typ kristallisieren sollten, bei normaler Temperatur und normalem
Druck im NaCl-Typ kristallisieren.

Die einfache Vorstellung, daß man in Ionenverbindungen die einzelnen Ionen ungefähr als geladene Kugeln betrachten kann, wird durch
die Ermittlung der Elektronendichte im Kristall mit Hilfe der röntgenographischen Fourier-Synthese bestätigt. Abb. 41 zeigt eine Projektion
von der Verteilung der Aufenthaltswahrscheinlichkeit der Elektronen im
NaCl-Kristall. Man erkennt an den in der Darstellung vertikal einander
gegenüberliegenden, entgegengesetzt geladenen Ionen deutlich, daß zwischen ihnen die Elektronendichte nahezu auf Null absinkt und sich
kugelförmig um die Ionenschwerpunkte konzentriert. Die Aufenthaltswahrscheinlichkeit von Elektronen zwischen den Ionen ist praktisch Null,
d. h. die Elektronen sind fest gebunden in den jeweiligen atomaren Bereichen der individuellen Ionen. Es können sich also keine Elektronen
durch den Kristall bewegen und durch diese Tatsache wird es verständlich, daß Ionenkristalle die *Elektrizität fast nicht leiten*. Theoretisch

sollten ideal gebaute Ionenkristalle die Elektrizität überhaupt nicht leiten. Aber die Kristalle sind nicht völlig ideal gebaut, insbesondere nicht bei höheren Temperaturen, bei denen dann eine Leitfähigkeit von

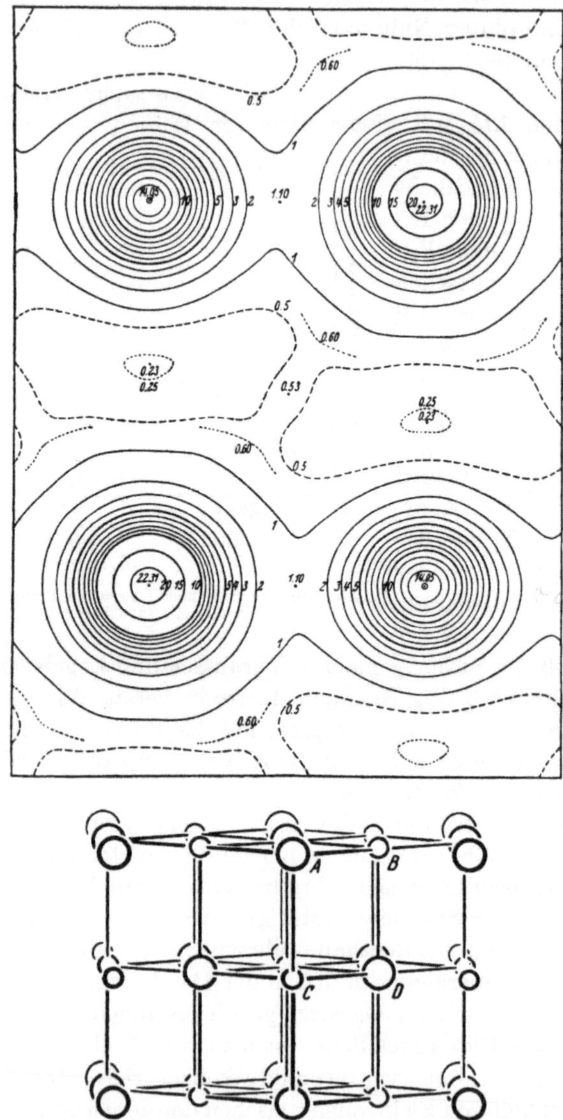

Abb. 41. Elektronendichte im NaCl-Kristall projiziert nach [110] bei 100° C; darunter das NaCl-Gitter in Parallelprojektion fast nach [110]. (Aus BRILL, GRIMM, HERMANN und PETERS.) Konturen links oben und rechts unten: Elektronendichte der Na-Ionen (entsprechend A und D); die anderen beziehen sich auf die Cl-Ionen (entsprechend B und C in der unteren Abbildung). Man beachte nur das Minimum zwischen jeweils vertikal benachbarten Ionen. (Horizontal nebeneinanderliegende Ionen zeigen infolge der gewählten Projektionsebene nur scheinbar höhere Elektronendichten zwischen Na^+ und Cl^-.)

etwa 10^{-10} bis 10^{-3} Ohm^{-1} cm^{-1} beobachtet wird (s. Kapitel Ideal-Realkristalle). Im geschmolzenen Zustand jedoch wird eine relativ große Leitfähigkeit beobachtet, weil die jetzt aus dem Gitterverband gelösten, freien Ionen im elektrischen Feld wandern können (elektrolytische Leit-fähigkeit). Eine relativ große Leitfähigkeit der *Schmelze* ist eine charakteristische Eigenschaft heteropolarer Verbindungen. Die geringe Leitfähigkeit, die typische Ionenkristalle bei einigen hundert °C auf-weisen, ist ebenfalls eine Ionen-, keine Elektronenleitfähigkeit.

Der im wesentlichen elektrische Charakter der heteropolaren Bindung zeigt sich auch in der *Dissoziation* in einem Medium mit hoher Dielek-trizitätskonstante. So sind die meisten Halogenverbindungen in Wasser löslich. Sulfide und Oxyde sind dagegen in Wasser unlöslich, weil bei ihnen die Bindung zwischen den Ionen infolge der höheren Ladung fester ist. Ionisation in Lösung ist jedoch kein sicherer Beweis für eine hetero-polare Bindung, weil ja auch eine chemische Reaktion mit Wasser unter Bildung von Ionen erfolgen kann. So sind denn viele Verbin-dungen, die sich unter Dissoziation lösen, im festen Zustand keine Ionenverbindungen, z. B. HCl.

Weil die Elektronen in dem atomaren Bereich eines Ions festgebunden sind und benachbarte Ionen nicht wesentlich beeinflussen, sind die *optischen Eigenschaften*, vor allem die Brechzahlen von Ionenkristallen, summarisch aus dem optischen Verhalten der den Kristall aufbauenden einzelnen Ionen ableitbar. Das gilt recht genau für kubische, einfach zusammengesetzte Kristalle, insbesondere für Alkalihalogenide; bei Ionenkristallen, die anisometrisch gebaute Komplexionen enthalten, wie z. B. der Calcit, gilt die Additivität nicht mehr. (Über optische Eigenschaften siehe Kapitel S. 253 ff.)

Im Bereich des sichtbaren Lichts sind Ionenkristalle, wenn sie keine Übergangselemente oder seltenen Erden enthalten, farblos und durch-sichtig, weil die *Absorption* nur gering ist. Diese setzt sich bei einfachen Kristallen wiederum additiv aus der Absorption der einzelnen Ionen zu-sammen und ist daher auch in der Lösung ähnlich wie in dem Kristall. Aber im Bereich infraroter Wellenlängen zeigen alle heteropolaren Kristalle charakteristische Absorptionsbanden. Die *Ionen* werden näm-lich zu Schwingungen angeregt, die wegen der im Vergleich zu Elek-tronen 10^4mal größeren Masse der Ionen eine sehr niedrige Frequenz haben. Bei einer charakteristischen Frequenz (die z. B. beim NaCl der Wellenlänge von 61 μ entspricht) schwingen benachbarte positive und negative Ionen gerade *gegeneinander*, und es tritt eine starke Absorption auf. Die Infrarot-Absorption wird neuerdings dazu verwendet, Aus-künfte über den Aufbau und die Bindungen in Kristallstrukturen zu erhalten; denn z. B. tritt bei *allen* Karbonaten eine Gruppe von Ab-sorptionsbanden immer bei fast denselben Wellenlängen auf, welche von den Schwingungen der O gegen das C in der CO_3-Gruppe herrühren.

Ionenkristalle verhalten sich — sofern sie keine Ionen von Übergangselementen enthalten — gegenüber einem Magnetfeld *diamagnetisch*, weil infolge der Edelgaskonfiguration der Elektronen in den Ionen das Auftreten des Paramagnetismus nicht möglich ist (s. S. 101). Aus den Messungen der (negativen) Suszeptibilität der Alkalihalogenide konnte man schließen, daß die Suszeptibilität des Kristalls sich jeweils wiederum additiv aus den Suszeptibilitäten der einzelnen Ionen zusammensetzt: jedes Ion behält also auch im Verband einer Kristallstruktur seine charakteristische diamagnetische Suszeptibilität. Es ist möglich, daß diese Additivität wenigstens annähernd auch für andere Ionenverbindungen gilt[1]. Liegen jedoch Ionen von Übergangselementen vor, dann ist der Kristall paramagnetisch, bisweilen ferromagnetisch wie z. B. Magnetit, Fe_3O_4, und der nicht-stöchiometrische Magnetkies Fe_7S_8.

Andere Eigenschaften von Ionenkristallen werden vor allem durch die *Stärke der heteropolaren Bindung*, mit der die Ionen im Gitterverband zusammengehalten werden, bestimmt. Hierher gehören u. a. die thermische Ausdehnung, die Kompressibilität, die Höhe des Schmelzpunktes, die Härte und die Zerreißfestigkeit. Dieses sind physikalische Eigenschaften, bei denen die Gleichgewichtslage der Ionen im Gitter durch von außen wirkende Kräfte gestört bzw. bei denen der Gitterverband vollständig oder teilweise zerstört wird.

Ein Maß für die Stärke der Bindungen in einem Kristall ist die Arbeit, die aufgewendet werden muß, um die Bausteine des Kristallgitters aus ihrer Gleichgewichtslage (beim absoluten Nullpunkt) in unendliche Entfernung voneinander zu bringen; diese Arbeit ist gleich der *Gitterenergie*. Die Gitterenergie von Ionenkristallen ist einer unmittelbaren experimentellen Messung nicht zugänglich; denn wenn man die polaren Gitterbausteine sehr weit voneinander entfernt, dann entsteht ein vollständig ionisiertes Gas, während bei den durch das Experiment erhaltenen Salzdämpfen der elektrolytische Dissoziationsgrad in Wirklichkeit sehr gering ist. Man kann aber die Gitterenergie von Ionenkristallen bereits recht genau berechnen, und das Ergebnis kann in einigen Fällen indirekt durch experimentelle Daten geprüft werden (BORN-HABERscher Kreisprozeß[2]). In diesen Fällen hat sich herausgestellt, daß berechnete und experimentell ermittelte Gitterenergie auf wenige Prozent übereinstimmen.

Berechnung der Gitterenergie von Ionenkristallen. Bei der Berechnung der Gitterenergie gingen BORN und LANDÉ (1918) zunächst von der Vorstellung starrer positiv bzw. negativ geladener Kugeln aus, die

---

[1] SEITZ, F.: Modern Theory of Solids. New York London 1940.

[2] Siehe z. B. die Darstellung in MÜLLER-POUILLETS Lehrbuch der Physik 11. Auflage, Bd. 4, Teil 3, S. 634ff, 1933.

sich durch COULOMBsche Kräfte anziehen; dieser Anziehungskraft entspricht in der Gleichgewichtslage der Ionen eine gleich große Abstoßungskraft. Der Gang der Berechnung ist folgender: Die Kraft, mit der sich ein Kation und ein Anion der jeweiligen Ladung $z\,e$ im Abstand r anziehen[1], ist nach COULOMB im Vakuum

$$K = \frac{z\,e\,z\,e}{r^2} = \frac{(z\,e)^2}{r^2}.$$

Nähern sich die beiden Ionen einander aus unendlicher Entfernung bis zum Abstand $\varDelta$, so wird die elektrostatische Anziehungsenergie

$$u = -\int_\infty^\varDelta K\,dr = -\frac{z^2 \cdot e^2}{\varDelta}.$$

Bei starker Annäherung der Ionen macht sich jedoch eine Abstoßungskraft bemerkbar (vgl. Abb. 32, Seite 52), deren Energie BORN und LANDÉ in der folgenden Gleichung durch das zweite Glied berücksichtigen. Die potentielle Energie eines gedachten *einzelnen Ionenpaares* ist dann

$$u = -\,z^2\,e^2/\varDelta + b/\varDelta^n$$
$$\text{(Anziehung} -)\quad \text{(Abstoßung} +)$$

(b und n sind Konstanten, welche jeweils experimentell bestimmt werden müssen).

Betrachtet man nicht nur ein *isoliertes* Ionenpaar, sondern ein *Ionenpaar im Gitterverband*, dann muß der gegenseitigen Wechselwirkung der potentiellen Energien aller Ladungen im Gitter, die das Ionenpaar umgeben, Rechnung getragen werden. Es ergibt sich dann:

$$u = -\,\alpha\,z^2\,e^2/\varDelta + B/\varDelta^n,$$

in der B eine Konstante und α die MADELUNGsche Zahl ist, durch die die Atomanordnung im jeweiligen Gittertyp berücksichtigt wird. Beim CsCl-Typ ist sie 1,7627, beim NaCl-Typ 1,7476, beim CaF_2-Typ 5,0388, beim Rutil-Typ 4,816, beim Zinkblende-Typ 1,6381, beim Wurtzit-Typ 1,639. (Die obige Gleichung ist in ihrer Abhängigkeit vom Ionenabstand für ein NaCl-Ionenpaar der Steinsalzstruktur graphisch in Abb. 32 S. 52 dargestellt; die Tiefe des Minimums der Potentialkurve gibt beim Gleichgewichtsabstand $\varDelta_0$ die Energie u an.)

Wenden wir die Gittertheorie auf einen Kristall an, der sich aus einwertigen Ionen aufbaut, dann vereinfacht sich die Gleichung zu:

$$u = -\,\alpha\,e^2/\varDelta + B/\varDelta^n.$$

---

[1] z = Wertigkeit, e = elektrisches Elementarquantum = $4{,}80 \cdot 10^{-10}$ elektrostatische Einheiten.

Aus der Kompressibilität wurde der jeweilige Wert für n ermittelt; denn eine relativ geringe Kompressibilität des Kristalls besagt, daß die zwischen den Ionen wirkende Abstoßungsenergie bereits bei sehr kleiner Abstandsverminderung sehr stark zunehmen muß; n muß also relativ groß sein.

Für die Alkalihalogenide erhält man Werte für n zwischen 6 und 10,5 je nach der Art der Verbindung; BORN und LANDÉ rechneten mit einem Mittelwert von $n = 9$. Die Konstante B kann man auf einfache Weise finden: Wenn Anziehung und Abstoßung gleich sind, befinden sich die Ionen in ihrem Gleichgewichtsabstand; an dieser Stelle muß dann die Energie ein Minimum haben. Der Differentialquotient $\frac{du}{d\Delta}$ bei $\Delta = \Delta_0$ muß also Null sein.

Da $u = -\alpha e^2/\Delta + B/\Delta^n$ ist, ist der Differentialquotient $\frac{du}{d\Delta}$ bei Δ_0 $= \alpha e^2/\Delta^2 - n B/\Delta^{n+1} = 0$, also bei $\Delta = \Delta_0$ ist $B = \dfrac{\alpha e^2 \Delta^{n-1}}{n}$, so daß für ein einwertiges Ionenpaar, welches sich im Gitterverband im Gleichgewichtsabstand befindet, $u = -\dfrac{\alpha e^2}{\Delta_0}\left(1 - \dfrac{1}{n}\right)$ ist.

Die Energie, die durch Nähern der Ionen aus unendlicher Entfernung bis zu ihren in der Kristallstruktur (beim absoluten Temperaturnullpunkt) eingenommenen Gleichgewichtslagen *frei* geworden ist, nennt man *Gitterenergie* oder Strukturenergie[1]. Sie läßt sich also je Mol mit N_L einwertigen Ionenpaaren folgendermaßen berechnen:

$$U = -\frac{N_L \alpha e^2}{\Delta_0}\left(1 - \frac{1}{n}\right);$$

für nichteinwertige Ionen und für Ionenkristalle vom Verbindungstyp $A B_2$ ist mit dem Quadrat der kleinsten Wertigkeit zu multiplizieren. Man sieht also, daß die Gitterenergie um so größer ist, je größer die Ladung der Ionen und je geringer ihr Abstand ist.

Die sich mit Hilfe dieser einfachen Gleichung berechnenden Gitterenergien stimmen schon recht gut mit denjenigen Werten überein, die experimentell erhalten werden konnten. Eine noch bessere Übereinstimmung erhält man jedoch, wenn man dem Ansatz von BORN und MAYER[2] folgt, in dem nicht nur die Potentiale der elektrostatischen Anziehungskraft und der Abstoßungskraft, sondern auch die ebenfalls zwischen den Ionen wirkende VAN DER WAALSsche Molekularattraktion und die Nullpunktsenergie ε berücksichtigt sind. Es stellte sich nämlich heraus, daß selbst beim absoluten Nullpunkt, infolge noch vorhandener geringer Ionenschwingungen, die Energie noch nicht das Minimum der aus den

---

[1] Zwischen $0°$ K und Zimmertemperatur ändert sich die Gitterenergie jedoch nur sehr wenig. Die Verringerung beträgt nur dann mehr als eine kcal/mol., wenn leichteste Ionen, wie z. B. LiF die Struktur bilden

[2] Z. Physik **75**, 1 (1932).

drei ersten Gliedern der folgenden Gleichung berechneten Potential-
mulde erreicht. Es ist demnach für die Entfernung eines Ions aus dem
Minimum der Potentialmulde ein um diese Nullpunktsenergie kleinerer
Arbeitsbetrag aufzuwenden. Die Gitterenergie, die ja diejenige Energie
bezeichnet, welche aufgewendet werden muß, um die gedachte *statische*
Kristallstruktur in lauter einzelne, voneinander völlig getrennt gedachte
Ionen zu zerteilen, ist also um diese Nullpunktsenergie kleiner, also um $+ \varepsilon$.

BORN und MAYER beschreiben nun die Gitterenergie eines aus einwertigen Ionen bestehenden Kristalls in folgender Form:

$$u = -\frac{\alpha\, e^2}{\varDelta} + B\, e^{-\varDelta/\varrho} - \frac{C}{\varDelta^6} + \varepsilon.$$

Gitterenergie = — Anziehungsenergie + Abstoßungsenergie — VAN
DER WAALS-Anziehungsenergie + Nullpunktsenergie.

In dieser Gleichung steht an Stelle des Abstoßungsgliedes $B/\varDelta^n$ ein
Exponentialausdruck, der sich theoretisch besser begründen läßt. ϱ ist
eine empirische Konstante, die, wie vorher n, aus der Kompressibilität
des Kristalls ermittelt wird. Dabei stellte es sich heraus, daß ϱ im Gegensatz zu n sich bei den Alkalihalogeniden kaum ändert, also praktisch
konstant bleibt, während n je nach der Art der Verbindung recht unterschiedlich ist. Für den Anteil der VAN DER WAALSschen Molekularattraktion (drittes Glied der Gleichung) wurde zunächst der einfache LONDON-
sche Ansatz $C/\varDelta^6$ benutzt, wobei die Konstante C aus der Ionisierungsenergie und der Polarisierbarkeit berechnet wird. MAYER[1] hat später
aber gezeigt, daß dieser Ausdruck für die Alkalihalogenide unpassend ist;
er führte ein Zusatzglied ein, wodurch die VAN DER WAALSsche Molekularattraktion etwa verdoppelt wird. Nach Einführung dieser Korrek
tur erhält man Werte für die Gitterenergien, welche sehr gut mit den
durch experimentelle Daten bei Benutzung des BORN-HABER-Kreis-
prozesses ermittelten Gitterenergien übereinstimmen[2].

Einige Beispiele für Gitterenergien, die nach der Theorie von BORN
und MAYER berechnet worden sind, seien hier angeführt, damit man erkennt, wie groß der Einfluß der verschiedenen zwischen den Ionen eines
Gitters (NaCl-Typ) wirkenden Kräfte auf die Gesamtgitterenergie ist
(Tab. 7). Die für die einzelnen Teilenergien aufgeführten Werte zeigen,
daß der Anteil der Nullpunktsenergie und der VAN DER WAALS-Energie
in allen Fällen sehr klein ist. Aber gerade die VAN DER WAALS-Kräfte
dürfen nicht vernachlässigt werden; denn der VAN DER WAALS-Anteil ist
gerade in denjenigen Kristallen am größten, in denen die elektrostatische Energie am kleinsten ist.

---

[1] J. Chem. Phys. 1, 270 (1933).

[2] Über den BORN-HABER-Kreisprozeß und eine vollständige Ableitung der
Gitterenergie siehe: BORN, M., u. K. HUANG: Dynamical Theory of Crystal Lattices,
S. 3—15 u. 19—37, Oxford 1954.

Tabelle 7. *Berechnete Gitterenergien einiger binärer Ionenkristalle.*
(Alle Verbindungen kristallisieren im NaCl-Typ.) Nach MAYER und HELMHOLTZ
(1932) und MAYER und MALTBIE (1932).

Kristall	COULOMB-Energie	Abstoßungs-energie	V. D. WAALS-Energie	Null-punkts-energie	Summe	
		erg/Molekel $\times 10^{12}$			erg/Mole-kel $\times 10^{12}$	kcal/mol
MgO	—76,3	+11,5	—0,1	+0,3	—64,7	—939
CaO	—66,7	+ 9,3	—0,2	+0,2	—57,4	—831
SrO	—60,6	+ 7,8	—0,2	+0,1	—52,9	—766
BaO	—57,0	+ 7,0	—0,3	+0,1	—50,2	—727
LiF	—19,81	+ 3,06	—0,09	+0,27	—16,57	—240,1
LiCl	—15,51	+ 1,86	—0,25	+0,17	—13,73	—199,2
LiBr	—14,42	+ 1,56	—0,23	+0,11	—12,98	—188,3
LiJ	—13,10	+ 1,27	—0,26	+0,08	—12,01	—174,1

Man überzeugt sich weiter, daß in jeder Gruppe von unten nach oben
die Gitterenergie größer wird, weil der Abstand der Ionen in ihrer Gleichgewichtslage kleiner wird. Außerdem erkennt man an den Verbindungen
MgO und LiF, bei denen die Ionenabstände nahezu gleich sind, daß die
Gitterenergie beträchtlich mit zunehmender Ladung der Ionen ansteigt,
und zwar etwa auf das Vierfache.

Mit Hilfe der Gittertheorie von BORN, LANDÉ u. MAYER läßt sich nicht
nur die Gitterenergie berechnen, sondern auch die Größe von Daten
anderer physikalischer Eigenschaften, die durch das Ineinandergreifen
der zwischen den Gitterbausteinen wirkenden Kräfte bedingt sind. So
konnten bei einfachen Ionenkristallen die Kompressibilität, die thermische Ausdehnung, die charakteristischen Frequenzen der Gitter-
schwingungen im ultraroten Wellenbereich berechnet werden. Mit Hilfe
der Gittertheorie wurden auch die charakteristischen Rhomboederwinkel bei einigen rhomboedrischen Carbonaten und Nitraten berechnet
[W. L. BRAGG, CHAPMAN (1924) und TOPPING und MORALL (1926)].

Der enge Zusammenhang zwischen Gitterenergie, die ja ein Ausdruck
für die Stärke der Bindung zwischen den Ionen im Gitter ist, und einigen
thermischen und mechanischen Eigenschaften liegt auf der Hand. Denn
um die Gleichgewichtslagen der Ionen im Kristall zu ändern oder um
Teile oder den ganzen Kristall zu zerstören (wie bei der Ritzhärtebestimmung bzw. beim Schmelzen), muß natürlich um so mehr Arbeit
aufgewendet werden, je größer die Gitterenergie ist. Aus dem Vorangegangenen ist nun völlig verständlich, daß bei gleichem Gittertyp,
gleicher Bindungsart und gleicher Ladung der Ionen die Bindungsstärke
mit zunehmendem Ionenabstand (zunehmendem Ionenradius) kleiner
wird. Daher nimmt *mit zunehmendem Ionenabstand*:
    die Höhe des Siede- und Schmelzpunktes *ab*,
    die thermische Ausdehnung und die Kompressibilität *zu*,
    die Härte *ab*.

Bei gleichem Gittertyp, gleicher Bindungsart und gleichem Ionenabstand nimmt die Bindungsstärke mit zunehmender Ladung zu.

Daher nimmt *mit zunehmender Ladung*:

die Höhe des Siede- und Schmelzpunktes *zu*,
die thermische Ausdehnung und die Kompressibilität *ab*,
die Härte *zu*.

Dies erkennt man bereits aus den wenigen Beispielen der Tab. 8; alle
Substanzen kristallisieren im NaCl-Gitter. Man vergleiche einerseits
die Gruppen von jeweils vier Verbindungen, in denen die Ladung gleichbleibt, während der Ionenabstand sich von oben nach unten vergrößert,
und andererseits folgende Paare, bei denen der Abstand ungefähr gleichbleibt, die Ladung aber Eins bzw. Zwei beträgt: NaF, CaO; NaCl, BaO
oder CaS; NaBr, SrS; KCl, BaS.

Tabelle 8. *Zusammenhang zwischen Gitterenergie und Siedepunkt, Schmelzpunkt,
kubischer thermischer Ausdehnung, kubischer Kompressibilität und Härte.*

Kristall	Gitter-energie kcal/mol	Siede-punkt °C	Schmelz-punkt °C	Thermi-scher Aus-dehnungs-koeffizient $\alpha \cdot 10^6$	Kompressi-bilitäts-koeffizient $k \cdot 10^6\,cm^2/kg$	Ritz-härte (MOHS)	Brinell-härte	Par-tikel-abstand Å
NaF	—213	1704	992	108	2,1	3,2	—	2,31
NaCl	—183	1413	801	120	4,3	2,5	(12,4)	2,82
NaBr	—175	1392	747	129	5,1	V	(9,2)	2,98
NaJ	—164	1304	662	145	7,1	V	(8,4)	3,23
KF	—190	1503	857	110	3,3	V	—	2,66
KCl	—165	1500	776	115	5,6	2,4	(5,8)	3,14
KBr	—159	1383	742	120	6,7	V	(5,4)	3,29
KJ	—151	1324	682	135	8,5	2,2	(3,2)	3,53
MgO	—939	—	2800	40	1,0	6,5	—	2,10
CaO	—831	2850	2570	63	—	4,5	—	2,40
SrO	—766	—	2430	—	—	3,5	—	2,57
BaO	—727	~2000	1923	—	—	3,3	—	2,76
MgS	—800	—	—	—	—	4,5—5	—	2,59
CaS	—737	—	—	51	2,3	4,0	—	2,84
SrS	—686	—	—	—	2,4	3,3	—	3,00
BaS	—647	—	—	102	3,0	3	—	3,19

V = kleiner als vorangegangene Zahl. Härte in ( ) ist Brinellhärte in kg/mm²
nach K. PRZIBRAM (1932/33), zitiert nach SCHMID und BOAS (1935) S. 263.
   Thermischer Ausdehnungskoeffizient der Alkalihalogenide im Bereich 30—75° C
nach W. KLEMM (1928).
   Kompressibilitätskoeffizient bei niedrigem Druck und etwa 30° C.

Für die thermische Ausdehnung und die Kompressibilität werden
später weitere Beispiele gebracht werden. Hier seien nur noch einige
Daten über die Ritzhärte gegeben (Tab. 9), die die vorstehende Tabelle

insofern ergänzen, als durch sie das Ansteigen der Härte innerhalb einer isotypen Kristallreihe bei nahezu gleichbleibendem Ionenabstand mit zunehmender Ionenladung deutlicher gemacht wird[1].

Tabelle 9.

	Verbindung	Ionenabstand Å	Ionenladung	Härte
Alle NaCl-Typ	LiF	2,01	1	4,0
	MgO	2,10	2	6,5
	ScN	2,2	3	7,5
	TiC	2,16	4	8,5

Modellsubstanzen. Nicht nur für *AB*-Verbindungen können wir die durch die Gitterenergie bedingte, bereits näher bezeichnete Abhängigkeit physikalischer Eigenschaften von der Ladung der Ionen feststellen, sondern auch für eine Anzahl weiterer, zum Teil komplizierterer Kristallarten. Es gibt nämlich einige Ionen, die zwar verschiedene Ladung, aber fast den gleichen Ionenradius haben. Da die Anordnung der Ionen in einer Kristallstruktur entscheidend durch die geometrische Möglichkeit der Packung der Ionenkugeln bestimmt wird, ist es nicht verwunderlich, daß dann, wenn gleiche Ionengrößen, gleiche Polarisationseigenschaften[2] und gleiches Zahlenverhältnis der Ionen vorliegt, auch häufig der gleiche Strukturtyp mit sehr ähnlichen Zellendimensionen gebildet wird. Kristalle gleichen Strukturtyps, bei denen die Ionenradien jeweils nahezu gleich groß, die Ladung aller Bausteine aber geringer bzw. größer ist, nennt man, dem Vorschlag V. M. GOLDSCHMIDTs folgend, Modellstrukturen[3]. Diejenige Substanz mit den niedrigerwertigen Ionen ist nämlich das „abgeschwächte" Modell derjenigen Kristallart, welche sich aus höherwertigen Ionen aufbaut; man nennt diese das „verstärkte" Modell. Denn bei dem „abgeschwächten" Modell sind — wegen der geringeren Ladung der Ionen — Härte, Schmelzpunkt und Brechzahl niedriger, die thermische Ausdehnung, Kompressibilität und Löslichkeit größer als bei der „verstärkten" Modellsubstanz. Die Analogie geht

---

[1] Die Stichhaltigkeit des Vergleichs wird jedoch etwas eingeschränkt, weil die Bindungsart in den vier Verbindungen nicht dieselbe ist; vielmehr liegt ein großer homöopolarer Bindungsanteil bei ScN und TiC vor. Da aber die Stärke der hetero- und der homöopolaren Bindung größenordnungsmäßig dieselbe ist, bleibt der Vergleich doch aufschlußreich.

[2] Siehe später S. 109f.

[3] Neuere Arbeiten: HAHN, TH.: N. Jb. Mineral, Abh. A, **86**, 1 (1954). — JAHN, W.: Z. anorg. Chem. **276**, 113, **277**, 274 (1954). — O'DANIEL, H.: Z. Kristallogr. **103**, 178 (1941); **104**, 124, 348 (1942); **105**, 273 (1943); N. Jb. Mineral, Mh. **1945—1948**, 56. — ROY, D. M., R. ROY u. E. F. OSBORN: J. Amer. Ceram. Soc. **33**, 85 (1950). — THILO, E., u. Mitarb.: Z. phys. Chem. **197**, 39 (1951); **199**, 125 (1952); Z. anorg. Chem. **274**, 72 (1953). — VRIES, R. C. DE, u. R. ROY: J. Amer. Chem. Soc, **75**, 2579 (1953).

sogar so weit, daß dann, wenn eine Polymorphie vorliegt, die Temperatur der Umwandlung bei dem verstärkten Modell um einen bestimmten Faktor höher ist als bei dem abgeschwächten Modell. Tab. 10 gibt einige Beispiele.

Tabelle 10. *Modellsubstanzen.*

		Substanz	Ionenradien (nach GOLDSCHMIDT)	$F_p \cdot {}^\circ C$	Ritzhärte	Brechzahlen Na_D-Linie	Löslichkeit g/100g H_2O bei 18° C
Rutiltyp	abgeschw. Modell	MgF_2 Sellait	0,78 1,33	1221	5	ω 1,378 ε 1,390	8,7 × 10^{-3}
	verstärkt. Modell	SnO_2 Zinnstein	0,74 1,32	>1900 unter Druck	6,5—7	ω 1,997 ε 2,093	unlöslich
Fluorittyp	abgeschw. Modell	CaF_2 Fluorit	1,06 1,33	1392	4	1,434	1,5×10^{-3}
	verstärkt. Modell	ThO_2	1,10 1,32	3050	~5,5	—	unlöslich
Phenakittyp	abgeschw. Modell	Li_2BeF_4	0,78 0,34 1,33	458	3,8	~1,3	leicht löslich
	verstärkt. Modell	Zn_2SiO_4 Willemit	0,83 0,39 1,32	1512	5,5	ω 1,691 ε 1,719	sehr schwer löslich
Diopsid Struktur	abgeschw. Modell	$NaLiBe_2F_6$	0,98 0,78 0,34 1,33	280	—	~1,33	an Luft zersetzt
	verstärkt. Modell	$CaMgSi_2O_6$ Diopsid	1,06 0,78 0,39 1,32	1391,5	5,5—7	$n\alpha$ 1,664 $n\beta$1,674 $n\gamma$ 1,694	unlöslich

Daß auch die Brechzahl bei dem verstärkten Modell größer ist als bei dem abgeschwächten, ist darauf zurückzuführen, daß z. B. zweiwertige Anionen eine größere Refraktion[1] haben als einwertige Anionen von gleichem Wirkungsradius: O^{--} hat die zwei- bis dreifache Ionenrefraktion wie F^-. Die Kationen fallen meistens für die Brechzahl nicht stark ins Gewicht.

Modellsubstanzen haben sowohl kristallchemisch als auch in praktischer kristallphysikalischer Hinsicht eine gewisse Bedeutung erlangt.

Ionenkristalle mit verschiedenen Kationenarten. Bisher sind einfache Kristallstrukturen betrachtet worden, in denen nur jeweils *eine* Kationenart mit einer Anionenart verbunden ist. Wir fragen nun danach, wie Kristalle, die mehrere Kationenarten enthalten, aufgebaut sind.

---

[1] Siehe Kapitel „Optische Eigenschaften", Seite 253 ff.

Perowskit-Typ. Ein anschauliches Beispiel liefert das $KMgF_3$, an dem wir erkennen, daß — wegen der allseitig wirkenden heteropolaren Bindung — die Ionen bestrebt sind, sich so dicht wie möglich zu packen. Da K^+ und F^- nahezu gleich groß sind, kann sich eine dichteste dreidimensionale Kugelpackung von Ionenkugeln ausbilden, in der jedes K^+ von 12 F^- umgeben ist; jedes F^- wird von 4 K^+ umgeben. Diese Anordnung ist deshalb möglich, weil nur $^1/_3$ so viel K^+ wie F^- vorhanden sind. In

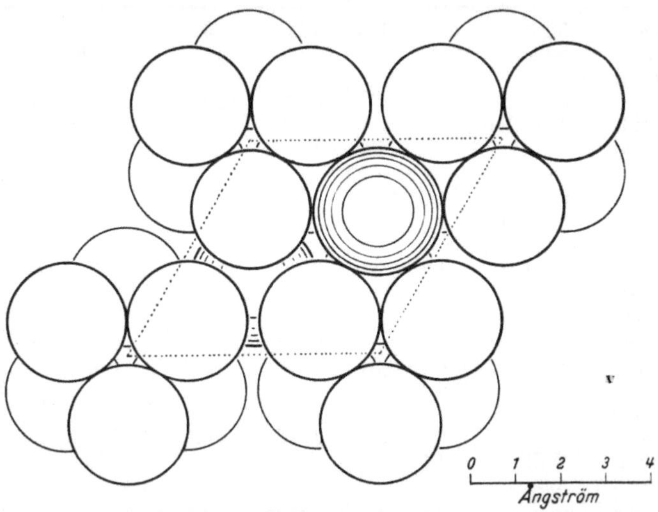

Abb. 42. Zwei übereinanderliegende, annähernd dichtest gepackte Kugellagenebenen, bestehend aus F^- und K^+ im Verhältnis 3:1. Die oktaedrischen Lücken befinden sich an den Eckpunkten der strichliert markierten hexagonalen Elementarzelle. Eine tetraedrische Lücke ist in $\left[\left[\frac{2}{3}\,\frac{1}{3}\right]\right]$ sichtbar, also zwischen 3 F und 1 K; sie ist nicht besetzt. Tetraedrische Lücken können nur dann von Kationen besetzt werden, wenn sie von vier Anionenkugeln gebildet werden. Die oktaedrischen Lücken sind im $KMgF_3$ von den kleinen Mg^{2+} besetzt (hier nicht gezeichnet); aber man erkennt besonders deutlich an der linken unteren Ecke das auf einer Dreiecksfläche liegende Koordinationsoktaeder.

dieser aus K^+ und 3 F^- bestehenden dichtesten Kugelpackung befinden sich nun Lücken (Abb. 42), von denen zwei Arten, nämlich die sog. oktaedrischen und die tetraedrischen Lücken kristallstrukturell ganz besonders wichtig sind. Oktaedrische Lücken sind solche, die von sechs Kugeln derart umgeben sind, daß man sich die Kugelmittelpunkte an den sechs Ecken eines Oktaeders vorstellen kann, während tetraedrische Lücken von vier an den Ecken eines Tetraeders gedachten Kugeln der Kugelpackung umschlossen werden. Es gibt in einer aus n Kugeln aufgebauten dichtesten Kugelpackung $2\,n$ tetraedrische und n oktaedrische Lücken. Kleine Ionenkugeln können nun solche Lücken besetzen, wobei für die Größe oft wieder das bekannte Radienverhältnis für KZ 6 bzw. KZ 4 maßgeblich ist. Bei unserem Beispiel $KMgF_3$ beträgt das Verhältnis $R_{Mg}/R_{F\,=\,K} = 0{,}58$, so daß es geometrisch völlig verständlich ist, daß die Mg^{2+} oktaedrische Lücken in der Kugelpackung besetzen, und zwar diejenigen, die nur von F^- gebildet werden, denn aus elektrostatischen Gründen werden nicht zwei Kationen unmittelbar benachbart sein. Die Mg^{2+} besetzen gerade alle jene Lücken und geben dadurch dem Kristall die elektrostatische Neutralität: $[KF_3]^{2-} + Mg^{2+}$. Da das Radienverhältnis nicht genau 0,41 ist, besagt das, daß die Kugelpackung der K^+ und 3 F^- etwas aufgeweitet ist, was oft beobachtet wird.

Die gesamte Struktur des $KMgF_3$ ist kubisch (die dichtesten Kugellagenebenen liegen parallel (111)[1]); jedes K^+ wird von 12 F^- umgeben, jedes Mg^{2+} wird von 6 F^- oktaedrisch umgeben. Die $[MgF_6]^{4-}$ Koordinationsoktaeder sind über ihre Ecken mit benachbarten Oktaedern verknüpft, so daß jedes F zwei Oktaedern gemeinsam angehört, wodurch die Zusammensetzung $[MgF_3]^-$ wird; es treten also keine MgF_6-Komplexionen in der Struktur auf, was typisch für heteropolare Kristalle ist.

Die gleiche Struktur wie $KMgF_3$ hat das $BaTiO_3$, welches oberhalb 120°C kubisch ist, aber unterhalb dieser Temperatur bis etwa 0°C die technisch so wichtige tetragonale Struktur bildet, welche ferroelektrisch ist. Diese und weitere Modifikationen stellen geringe Deformationen der kubischen Struktur dar,

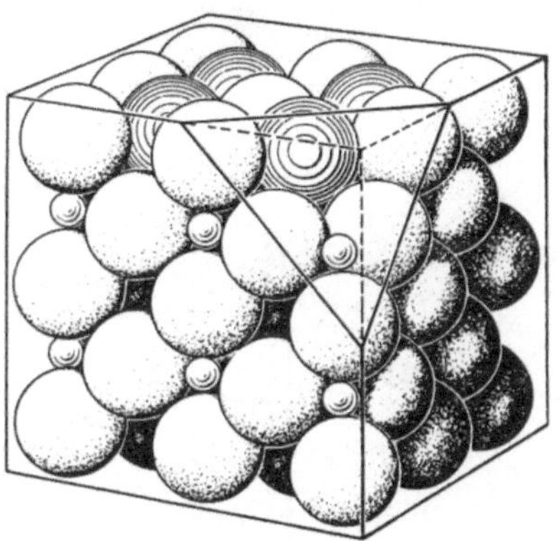

Abb. 43 a. Idealer Perowskit-Typ Ca TiO_3. Raumgruppe $Pm\,3m - O_h^1$. Als Kugelpackung von Ca und 3 O. Kleine Kugeln sind Ti^{4+}.

auf die wir hier noch nicht näher einzugehen brauchen. Ba^{2+} und O^{2-} haben ebenfalls nahezu gleiche Ionenradien, so daß die vorher beschriebene (kubische) annähernd dichteste Kugelpackung aus Ba^{2+} und O^{2-} aufgebaut werden kann; die Ti besetzen wieder die oktaedrischen Lücken, Abb. 43a. Betrachten wir nur die Schwerpunkte der Ionen, dann ergibt sich für den Bereich einer Elementarzelle das in Abb. 43b dargestellte Bild, aus dem die oktaedrische Umgebung der Ti von 6 O besonders deutlich zu erkennen ist; A sitzt an den Ecken des Würfels, B im Zentrum und die drei Anionen jeweils in den Flächenmitten. Abb. 43c zeigt die Verknüpfung der Koordinationsoktaeder über gemeinsame Ecken.

Aus dem bisher Gesagten ist es deutlich geworden, daß eine derartige Struktur, die man nach dem Mineral Perowskit, $CaTiO_3$, als Perowskit-Typ bezeichnet, nur gebildet werden kann, wenn eine ganz bestimmte Beziehung zwischen den Radien der am Aufbau beteiligten Ionen besteht. Diese Beziehung, nämlich $R_A + R_O = \sqrt{2}\,(R_B + R_O)$ kann unmittelbar aus Abb. 43b abgelesen werden. Diese ideale Beziehung braucht

---

[1] Siehe Seite 145.

— wie V. M. Goldschmidt feststellte — nicht unbedingt erfüllt zu sein, sondern es darf das A-Ion etwas größer oder etwas kleiner als das Sauerstoffion sein; auch das B-Ion darf ebenfalls hinsichtlich seiner Größe erheblich variieren, was eine Aufweitung der Kugelpackung bewirkt. Die Größenvariationen werden durch einen sog. Toleranzfaktor von $1,0 - 0,77$ auf der rechten Seite der Gleichung berücksichtigt. Es gibt infolgedessen eine große Anzahl (etwa 50) ABO_3-Verbindungen und etwa

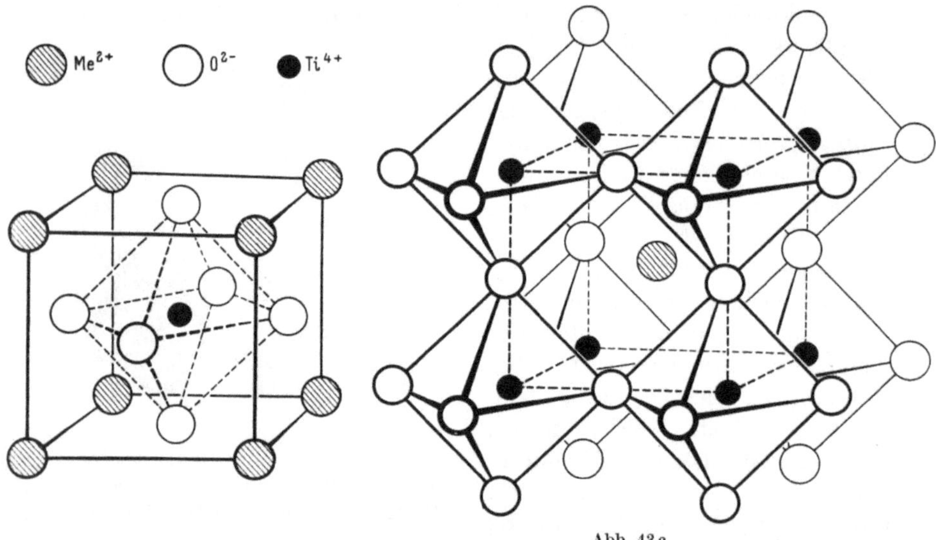

Abb. 43 c.

Abb. 43 b und c). Idealer Perowskit-Typ $KMgF_3$, Raumgruppe $Pm\,3\,m - O_h^1$. b) als Schwerpunktgitter mit Koordinationsoktaedern; c) zeigt die Verknüpfung der Koordinationsoktaeder über gemeinsame Ecken

weitere 50 ABX_3-Verbindungen (wo X auch ein Komplexion sein kann), die in dem idealen oder einem leicht tetragonal, rhomboedrisch, rhombisch oder monoklin deformierten Perowskit-Typ kristallisieren; eine neue Zusammenstellung gibt Wood[1], welche durch die Untersuchungen von Keith und Roy[2] ergänzt wird; siehe auch Ernst[3]).

Kristallchemisch interessant und für Ionenkristalle von besonderer Bedeutung ist auch die Tatsache, daß die Ladung der A- und B-Ionen nicht wesentlich ist, es muß nur die Summe der positiven Ladungen gleich derjenigen der drei Anionen sein; z. B. $KNbO_3$, $SrTiO_3$, $LaAlO_3$ oder KJO_3, $CaTiO_3$, $CeAlO_3$. Aber von Einfluß auf die Stabilität des

[1] Wood, E. A.: Acta cryst. 4, 353 (1951).

[2] Keith, M. L., u. R. Roy: Amer. Mineral. 39, 1 (1954).

[3] Ernst Th.: Landolt-Börnstein, 6. Aufl., Bd. I/4, S. 1954, Berlin 1955.

Perowskit-Typs sind die Ionenladungen doch, denn KEITH und ROY[1] haben vor kurzem gezeigt, daß die untere Grenze des Toleranzfaktors folgende ist:

$$\text{Für } A^{3+}B^{3+}O_3 = 0{,}89,$$
$$\text{für } A^{2+}B^{4+}O_3 = 0{,}77,$$
$$\text{für } A^{1+}B^{5+}O_3 \sim 0{,}71.$$

Der von GOLDSCHMIDT angegebene Toleranzfaktor von 0,77 hat also nur für $A^{2+}B^{4+}O_3$-Verbindungen Gültigkeit.

Weiterhin ist interessant, daß in der Struktur des Perowskit-Typs Ionen *verschiedener* Wertigkeiten die gleichen Gitterplätze statistisch besetzen können: z. B. kann an die Stelle von zwei zweiwertigen A-Atomen (mit KZ 12) ein einwertiges K und ein dreiwertiges La bzw. ein K und ein Nd treten, so daß sich $(KLa)Ti_2O_6$ bzw. $(KNd)Ti_2O_6$ statt z. B. $Ba_2Ti_2O_6$ ergibt. Auch das B-Atom (mit KZ 6) kann durch zwei verschiedenartige Atome ersetzt werden; z. B. zwei vierwertige B-Atome durch ein drei- und ein fünfwertiges, wie beispielsweise im $Sr_2(GaNb)O_6$ und $Sr_2(CrTa)O_6$; schließlich gibt es z. B. $(BaK)(TiNb)O_6$, in dem Ba und K die Plätze der A-Atome und Ti und Nb die Plätze der B-Atome besetzen. Bei all diesen verschiedenen Möglichkeiten[2] ist natürlich stets die obige Forderung nach den geeigneten Ionengrößen erfüllt, d. h. die A-Ionen haben einen Wirkungsradius ungefähr zwischen 0,45 bis 0,75 Å und die B-Ionen zwischen 1,00 bis 1,40 Å; der Radius des Sauerstoffions ist 1,33.

Ilmenit-Typ. Ist nun bei einer Verbindung ABO_3 das A-Ion wesentlich kleiner als das Sauerstoffion, dann kann sich natürlich nicht — wie beim Perowskit-Typ — eine dichteste Kugelpackung aus einer Kationenart und den Sauerstoffionen bilden; in diesem Falle, wenn R_A etwa $\leqq$ 0,85 Å ist, bauen oft alleine die Sauerstoffionen eine annähernd dichteste Kugelpackung auf, in der die Kationen einen Teil der oktaedrischen Lücken besetzen. Dies ist der Fall beim *Ilmenit*, $FeTiO_3$, in dem die Fe und Ti insgesamt nur $^2/_3$ der zur Verfügung stehenden oktaedrischen Lücken einer hexagonal dichtesten Sauerstoffpackung[3] in regelmäßiger Weise besetzen. Im gleichen Strukturtyp kristallisieren auch u. a. $LiTaO_3$ und $LiNbO_3$, welche wegen ihrer ferroelektrischen Eigenschaften besonders interessieren[4].

Beim α-Al_2O_3 (Korund) und α-Fe_2O_3 (Hämatit) und weiteren A_2O_3-Verbindungen sind jene oktaedrischen Lücken des Ilmenittyps von den

---

[1] KEITH, M. L., u. R. ROY: Amer. Mineral **39**, 1 (1954).

[2] ROY, R.: Amer. Ceram. Soc. **37**, 581 (1954).

[3] Über dichteste Kugelpackungen siehe S. 143ff.

[4] MATHIAS, B. I., u. J. P. REMEIKA: Physic. Rev. **76**, 1896 (1949).

Al bzw. Fe besetzt. Aus diesem Grunde besteht (bei hoher Temperatur) zwischen $FeTiO_3$ und Fe_2O_3 eine vollständige Mischkristallreihe.

Aragonit- und Calcit-Typ. Wenn bei ABO_3-Verbindungen das B-Ion so klein wird, daß es nicht mehr oktaedrisch von Sauerstoffionen umgeben werden kann, wie C^{4+}, N^{5+} oder B^{3+}, dann kann der Perowskit-Typ natürlich auch nicht gebildet werden; es entsteht vorwiegend der Calcit- oder Aragonit-Typ, in denen das C von 3 O planar umgeben ist. In beiden Gittertypen sind die planaren CO_3-Gruppen senkrecht zur c-Achse angeordnet.

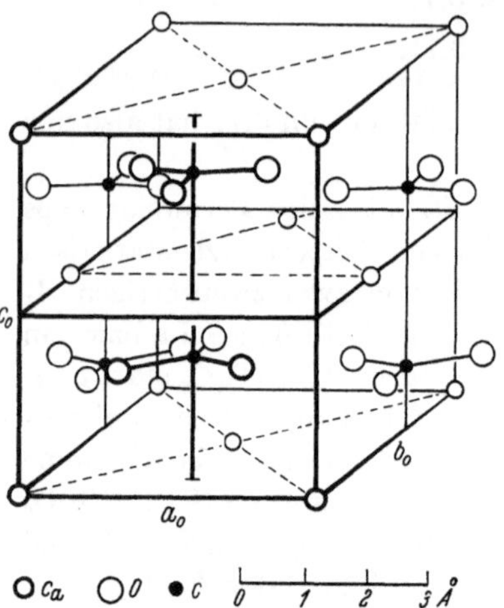

Abb. 44. Struktur des Aragonits, $CaCO_3$. Raumgruppe $Pbnm - D_{2h}^{15}$.

Aragonit-Typ: $CaCO_3$ Aragonit
(Abb. 44.) $SrCO_3 < 912°$ Strontianit
       $PbCO_3$ Cerussit
       $BaCO_3 < 810$ Witherit
       $KNO_3 < 128°$ Kalisalpeter
       $LaBO_3$

Die Schwerpunkte der CO_3-Komplexionen und die der Kationen besetzen die Punktlagen, die in der orthohexagonal, d. h. rhombisch aufgestellten NiAs-Struktur (Seite 166) besetzt sind; das Kation wird von 6 Komplexionen umgeben, unmittelbar jedoch von 9 Sauerstoffionen.

Calcit-Typ: $MgCO_3$ Magnesit
(Abb. 45.) $FeCO_3$ Siderit
      (Fe, Mg) CO_3 Breunnerit[1]
      $CoCO_3$ Kobaltspat (Kobaltit)
      $ZnCO_3$ Zinkspat (Smithsonit)
      $MnCO_3$ Rhodochrosit
      (Mn Ca)CO_3 [1]
      $CdCO_3$ Otavit
      (Cd,Ca)CO_3 [1]
      (Cd,Mn)CO_3 [1]
      $CaCO_3$ Calcit
      $SrCO_3 > 912°$
      $BaCO_3$ $810°—965°$
      $LiNO_3$
      $NaNO_3 < 185°$ Natronsalpeter
      $KNO_3 > 128°$ mit Rotation der CO_3-Gruppen
      $RbNO_3 > 219°$ mit Rotation der CO_3-Gruppen
      $ScBO_3$
      $InBO_3$
      YBO_3

[1] Mit statistischer Verteilung der Kationen auf die Gitterplätze der zweiwertigen Kationen; Mischkristalle.

Die Struktur kann beschrieben werden als ein in Richtung einer Raumdiagonalen gestauchtes NaCl-Gitter, in dem statt Na$^+$ das Ca^{2+} und statt
Cl$^-$ der Schwerpunkt der CO$_3$-Gruppe sitzen; ein Kation wird also von

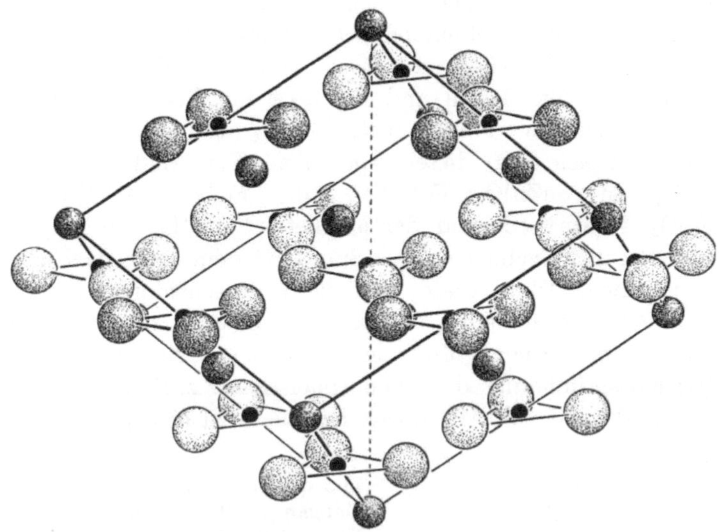

Abb. 45. Struktur des Calcits, CaCO$_3$, Raumgruppe $P\,\bar{3}m\,1 - D_{3d}^3$. (Aus Th. Ernst,
Landolt-Börnstein Bd. I. Teil 4 (1955.)

6 CO$_3$-Gruppen umgeben. Die unmittelbar nächsten Nachbarn eines
Kations sind aber Sauerstoffe, und zwar beträgt ihre Anzahl 6 gegenüber
9 beim Aragonit-Typ.

In diesen beiden Strukturtypen ist
der Bindungscharakter zwischen dem
CO$_3$-Komplexion und dem Ca-Ion heteropolar, während jedoch die Bindungen
innerhalb des Komplexions überwiegend
homöopolar sind; denn der Abstand C—O
in der CO$_3$-Gruppe beträgt nur 1,25 Å,
ist also bereits kleiner als der Ionenradius des O^{2-} von 1,32 Å (Goldschmidt)
bzw. 1,40 Å (Pauling).

Spinell-Typ. Einer anderen Gruppe
von Verbindungen der Zusammensetzung AB_2O_4 liegt eine kubische, annähernd dichteste Kugelpackung zugrunde; es sind Spinelle, von denen der

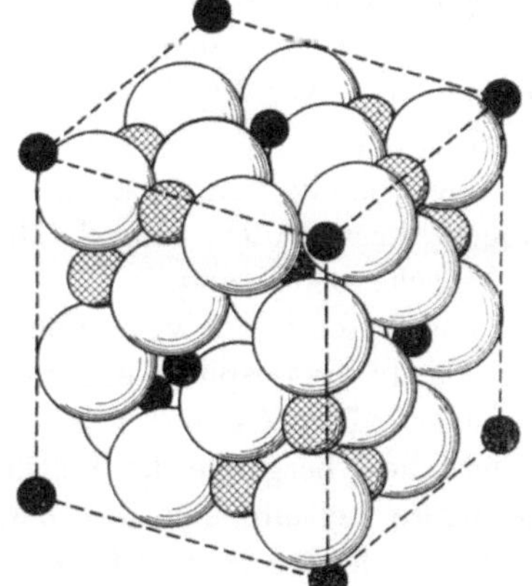

Abb. 46. Struktur des Spinells, MgAl$_2$O$_4$,
Raumgruppe $Fd\,3m - O_h^7$.

grüne Spinell, MgAl$_2$O$_4$, ein Beispiel ist, Abb. 46. Die Elementarzelle des
Spinells enthält 8 Formeleinheiten, also Mg$_8$Al$_{16}$O$_{32}$; in der Elementarzelle

werden von den insgesamt 64 tetraedrischen Lücken nur 8 durch Mg besetzt
und von den 32 oktaedrischen Lücken nur 16 durch Al. Es kann nun
aber auch bei gewissen Spinellarten so sein, daß die 8 tetraedrischen
Lücken nicht durch 8 A-Teilchen, sondern durch 8 B-Teilchen besetzt
sind und daß sich in die 16 oktaedrischen Lücken die 8 A-Teilchen und
die restlichen 8 B-Teilchen statistisch einbauen. Man schreibt nach
einem Vorschlag von BARTH und POSNJAK für diese sog. „inversen"
Spinelle die allgemeine Formel nicht AB_2O_4 (normaler Fall), sondern
$B(AB)O_4$. Beispiele für diesen speziellen Typ sind: $Fe(MgFe)O_4$,
$Fe(TiFe)O_4$, $Zn\ (SnZn)O_4$, $Fe^{3+}(Fe^{2+}Al)O_4$, $Fe(NiFe)O_4$, $Fe(CuFe)O_4$,
$Fe(CoFe)O_4$, $Fe(MnFe)O_4$ und der Magnetit $Fe^{3+}\ (Fe^{2+}Fe^{3+})O_4$. Es ist
bis jetzt noch nicht gelungen, jede Spinellart dem einen oder anderen
Typ zuzuordnen. Ohne diese spezielle Unterscheidung umfaßt die
Substanztabelle des Spinelltyps etwa 60 Verbindungen, von denen hier
nur einige in der Natur als Minerale vorkommende Beispiele aufgeführt
sind; Mischkristallbildung, d. h. isomorpher Ersatz z. B. von Mg^{2+} durch
Fe^{2+} oder Mn^{2+} und von Al^{3+} durch Fe^{3+} usw. ist häufig.

$MgAl_2O_4$ .... Spinell
$ZnAl_2O_4$ .... Zinkspinell (Gahnit)
$MnAl_2O_4$ .... Manganspinell (Galaxit)
$FeAl_2O_4$.............. Eisenspinell (Hercynit)
$Fe^{3+}(MgFe^{3+})O_4$ ..... Magnoferrit
$Fe^{3+}(Fe^{2+}Fe^{3+})O_4$ ..... Magnetit $= Fe_3O_4$.

Kristallchemisch interessant ist ferner, daß — wie beim Perowskit-
Typ — die Ladung der Bausteine nicht entscheidend ist; es müssen nur
die acht negativen Ladungen der Anionen durch die Kationen kompensiert werden, was an folgenden Beispielen deutlich wird: $Mg^{2+}V_2^{3+}O_4$,
$Mg_2^{2+}V^{4+}O_4$, $Na_2^+W^{6+}O_4$ und sogar $Li^+Ti^{4+}Fe^{3+}O_4$ oder $Li_{0,5}^+Al_{2,5}^{3+}O_4 =$
$LiAl_5O_8$.

Die Spinelle können auch synthetisch hergestellt werden; sie haben
wegen ihrer großen Härte (Mohs-Härte 8) besonders als Lagersteine
technische Bedeutung.

Von besonderem kristallphysikalischen Interesse ist der Magnetit,
der als inverser Spinell ein vorzüglicher Halbleiter[1] ist. Mischkristalle
zwischen Magnetit und z. B. $ZnCr_2O_4$ (normaler Spinell) zeigen kontinuierliche Übergänge der Leitfähigkeit des Magnetits in die wesentlich
geringere Leitfähigkeit des $ZnCr_2O_4$. Es ist weiterhin von Interesse,
daß, so wie der Magnetit, auch Fe-haltige inverse Spinelle ferromagnetisch sind[2], normale Spinelle sind paramagnetisch. Jene Kristalle
haben nur geringe Wirbelstromverluste, so daß sie sich besonders gut
für die Kerne von Hochfrequenzspulen eignen. Für diese Zwecke werden

---

[1] Siehe Seite 220.
[2] VERWEY, E. J. W.: Bull. Soc. Chim. France, Mém. **16,** 120 (1949).

unter dem Handelsnamen „Ferroxcube" sog. „Mischferrite" von $Fe(ZnFe)O_4$ mit $Fe(CuFe)O_4$, $Fe(MgFe)O_4$, $Fe(MnFe)O_4$ oder $Fe(NiFe)O_4$ verwendet[1].

Auf eine weitere kristallchemisch interessante und wichtige Erscheinung ist noch hinzuweisen: $MgAl_2O_4$ und Al_2O_3 bilden eine vollständige Mischkristallreihe. Das hätte man auf Grund der chemischen Formeln nicht erwartet, aber kristallchemisch findet diese Mischkristallbildung leicht ihre Erklärung, nachdem nämlich HÄGG und Mitarbeiter[2] gefunden haben, daß das Al_2O_3 nicht nur als α-Form (Korund) im Ilmenit-Typ mit hexagonal dichtester Sauerstoffpackung kristallisiert, sondern daß eine andere Modifikation, das γ-Al_2O_3, eine Struktur bildet, die dem Spinell-Typ sehr ähnlich ist. Im γ-Al_2O_3 bilden die Sauerstoffatome auch eine kubisch annähernd dichteste Kugelpackung; während nun im Spinell je Elementarzelle 8 tetraedrische und 16 oktaedrische Lücken durch die Kationen besetzt sind, werden beim γ-Al_2O_3 von jenen insgesamt 24 Gitterplätzen nur im Mittel $21\frac{1}{3}$ Gitterplätze, und zwar in statistischer Weise besetzt[3]. Da in der Elementarzelle auf 32 O^{2-} $21\frac{1}{3}$ Al^{3+} kommen, ist die elektrische Neutralität völlig hergestellt. Die Struktur des γ-Al_2O_3 ist also eine Spinellstruktur, in der einige Kationenplätze nicht besetzt sind. Mischkristallbildung zwischen Spinell und Al_2O_3, also zwischen $Mg_8Al_{16}O_{32}$ und $Al_{21,3}O_{32}$ ist durch kontinuierlichen Ersatz von Al durch Mg im Al_2O_3 unter entsprechender Auffüllung der vorher unbesetzten $2\frac{2}{3}$ Lücken durch Mg zu verstehen.

Mit gleicher fehlgeordneter Spinellstruktur wie γ-Al_2O_3 kristallisiert das γ-Fe_2O_3, welches durch sorgfältige Oxydation des Spinells Magnetit, $FeFe_2O_4 = Fe_3O_4$, entsteht. (Es muß also α-Fe_2O_3, Hämatit, der im Ilmenit-Typ kristallisiert, vom γ-Fe_2O_3 unterschieden werden.) Dadurch wird es wiederum verständlich, daß auch zwischen Fe_2O_3 und Spinellen vollständige Mischkristallbildung besteht. Es kann aber weiterhin nun auch ein physikalisches Bild über den Oxydationsvorgang von FeO über Fe_3O_4 zu γ-Fe_2O_3 gegeben werden; denn allen drei Strukturen ist eine annähernd dichteste Sauerstoffpackung kubischer Symmetrie gemeinsam: Das FeO kristallisiert im NaCl-Typ, die Struktur kann als Ineinanderstellung zweier kubisch allseitig flächenzentrierter BRAVAIS-Gitter — insbesondere im Hinblick auf FeO — auch als kubische, annähernd dichteste Sauerstoffpackung beschrieben werden, in deren sämtlichen oktaedrischen Lücken die Fe-Ionen sitzen. Dieses wäre die ideale FeO-Struktur, die aber nie verwirklicht ist, weil stets

---

[1] SNOEK, J. L.: Philips techn. Rdsch. 8, 353 (1946).

[2] Z. phys. Chem. B 29, 88, 95 (1935).

[3] Dies bedeutet eine Abweichung von dem der Gittertheorie gehorchenden Idealkristall; man bezeichnet daher die Struktur des γ-Al_2O_3 als „fehlgeordnet". Siehe hierüber, S. 210f.

ein kleiner Bruchteil der Fe^{2+} durch Fe^{3+} ersetzt ist. Dies ist natürlich
wegen des Ladungsausgleichs nur möglich, wenn an Stelle von x Fe^{2+} nur
$\frac{2}{3} x$ Fe^{3+} treten, wenn also ein Teil der oktaedrischen Lücken nicht besetzt ist. Die Struktur enthält also gegenüber der idealen FeO-Zu-
sammensetzung einen Unterschuß an Fe; statt 50 Atom-% Fe sind z. B.
nur 48 Atom-% Fe vorhanden[1]. Das FeO ist also bereits zu einem geringen Teil oxydiert. Bei weiterer Oxydation lagern sich nun weitere
Sauerstoffe an die Struktur des FeO so an, daß die kubisch dichteste
Sauerstoffpackung weiter gebaut wird[2]. In ihre tetraedrischen und
oktaedrischen Lücken diffundieren Fe-Atome, und indem in der ehe-
maligen FeO-Struktur teilweise ein Platzwechsel der Fe von oktaedrischen auf tetraedrische Gitterplätze und Umwandlung des zweiwertigen
Eisens in dreiwertiges erfolgt, bildet sich allmählich die Spinellstruktur
des Magnetits, $FeFe_2O_4$, in der auf 32 O nur noch 24 Fe kommen. Bei
weitergeführter Oxydation, also bei weiterem Ausbau der Sauerstoffpackung, weiterer Diffusion der Fe und vollständiger Umwandlung des
zweiwertigen Eisens in dreiwertiges wird schließlich die Struktur des
γ-Fe_2O_3 gebildet, in der nur noch im Mittel 21,3 Fe auf 32 O kommen.
Formelmäßig kann der Vorgang folgendermaßen dargestellt werden:

$$Fe^{2+}_{32}O_{32} \qquad Fe^{3+}_8 \, (Fe^{2+}_8 \, Fe^{3+}_8) \, O_{32} \qquad Fe^{3+}_{21,3}O_{32} \quad \text{oder}$$
$$\text{(ideales FeO)} \qquad \text{(Magnetit)} \qquad (\gamma\text{-}Fe_2O_3)$$

um nicht nur den Ladungswechsel der Fe mit der dadurch bedingten
Abnahme der in der Struktur besetzten Gitterplätze, sondern auch die
Anlagerung der Sauerstoffpackung und die gleichbleibende Fe-Menge zu
demonstrieren:

$$Fe^{2+}_{21,3} \, O_{21,3} \quad + \quad O_{7,1} \text{ und Ladungswechsel, Platzwechsel und}$$
$$\text{(Ideales FeO)} \qquad \text{Diffusion ergibt Magnetit:}$$

$$Fe^{3+}_{7,1} \, (Fe^{2+}_{7,1} \, Fe^{3+}_{7,1}) \, O_{28,4} \quad + \quad O_{3,6} \text{ und Ladungswechsel und}$$
$$\text{(Magnetit)} \qquad\qquad\qquad \text{Diffusion ergibt:}$$

$$Fe^{3+}_{21,3} \, O_{32} \, .$$
$$(\gamma\text{-}Fe_2O_3).$$

Die Umwandlung des γ-Fe_2O_3 in den stabileren Hämatit, α-Fe_2O_3
erfolgt dann unter Umbau der kubisch dichtesten Sauerstoffpackung zu
einer hexagonalen und unter teilweisem Platzwechsel der Fe derart, daß
alle Fe in den im Ilmenit-Typ zur Verfügung stehenden oktaedrischen
Lücken sitzen.

---

[1] Eine entsprechende, jedoch vom NiAs-Typ (s. S. 166) ableitbare
Struktur nicht stöchiometrischer Zusammensetzung mit Fe-Unterschuß hat das
FeS, dessen Formel entsprechend der jeweiligen Zusammensetzung von Fe_6S_7 bis
$Fe_{11}S_{12}$ variieren kann.

[2] WELLS, A. F.: Structural Inorganic Chemistry, S. 334, Oxford 1945.

Allgemeine Bauprinzipien heteropolarer Kristalle. Wenn auch sehr
viele Strukturen nicht als dichteste Kugelpackungen beschrieben werden
können, so ist doch für die Beschreibung aller Strukturen die Angabe, von
wieviel Anionen ein Kation umgeben ist, also die Angabe der Koordinationspolyeder wie Tetraeder, Oktaeder, Würfel usw. sehr zweckmäßig,
insbesondere für kompliziertere Strukturen; denn die Art der Koordinationspolyeder und gegebenenfalls ihre Verknüpfungen bestimmen
weitgehend den Aufbau der Strukturen. Das bei weitem wichtigste
Anion ist Sauerstoff; denn mit 62,5 Atom-% ist es bei weitem das häufigste
Element der Erdkruste. Außerdem hat das Sauerstoffanion im Vergleich zu den meisten Kationen ein relativ großes Volumen, so daß es
weitgehend die Packung der Bausteine in einer Kristallstruktur bestimmt.
Sauerstoff nimmt in der Erdkruste fast 92 Vol.-% ein. Daher
interessiert vor allem, wie die verschiedenen Kationen mit Sauerstoff-
anionen koordiniert sind. Das Radienverhältnis bestimmt wiederum
weitgehend die Koordinationszahl des Kations, und in nachfolgender
Tab. 11 sind neben den uns bereits bekannten Koordinationen weitere
in Kristallstrukturen verwirklichte Koordinationen aufgeführt[1].

Tabelle 11.

Koordinationspolyeder	KZ des Kations	Unterer Grenz-wert des Radien-verhältnisses
Kubooktaeder	12	1,000
Trigonales Prisma mit einem Punkt über der Mitte jeder Prismenfläche; selten	9	0,732
Würfel	8	0,732
Quadratisches Gegenprisma	8	0,645
Verzerrtes Oktaeder oder trig. Prisma mit jeweils einem weiteren Punkt über einer Fläche; selten	7	0,592
Oktaeder	6	0,414
Tetraeder	4	0,225
Gleichseitiges Dreieck	3	0,155

Solange die Ladung des Kations nicht größer als vier ist, darf man
meistens mit den Radienverhältnissen rechnen; es muß nämlich bedacht
werden, daß mit steigender Ladung und mit abnehmender Größe, d. h.
auch mit abnehmender Koordinationszahl eines Kations, der heteropolare Bindungscharakter der Sauerstoffverbindungen meistens abnimmt zugunsten des homöopolaren, so daß schließlich keine Ionenkristalle, sondern kovalente oder Molekel-Kristalle gebildet werden.

In der folgenden Tab.[2] sind nun für die wichtigsten Kationen die
Anzahl der nächsten Sauerstoffnachbarn zusammengestellt, die in

---

[1] WELLS, A. F.: Structural Inorganic Chemistry, S. 113 u. 323. Oxford 1945.
[2] Überwiegend nach R. C. EVANS: An Introduction to Crystal Chemistry,
S. 196. Cambridge 1946.

Kristallstrukturen beobachtet worden sind. Man entnimmt daraus, daß z. B. in den Sulfaten, Phosphaten und Silikaten Koordinations*tetraeder* vorliegen, in den Karbonaten ist der Kohlenstoff von 3 Sauerstoffatomen umgeben, das Al^{3+} wird entweder von 6 oder von 4 O umgeben, das Ti^{4+} von 6, das Ca^{2+} von 6 wie im CaO und im Calcit, von 9 z. B. im Aragonit oder von 12 wie im $CaTiO_3$, dem Perowskit.

Tabelle 12.

KZ	Kationen
3	B^{3+}, C^{4+}, N^{5+}
4	Li^+, Be^{2+}, (Mg^{2+}, Fe^{2+}, Fe^{3+}), B^{3+}, Al^{3+}, Si^{4+}, P^{5+}, S^{6+}, Cl^{7+}, V^{5+}, Cr^{6+}, Mn^{7+}, Zn^{2+}, Ga^{3+}, Ge^{4+}, As^{5+}, Se^{6+}
6	Li^+, Mg^{2+}, Al^{3+}, Sc^{3+}, Ti^{4+}, Cr^{3+}, Mn^{2+}, Fe^{2+}, Fe^{3+}, Co^{2+}, Ni^{2+}, Cu^{2+}, Zn^{2+}, Ga^{3+}, Nb^{5+}, Ta^{5+}, Sn^{4+}
6—8	Na^+, Ca^{2+}, Sr^{2+}, Y^{3+}, Zr^{4+}, Cd^{2+}, Ba^{2+}, Ce^{4+}, Sm^{3+}, Lu^{3+}, Hf^{4+}, Th^{4+}, U^{4+}
8—12	Na^+, K^+, Ca^{2+}, Rb^+, Sr^{2+}, Cs^+, Ba^{2+}, La^{3+}, Ce^{3+}—Sm^{3+}, Pb^{2+}

Auf Grund der Kristallstrukturbestimmungen sind von L. PAULING[1] einige *Regeln* aufgestellt worden, die von großem Nutzen für das Verständnis des Aufbaues komplizierterer Strukturen sind. Sie gelten nicht nur für heteropolare Kristalle, sondern auch für solche, in denen neben homöopolarer Bindung noch ein deutlicher heteropolarer Bindungsanteil vorhanden ist; für überwiegend homöopolare Kristalle sind die Regeln nicht anwendbar.

Für die *1. Regel* sind in obiger Tabelle und bei der bisherigen Besprechung der Kristallstrukturen bereits viele Beispiele gegeben worden; denn sie besagt: „Um jedes Kation sind Anionen derart angeordnet, daß sie die Ecken eines Polyeders besetzen. Der Abstand Kation-Anion wird durch die Summe der Ionenradien und die Koordinationszahl des Kations durch das Radienverhältnis bestimmt."

2. Regel. — Prinzip der elektrostatischen Valenz. Das Produkt der Wertigkeit z mal der Elementarladung e bezeichnet die elektrische Ladung eines Ions. Wenn nun ein Kation von n Anionen unmittelbar umgeben wird, dann ist die elektrostatische Valenz der Bindung, die vom

---

[1] PAULING, L.: In „Probleme der modernen Physik", Sommerfeld-Festschrift, S. 11 ff. Leipzig 1928; J. Amer. Chem. Soc. **51**, 1010 (1929).

Kation zu jedem der n Anionen des Koordinationspolyeders besteht, definitionsgemäß jeweils z/n; z. B.

Tabelle 13.

Ion	Wertigkeit z	Koordination n	elektrostatische Valenz einer Kation-Anion-Bindung	
Ba^{2+}	2	12	$^1/_6$	im $BaTiO_3$
Ti^{4+}	4	6	$^2/_2$	
Mg^{2+}	2	4	$^1/_2$	im $MgAl_2O_4$
Al^{3+}	3	6	$^1/_2$	

Ein Kation wird von einer Anzahl Anionen umgeben, aber ein Anion wird natürlich auch von einer Anzahl Kationen umgeben, und das Anion stellt dann eine Polyeder-Ecke dar, die all jenen Koordinationspolyedern gemeinsam ist. Beim Spinell, $MgAl_2O_4$, z. B. ist *ein* O von 1 Mg und 3 Al umgeben: das O ist die gemeinsame Ecke eines $[MgO_4]^{6-}$-Koordinationstetraeders und dreier $[AlO_6]^{9-}$-Koordinationsoktaeder.

Pauling postulierte nun folgendes Prinzip der elektrostatischen Valenz: „Der Zustand maximaler Stabilität eines Ionenkristalls ist der, in dem die elektrische Ladung jedes Anions gerade kompensiert wird durch die elektrostatischen Valenz-Bindungen, welche das Anion von allen unmittelbar benachbarten Kationen erreichen."

Diese Regel ist beim Spinell, $MgAl_2O_4$, erfüllt; denn die zweiwertig negative Ladung eines Sauerstoffions wird vollständig kompensiert durch eine Mg-O-Bindung der Valenzstärke $^2/_4$ und drei Al-O-Bindungen der jeweiligen Valenzstärke $^3/_6$; $^1/_2 + 3 \cdot {}^1/_2 = 2$. Beim $BaTiO_3$ beträgt — wie vorher angegeben — die elektrostatische Valenz der Bindung Ba—O $= {}^1/_6$, der Ti—O $= {}^2/_3$; in der Struktur wird ein Sauerstoff von zwei Ti und vier Ba umgeben (s. Abb. 43c, S. 72), so daß die elektrostatische Valenzregel wiederum erfüllt ist; denn $2 \cdot {}^2/_3 + 4 \cdot {}^1/_6 = 2$. Es ist also die Anordnung der Ionen in einer Kristallstruktur derart, daß die Ladung eines Anions bereits durch die Ladungen der *unmittelbar* benachbarten Kationen neutralisiert wird, wodurch die potentielle Energie relativ gering, also die Gitterenergie relativ groß wird.

Die elektrostatische Valenzregel ist sehr nützlich, um die energetische Wahrscheinlichkeit eines Strukturvorschlages zu überprüfen; sie braucht jedoch nicht immer exakt erfüllt zu sein, aber große Abweichungen sind energetisch unwahrscheinlich und noch nie beobachtet worden.

3. Regel. — Gemeinsame Kanten und Flächen der Anionenpolyeder. „Die Stabilität einer Ionenanordnung wird vermindert, je größer die Anzahl gemeinsamer Kanten und vor allem gemeinsamer Flächen ist. Dieser Effekt ist groß für hochwertige Kationen mit kleiner Koordinationszahl; ganz besonders dann, wenn das Radienverhältnis bei dem unteren Grenzwert für die Stabilität eines Koordinationspolyeders liegt." Der Grund für diese Regel ist offensichtlich dadurch gegeben, daß dann, wenn Anionenpolyeder nicht über gemeinsame Ecken (wie z. B. Oktaeder beim $BaTiO_3$, siehe Abb. 43c), sondern über Kanten oder gar Flächen miteinander verknüpft sind, der Abstand zwischen den zentralen Kationen der Anionenpolyeder erheblich verringert ist. Die

Tabelle 14.

Anionenpolyeder	Verknüpft über gemeinsame		
	Ecken	Kanten	Flächen
Tetraeder	1	0,58	nicht realisiert
Oktaeder	1	0,71	0,58

Verringerung des Kation-Kation Abstandes bei verschiedener Verknüpfung von idealen, unverzerrten Anionenpolyedern zeigt Tab. 14.

Kanten- oder Flächenverknüpfung bewirkt eine Erhöhung der potentiellen Energie, also eine Verringerung der Gitterenergie und damit — bei niedrigen Temperaturen — eine Verminderung der Stabilität der Struktur. Daher liegen z. B. in den Silikaten die $[SiO_4]^{4-}$ Koordinations*tetraeder* entweder isoliert vor oder sie sind mit anderen $[SiO_4]^{4-}$-Tetraedern nur über ein, zwei, drei oder alle vier *Ecken* miteinander verknüpft (worauf die Systematik der Silikatstrukturen basiert); gemeinsame Tetraederkanten gibt es bei Silikaten nicht, nur beim bereits stark homöopolaren SiS_2, wo $(SiS_4)^{4-}$-Tetraeder kettenförmig über Kanten verbunden sind. Die Koordinations*oktaeder* des Ti^{4+} dagegen können auch oft zwei oder mehr gemeinsame *Kanten*, aber keine gemeinsamen Flächen haben. Beim Rutil, TiO_2, (vgl. Abb. 37, S. 57) hat z. B. jedes $[TiO_6]^{8-}$-Oktaeder neben Ecken auch zwei Kanten mit angrenzenden gleichen Oktaedern gemeinsam[1]; beim Brookit bzw. Anatas, die ebenfalls die Zusammensetzung TiO_2 haben, sind es drei bzw. vier gemeinsame Kanten, aber niemals Flächen. Die Koordinationsoktaeder des dreiwertigen Al können dagegen gelegentlich auch Flächen gemeinsam haben, wie z. B. beim Korund und Hydrargillit, γ-Al(OH)$_3$. (Die mannigfaltige Ecken-Verknüpfung von $[AlF_6]^{3-}$-Koordinationsoktaedern gab — ähnlich wie bei den Silikaten — Anlaß zu einer Systematik der Alkali-Fluoroaluminate[2].)

---

[1] Im Rutil-Typ entsteht durch die Kantenverknüpfung eine „kettenartige" Aneinanderreihung von Koordinationsoktaedern in Richtung der *c*-Achse, was von unmittelbarem Einfluß auf die Eigenschaften ist. Da die Kationen auf diese Weise in Richtung der *c*-Achse stark genähert sind, kann durch Druck nur schwer eine größere Annäherung erfolgen, so daß der Kompressibilitätskoeffizient in Richtung der *c*-Achse wesentlich kleiner ist als senkrecht dazu (s. S. 244). Durch jene Art der Verknüpfung der Koordinationsoktaeder wird allgemein eine dichtere Packung der Bausteine in Richtung der *c*-Achse geschaffen, so daß auch die größte Wärmeleitzahl (s. S. 235) und die größte Brechzahl in dieser Richtung beobachtet werden.

[2] PABST, A.: Amer. Mineral. **35**, 149 (1950). — BREHLER, B., u. H. G. F. WINKLER: Heidelberger Beitr. Mineral. etc. 4, 6 (1954).

Wichtig ist die Tatsache, daß bei Kanten- oder Flächenverknüpfung von Anionenpolyedern mit niedriger Koordinationszahl eine *Deformation* der Koordinationspolyeder eintritt. Es ist für Ionenkristalle charakteristisch, daß unter Beibehaltung des Kation-Anionen-Abstandes im Polyeder eine *Verkürzung* der *gemeinsamen* Kante und eine entsprechende Verlängerung der anderen Kanten zu verzeichnen ist. Im Rutil z. B. sollte ein unverzerrtes Oktaeder bei einem Ti—O-Abstand von 1,96 Å Kantenlänge O—O-Abstände von 2,77 Å haben; es sind aber die zwei Oktaederkanten, die ein Koordinationsoktaeder mit gleichen Nachbaroktaedern gemeinsam hat, auf 2,46 Å verkürzt, während die anderen Oktaederkanten 2,95 bzw. 2,78 Å lang sind. Durch die Verkürzung der den Anionenpolyedern gemeinsamen Kanten wird bei unveränderten Kation-Anionen-Abständen der Abstand der zentralen Kationen etwas vergrößert; mit anderen Worten, durch Abstoßung zwischen den Kationen wird eine Deformation der Anionenpolyeder, insbesondere eine Verkürzung gemeinsamer Kanten verursacht. Wenn dagegen bei Anionenpolyedern, welche über gemeinsame Kanten oder Flächen verknüpft sind, die Längen der gemeinsamen Kanten nicht verkürzt, sondern *verlängert* sind, dann ist das ein Zeichen für nichtionare Bindungskräfte. Beim Markasit, der wahrscheinlich metastabilen Modifikation des FeS_2, wo FeS_6-Oktaeder über eine gemeinsame Fläche miteinander verknüpft sind, sind die drei gemeinsamen Kanten länger als die anderen Kanten, was für einen erheblichen homöopolaren Bindungscharakter spricht.

4. Regel. Eine Konsequenz der 3. Regel ist die 4.: „Kationen hoher Wertigkeit und geringer Koordinationszahl haben das Bestreben, so weit wie möglich voneinander entfernt zu sein; daher besteht die Tendenz, daß die Anionenpolyeder solcher Kationen möglichst nicht miteinander verbunden sind." In den Orthosilikaten — wir nennen sie Inselsilikate — sind die $[SiO_4]^{4-}$-Tetraeder nicht miteinander verbunden, in den anderen Silikaten nur über gemeinsame Ecken. $[SiO_4]^{4-}$- und $[AlO_4]^{5-}$-Tetraeder oder $[AlO_6]^{9-}$-Oktaeder sind ebenfalls nur über Ecken, niemals über Kanten verknüpft, während $[SiO_4]^{4-}$-Tetraeder mit $[MgO_6]^{10-}$- oder $[FeO_6]^{10-}$-Oktaedern, z. B. in den Mischkristallen der Olivine, $(Mg, Fe)_2SiO_4$, außer Ecken auch eine Kante gemeinsam haben. (Die Si sitzen in tetraedrischen, die Mg bzw. Fe in oktaedrischen Lücken einer nach der b-Achse pseudohexagonalen annähernd dichtesten Sauerstoffpackung.)

5. Regel. Die sog. „Sparsamkeitsregel" besagt, daß nach Möglichkeit die Umgebung *aller* chemisch gleichen Ionen nicht verschieden, sondern jeweils gleichartig sein soll. Es ist z. B. im Topas, $Al_2[F_2|SiO_4]$ *jedes* Al oktaedrisch stets von vier O und zwei F umgeben, jedes Si wird tetraedrisch von vier O umgeben; zu *jedem* O gelangen zwei Bindungen von Al mit der jeweiligen elektrostatischen Bindungsstärke $\frac{1}{2}$ und eine Bindung vom Si mit der Stärke 1 und zu *jedem* F-Ion gelangen zwei Bindungen von Al mit der Stärke $\frac{1}{2}$.

Die PAULINGschen Regeln fassen die wichtigsten Bauprinzipien heteropolarer und solcher Kristalle zusammen, die neben homöopolarer Bindung einen merklichen heteropolaren Bindungsanteil aufweisen. Trotzdem die PAULINGschen Regeln schon im Jahre 1928 aufgestellt wurden, sind sie seither durch Tausende von Kristallstrukturanalysen immer wieder bestätigt worden.

Klassifikation der Ionenkristalle. Es liegt außerhalb des Rahmens dieses Buches, eine kristallchemische Systematik der Strukturen zu bringen, aber die Beschäftigung mit ihr soll angeregt werden, und daher ist es zweckmäßig, hier kurz auf eine Klassifikation der Ionenkristalle einzugehen, die von R. C. EVANS[1] vorgeschlagen worden ist.

Ganz allgemein werden entsprechend den zwischen den Bausteinen wirkenden Bindungskräften zwei große Gruppen unterschieden: *homodesmische* und *heterodesmische* Strukturen. „Kristalle, in denen nur eine Bindungsart (heteropolare, homöopolare, metallische oder VAN DER WAALS-Bindung) auftritt, werden homodesmisch genannt, während Kristalle, in denen zwei oder mehr verschiedene Bindungsarten wirksam sind, heterodesmisch genannt werden." Besonders offensichtliche Beispiele für heterodesmische Kristalle sind z. B. Molekel-Kristalle, bei denen die Atome innerhalb einer Molekel durch starke homöopolare Kräfte zusammengehalten werden, während zwischen den Molekeln nur schwache VAN DER WAALsche Kräfte wirken.

Bei homodesmischen Ionenkristallen wird nun folgende Unterscheidung getroffen, die sich danach richtet, wie groß die elektrostatische Valenz einer Kation-Anion-Bindung, z/n, im Vergleich zur Ladung des Anions, z^-, ist:

1. z/n der stärksten Kation-Anion-Bindung ist *kleiner* als $^1/_2 z$ des Anions: *isodesmische* Strukturen.

a) *einfacher* Typ, enthält nur eine Kationenart. Beispiel NaCl: Jede Na-Cl-Bindung hat $z/n = {}^1/_6$, ist also kleiner als $^1/_2 z^{1-}$ des Chlorions.

b) *multipler* Typ, enthält mehr als eine Kationenart. Beispiel $BaTiO_3$: Ba-O-Bindung hat $z/n = {}^2/_{12}$, Ti-O-Bindung hat $z/n = {}^4/_6$; beide Bindungen haben z/n kleiner als $^1/_2 z^{2-}$ des Sauerstoffions. Hieran sieht man, daß nicht alle Bindungen die gleiche Valenzstärke zu haben brauchen, aber sie sind qualitativ vergleichbar, und diskrete Bausteingruppen treten in der Struktur nicht auf.

2. z/n der stärksten Kation-Anion-Bindung ist *gleich* $^1/_2 z$ des Anions: *mesodesmische* Strukturen.

---

[1] An Introduction to Crystal Chemistry, S. 165ff. Cambridge 1946. Dtsche. Übers. Leipzig 1954.

Hierher gehören u. a. die Borate, Germanate und vor allem die Silikate; denn in allen Silikaten wird das Si tetraedrisch von vier O umgeben; z/n der Si-O-Bindung ist daher $^4/_4 = 1$, also genau $^1/_2\,z^{2-}$ des O. In den Boraten wird B^{3+} von drei O^{2-} umgeben, z/n der B-O-Bindung ist daher $^3/_3 = 1 = ^1/_2\,z^{2-}$ des O-Ions. In mesodesmischen Strukturen wird also die Hälfte der Anionenladung bereits durch *ein* Kation kompensiert, während alle anderen Kationen die restliche Hälfte der Anionenladung neutralisieren.

3. z/n der stärksten Kation-Anion Bindung ist *größer* als $^1/_2\,z$ des Anions: *anisodesmische Strukturen*. Beispiel $CaCO_3$, Calcit: z/n der Ca-O-Bindung ist $^2/_6$, aber da C von drei O umgeben wird, ist z/n der C-O-Bindung $^4/_3$, also größer als $^1/_2\,z^{2-}$ des Sauerstoffanions. Alle Carbonate, Nitrate, Nitrite, Sulfate, Phosphate usw. sind anisodesmisch. Da z. B. in der ABX_3-Verbindung des $CaCO_3$ die B-X-Bindungen stärker als $^1/_2\,z$ des Anions X sind, kann kein Anion zwei B-Kationen, sondern nur eines als nächsten Nachbarn haben; B bildet also mit seinen X-Anionen einen diskreten, fester gebundenen ionaren Komplex, der niemals mit benachbarten Komplexen über ein gemeinsames Anion verbunden sein kann. — Wegen der Bedeutung des Kristallwassers in vielen dieser Strukturen schlug Evans vor, die anisodesmischen Strukturen zu unterscheiden in a) ohne Kristallwasser und b) mit Kristallwasser.

4. Als letzte Gruppe ionarer Strukturen unterscheidet Evans diejenigen Verbindungen, welche als ein Kation Wasserstoff enthalten. „Das H^+-Ion spielt in ionaren Strukturen eine einzigartige Rolle, die durch die verschwindend geringe Größe und die dadurch bedingte starke polarisierende Wirkung bedingt ist." Daher ist es zweckmäßig, die Strukturen, welche das Wasserstoffkation enthalten, nämlich die Strukturen von Säuren, sauren Salzen, Hydroxyden und Eis von den anderen ionaren Strukturen als besondere Gruppe abzutrennen[1].

2. Die homöopolare Bindung.

Bei den Ionenverbindungen ist von einem Atom die seiner elektrochemischen Wertigkeit entsprechende Anzahl von Elektronen abgegeben und von dem anderen Atom aufgenommen worden; es sind Ionen gebildet worden, welche jeweils eine Edelgaskonfiguration in ihrer äußersten Elektronenhülle besitzen. Durch elektrostatische Kräfte werden die Ionen aneinandergebunden. Bei der kovalenten oder homöopolaren Bindung werden keine Elektronen von den einzelnen Atomen abgegeben bzw. aufgenommen, sondern wir können uns zunächst vorstellen, daß jedes Atom für eine Bindung ein Elektron zur Verfügung stellt, ohne es abzugeben. Zwischen jeweils zwei Atomen bewirkt dann

---

[1] Beispiele und Literatur siehe R. C. Evans: Crystal Chemistry, S. 287—301. Cambridge 1946.

ein Elektronenpaar, welches beiden Atomen *gemeinsam* angehört, die
Bindung. Der einfache Bindungsstrich des Chemikers symbolisiert also
ein Elektronenpaar. Nachstehend sind einige Moleküle, in denen die
Atome homöopolar gebunden sind, aufgeführt, und man erkennt an den
„Elektronenformeln", daß man — natürlich abgesehen vom Wasserstoff —
jedem Atom acht Außenelektronen zuordnen kann (Oktettregel).

$$\text{H}^{\cdot} + \text{H}^{\cdot} = \text{H:H} \qquad :\overset{\cdot\cdot}{\text{Cl}}{}^{\cdot} + {}^{\cdot}\overset{\cdot\cdot}{\text{Cl}}: = :\overset{\cdot\cdot}{\text{Cl}}:\overset{\cdot\cdot}{\text{Cl}}:$$

Anstelle dieser alten Vorstellung über die kovalente Bindung trat
seit 1927 eine andere, die durch die Anwendung der Quantenmechanik
auf die Behandlung des Problems der Bindung im Wasserstoffmolekül
durch HEITLER und LONDON ihr Gepräge erhalten hat. Die kovalente
Bindung ist eine Folge des Wirkens COULOMBscher Kräfte zwischen den
Atomkernen und Elektronen eines Moleküls, die nur quantenmechanisch
zu verstehen ist. Bezüglich dieser Zusammenhänge muß auf zusammenfassende Darstellungen hingewiesen werden[1]. Einige wichtige Ergebnisse
müssen jedoch hier herausgestellt werden.

HEITLER und LONDON haben durch ihre Rechnungen zeigen können, daß das H_2-Molekül, also zwei Protonen und zwei Elektronen als sog.
Vierkörpersystem quantenmechanisch betrachtet, eine niedrigere potentielle Energie besitzt als zwei isoliert gedachte H-Atome. Die Bindungsenergie, die experimentell zu 4,725 eV bestimmt ist, konnte zunächst zu 3,13 eV, durch weitere Verfeinerung der Rechnungsansätze jedoch bis fast auf den experimentellen Wert genau berechnet werden. Die
Tiefe des Minimums der in Abb.47 gezeichneten Potentialkurven entspricht
der experimentellen bzw. berechneten Bindungsenergie (nach HARTMANN[1]);

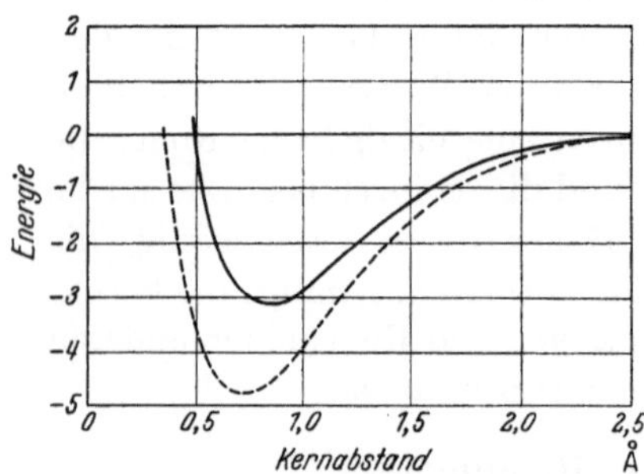

Abb. 47. Nach HEITLER und LONDON berechnete (ausgezogene) und beobachtete (gestrichelt) Potentialkurve des H_2-Moleküls in Abhängigkeit vom Kernabstand in Å. Ordinate: Energie in eV (aus HARTMANN).

[1] COULSON, C. A.: Valence. Oxford 1952. — COTTRELL, T. L.: The Strength of
Chemical Bonds. London 1954. — HARTMANN, H.: Theorie der chemischen Bin-
dung auf quantentheoretischer Grundlage. Berlin-Göttingen-Heidelberg 1954. —
PAULING, L.: The Nature of the Chemical Bond. 2. Aufl., Cornell 1940. — SEITZ,
F.: The Modern Theorie of Solids. New York-London 1940. — SYRKIN, Y. K., u.
M. E. DYATKINA: Structure of Molecules and the Chemical Bond. London 1950.

die Lage des Minimums gibt den Gleichgewichtsabstand der Kerne in der H_2-Molekel an.

Man kann sich eine anschauliche Vorstellung über die kovalente Bindung machen, indem man die durch die quantenmechanischen Rechnungen sich ergebenden Aufenthaltswahrscheinlichkeiten der Elektronen betrachtet. Abb. 48 zeigt in einer Darstellung von H. Kuhn[1] zunächst zwei Wasserstoffatome, deren Kern jeweils von einer „Elektronenwolke" umgeben ist. Die Elektronenwolke stellt die Aufenthaltswahrscheinlichkeit des einen Elektrons eines Wasserstoffatoms dar. Durch Zusammentritt von zwei Wasserstoffatomen zu einem Wasserstoffmolekül entsteht aus den beiden atomaren Wolken eine *neue*

Abb. 48. Elektronendichten zweier Wasserstoffatome und der H_2-Molekel (schematisch nach H. Kuhn).

Elektronenwolke, die man sich durch Überlagerung und Verschmelzung der atomaren Wolken entstanden denken kann. In der Molekel ist die Elektronendichte *zwischen* den beiden aneinandergebundenen Atomkernen besonders hoch, die Elektronen halten sich also in diesem Gebiet bevorzugt auf und gehören sozusagen gleichermaßen beiden Atomkernen gemeinsam an. Die positiven Atomkerne werden durch die zwischen ihnen sich befindenden negativen Elektronen angezogen, wodurch eine starke Bindung zustande kommt. Die Elektronendichte zwischen den aneinandergebundenen Atomkernen ist größer, als es einer einfachen Überdeckung der Elektronendichten der einzelnen Atome entsprechen würde. Es gibt also diese Elektronenwolke mit ihrer vergrößerten Elektronendichte zwischen homöopolar gebundenen Atomen ein anschauliches Bild der kovalenten Bindung. Im Gegensatz dazu ist die Elektronendichte zwischen *Ionen* fast Null.

Es sei noch die Bindung zweier Wasserstoffatome an ein Sauerstoffatom im Wassermolekül betrachtet. Sauerstoff hat im Grundzustand folgende Elektronenstruktur $1s^2\,2s^2\,2p^4$. Nach dem Pauli-Prinzip können nun höchstens zwei Elektronen, deren Spins antiparallel stehen, dieselbe Wellenfunktion, d. h. Elektronenwolke annehmen. Die Elektronenwolke des $1s$-Zustandes umgibt den Kern kugelsymmetrisch ebenso wie die Elektronenwolke des $2s$-Zustandes, Abb. 49. Beide Zustände sind von je zwei Elektronen besetzt. Der $2p$-Zustand, bei dem man drei senkrecht zueinander stehende, sonst aber gleiche Zustände p_x, p_x und p_z unterscheidet, hat eine Elektronenwolke, welche nicht

---

[1] Experientia (Basel) **9**, 41 (1953).

kugelsymmetrisch ist, sondern *zwei* Häufungsstellen der Aufenthaltswahrscheinlichkeit aufweist, Abb. 49[1]. Beim Sauerstoff ist z. B. der
$2p_z$-Zustand von zwei Elektronen besetzt, während sich in dem $2p_x$- und
$2p_y$-Zustand nur je ein Elektron befindet. Jedes dieser beiden Elektronen ist nun befähigt, eine kovalente Bindung einzugehen, indem es mit
dem einzigen Elektron eines Wasserstoffatoms ein Elektronenpaar
bildet, mit anderen Worten, die $1s$-Elektronenwolke, die im Wasserstoffatom ja nur von einem Elektron besetzt ist, überlappt sich z. B. mit der

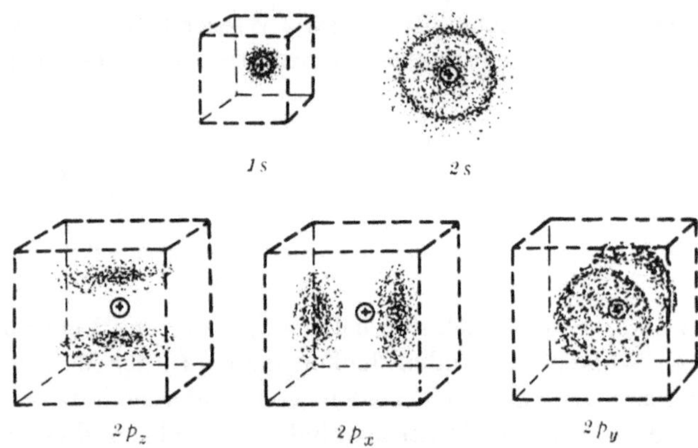

Abb. 49. Sauerstoffatom. Elektronenwolke des $1s$- und $2s$-Zustands und der drei $2p$-Zustände
(schematisch nach H. KUHN).

Wolke des $2p_x$-Elektrons des Sauerstoffs, und gleichfalls tritt eine Überlappung der $1s$-Wolke des zweiten Wasserstoffatoms mit der $2p_y$-Wolke
des Sauerstoffs ein, was in Abb. 50 dargestellt ist[2]. Die Elektronendichte
im Gebiet zwischen den O- und den beiden H-Kernen ist größer als sie
bei einfacher Überlagerung der atomaren Elektronenwolken wäre, es ist
also eine Bindung eingetreten, und die zwischen O und jedem der beiden
H neugebildete Elektronenwolke ist nun gleichfalls von je zwei Elektronen besetzt, deren Spins jeweils antiparallel stehen, „gepaart" sind;
d. h. es sind die Valenzen der drei Bindungspartner abgesättigt, da jetzt
alle Elektronenzustände nach PAULI durch je zwei Elektronen voll
besetzt sind. So wie im vorstehenden Falle stellt man sich nach SLATER

---

[1] Die Elektronenwolke weist axiale Symmetrie auf; die Symmetrieachsen
stehen senkrecht aufeinander wie bei einem rechtwinkligen Koordinatenkreuz;
daher die Benennung p_x, p_y und p_z.

[2] Es mag erwähnt werden, daß bei genauerer Betrachtung der Bindung in der
H_2O-Molekel das Sauerstoffatom nicht die reinen p- Zustände für die Bindung benutzt, sondern Hybridzustände, die zwischen reinen p- und sp^3-Hybridzuständen
(vgl. S. 90) liegen. Der Bindungswinkel von 105° liegt daher zwischen 90° und
109° 28'. COOLIDGE, A. S.: Phys. Rev. **42**, 189 (1932). — POPLE, J. A., u. J. LEN-
NARD-JONES: Proc. Roy. Soc. (London) **207**, 63 (1951).

und Pauling ganz allgemein das Zustandekommen einer Einfachbindung vor, die in Formeln durch *einen* Bindungsstrich symbolisiert wird.

An der Elektronendichteverteilung des H_2O-Moleküls erkennt man nun aber auch, was charakteristisch für die homöopolare Bindung ist, daß die H-Atome nicht willkürlich an das O-Atom angelagert sind, sondern an *bestimmten* Stellen. Die Bindungen sind also *gerichtet*; sie wirken nicht allseitig wie zwischen Ionen. Bei der Wassermolekel ist der Winkel, den die Kerne H-O-H einschließen, von 90° nicht sehr verschieden; in Wirklichkeit beträgt er 105°, was meistens damit erklärt

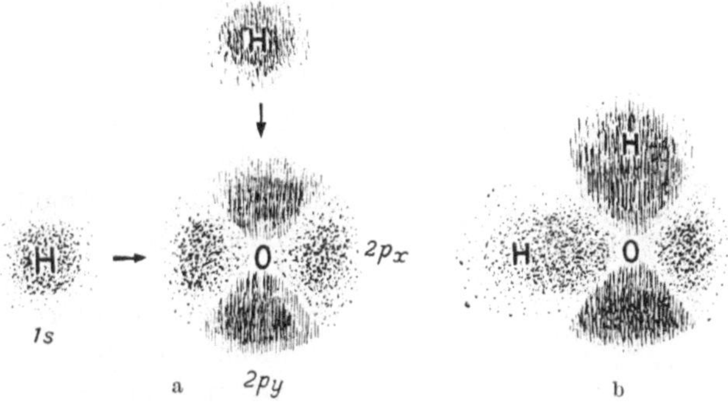

Abb. 50. Entstehung eines H_2O-Moleküls aus zwei H-Atomen und einem O-Atom (schematisch nach H. Kuhn); a) Atome getrennt, b) Atome verbunden. Vom Sauerstoff sind nur die Zustände $2p_x$ (punktiert) und $2p_y$ (schraffiert) dargestellt, weil sich nur diese an der Bindung betätigen. (Im Vergleich zu Abb. 49 sind hier die Elektronenwolken in Aufsicht dargestellt.) Die Wolke des $2p_x$-Elektrons des H-Atoms ist mit der Wolke des einen H-Atoms zur Überlappung gelangt, die beiden Elektronen bilden gemeinsam eine neue Wolke, die sich über das O-Atom und das eine H-Atom erstreckt; entsprechend ist es für das $2p_y$-Elektron.

wird, daß der rechte Winkel durch die Coulombsche Abstoßung, die noch zwischen den Wasserstoffatomen wirkt, etwas vergrößert wird.

Auf die gerichteten homöopolaren Bindungen, die auch eine große kristallstrukturelle Bedeutung haben, werden wir gleich zurückkommen; zunächst sei aber auf die Zahl der Nachbarn eingegangen, denn es ist bereits offensichtlich, daß diese durch die Elektronenstruktur der beteiligten Atome bestimmt ist und nicht durch geometrische Packungsmöglichkeiten wie bei den Ionenkristallen.

Es ist klar, daß ein Wasserstoffatom mit seinem einen *s*-Elektron nur mit *einem* Wasserstoffatom zu H_2 verbunden werden kann, indem die beiden atomaren Elektronen ein Elektronenpaar bilden[1]. Das F-Atom hat ebenfalls nur 1 Elektron, ein *p*-Elektron, welches *eine* Bindung bilden kann. Auch Cl, Br und J bilden zweiatomige Moleküle, die in den

---

[1] Es sei hier jedoch bemerkt, daß eine homöopolare Bindung *nicht immer* durch ein Elektronen*paar* bewerkstelligt werden muß, was das H_2^+ Molekülion beweist, welches als freies Ion eine erhebliche Stabilität besitzt und doch nur ein Elektron enthält.

Kristallstrukturen, nur durch schwache Restkräfte verbunden, möglichst dicht gepackt sind; Abb. 51. Das Sauerstoffatom dagegen hat zwei p-Elektronen mit nicht abgesättigtem Spin (zwei „ungepaarte" p-Elektronen), so daß es zwei Bindungen betätigen kann[1], z. B. zu zwei H-Atomen wie im H_2O. Das N-Atom mit seiner Elektronenkonfiguration $1s^2\,2s^2\,2p^3$ hat mit seinen drei ungepaarten p-Elektronen die Möglichkeit, drei Bindungen zu betätigen: NH_3. Wie ist es nun beim Kohlenstoffatom? C hat im Grundzustand die Elektronenkonfiguration $1s^2\,2s^2\,2p^2$; da nur die Spins der beiden p-Elektronen nicht abgesättigt sind, kann ein Kohlenstoffatom höchstens zwei Bindungen mit anderen Atomen eingehen, wenn diese Elektronenkonfiguration beibehalten wird.

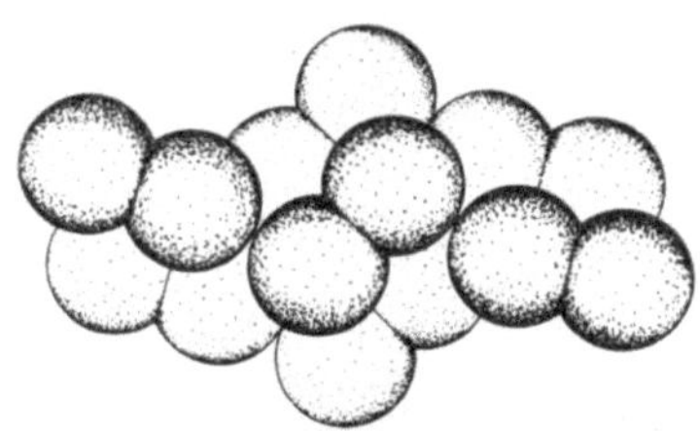

Abb. 51. Struktur des Jods; Raumgruppe $Ccma - D_{2h}^{18}$.

Die Beobachtung lehrt jedoch, daß das C-Atom meistens vier Bindungen betätigt, z. B. in CH_4, was nur möglich ist, wenn zuvor eine Umbesetzung, eine „Anhebung" der Elektronenzustände von $2s^2\,2p^2$ zu $2s\,2p^3$ erfolgt. Nunmehr sind vier Elektronen mit nicht abgesättigtem Spin vorhanden, aber der s-Zustand ist nicht mit den drei p_x-, p_y- und p_z-Zuständen gleichwertig, so daß wir zwar drei p-Bindungen und eine schwächere s-Bindung erwarten können, aber noch nicht vier völlig gleichwertige Bindungen, wie sie tatsächlich vom Kohlenstoffatom ausgehen. Die Quantenmechanik[2] hat nun gezeigt, daß durch Mischung (Hybridisierung) der p-Zustände mit dem s-Zustand vier völlig gleichwertige Zustände geschaffen werden können, wobei die Bindungsenergie eines der vier sp^3-„hybrid bonds" (PAULING) sogar noch größer als die einer p-Bindung ist[3]. Demnach kann also das C-Atom, entsprechend seinen vier Valenzelektronen (Außenelektronen), auch vier Bindungen betätigen; die Energie von 80 kcal die zur Anhebung in den sp^3-Zustand benötigt wird[4], wird durch die bei der Bindungsbildung gewonnene Energie wieder überkompensiert.

Betrachten wir nun die Elemente der ersten Achterperiode, Li, Be, B, C, N, O, F, Ne, deren Valenzelektronen $2s$- und $2p$-Elektronen sind,

---

[1] Es brauchen nicht immer *alle* ungepaarten Elektronen für homöopolare Bindungen herangezogen zu werden, wie in der Molekel NO. Es können sogar zwei ungepaarte Elektronen in einer Molekel vorhanden sein, wie z. B. in der O_2-Molekel. Aber für unsere Zwecke genügt hier die Vorstellung, daß Elektronenpaare (in den allermeisten Fällen) die homöopolaren Einfachbindungen bewerkstelligen.

[2] Siehe z. B. H. HARTMANN: Theorie der chemischen Bindung. S. 163ff. 1954.

[3] Eine Hybridisierung ist nicht nur zwischen s- und p-Zuständen möglich, sondern auch zwischen d- und s-, d- und p- und zwischen d-, s- und p-Zuständen (siehe Spalte „Elektronenkonfiguration" in Tab. 15, S. 92).

[4] UFFORD, C. W.: Phys. Rev. **53**, 568 (1938).

dann können, entsprechend der sp^3 Hybridisierung, von einem Element höchstens vier Bindungen ausgehen; das ist der Fall beim C mit seinen vier Valenzelektronen. Wenn weniger als vier Valenzelektronen vorhanden sind (drei beim B, zwei beim Be und eines beim Li), dann ist die maximale Anzahl der *homöopolaren* Bindungen, die ein Atom betätigen kann, gleich der Zahl der Valenzelektronen. Wenn mehr als vier Valenzelektronen vorhanden sind (fünf bei N, sechs bei O, sieben bei F), dann beträgt die Anzahl der Bindungen 8 minus der Zahl der Valenzelektronen, weil nun ein oder mehrere der vier Elektronenzustände von zwei Elektronen besetzt sind und daher nicht mehr für die Herstellung von Bindungen herangezogen werden können. Beim Edelgas Ne sind die vier Zustände durch die 8 Außenelektronen, durch vier Elektronenpaare, bereits besetzt, so daß keine Bindungen betätigt werden können.

Bei den Elementen der zweiten Achterperiode ergibt sich ein weiterer Gesichtspunkt, der von HARTMANN[1] herausgestellt wird: „Es ist bekannt, daß die Elemente Cl, S, P sich in ihrem chemischen Verhalten wesentlich von F, O, N unterscheiden. Cl vermag z. B. Sauerstoffsäuren HClO, $HClO_2$, $HClO_3$, $HClO_4$ zu bilden, eine Fähigkeit, die dem F fehlt. Es liegt nahe anzunehmen, daß diese Unterschiede dadurch bedingt sind, daß es bei den Elementen der zweiten Achterperiode außer den Zuständen $3s$ und $3p$, die den Zuständen $2s$ und $2p$ entsprechen und auf die die Valenzelektronen in manchen Fällen beschränkt sind, noch fünf d-Zustände zur gleichen Hauptquantenzahl 3 gibt. Diese sind allerdings im Grundzustand des Atoms nicht besetzt, aber die Energiedifferenzen zwischen den $3d$- und den $3p$-Zuständen scheinen nicht so groß zu sein, daß nicht gelegentlich auch Mischeigenfunktionen, an denen d-Eigenfunktionen beteiligt sind, bei der Bindung eine Rolle spielten." Es kann daher — nicht nur bei den Elementen der zweiten Periode, sondern analog auch bei den Elementen der höheren Perioden — die Anzahl der von einem Atom ausgehenden Bindungen größer als vier sein. Beim Cl sind dann 1, 3, 5 und 7 Bindungen möglich, beim S sind es 2, 4 und 6, beim P 3 und 5 Bindungen (auch 7 Bindungen wären denkbar, sind aber nie beobachtet worden). Es ist also möglich, daß ein Element — von der zweiten Achterreihe an — so viele (oder noch mehr) Einfachbindungen betätigt, wie es der Zahl seiner Valenzelektronen entspricht. Dies gibt die Erklärung für das Bestehen der später zu behandelnden GRIMM-SOMMERFELDschen Regel (S. 97ff.).

Nach der Anzahl der für Einfachbindungen (σ-Bindungen) zur Verfügung stehenden Elektronen richtet sich die Koordinationszahl eines Atoms, während die Art der Anordnung der Atome, d. h. die Richtung der Bindungen durch die jeweiligen Elektronenzustände bedingt sind.

---

[1] HARTMANN, H.: Theorie der chemischen Bindung, S. 183, 1954.

Wir sahen bereits, daß die beiden Bindungen des Sauerstoffatoms zu zwei H-Atomen in der H_2O-Molekel unter 105° gewinkelt sind. Die Winkelung, allgemein die Richtungen der Bindungen, ergeben sich aus der quantenmechanischen Behandlung des Problems, womit ihre große Überlegenheit gegenüber der älteren Valenztheorie offensichtlich ist. In der Tab. 15[1] ist die Symmetrie der gerichteten gleichwertigen Einfach-Bindungen für einige jeweils für σ-Bindungen zur Verfügung

Tabelle 15.

Koordination	Elektronenkonfiguration	Symmetrie der Bindungen	Koordination	Elektronenkonfiguration	Symmetrie der Bindungen
2	sp	linear	4	sp^3	Tetraeder
	dp	linear		d^3s	Tetraeder
	p^2	gewinkelt		dsp^2	tetragonal eben
	ds	gewinkelt		d^2p^2	tetragonal eben
	d^2	gewinkelt		d^2sp	irreguläres Tetraeder
				d^3p	irreguläres Tetraeder
				und andere	
3	sp^2	trigonal eben	5	dsp^3	trigonale Bipyramide
	dp^2	trigonal eben		d^3sp	trigonale Bipyramide
	p^2s	trigonal eben		d^4s	tetragonale Pyramide
	p^3	trigonale Pyramide		und andere	
	d^2d	trigonale Pyramide			
	und andere				
			6	d^2sp^3	Oktaeder[2]
				d^4sp	trigonales Prisma
				d^5p	trigonales Prisma
				und andere	

Weitere höhere Koordinationen bei entsprechenden Konfigurationen

stehende Elektronenkonfigurationen neben der Koordinationszahl aufgeführt. (Es muß hierbei bedacht werden, daß die aufgeführten Elektronenkonfigurationen oft nicht im Grundzustand des Atoms verwirklicht sind, sondern erst durch „Anhebung" geschaffen werden müssen, wie z. B. beim C: $s^2p^2 \rightarrow sp^3$.)

Man entnimmt nun der Tabelle, daß bei der Konfiguration p^2 zwei zueinander *gewinkelte* Bindungen gebildet werden, wie bei der Bindung eines Sauerstoffatoms an 2 H-Atome. Das gleiche gilt auch z. B. für das Schwefelatom mit ebenfalls p^2: Schwefelatome bilden ein Molekül, welches aus acht nicht in einer Ebene liegenden, sondern zickzackförmig zu einem Ring verbundenen Atomen besteht; jedes S ist mit zwei Nachbarn verbunden, und der Winkel der Bindung beträgt 100°. In der Kristallstruktur des rhombischen Schwefels (die der monoklinen Modifikation ist anscheinend noch nicht bekannt) beträgt der Bindungswinkel zwischen den S-Atomen des S_8-Ringes 106°. Der Kristall bildet

---

[1] Aus H. Hartmann, 1954.

[2] Besonders wichtig bei der Bildung der Komplexionen der Übergangselemente.

eine typische Molekülstruktur (Molekülgitter), in der nur die Atome innerhalb eines Moleküls durch starke kovalente Kräfte gebunden sind, während zwischen den Molekülen nur noch schwache Restkräfte wirken. Diese wirken allseitig, so daß die Moleküle innerhalb der Kristallstruktur entsprechend geometrischen Packungsmöglichkeiten in dichtester Weise angeordnet sind, wie es Abb. 52 zeigt. In Richtung der c-Achse

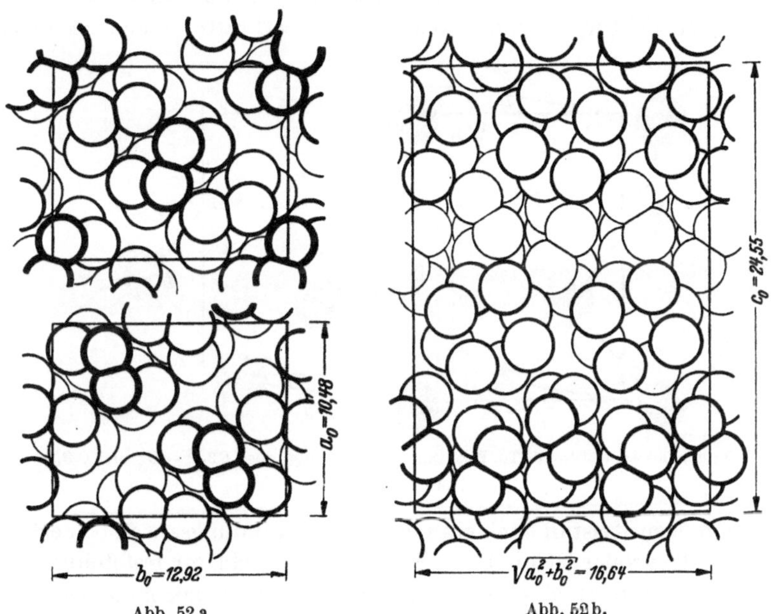

Abb. 52 a.   Abb. 52 b.

Abb. 52 a u. b. Packung der S_8-Moleküle in der Struktur des rhombischen Schwefels. a) Projektion auf die Basis (001). b) Projektion auf die Diagonalfläche (110) (aus H. STRUNZ).

ist die Packung am dichtesten, d. h. die VAN DER WAALSschen Kräfte sind in dieser Richtung des Kristalls am größten. Infolgedessen ist es verständlich, daß die Komprimierbarkeit $\parallel c$ nur halb so groß ist wie senkrecht dazu; der Kompressibilitätskoeffizient (bei 30°C in $kg^{-1}\ cm^2$) beträgt $\parallel c = 1{,}7 \cdot 10^{-6}$; $\parallel a = 3{,}4 \cdot 10^{-6}$ und $\parallel b = 3{,}1 \cdot 10^{-6}$. Auch die starke Doppelbrechung positiven Charakters ($n_\gamma - n_\alpha = 0{,}288$; $n_\gamma \parallel c$) ist auf die dichtere Packung der Atome in Richtung c zurückzuführen.

Die Bildung von achtgliedrigen zickzackförmigen Ringen ist auch neuerdings in den beiden monoklinen Modifikationen des bei niedriger Temperatur stabilen α- und β-Selens festgestellt worden; die Bindungswinkel liegen zwischen 102° und 108°[1]. Außer der Ringbildung ist aber, wenn jedes Atom zwei Bindungen betätigt, auch die Bildung einer

---

[1] α-Selen: BURRANK, R. D.: Acta cryst. **4,** 140 (1951) β-Selen: MARSH, R. E., u. L. PAULING: Acta cryst. **6,** 71 (1953).

unendlichen Kette möglich. Eine zickzackförmige Kette ist beim plastischen Schwefel, beim trigonalen metallischen Selen und Tellur verwirklicht; der Bindungswinkel beträgt beim Selen 105°, beim isotypen
Te 102°; Abb. 53 zeigt die Kristallstruktur des trigonalen Selens. Bei
den Elementkristallen des Se und Te werden die Atome innerhalb der
Zickzackkette, in der sie einen Abstand von 2,32 bzw. 2,86 Å haben[1],
durch homöopolare Kräfte zusammengehalten; zwischen den Ketten
wirken aber nicht nur VAN DER WAALSsche Restkräfte, sondern es macht

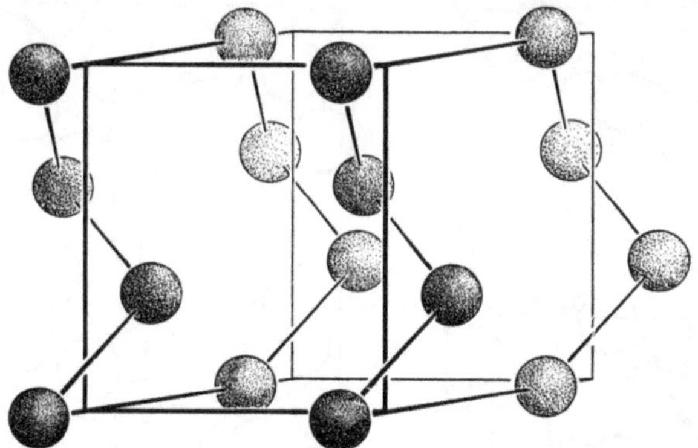

Abb. 53. Trigonales Se, isotyp mit Te. Enantiomorphe Raumgruppen $C\,3_1\,2 - D_3^4$ und $C\,3_2 2 - D_3^6$.
(Aus TH. ERNST.)

sich im ganzen Kristall auch ein metallischer Bindungsanteil bemerkbar,
der beim Te größer ist als beim Se. Auf diese sehr oft feststellbare Erscheinung, daß nämlich *mehrere* Bindungs*arten* (wie hier metallische und
homöopolare) fungieren, werden wir im Abschnitt über Resonanz
(S. 117 ff.) zu sprechen kommen.

Die Atome P, As, Sb und Bi haben im Grundzustand drei p-Elektronen;
nach obiger Tabelle sollten wir bei der Elektronenkonfiguration p^3 drei Bindungen erwarten, die parallel den Kanten einer *trigonalen Pyramide* gerichtet sind. Das As- bzw. P-Molekül besteht aus vier Atomen, die jedoch an
den vier Ecken eines Tetraeders sitzen, so daß die Bindungswinkel jeweils
60° betragen (Grenzfall einer trigonalen Pyramide). Das gleiche gilt auch
für die Kristallstruktur des weißen Phosphors und wahrscheinlich auch für
die sehr wenig stabilen gelben Modifikationen des As und Sb. Der schwarze
Phosphor sowie die metallischen Modifikationen von As und Sb und ebenfalls Bi haben Kristallstrukturen, in denen keine isolierten vieratomigen
Moleküle auftreten, sondern die Atome sind zweidimensional unendlich
miteinander verknüpft, indem jedes Atom Bindungen zu drei Nachbarn
betätigt. Da experimentell festgestellt ist, daß die Winkel der drei

---

[1] Der Abstand eines Atoms zu seinen vier übernächsten Nachbarn in den
Nachbarketten beträgt 3, 46 bei Se und 3,74 Å bei Te.

parallel den Kanten einer trigonalen Pyramide gerichteten Bindungen 101 ± 3° beim P, 100 ± 4° beim As und Sb und 94° beim Bi betragen, sind in den Kristallstrukturen Doppelschichten ausgebildet, wie es für As und die isotypen Sb und Bi die Abb. 54 zeigt. Über und unter jeder Doppelschicht, die man als zweidimensional unendliches Molekül ansehen kann, liegen die Doppelschichten auf Lücken, aber infolge der kovalenten Bindung innerhalb der Doppelschicht sind die kürzesten Atomabstände in ihr merklich kleiner als von einem Atom zu seinen drei Nachbarn in der *angrenzenden* Doppelschicht. Besonders ausgeprägt ist das beim As mit 2,51 bzw. 3,14 Å, dann folgt Sb mit 2,89 bzw. 3,35 Å und schließlich Bi mit 3,10 bzw. 3,47 Å. Der Unterschied zwischen den kürzesten Atomabständen innerhalb der Schicht und zur benachbarten Schicht wird in derselben Reihenfolge geringer, wie die elektrische Leitfähigkeit ansteigt, so daß man in den im wesentlichen homöopolaren Strukturen einen zunehmenden metallischen Bindungsanteil annehmen muß. Dieser muß in allen Richtungen wirksam sein, denn der spezifische elektrische Widerstand ist in Richtung der trigonalen Hauptachse nicht wesentlich

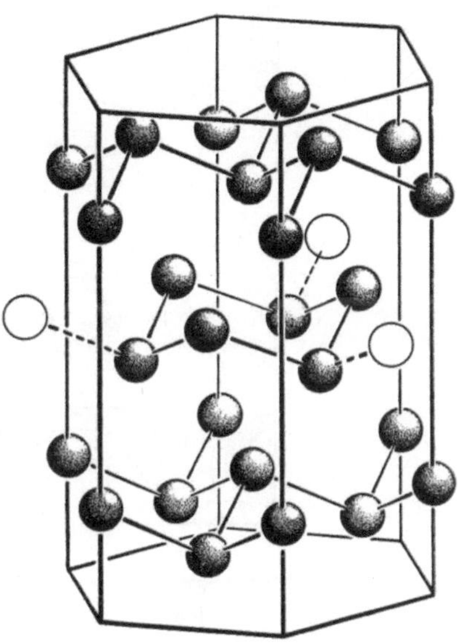

Abb. 54. Struktur des Arsens; Raumgruppe $R\bar{3}m - D_{3d}^5$. (Aus TH. ERNST.)

anders als senkrecht zu ihr (Verhältnis 0,77 beim Sb und 1,27 beim Bi). Die verhältnismäßig hohen Schmelzpunkte von As, Sb und Bi machen außerdem die Annahme zunichte, daß *nur* Restkräfte *zwischen* den Doppelschichten wirksam seien; das As kommt dieser Annahme noch am nächsten. Erwähnt sei hier noch, daß jene trigonalen Schichtenstrukturen eine vorzügliche Spaltbarkeit nach (0001) zeigen.

Wir gelangen jetzt zu den vierwertigen Elementen C, Si, Ge, Sn und Pb. Das Pb und Sn sind Metalle, so daß sie hier nicht berücksichtigt werden. C hat im angehobenen Zustand die Elektronenkonfiguration sp^3, welche vier Einfachbindungen betätigt, die von jedem Atom nach den Ecken eines *Tetraeders* gerichtet sind (vgl. Tab. 15); das Atom befindet sich also im Mittelpunkt eines Tetraeders, an dessen Ecken vier Atome sitzen (Bindungswinkel 109° 28'). Da jedes Atom mit vier nicht in einer Ebene liegenden Atomen verbunden ist, kann sich kein abgeschlossenes Molekül bilden, sondern nur eine dreidimensional unendliche

Verknüpfung von Atomen. Die Diamantstruktur ist in Abb. 55 unten dargestellt (man siehe auch auf S. 56, Abb. 35, Zinkblende, und denke sich anstelle von Zn und S lauter C-Atome). Im Diamant, in dem die vier sp^3-hybrid bonds von jedem C-Atom betätigt werden, herrschen *nur* homöopolare Bindungen; der Diamant repräsentiert den Idealfall einer

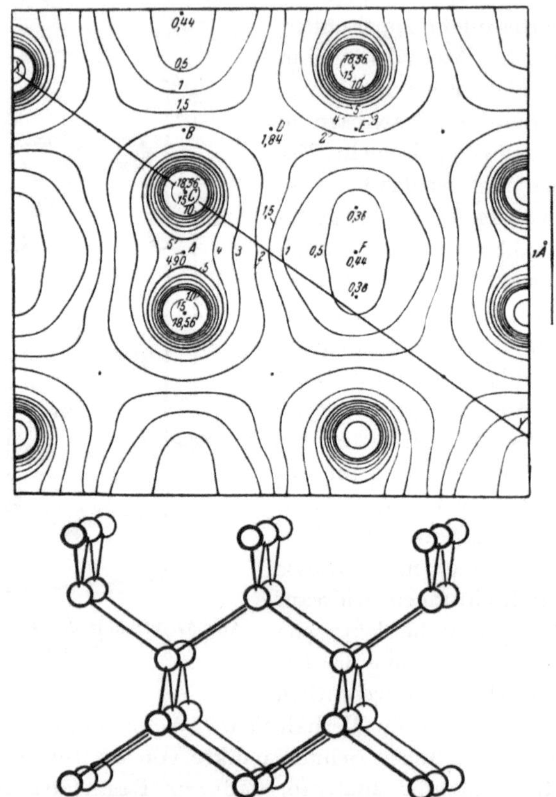

Abb. 55. Elektronendichte im Diamantkristall projiziert nach [110]; darunter Diamantgitter in Parallelprojektion fast nach [110]. (Aus BRILL, GRIMM, HERMANN und PETERS.)

homodesmischen homöopolaren Kristallstruktur. Die Strukturen von Si und Ge sind isotyp mit Diamant, haben aber bereits einen geringen metallischen Bindungsanteil. (Auf die andere Modifikation des C, auf den Graphit, werden wir später zu sprechen kommen, Seite 119). Die quantenmechanischen Überlegungen über die homöopolare Bindung im Diamanten konnten durch die Ermittlung der Elektronendichteverteilung mittels röntgenographischer Fourier-Synthese voll bestätigt werden[1]. In Abb. 55 ist die Projektion der dreidimensionalen Elektronen-

---

[1] BRILL, R., H. J., GRIMM, C. HERMANN u. C. PETERS: Ann. Physik (5) **34**, 393 (1939). — BRILL, R.: Acta Cryst. **3**, 333 (1950).

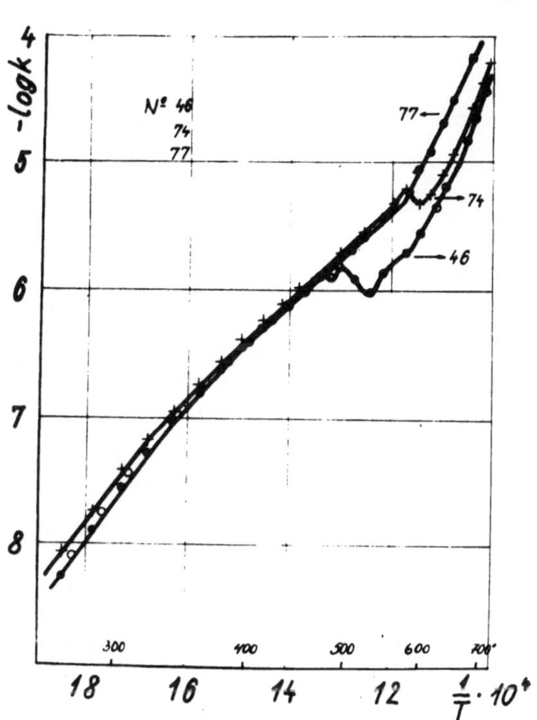

-log k
4
5
6
7
8
№ 46
74
77
77
74
46
300
400
500
600
700°
18
16
14
12
1/T · 10⁴

dichteverteilung dargestellt. Es ist die Aufenthaltswahrscheinlichkeit sämtlicher Elektronen, nicht nur der Bindungselektronen, gezeigt, so daß die für homöopolare Bindungen charakteristische Überlappung der Elektronenwolken in Richtung der Bindungen nicht ganz so deutlich in Erscheinung tritt, wie z. B. in der Darstellung der Abb. 50. Aber man erkennt, daß die Elektronenwolken nicht kugelsymmetrisch sind (wie bei Ionen, Abb. 41, S. 60), sondern daß Elektronen in die tetraedrischen Bindungsrichtungen verlagert sind. (BRILL konnte abschätzen, daß im Mittel etwa $\frac{1}{2}$ bis $\frac{3}{4}$ eines Elektrons von der Valenzelektronenschale eines jeden Kohlenstoffatoms in jeder der vier Bindungsrichtungen konzentriert sind.) Man erkennt weiter sehr deutlich, daß die Elektronendichte in den sechsseitigen „Kanälen" der Kristallstruktur, also dort, wo keine gerichteten Bindungen wirksam sind, (Punkt F in Abb. 55) auf sehr kleine Werte absinkt.

Nicht nur die vierwertigen Elemente betätigen die vier nach den Ecken eines Tetraeders gerichteten Bindungen, sondern auch die Atome einer ganzen Anzahl von Verbindungen. Zwar ist ihre Anzahl durch die quantenmechanische Forderung für die kovalente Bindung beschränkt, aber die Regel von GRIMM und SOMMERFELD gibt an, welche Verbindungen die Voraussetzungen erfüllen: Strukturen, in denen ein Atom durch vier kovalente Bindungen von vier Atomen tetraedrisch umgeben ist, treten dann auf, wenn das Verhältnis der Summe der Valenzelektronen zur Anzahl der Atome = 4 : 1 ist. So bildet z. B. ZnS solch ein Gitter, indem Zn tetraedrisch von vier S umgeben ist und umgekehrt. Die Summe der Valenzelektronen beträgt hier $2 + 6 = 8$; diese acht Elektronen teilen sich nun so auf, daß vier Bindungen (die nach den Ecken eines Tetraeders gerichtet sind) entstehen; jede Bindung wird in diesen Fällen durch zwei Elektronen, durch ein Elektronen*paar* bewerkstelligt. Es ist also keineswegs so, daß das eine der beiden Elektronen, welches zu einer kovalenten Bindung beiträgt, von dem einen Atom, das andere von dem anderen geliefert werden müßte, wie bei vierwertigen Elementen, sondern es genügt durchaus, daß die *Summe* der Bindungselektronen acht beträgt, entsprechend den vier Elektronenpaaren.

Wegen dieser speziellen Bedingung wird bei homöopolaren Kristallen der isomorphe Ersatz von Atomen durch ungefähr gleich große, aber anderswertige, welcher bei Ionenkristallen und Metallen so häufig ist (wie wir noch näher sehen werden), nur sehr selten beobachtet.

Die Anzahl der Gittertypen ist wegen der gerichteten Bindungen gering. Betrachtet man nur solche Kristalle, bei denen überwiegend kovalente Bindungskräfte dreidimensional zwischen den Atomen wirksam sind, schließen wir also vor allem die große Anzahl organischer Kristalle aus, bei denen neben kovalenter Bindung innerhalb der Moleküle VAN DER WAALSsche Restkräfte zwischen den Molekülen wirken, um sie im Gitter zusammenzuhalten, dann kennen wir nur zwei verschiedene Gittertypen, bei denen ein Atom jeweils von vier Atomen tetraedrisch umgeben ist: Die Diamant- bzw. Zinkblendestruktur und die Wurtzitstruktur. Die in einem dieser Gittertypen kristallisierenden Verbindungen erfüllen alle die Regel von GRIMM und SOMMERFELD. Ausnahmen bilden nur diejenigen Verbindungen, welche Metalle der Übergangselemente (Sc, Ti usw.) enthalten. (ScN und TiC kristallisieren z. B. im NaCl-Typ; sie sind aber nicht ionar.)

Das Diamant- und das Zinkblendegitter können als Ineinanderstellung zweier kubisch allseitig flächenzentrierter BRAVAIS-Gitter aufgefaßt werden. $\left(\text{Anfang in } [[000]] \text{ und } [[\frac{3}{4} \ \frac{1}{4} \ \frac{1}{4}]]\right)$. Beim Diamantgitter sind natürlich beide BRAVAIS-Gitter von C besetzt, während im Zinkblendegitter das eine der beiden BRAVAIS-Gitter von Zn, das andere von S besetzt ist. Die Elementarzelle des Zinkblendetyps ist in Abb. 35a S. 56 dargestellt; die tetraedrische Anordnung der Atome wird in Abb. 35b besonders deutlich.

Bereits bei den heteropolaren Kristallen wurden das Zinkblende- und Wurtzitgitter erwähnt, weil sie auch von ionaren AB-Verbindungen gebildet werden können, wenn das Radienverhältnis zwischen 0,414 und 0,225 liegt. Aber es gibt nur sehr wenige Beispiele von in diesen Gittertypen kristallisierenden Verbindungen, bei denen man einen überwiegend heteropolaren Bindungscharakter zwischen den Bausteinen annehmen kann, wie z. B. bei BeO. Bei den allermeisten der in jenen beiden Gittertypen kristallisierenden Verbindungen, so auch beim ZnS selbst, liegt überwiegend — wenn auch keineswegs ausschließlich — homöopolarer Bindungscharakter vor.

Das Wurtzitgitter unterscheidet sich nicht sehr vom Zinkblendegitter. Den Unterschied einerseits und die Ähnlichkeit andererseits erkennt man deutlich, wenn man die Gitter folgendermaßen beschreibt: Im Zinkblendegitter besetzen die Schwerpunkte der S-Atome die *Punktlagen* einer kubisch dichtesten

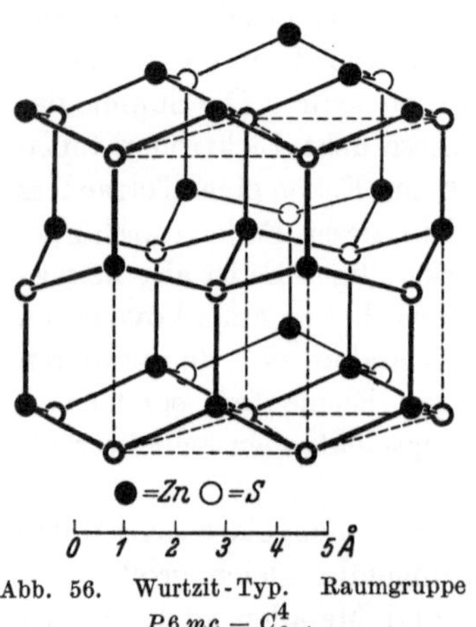

Abb. 56. Wurtzit-Typ. Raumgruppe $P6mc - C_{6v}^{4}$.

Kugelpackung (die identisch mit den Punktlagen eines kubisch allseitig flächenzentrierten BRAVAIS-Gitters sind), im Wurtzitgitter sitzen die S auf den Punktlagen einer hexagonal dichtesten Kugelpackung (siehe Seite 144). In beiden Fällen befinden sich die Zn-Atome auf solchen Gitterplätzen, daß sie tetraedrisch von vier S-Atomen umgeben werden; siehe Abb. 56.

Daß die Schwerpunkte der S-Atome die Punktlagen einer dichtesten Kugelpackung besetzen, bedeutet nicht, daß auch die Atome selbst, wenn wir sie uns als Kugeln vorstellen, eine den Raum in dichtester Weise erfüllende Kugelpackung aufbauen. Das wäre nur dann der Fall, wenn das Verhältnis der Radien $R_{Zn}/R_S = 0{,}225$ wäre. Das ist aber bei weitem nicht der Fall, denn das Zn-Atom hat einen Wirkungsradius von 1,31 und das S von 1,04 Å. Die ZnS-Strukturen und noch ausgeprägter die Diamantstruktur sind recht „offene" d. h. locker gepackte Strukturen, was bei entsprechenden einfach zusammengesetzten heteropolaren Kristallstrukturen nicht der Fall ist.

Es wurde schon erwähnt, daß der Diamant wohl das einzige Beispiel ist, bei dem die Bindungskräfte rein kovalenter Natur sind. Bei den anderen Elementen der vierten Gruppe des Periodischen Systems, welche ebenfalls im Diamanttyp kristallisieren, tritt bereits ein zunehmender Anteil an metallischer Bindung auf: Si → Ge → graues Sn.

Tabelle 16.

Verbindung	Struktur	Summe der Atomnummern	Atomabstand Å
CuCl	Z	$29 + 17 = 46$	2,34
ZnS	Z, W	$30 + 16 = 46$	2,35
GaP	Z	$31 + 15 = 46$	2,35
AsAl	Z	$33 + 13 = 46$	2,43
CuBr	Z	$29 + 35 = 64$	2,46
ZnSe	Z	$30 + 34 = 64$	2,45
GaAs	Z	$31 + 33 = 64$	2,44
GeGe	Z	$32 + 32 = 64$	2,44
MgTe	W	$12 + 52 = 64$	2,76[1]
AlSb	Z	$13 + 51 = 64$	2,64
SCd	Z, W	$16 + 48 = 64$	2,52
CuJ	Z	$29 + 53 = 82$	2,62
ZnTe	W	$30 + 52 = 82$	2,64
GaSb	Z	$31 + 51 = 82$	2,64
SeCd	W	$34 + 48 = 82$	2,62
AgJ	Z, W	$47 + 53 = 100$	2,80
CdTe	Z	$48 + 52 = 100$	2,80
InSb	Z	$49 + 51 = 100$	2,79
SnSn	Z	$50 + 50 = 100$	2,80

Bei AB-Verbindungen zwischen Elementen der dritten und fünften Gruppe, der zweiten und sechsten Gruppe usw., die im Zinkblende- bzw. Wurtzitgitter kristallisieren, tritt ein mehr oder weniger deutlicher Anteil an heteropolarer Bindung auf, aber im wesentlichen ist die Bindung kovalent. Die auffallende Tatsache, daß die Atomabstände der im Zinkblende- und Wurtzittyp kristallisierenden AB-Verbindungen nahezu konstant bleiben, wenn die Summe der Atomnummern (Summe der Elektronen) dieselbe ist, wird meistens als Beweis für das Wirken homöopolarer Bindungen angesehen. Der folgende Auszug aus einer langen Liste von Beobachtungsdaten (Tab. 16) zeigt die annähernde Konstanz der Atomabstände.

---

[1] Größere Differenzen, wenn die Atome A und B nicht der *gleichen* Periode angehören. Vergleiche dagegen die Atomabstände bei den Verbindungen der vorangehenden Reihe mit der Summe der Atomnummern = 64.

Wäre die Bindung nicht im wesentlichen kovalent, sondern heterpolar, dann würde sich in den durch einen Pfeil bezeichneten Reihen infolge zunehmender Ladung eine deutliche Verkürzung der Atomabstände um etwa 10% bemerkbar machen. Dieses wird allgemein bei heteropolaren Verbindungen beobachtet. Einige Beispiele hierfür bringt folgende paarweise Zusammenstellung entsprechender Verbindungen (Tab. 17). Man erkennt das Vorhandensein der kovalenten Bindung auch daran, daß die kürzesten Atomabstände meistens etwas *kürzer* sind, als sie sein würden, wenn Ionen die Struktur aufbauen würden,

Tabelle 17. *Verkürzung des Teilchenabstandes bei heteropolaren Verbindungen.* [*Koordinationszahl bleibt dieselbe, da alle Verbindungen im NaCl-Typ kristallisieren, aber die Ladung (Polarität) ändert sich.*]

Verbindungen		Summe der Atomnummern	Teilchenabstand		Verkürzung in %
NaF	MgO	20	2,31	2,10	10
NaCl	MgS	28	2,81	2,59	8
KF	CaO	28	2,67	2,40	11
KCl	CaS	36	3,14	2,84	10
NaBr	MgSe	46	2,98	2,72	10
RbF	SrO	46	2,82	2,57	10
KBr	CaSe	54	2,29	2,95	12
RbCl	SrS	54	3,29	3,00	10

Tab.18. Aber die Be-Verbindungen im unteren Teil der Tabelle 18 zeigen, daß es auch umgekehrt sein kann, trotzdem wir weitgehend homöopolare Bindung in diesen im Zinkblendetyp kristallisierenden Verbindungen annehmen dürfen. Aus den Atomabständen können wir also nicht immer

Tabelle 18.

	beobachteter Atomabstand Å	Summe der „Tetraederradien"	Summe der Ionenradien (korrigiert für KZ 4)	Differenz Spalte 4—2
CuCl	2,34	2,34	2,60	0,26
ZnS	2,35	2,35	2,45	0,10
CuBr	2,46	2,46	2,74	0,28
ZnSe	2,45	2,45	2,58	0,13
AgJ	2,80	2,81	3,13	0,33
CdTe	2,80	2,80	2,95	0,15
BeS	2,10	2,10	1,96	— 0,14
BeSe	2,20	2,20	2,12	— 0,08
BeTe	2,40	2,38	2,30	— 0,10

einen Hinweis auf den Bindungscharakter erhalten, wir können nur feststellen, daß sich meistens die Atomabstände von denjenigen unterscheiden, die sich aus den Ionenradien berechnen. Daher haben PAULING und HUGGINS sog. „Valenzradien" für die Atome in homöopolaren

Kristallen mit tetraedrischer Umgebung empirisch ermittelt; sie werden auch „Tetraederradien" genannt und sind in Tafel 2 mit aufgeführt.

Wenn auch die Bindung zwischen den Bausteinen der im Zinkblende- bzw. Wurtzitgitter kristallisierenden Verbindungen weitgehend homöopolar ist, so muß doch bedacht werden, daß stets auch mehr oder weniger ein heteropolarer Bindungsanteil vorhanden ist (der im nächsten Kapitel erklärt werden wird). Das bedingt nun, daß die empirisch ermittelten „Tetraederradien" nicht diejenigen Atomradien angeben, welche bei reiner kovalenter Bindung verwirklicht sind. Diese sog. „normal kovalenten Radien" konnten aus gewissen Molekülen ermittelt werden. Sie können bis etwa 4% größer sein als die „Tetraederradien" und sind nur für Moleküle und Molekülkristalle von Bedeutung, nicht für Kristalle vom Zinkblende- oder Wurtzittyp.

Da Verbindungen, die in sog. Valenzgittern kristallisieren, immer auch einen gewissen nicht-homöopolaren Bindungsanteil aufweisen, ist es im einzelnen oft sehr schwierig, physikalische Eigenschaften solcher Kristalle zu deuten; sie sind oft keineswegs so charakteristisch wie die Eigenschaften von Ionenverbindungen, sondern weisen je nach Art des atomaren Bestandes beträchtliche Unterschiede auf.

Elektrische Eigenschaften. Wenn nur kovalente Bindungskräfte zwischen den Atomen wirken, dann muß die Substanz sowohl im festen wie im geschmolzenen Zustand ein Isolator sein, denn es sind weder freie Elektronen noch Ionen im festen bzw. im geschmolzenen Zustand vorhanden. Wenn jedoch eine deutliche Ionenleitfähigkeit der Schmelze beobachtet wird, dann darf daraus noch nicht generell geschlossen werden, daß ein heteropolarer Kristall vorlag, denn ein homöopolarer Kristall mit heteropolarem Bindungsanteil kann im geschmolzenen Zustand Moleküle oder Ionen oder beides liefern. Man kann demnach aus Leitfähigkeitsmessungen der Schmelzen nicht ohne weiteres auf den Bindungscharakter in den Kristallen schließen.

Magnetische Eigenschaften. Homöopolare Verbindungen können, wenn sie nur gepaarte Elektronen enthalten, kein magnetisches Moment haben (PAULING)[1]. Die Stoffe sind diamagnetisch, sie werden also von einem Magnetfeld nicht angezogen, sondern abgestoßen. Diejenigen Stoffe dagegen, die angezogen werden, nennt man paramagnetisch. Der Paramagnetismus beruht im wesentlichen auf dem magnetischen Moment der Rotation der einzelnen Elektronen, auf dem Spin. Aber es wirkt sich für diesen paramagnetischen Effekt nur das Moment von solchen Elektronen aus, welche nicht gepaart sind. Wenn zwei Elektronen denselben Quantenzustand besetzen, dann ist ihr Spin entgegengesetzt gerichtet, d. h. die beiden magnetischen Momente liegen

---

[1] PAULING, L.: J. Amer. Chem. Soc. **53**, 1367 (1931); The Nature of the Chemical Bond, 1945.

antiparallel und heben sich auf. Wenn also alle Elektronen in dieser Weise gepaart sind, wie bei Edelgasen, Ionen mit Edelgaskonfiguration und vielen kovalenten Verbindungen, dann sind diese diamagnetisch. Wenn jedoch Paramagnetismus beobachtet worden ist, dann kann daraus auf das Vorhandensein von Elektronen mit ungepaartem Spin geschlossen werden, wie bei den Kristallen, welche Ionen oder Atome der Übergangselemente (mit ihren unabgeschlossenen d-Schalen) oder der seltenen Erden (mit ihren unabgeschlossenen f-Schalen) enthalten, und wie bei sehr vielen Metallen, in denen die Valenzelektronen nicht paarweise abgesättigt sind. Man kann also aus magnetischen Messungen wichtige Hinweise über die Konstitution mancher Verbindungen im festen wie auch im flüssigen Zustand erhalten. So sind z. B. Cupri-Chlorid und -Jodid paramagnetisch, während alle Cupro-Salze diamagnetisch sind. Das besagt, daß in Cupro-Salzen die Spins aller Elektronen gepaart sind, während das Cu im Cuprichlorid den Charakter eines Übergangsmetalls hat, in dem in diesem Falle ein d-Elektron mit ungepaartem Spin vorliegt[1].

Optische Eigenschaften. Da bei homöopolaren Kristallen die Aufenthaltswahrscheinlichkeit der Elektronen nicht — wie bei Ionen — um einen Atomkern, sondern deutlich auch *zwischen* Atomkernen (in der Bindungsrichtung) konzentriert ist, ist die Polarisation der Elektronen-Wolken durch den elektrischen Vektor des Lichtes bei homöopolaren Kristallen beträchtlich größer, was eine höhere Brechzahl als bei Ionenkristallen zur Folge hat. Hierdurch und durch das Absorptionsverhalten unterscheiden sich homöopolare Kristalle am deutlichsten von heteropolaren Kristallen.

Die Absorption des sichtbaren Lichtes ist bei Ionenverbindungen im allgemeinen klein, bei kovalenten Verbindungen dagegen treten große Unterschiede auf. Die Ursache der Absorption ist hier die Entstehung gedämpfter Schwingungen der Elektronen gegen den Kern unter dem Einfluß der elektromagnetischen Lichtwellen. In Ionen sind die Elektronen sehr fest im atomaren Bereich ihres Kernes gebunden; die Schwingungen der Elektronen gegen den Kern geben nur Anlaß zur Absorption im Bereich ultravioletter Wellenlängen, aber nicht im Bereich des sichtbaren Lichtes. Bei homöopolaren Kristallen (zumal die meisten nicht rein homöopolar sind, sondern einen heteropolaren oder/und einen metallischen Bindungsanteil haben) können die Elektronen recht unterschiedlich fest gebunden sein, so daß einige Kristalle im sichtbaren Licht farblos sind (wie z. B. der Diamant), während andere gefärbt (ZnS als „Honigblende") oder oft sogar opak sind.

---

[1] Ausführliche Angaben über magnetische Eigenschaften siehe z. B. in: RICE, O. K.: Electronic Structure and Chemical Binding. New York-London 1940. SEITZ, F.: The modern Theory of Solids. New York-London 1940.

Während Ionenkristalle auch in ihrer Lösung im wesentlichen dieselbe Absorption zeigen, ist das bei homöopolaren Kristallen nicht der Fall; denn beim Auflösen eines solchen Kristalles muß sich die Elektronenverteilung stark ändern, was eine Änderung der Absorption zur Folge hat. Bei Ionenkristallen ist das natürlich nicht so, weil die ionaren Gitterbausteine fast unverändert als Ionen in Lösung gehen.

Mechanische Eigenschaften. Die mechanischen Eigenschaften sind bezüglich ihrer Größe durch die Stärke der zwischen den Teilchen wirkenden Bindungskräfte bedingt. Während diese Stärke für heteropolare Kristalle recht genau berechnet werden kann, ist das für homöopolare Kristalle noch nicht der Fall. Man hat zwar für das Wasserstoffmolekül experimentell und auch durch quantenmechanische Berechnungen ermittelt, daß 103,4 kcal benötigt werden, um ein Mol H_2 in freie Atome zu trennen. Um nun einen Vergleich zwischen heteropolarer und homöopolarer Bindungsstärke zu ermöglichen, kann man jenen Energiebetrag mit demjenigen vergleichen, der aufgewendet werden muß, um in einem Mol NaCl die Ionen voneinander zu trennen; er beträgt 180 kcal. Dieser Wert ist jedoch noch nicht mit dem bei Wasserstoff gewonnenen vergleichbar, denn wenn Natrium- und Chlorionen aus dem Gitter herausgenommen werden, dann muß noch eine zusätzliche Arbeit gegen die Anziehung der sechs entgegengesetzt geladenen Gitternachbarn geleistet werden, und außerdem müssen noch die schwächeren Anziehungseffekte von den weiter entfernten Ionen berücksichtigt werden. Man kann dies tun, und dann ergibt sich, daß 102,5 kcal aufgewendet werden müssen, um die Ionen eines Mols NaCl voneinander zu trennen, wenn Na· und Cl′ analog dem Wasserstoffmolekül nur als unpolarisiert gedachte Ionenpaare vorgelegen hätten. Dieser Wert ist nun mit dem für Wasserstoff angegebenen Wert von 103,4 kcal vergleichbar, woraus man ersieht, daß elektrostatische Bindung und kovalente Bindung größenordnungsmäßig von gleicher Stärke sind. Hieraus ergibt sich dann, daß die mechanischen Eigenschaften von homöopolaren Kristallen denjenigen von Ionenkristallen sehr ähnlich sind; so sind also Härte, Zerreißfestigkeit, Schmelzpunkt, thermische Ausdehnung usw. kein Kriterium zur Unterscheidung zwischen diesen beiden Bindungsarten.

Die größenordnungsmäßige Ähnlichkeit einiger mechanischer Eigenschaften von (im wesentlichen) kovalenten Kristallen im Vergleich zu ionaren zeigen folgende Zusammenstellungen: Tab. 19 und 20.

Den Zusammenstellungen sind auch noch die Brechzahlen beigegeben, die bei den kovalenten Verbindungen — wie gesagt — wesentlich höher als bei den Ionenverbindungen sind[1]. Bei den Koeffizienten der thermischen Ausdehnung ist die größenordnungsmäßige Gleichheit dieser mechanischen Eigenschaft deutlich, obgleich auffällt, daß in der Reihe

---

[1] Selbst der sehr dicht gepackte Spinell (ionar) hat nur $n = 1{,}72$.

Tabelle 19. *Kovalente Verbindungen.*

Beobachtete Gitterenergie kcal/mol		Struktur	Atomabstand	Linearer thermischer Ausdehnungskoeffizient	Kubischer Kompressibilitätskoeffizient	Härte	Brechzahl
—222	CuCl	Zinkblende	2,34	$22 \cdot 10^{-6}$	$2,46 \cdot 10^{-6}$	2,5	1,973
—216	CuBr	Zinkblende	2,46	$19 \cdot 10^{-6}$	$2,87 \cdot 10^{-6}$	2,4	2,116
—213	CuJ	Zinkblende	2,62	$23 \cdot 10^{-6}$	$2,75 \cdot 10^{-6}$	2,4	2,345

Tabelle 20. *Zum Vergleich: Ionenverbindungen.*

Gitterenergie kcal/mol		Struktur	Ionenabstand Å	Linearer thermischer Ausdehnungskoeffizient	Kubischer Kompressibilitätskoeffizient	Härte	Brechzahl
—165	KCl	NaCl-Typ	3,14	$38 \cdot 10^{-6}$	$5,62 \cdot 10^{-6}$	2,4	1,490
—159	KBr	NaCl-Typ	3,29	$42 \cdot 10^{-6}$	$6,70 \cdot 10^{-6}$	—	1,559
—151	KJ	NaCl-Typ	3,53	$43 \cdot 10^{-6}$	$8,53 \cdot 10^{-6}$	2,2	1,677

mit zunehmendem Abstand vom CuCl zum CuJ die Ausdehnung nicht stetig zunimmt wie bei den Ionenverbindungen, sondern daß Schwankungen auftreten. Durch den vom CuJ zum CuCl zunehmenden geringen Anteil an heteropolarer Bindung in dem apolaren Gitter kann dieser Effekt nicht erklärt werden. Überhaupt sind allgemein größere Unterschiede in den mechanischen Eigenschaften zwischen verschiedenen homöopolaren Verbindungen beobachtet worden, als zwischen heteropolaren.

Wie bei Ionenverbindungen, so ist auch bei kovalenten Verbindungen die Bindungsstärke zwischen den Bausteinen sehr unterschiedlich. Selbst wenn von dem Unterschied zwischen kovalenter Doppelbindung und Einfachbindung abgesehen wird und nur Einfachbindung, die durch jeweils ein Elektronenpaar zwischen zwei Atomen bewerkstelligt ist, betrachtet wird, stellen sich große Unterschiede der Bindungsstärke heraus. Das kann man besonders deutlich an den von V. M. GOLD-SCHMIDT ermittelten Ritzhärten von im Zinkblende- bzw. Wurtzitgitter kristallisierenden, im wesentlichen kovalenten Verbindungen zeigen:

In all diesen Beispielen wird jedes Atom tetraedrisch von vier anderen Atomen umgeben; es werden also von jedem Atom vier gerichtete Bindungen betätigt, die durch viermal zwei Valenzelektronen zustande kommen. Wenn von jedem Atom gleich viel, nämlich je vier Bindungselektronen geliefert werden, dann ist in der Reihe der Verbindungen mit gleichem Atomabstand die Härte und damit die Bindungsstärke am größten (Beispiel GeGe in der obersten Gruppe und SiSi in der untersten Gruppe der Tab. 21). Die Härte nimmt ab, wenn vom

Atom A statt 4 nur 3, 2 bzw. 1 Valenzelektron für die insgesamt 8 Bindungselektronen zur Verfügung gestellt werden. Rein *formal* betrachtet, beobachtet man also bei der Härte dasselbe wie bei heteropolaren Verbindungen, nämlich daß die Härte, d. h. die Bindungsstärke, mit abnehmender Valenz des A-Atoms abnimmt.

Eine Erklärung für diese Beobachtungen scheint noch nicht gegeben zu sein; aber wir dürfen sie darin suchen, daß z. B. in der Reihe der Verbindungen Ge-Ge, GaAs, ZnSe, CuBr wohl zunehmend mehr Energie benötigt wird, um jeweils alle acht Valenzelektronen vom Atom A und B in solch einen Zustand anzuheben, daß sie in der Lage sind, vier Elektronenpaarbindungen zu betätigen. Infolgedessen ist der nach erfolgter Bindung resultierende (freigewordene) Energiebetrag, also die Gitterenergie und damit die Bindungsstärke um so geringer, je weiter man in obiger Verbindungsreihe voranschreitet, je geringer also die Valenz des A-Atoms ist. So könnte die Veränderung der Härte bei verschiedener Valenz, aber gleichem Atomabstand verstanden werden.

Betrachten wir jetzt die Zusammenstellung von Verbindungen, in denen die Valenz der Atome jeweils gleichbleibt, der Atomabstand jedoch zunimmt (Tab. 22). Wir haben es also in jeder Gruppe mit Atomen zu tun, deren Elektronenkonfiguration in der äußeren Valenzschale stets gleichbleibt, aber die Schale selbst, d. h. der Abstand der Schale vom Kern ist verschieden. Im Falle der Verbindungen AlP, AlAs und

Tabelle 21. *Einige im wesentlichen homöopolare Verbindungen und deren Ritzhärte bei gleichem Atomabstand und verschiedener Valenz.*

Verbindung	Valenz-elektronen	Atom-abstand	Härte
CuBr	1 + 7	2,46	2,4
ZnSe	2 + 6	2,45	3—4
GaAs	3 + 5	2,44	4,2
GeGe	4 + 4	2,43	6
CuCl	1 + 7	2,34	2,5
ZnS	2 + 6	2,35	4
GaP	3 + 5	2,35	5
CuJ	1 + 7	2,62	2,4
ZnTe	2 + 6	2,64	3,0
GaSb	3 + 5	2,64	4,5
AlP	3 + 5	2,36	5,5
SiSi	4 + 4	2,35	7

Tabelle 22. *Einige im wesentlichen homöopolare Verbindungen und deren Ritzhärte bei gleicher Valenz und verschiedenem Atomabstand*

Verbindung	Valenz-elektronen	Atom-abstand	Härte
AlP	3 + 5	2,36	5,5
AlAs	3 + 5	2,44	5
AlSb	3 + 5	2,64	4,8
ZnS	2 + 6	2,35	4
ZnSe	2 + 6	2,45	3—4
ZnTe	2 + 6	2,64	3,0
CC	4 + 4	1,54	10
SiSi	4 + 4	2,35	7
GeGe	4 + 4	2,43	6

AlSb sind es beim P die Elektronen der M-Schale, beim As die Elektronen der N-Schale und beim Sb die Elektronen der O-Schale, welche bei der kovalenten Bindung betätigt werden; der Abstand zwischen den Atomen wird also in der hier betrachteten Reihe von Verbindungen immer größer. Man beobachtet nun mit größer werdendem Abstand eine Abnahme der Härte, d. h. eine Abnahme der Bindungsstärke bzw. der Gitterenergie. Rein *formal* ist auch diese Beobachtung ganz analog der bei den heteropolaren Verbindungen, aber bei den vorliegenden im wesentlichen kovalenten Verbindungen kann diese Härteabnahme nicht ebenfalls durch eine Abnahme der potentiellen Energie zwischen zwei Punktladungen, deren Abstand sich vergrößert hat, erklärt werden. In dem Falle kovalenter Verbindungen kann dieser Effekt auch nur wellenmechanisch verstanden werden. Daß die Bindungsenergie zwischen

Tabelle 23.

Energiewerte für homöopolare Einfachbindung.
(In jeder Gruppe steigt von oben nach unten der Abstand der Valenzelektronen vom Kern; $L \rightarrow M \rightarrow N$).

Schale der Valenzelektronen	Bindung	Bindungsenergie kcal/mol
L	O—H	110,2
M	S—H	87,5
N	Se—H	73,0
M	P—H	63,0
N	As—H	47,3
L	C—C	58,6
M	Si—Si	42,5
N	Ge—Ge	42,5

zwei Atomen sich verringert, wenn die die Bindung betätigenden Elektronen in immer weiter vom Kern entfernten Schalen vorliegen, kann am Beispiel folgender von L. PAULING aus experimentellen Daten ermittelten Bindungsenergien gezeigt werden. Es sind in der Zusammenstellung, Tab. 23, jeweils die Bindungsenergien von kovalenten Einfachbindungen (die wir ja hier stets betrachtet haben) wiedergegeben, und zwar jeweils in Gruppen, die den Gruppen des Periodischen Systems entsprechen: In jeder Gruppe steigt von oben nach unten der Atomabstand, weil die Schale der betätigten Valenzelektronen immer weiter vom Kern entfernt liegt.

Man sieht, daß die Bindungsenergie sinkt, je weiter sich die betätigte Elektronenschale vom Kern entfernt ($L \rightarrow M \rightarrow N$). Aus dieser Feststellung heraus kann vielleicht auch die an den kovalenten AB-Verbindungen beobachtete Abnahme der Bindungsenergie und damit der Härte mit größer werdendem Atomabstand verständlich gemacht werden.

Zusammenfassend stellen wir fest, daß die Festigkeit der kovalenten Bindung von der gleichen Größenordnung wie die der ionaren Bindung ist und daß, wie bei Ionenkristallen, mit zunehmendem Partikelabstand im Gitter und abnehmender Valenz der beteiligten Bausteine die Stärke der Bindung abnimmt. Dieses kommt durch die Verschiedenheit der mechanischen Festigkeitseigenschaften der verschiedenen überwiegend kovalenten bzw. ionaren Verbindungen zum Ausdruck. Die Festigkeit dieser beiden Bindungsarten ist im Vergleich zu rein metallischer und besonders zu VAN DER WAALSscher Bindung groß.

3. Intermediäre Bindungen.

Es ist bereits erwähnt worden, daß z. B. in der Zinkblende, ZnS, bei der jedes Atom der einen Art tetraedrisch von vier Atomen der anderen Art umgeben ist, die Bindung nicht rein homöopolarer Natur sein kann. Wäre das der Fall, dann dürften Zinkblendekristalle nicht piezoelektrisch sein. Denn in Kristallen, welche aus neutralen Atomen bestehen, wie bei rein homöopolaren Verbindungen, kann grundsätzlich kein piezoelektrischer Effekt auftreten, selbst dann nicht, wenn das Raumgitter kein Symmetriezentrum besitzt und damit die geometrische Möglichkeit der Piezoelektrizität gegeben wäre. Denn die Piezoelektrizität beruht ja auf der relativen Verschiebung von entgegengesetzt geladenen Teilchen gegeneinander. Da Zinkblende stark piezoelektrisch ist, müssen die Bausteine sich in bezug auf diese Eigenschaft wie *geladene* Teilchen, also wie Ionen verhalten. In anderer Hinsicht tun sie es aber nicht, denn Zinkblende kristallisiert in einem Gitter mit tetraedrischer Koordination. Wären jedoch die Bausteine Ionen, so sollte man entsprechend dem Radienverhältnis der Ionen, welches den Wert von 0,48 hat, ein NaCl-Gitter mit Sechserkoordination erwarten; so ist es nicht nur bei ZnS sondern bei den meisten im Zinkblende- oder Wurtzitgitter kristallisierenden AB-Verbindungen. Weiterhin wird beim Vergleich des Atomabstandes des ZnS mit dem anderer Verbindungen, deren Summe der Atomnummern die gleiche wie beim ZnS ist, beobachtet, daß die Atomabstände recht genau konstant bleiben und sich nicht wie bei Ionenkristallen verringern, wenn die Wertigkeit der Ionen sich vergrößert. Diese Beobachtungen sind ein Zeichen dafür, daß in bezug auf die Gitterbildung sich ZnS so verhält, als ob es aus Atomen aufgebaut wäre, die durch kovalente Kräfte zusammengehalten werden. Man sieht also, daß sich je nach der Art der betrachteten Eigenschaft Zinkblende entweder als Ionenkristall oder als Valenzkristall verhält. Dieses Verhalten wird verständlich, wenn man die Art der Bindung zwischen den Bausteinen als intermediär zwischen heteropolar und homöopolar ansieht.

Weitere Beispiele für Kristalle, in denen die Bausteine durch solche intermediären Bindungskräfte zusammengehalten werden, sind die Silber- und Cupro-Halogenide. Dies konnte durch Anwendung der von BORN und MAYER entwickelten Gittertheorie auf jene Verbindungen gezeigt werden, denn die räumliche Anordnung der Bausteine im Kristall bestimmt ja die Gitterenergie mit. Berechnet man nun die Gitterenergien für *heteropolare* Kristalle nach der Theorie von BORN und

MAYER, so erhält man meistens Übereinstimmung des aus der berechneten Energie ermittelten Gittertyps mit dem tatsächlich beobachteten, und die berechneten Gitterenergien stimmen recht genau mit den experimentell mittels des Kreisprozesses ermittelten Daten der Gitterenergien überein. Kristallisiert nun eine Verbindung nicht in dem Gittertyp, welcher der gittertheoretisch berechneten geringsten potentiellen Energie entspricht, oder weicht die berechnete Gitterenergie wesentlich von der beobachteten ab, dann kann man daraus schließen, daß die Bindung zwischen den Bausteinen nicht rein heteropolar ist, sondern einen wesentlichen Anteil homöopolarer Bindung enthält.

Es sollte nun, wie MAYER[1] und MAYER und LEVY[2] und neuerdings auch HUGGINS[3] gezeigt haben, für alle Silberhalogenide das NaCl-Gitter das energetisch stabilste Gitter sein. In Wirklichkeit aber kristallisieren nur AgF, AgCl und AgBr im Steinsalzgitter, während AgJ im Zinkblendegitter kristallisiert. Hieraus kann geschlossen werden, daß im AgJ neben der heteropolaren Bindung ein so wesentlicher Bindungsbeitrag durch homöopolare Kräfte geliefert wird, daß bereits durch sie die tetraedrische Koordination bedingt wird. Gleiches gilt für die folgenden Cu-Verbindungen, die alle das Zinkblendegitter bilden. Der homöopolare Beitrag wird vom CuCl über CuBr zum CuJ immer größer; denn die Differenz zwischen beobachteter und berechneter Gitterenergie in kcal/mol wird immer größer, was wir auch in der Reihe vom AgF zum AgJ feststellen; Tabelle 24.

Tabelle 24.

	berechnete Gitterenergie kcal/Mol	Gitterenergie aus Kreisprozeß kcal/Mol	Differenz
AgF	—221	—228	7
AgCl	—205	—214	9
AgBr	—199	—211	12
AgJ	—181	—208	27
CuCl	—216	—222	6
CuBr	—208	—216	8
CuJ	—199	—213	14

Die Cupro-Halogenide sind vorher bei den homöopolaren Verbindungen behandelt worden, wo sie in bezug auf das von ihnen gebildete Gitter auch hingehören; denn würde Cu sich in dieser Hinsicht als Ion betätigt haben und nicht als Atom, dann müßte z. B. CuCl im Steinsalzgitter und nicht tatsächlich im Zinkblendegitter kristallisiert sein, weil Cu$^+$ und Na$^+$ fast den gleichen Ionenradius haben. Aber es ist ja wiederholt betont worden, daß es außer Diamant wahrscheinlich keine anderen Kristalle gibt, die dreidimensional allein durch rein homöopolare Bindungen zusammengehalten werden, sondern daß die Natur der

---

[1] MAYER, J. E.: J. Chem. Phys. **1**, 327 (1933).

[2] MAYER, J. E., u. R. B. LEVY: J. Chem. Phys. **1**, 647 (1933).

[3] HUGGINS, M. L.: In „Phase Transformations in Solids" (Herausgeber SMOLUCHOWSKI). S. 238, New York-London 1951.

Bindungskräfte Übergängen zwischen heteropolarer und homöopolarer Bindung entspricht und daß es auf die jeweils betrachtete Eigenschaft ankommt, welche der beiden Bindungsarten stärker bzw. ausschlaggebend in Erscheinung tritt bei einem gegebenen, für einen bestimmten Kristall konstanten Verhältnis von hetero- zu homöopolarer Bindung.

Die Tatsache, daß es alle Übergänge zwischen heteropolarer und homöopolarer Bindung gibt, ist auf den ersten Blick schwer zu begreifen; denn bei heteropolarer Bindung sind die Valenzelektronen in den Bahnen der einzelnen Ionen fixiert, während sie bei kovalenter Bindung mehreren Atomen gemeinsam angehören. Wie können nun Zwischenzustände zustande kommen ?

Das Zustandekommen intermediärer Bindungen. Es gibt zwei Beschreibungsweisen hierüber: a) die Deformation der Ionen durch Nachbarionen, d. h. die *Polarisation*, und b) quantenmechanische Betrachtungen, die mit *Mesomerie* oder *Resonanz* bezeichnet werden. Während bei der Polarisation die Betrachtung vom heteropolaren Bindungszustand ausgeht, stehen bei der Resonanz zunächst Überlegungen über verschiedene Möglichkeiten apolarer Bindungszustände im Vordergrund. Polarisation und Resonanz und ihr Einfluß auf die Eigenschaften von Kristallen seien jetzt besprochen.

Polarisation. Wenn ein Ion in ein elektrisches Feld (z. B. eines entgegengesetzt geladenen Ions) gebracht wird, dann wird in ihm eine Verschiebung der Elektronen gegenüber dem positiven Kern, also ein elektrisches Dipolmoment, μ_i, induziert. Dieses ist von der Feldstärke F und einer für jeden Stoff charakteristischen Konstanten α abhängig gemäß der Gleichung $\mu_i = \alpha F$. α wird Polarisierbarkeit genannt. Sie bezeichnet die Verschiebbarkeit zwischen positivem und negativem Ladungsschwerpunkt. Die Verschiebbarkeit der verschiedenen Elektronen eines Atoms oder Ions gegenüber dem Atomkern ist natürlich für die in Kernnähe befindlichen fester gebundenen Elektronen wesentlich geringer als für diejenigen der äußeren Hülle, so daß der Mittelwert, den α darstellt, im wesentlichen durch die Verschiebbarkeit der am wenigsten fest gebundenen Außenelektronen bestimmt wird. Bei Anionen, die ja Elektronen aufgenommen haben, sind natürlich die Außenelektronen weniger fest durch die Ladung des Kerns gebunden als bei Kationen, die ja Elektronen abgegeben haben, so daß die Polarisierbarkeit der Anionen im allgemeinen wesentlich größer als die der Kationen ist. Die Außenelektronen sind um so weniger fest gebunden, je größer ihre Entfernung vom Kern ist; daher ist die Polarisierbarkeit um so größer, je größer das Volumen eines Ions ist. Da Anionen meistens erheblich größer als Kationen sind, ergibt sich auch noch hieraus, daß Anionen im allgemeinen eine wesentlich größere Polarisierbarkeit als Kationen haben; bei zweifach-negativ geladenen Anionen ist sie selbstverständlich erheblich größer als bei einfach-negativ geladenen. Die Polarisierbarkeiten von Anionen und Kationen, die die Dimension eines Volumens (Å³) haben, sind in Tab. 25, gruppiert nach gleicher Elektronenkonfiguration, angegeben; [nach FAJANS[1], der die früher von FAJANS und JOOS[2] erhaltenen Werte etwas korrigiert hat; die Werte für Li^+ und Be^{2+} sind die theoretisch von PAULING[3] berechneten. In Klammern: die Werte nach Berechnungen von BORN und HEISENBERG[4].

Tabelle 25. *Polarisierbarkeit der Ionen.*

(Links, senkrecht: Abnehmende Polarisierbarkeit; abnehmender Radius ↑ — Rechts, senkrecht: Zunehmende polarisierende Wirkung; abnehmender Radius ↑)

		He 0,20	Li^+ 0,029 (0,075)	Be^{2+} 0,008 (0,028)	B^{3+} (0,014)	C^{4+}
O^{2-} 2,74 (3,1)	F^- 0,96 (0,99)	Ne 0,394	Na^+ 0,187 (0,21)	Mg^{2+} 0,103 (0,12)	Al^{3+} (0,065)	Si^{4+} (0,043)
S^{2-} 8,94 (7,25)	Cl^- 3,57 (3,05)	Ar 1,65	K^+ 0,888 (0,85)	Ca^{2+} 0,552 (0,57)	Sc^{3+} (0,38)	Ti^{4+} (0,27)
Se^{2-} 11,4 (8,4)	Br^- 4,99 (4,17)	Kr 2,54	Rb^+ 1,49 (1,81)	Sr^{2+} 1,02 (1,42)	Y^{3+} (1,04)	Zr^{4+}
Te^{2-} 16,1 (9,6)	J^- 7,57 (6,28)	Xe 4,11	Cs^+ 2,57 (2,79)	Ba^{2+} 1,86 (2,08)	La^{3+} (1,56)	Ce^{4+} (1,20)

→ Abnehmende Polarisierbarkeit; zunehmende polarisierende Wirkung.
Abnehmender Ionenradius; zunehmende positive Ladung.

Wir betrachten jetzt eine heteropolare Kristallstruktur, von der wir uns zunächst vorstellen, daß die Elektronen recht fest in dem atomaren Bereich eines jeden Ions gebunden sind. Bei starker polarisierender Wirkung (d. h. geringer Polarisierbarkeit) des Kations und großer Polarisierbarkeit des Anions wird nun aber der Schwerpunkt der negativen Ladung des Anions etwas in Richtung auf das Kation gezogen, d. h. die Aufenthaltswahrscheinlichkeit der (äußeren) Elektronen des Anions wird in Richtung auf das Kation hin verlagert; man pflegt meistens von einer Deformation der Elektronenwolke zu sprechen, Abb. 57. Wenn dieser Polarisationseffekt extrem groß wird, dann wäre die Aufenthaltswahrscheinlichkeit der Elektronen der beteiligten Kationen und Anionen zwischen den Atomkernen nicht mehr kleiner, sondern so groß wie

[1] FAJANS, K.: Z. phys. Chem. B **24**, 118 (1934).
[2] FAJANS, K., u. G. JOOS: Z. Phys. **23**, 20 (1924).
[3] PAULING, L.: Proc. Roy. Soc. (London) **114**, 191 (1927).
[4] BORN, M., u. W. HEISENBERG: Z. Phys. **23**, 388 (1924).

zwischen homöopolar gebundenen Atomen; es läge eine vollständige
Überlappung der äußeren Elektronenwolken vor. Dieses extreme Bild
ist zwar nicht haltbar, aber wir können uns gut vorstellen, daß dort, wo
zwischen den Atomkernen idealer heteropolarer Kristalle die Aufenthaltswahrscheinlichkeit der Elektronen Null beträgt (vgl. etwa Abb. 41)
durch eine mehr oder weniger starke Polarisation der Ionen die Aufenthaltswahrscheinlichkeit der Elektronen mehr oder weniger vergrößert
wird; das aber ist gleichbedeutend mit einem weniger polaren Bindungscharakter, mit einem gewissen *homöopolaren* Bindungsanteil in heteropolaren Kristallen. Dieser kann je nach der Größe der Polarisierbarkeit

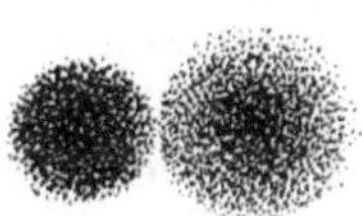 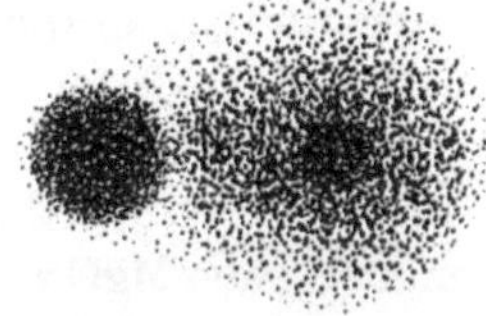 

heteropolar Beispiel: NaF   hetero-homöopolar Beispiel: NaJ   homöopolar Beispiel: J_2

Abb. 57. Intermediäre hetero-homöopolare Bindung als Übergangsstadium zwischen heteropolarer
und homöopolarer Bindung. (Die Elektronenwolken sind schematisch gezeichnet.)

und der polarisierenden Wirkung der Ionen sehr unterschiedlich sein
und im extrapolierten Grenzfall vom rein heteropolaren bis zum rein
homöopolaren Bindungscharakter reichen. So können also, besonders
wenn man es mit im wesentlichen heteropolaren Kristallen zu tun hat,
verschiedene homöopolare Bindungsanteile, also intermediäre Bindungen,
durch Polarisation verstanden werden.

Da durch eine Polarisation eine potentielle Energie von dem Betrag
$-\dfrac{\alpha}{2} F^2$ (F = Feldstärke, polarisierende Wirkung; α = Polarisierbarkeit) frei wird, wird die Gitterenergie solcher Kristalle, in denen ein
intermediärer Bindungsanteil vorliegt, sogar noch vergrößert, die
Stabilität (bei tiefer Temperatur) also erhöht; vgl. Tab. 24.

Aus dem Vorangegangenen leuchtet es ein, daß der Polarisationseffekt, also die Deformation der Elektronenwolke, am ausgeprägtesten
ist, wenn (bei gleicher Polarisierbarkeit bzw. gleicher polarisierender
Wirkung) die Anordnung von Anionen und Kationen *nicht* besonders
hochsymmetrisch ist; denn wenn das der Fall wäre, dann würden
die Deformationen sich räumlich ausgleichen und die Abweichungen
von der Kugelsymmetrie könnten nicht sehr groß sein. Daher
werden wir in solchen Strukturen, in denen wir eine erhebliche
Polarisation, d. h. einen erheblichen homöopolaren Bindungsanteil
annehmen dürfen, niedrige Koordinationen wie z. B. 4 beim Zink-
blende- und Wurtzit-Typ oder gar anisometrische Strukturen, z. B.

die Ausbildung von zweidimensionalen Schichten erwarten, weil diese dann energetisch günstiger sind. Die Auswirkungen merklicher Polarisation auf die Bildung von Kristallstrukturen werden weiter unten aufgezeigt.

Zunächst sei hier jedoch das Ergebnis einer neueren Untersuchung erwähnt, die uns den Beweis dafür liefert, daß ein merklicher homöopolarer Bindungsanteil bereits im MgO vorhanden ist, obgleich die Struktur des MgO noch die des NaCl-Typs ist. Vergleicht man MgO mit NaCl, dann sollte wegen der größeren polarisierenden Wirkung des Mg^{2+} bereits ein homöopolarer Bindungsanteil im MgO erwartet werden, der allerdings nur recht klein sein kann, weil die Polarisierbarkeit des O^{2-} etwas geringer als die des Cl^- ist. R. BRILL, C. HERMANN und Cl. PETERS[1] haben durch die Methode der röntgenographischen Fourier-Synthese zeigen können, daß ,,überall im MgO-Gitter an hinreichend weit vom Atomschwerpunkt befindlichen Stellen höhere Elektronendichten gefunden werden als beim NaCl und anderen Alkalihalogeniden''. Dieser Befund muß so gedeutet werden, daß beim MgO zum Unterschied vom NaCl bereits ein merklicher Anteil an homöopolarer Bindung vorliegt. FYFE[2] schätzt ihn auf 28%, was jedoch nur mit Vorbehalt hingenommen werden darf.

Die durch Polarisation hervorgerufene Deformation der sonst als kugelig anzusehenden Ionen wirkt sich natürlich auch auf den Gitterbau aus; denn die deformierten Teilchen lassen sich nicht mehr wie Kugeln packen. Wir können auch sagen, daß wegen des homöopolaren Bindungsanteils die Bindung nicht mehr allseitig wirkt, sondern bereits eine Tendenz zu gerichteter Bindung hat, oder daß durch starke Polarisation eine niedrige Koordination oder eine anisometrische Struktur energetisch begünstigt wird. Es muß daher erwartet werden, daß bei starker Polarisation der Ionen nicht mehr diejenigen Strukturen aufgebaut werden, welche die Radienverhältnisregeln fordern. Das wird auch tatsächlich beobachtet. Würden nämlich die jeweils etwa gleich großen Ionen Zn^{2+} und Mg^{2+} oder Cd^{2+} und Ca^{2+} gleiche polarisierende Wirkung haben, dann sollten wir erwarten, daß z. B. die Sulfide dieser Ionen alle

Tabelle 26. *Polarisation und Gitterbau bei AB-Verbindungen.*

Anionen jeweils gleich; Kationen von jeweils etwa gleicher Größe, aber verschieden starker polarisierender Wirkung.

Polarisation	
schwach	stark
MgS	ZnS
CaS	CdS
NaF	CuF
NaCl	CuCl
NaBr	CuBr
NaJ	CuJ
Steinsalztyp, KZ6	Zinkblende- bzw. Wurtzittyp, KZ 4

<hr>

[1] BRILL, R., C. HERMANN u. CL. PETERS: Z. anorg. Chemie **257**, 151 (1948).

[2] FYFE, W. S.: Amer. Mineral. **36**, 541 (1951).

im NaCl-Gitter kristallisieren. Aber wegen der größeren polarisierenden Wirkung der edelgasunähnlichen Cd^{2+}- und Zn^{2+}-Ionen[1] bilden CdS und ZnS nicht den NaCl-Gittertyp, sondern den für die homöopolare Bindung typischen Zinkblende- oder Wurtzittyp. Ferner hat Cu^+ den gleichen Radius wie Na^+, übt aber als edelgasunähnliches Ion eine wesentlich stärkere polarisierende Wirkung aus, daher kristallisieren die Cuprohalogenide im Gegensatz zu den Natriumhalogeniden nicht im NaCl-Typ, sondern im Zinkblendetyp. Tab. 26 zeigt die Gegenüberstellung.

Die in Tab. 27 aufgeführten AB_2-Verbindungen sollten entsprechend ihrem Radienverhältnis, wenn die Ionen kugelig wären, alle im Rutilgittertyp mit der Koordinationszahl 6 und 3 kristallisieren. Da die Ionen, insbesondere die Anionen, jedoch infolge der elektrischen Polarisation nicht mehr als kugelig betrachtet werden können, bilden sie Schichtengitter vom Typ des $CdCl_2$ und bei noch stärkerer Polarisation vom Typ des CdJ_2.

Tabelle 27.

AB_2-Verbindungen, die wegen ihres Radienverhältnisses ($R_A : R_B = 0{,}73 - 0{,}41$, evtl. bis 0,33) im Rutilgitter kristallisieren sollten, aber infolge starker Polarisation Schichtengitter vom Typ des $CdCl_2$ bzw. CdJ_2 bilden. (Das Radienverhältnis ist hinter jeder Verbindung angegeben.)

$CdCl_2$-Typ		CdJ_2-Typ			
$NiCl_2$	0,43	MnJ_2	0,41	$MgBr_2$	0,40
$MgCl_2$	0,43	$FeBr_2$	0,42	$CoTe_2$	0,39
$CoCl_2$	0,45	$CoBr_2$	0,42	FeJ_2	0,38
$FeCl_2$	0,46	SnS_2	0,43	TiS_2	0,37
$ZnCl_2$	0,46	$MnBr_2$	0,46	$NiTe_2$	0,37
$MnCl_2$	0,50	$ZrSe_2$	0,46	MgJ_2	0,35
$CdBr_2$	0,53	CdJ_2	0,47	$TiSe_2$	0,34
$CdCl_2$	0,57	CaJ_2	0,48		
....		ZrS_2	0,50		
$NiBr_2$	0,40	PbJ_2	0,60		
NiJ_2	0,35	....			

In Tab. 27 sind auch solche Verbindungen aufgeführt, deren Radienverhältnis kleiner als 0,41 ist, und die nach der Radienverhältnisregel in einem SiO_2-Gittertyp kristallisieren sollten; aber analog zu den Ausführungen auf S. 59 darf angenommen werden, daß bis zum Radienverhältnis 0,33 der Rutil-Typ stabil sein kann.

Das Gitter des CdJ_2 kann als eine (deformierte) hexagonal dichteste Kugelpackung von Anionen betrachtet werden, in deren oktaedrischen Lücken die Kationen sitzen; es sind aber nicht die oktaedrischen Lücken zwischen allen dichtesten Kugellagen (das sind die (0001)-Ebenen) mit Kationen besetzt, sondern nur jeweils die Lücken zwischen übernächsten Lagen. Also in dieser Weise:

Jod	Dichteste Kugellage
Cadmium	Lücken besetzt
Jod	Dichteste Kugellage
....	Lücken unbesetzt
Jod	Dichteste Kugellage
Cadmium	Lücken besetzt
Jod	Dichteste Kugellage
....	Lücken unbesetzt
Jod	Dichteste Kugellage

Es ist also insgesamt die Hälfte sämtlicher oktaedrischen Lücken in geordneter Weise durch Cadmium besetzt.

---

[1] Sie haben 18, nicht 8 Außenelektronen wie die Edelgase.

Dadurch entsteht das in Abb. 58 und Abb. 78 b, S. 174 gezeigte typische Schichtgitter, bei dem jede Schicht die Zusammensetzung CdJ_2 hat, also in sich elektrostatisch abgesättigt ist. Zwischen den Schichten sind deshalb nur noch VAN DER WAALS-Kräfte wirksam. Bezüglich des Bindungscharakters innerhalb der Schicht ist KLEMM[1] für die Dihalogenide der Übergangselemente (von denen viele im CdJ_2-Typ kristallisieren) zu der Ansicht gelangt, daß es unzureichend ist, sich heteropolare Bindung mit einem gewissen Anteil homöopolarer Bindung vorzustellen; vielmehr muß auch angenommen werden, daß sich *zwischen den Kationen* zusätzlich eine Atombindung bemerkbar macht, die sich im Gang der Molekularvolumina und im magnetischen Verhalten äußert.

Wegen der großen Polarisierbarkeit des Hydroxylions kristallisiert auch eine Anzahl von Hydroxyden in diesem Gittertyp. Beispiele sind: $Mg(OH)_2$ Brucit, $Ca(OH)_2$ Portlandit, $Mn(OH)_2$ Pyrochroit; weiter α-$Zn(OH)_2$, $Cd(OH)_2$, $Fe(OH)_2$, $Co(OH)_2$, $Ni(OH)_2$ und andere.

Das Schichtengitter des $CdCl_2$ (Raumgruppe R $\bar{3}$ m) ist dem CdJ_2-Gitter sehr ähnlich: der Unterschied liegt darin, daß im $CdCl_2$-Typ die Cl-Ionen in einer kubisch dichtesten Kugelpackung angeordnet sind, nicht in einer hexagonalen. In beiden Gittertypen besetzen also die Kationen die oktaedrischen Lücken zwischen jeweils übernächsten dichtesten Kugellagenebenen.

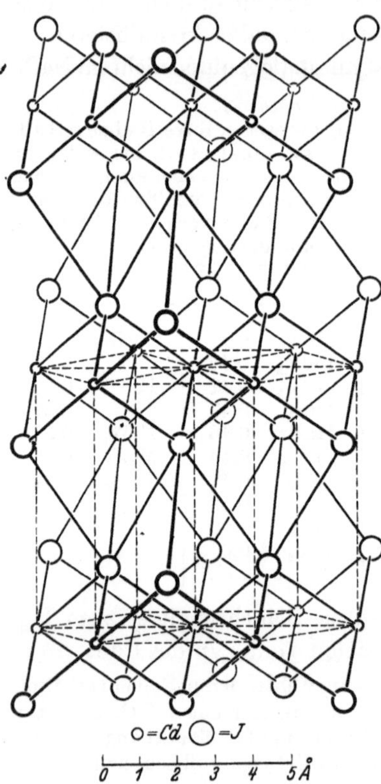

Abb. 58. CdJ_2-Typ. Raumgruppe $P\bar{3}m1 - D_{3d}^3$.

Die Schichtenanisometrie dieser Gittertypen äußert sich natürlich auch im physikalischen Verhalten: Perfekte Spaltbarkeit parallel (0001); großer thermischer Ausdehnungskoeffizient senkrecht zu den Schichten, also in [0001]; meistens starke negative Doppelbrechung; siehe Näheres im Teil C.

Wenn der homöopolare Bindungsanteil noch stärker in Erscheinung tritt, dann entstehen Schichtengitter vom MoS_2-Typ (Raumgruppe

[1] KLEMM, W.: Naturwiss. **37**, 150 (1950).

$P6_3/mmc - D_{6h}^4$). Wie in den soeben besprochenen Schichtengittern ist auch hier A von 6 B und B von 3 A umgeben; die kürzesten Abstände von B zu den 3 A liegen nicht (wie z. B. beim Rutil-Typ) in einer Ebene, sondern sind parallel den Kanten einer trigonalen Pyramide gerichtet. Im Gegensatz zum CdJ_2- oder $CdCl_2$- Typ wird A im MoS_2-Typ nicht oktaedrisch umgeben, sondern die 6 B sitzen an den Ecken eines trigonalen Prismas. Derartige Atomanordnungen sind typisch für homöopolare Bindungen, so daß also diese Bindungsart im MoS_2-Typ bereits struk-turbestimmend ist. Außer dem wichtigsten Mo-Erz, dem Molybdänit, MoS_2, kristallisieren WS_2 und WSe_2 in diesem Schichtgitter.

Bei starkem homöopolaren Bindungsanteil kann auch der Pyrit-Typ gebildet werden, Abb. 59. Hier bilden zwei S-Atome einen hantelförmigen S_2-Komplex, der von 6 Fe Atomen umgeben wird. (Man kann die Struktur als NaCl-Gitter beschreiben, in dem an Stelle der Na die Fe sitzen und an Stelle der Cl die *Schwerpunkte* der S_2-Hanteln.)

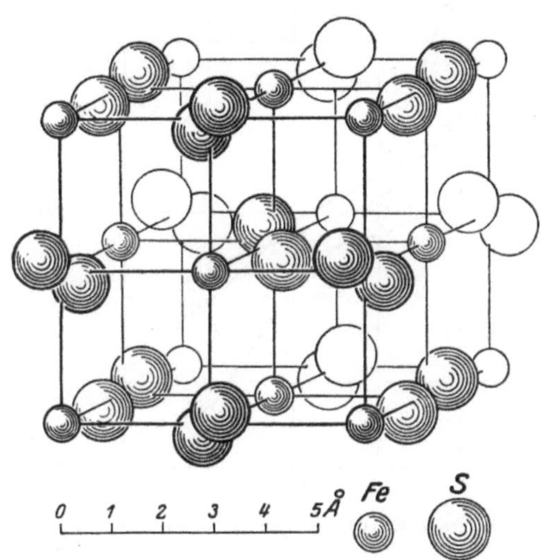

Abb. 59. Struktur des Pyrits, FeS_2; Raumgruppe $Pa\,3 - T_h^6$. (Die S_2-Hanteln sind in Wirklichkeit etwa doppelt so lang wie hier gezeichnet.) (Aus Strukturberichte.)

Zusammenfassend können wir also feststellen, daß ein zunehmender homöopolarer Bindungsanteil, den man durch zunehmende Polarisation erklären kann, sich derart auf die Bildung der Kristallstrukturen auswirkt, daß von AB_2-Verbindungen statt des Rutil-Typs zunächst der $CdCl_2$-Typ, dann der CdJ_2-Typ und schließlich der MoS_2- oder Pyrit-Typ gebildet wird.

Durch die Polarisation wird der polare Charakter der Bindung abgeschwächt und die Gitterenergie vergrößert. Daher sind z. B. im Gegensatz zu den Alkalihalogeniden die Silber- und Cupro-Halogenide fast unlöslich in Wasser; nur AgF hat noch eine große Löslichkeit, weil wegen der geringen Polarisierbarkeit des F^- der homöopolare Bindungsanteil nur gering ist. Beim AgCl beträgt die Löslichkeit nur $0,9 \cdot 10^{-5}$ Mol/Liter, beim AgBr $4,5 \cdot 10^{-7}$ und beim AgJ nur noch $1 \cdot 10^{-8}$.

Durch starke Polarisation, also durch Änderung der Elektronenwolken, können auch Farbeigenschaften beeinflußt werden. Bei rein heteropolaren Verbindungen ist bekanntlich die Absorption der Verbindung gleich derjenigen der einzelnen Ionen. Nun sind z. B. das Ag-und das J-Ion farblos, und die Verbindung AgJ sollte ebenfalls farblos sein, wenn es ein reiner Ionenkristall wäre. In Wirklichkeit ist es aber hellgelb gefärbt, was wiederum auf einen merklichen homöopolaren Bindungsanteil hinweist[1].

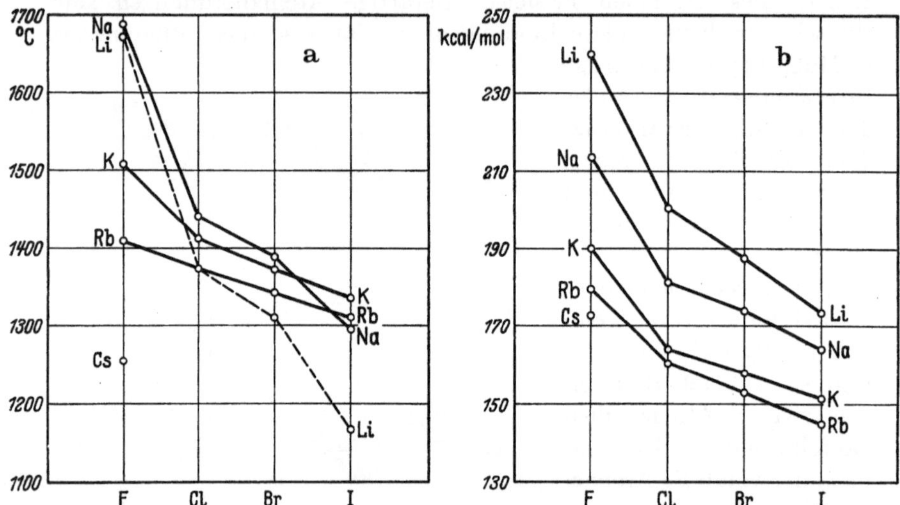

Abb. 60 a u. b. Alkalihalogenide des NaCl-Typs. a) Siedetemperaturen (nach v. WARTENBERG); b) Gitterenergie (nach BORN u. MAYER).

Durch Polarisation erklärte FAJANS[2] Unregelmäßigkeiten der Schmelz- und Siedepunkte in den Reihen der Alkalihalogenide. Wenn man nämlich nach der für reine Ionenbindung geltenden Gittertheorie von BORN und MAYER die Gitterenergie berechnet, so sind die Werte z. B. für die Li-Halogenide (wegen der Kleinheit des Li-Ions) stets höher als die der entsprechenden Halogenide von Na, Rb und Cs. Man sollte daher erwarten, daß auch die Schmelz- und Siedepunkte der Li-Halogenide höher als die all der anderen entsprechenden Halogenide lägen. Das ist jedoch nicht der Fall, vielmehr treten große Abweichungen auf, was in Abb. 60 dargestellt ist. Der Abbildung liegen die von H. v. WARTENBERG[3] u. Mitarb. bestimmten Siedepunkte zugrunde. Betrachten wir die Li-Halogenide im Vergleich zu den Na-Halogeniden: Der Siedepunkt des LiF liegt niedriger als der des NaF. Die Erniedrigung wird um so stärker, je mehr wir in der Reihe vom LiF über LiCl, LiBr zum LiJ vorschreiten. Dieses ist durch die starke polarisierende Wirkung des

[1] MEISENHEIMER, J.: J. Phys. Chem. **97**, 304 (1924).

[2] FAJANS: Z. Kristallogr. **61**, 18 (1925).

[3] v. WARTENBERG, H., u. Mitarb.: Z. Elektrochem. **27**, 162, 586 (1921).

kleinen Li-Ions auf ein Halogenion in der LiX -Molekel des Dampfes zu
verstehen. Der Polarisationseffekt ist um so größer, je stärker die
Polarisierbarkeit des Anions ist, also in der Richtung F → Cl → Br → J.
Energetisch findet die in dieser Richtung stärker werdende Abnahme
des Siedepunktes nach FAJANS folgendermaßen ihre Erklärung:

„Denken wir uns zunächst, daß in einem aus dem Gitter abgetrennten Molekül
alle Elektronenbahnen der beiden Ionen in genau der gleichen Weise verlaufen
wie im Gitter (wo jedes Li^+ von 6 Anionen umgeben ist). Es müßte in diesem Falle,
gleichgültig ob diese Bahnen in bezug auf die freien Ionen deformiert sind oder nicht,
die Sublimationswärme von Salzen gleicher Struktur einen konstanten Bruchteil
der Gitterenergie bilden (bei Alkalihalogeniden nach A. REIS 0,32). Nach dieser
unter Energieverbrauch stattfindenden gedachten Abtrennung des Moleküls tritt
aber in Wirklichkeit noch der freiwillige, also mit Energieabgabe verbundene Vorgang der einseitigen Deformation der ganzen Hüllen der (beiden) Ionen (des
Moleküls) ein. Durch diese *Deformationsenergie* wird die der Gitterenergie zunächst
proportionale Sublimationswärme vermindert, und zwar um so erheblicher, je
stärker die gegenseitige Deformation der beiden Ionen ist.“

Auch die anderen Unregelmäßigkeiten, wie die Beobachtung, daß
der Siedepunkt des NaJ tiefer liegt als der von KJ und RbJ, sowie
der relativ niedrige Siedepunkt des CsF, sind durch starke Polarisations-
effekte erklärbar, ebenso wie die Unregelmäßigkeiten der Schmelzpunkte[1].

Die Vorstellung von der Polarisation kann zur qualitativen Er-
klärung von Eigenschaften innerhalb von Verbindungsreihen mit Erfolg
verwendet werden, wenn die Kristalle im wesentlichen heteropolar sind.
Sie können aber auch durch eine andere Beschreibung, nämlich durch
Resonanz erklärt werden, der in all den Fällen, in denen die betrachteten
Kristalle im wesentlichen homöopolar sind, allein sinnvoll ist. Dem
Vorgang der Resonanz oder Mesomerie kommt also eine umfassendere
Bedeutung zu.

Resonanz[2]. Die Vorstellung der quantenmechanischen Mesomerie
oder Resonanz läßt sich am Beispiel der Benzolmolekel zeigen: Die ältere
Valenzchemie stellte sich die Bindung der Kohlenstoffatome im Benzolring
als konjugierte Doppelbindungen, also durch Einfachbindung — Doppelbindung — Einfachbindung — Doppelbindung usw. vor, wie es z. B. die
unten gezeigte linke Strukturformel symbolisiert. Wenn das wirklich so
wäre, dann müßte das Benzolmolekül eine trigonale Symmetrie haben,
und verschiedene chemische Eigenschaften wären unverständlich. In
Wirklichkeit ist die Symmetrie hexagonal, d. h. die Bindungen zwischen
allen 6 C-Atomen des Benzolringes sind vollständig gleichwertig. Dem
trägt man Rechnung, indem man sich vorstellt, daß nicht nur die in der

---

[1] KOSSEL, W.: Z. Phys. **1**, 395 (1920).

[2] PAULING, L.: The Nature of the Chemical Bond. Cornell University Press 1948.
PAULING, L. u. E. B. WILSON: Introduction to Quantum Mechanics etc. New
York — London 1935. — KUHN, H.: Experientia (Basel) **9**, 41 (1953). —
HÜCKEL, E.: Z. Phys. **72**, 310 (1931); **76**, 628 (1932).

linken Strukturformel, sondern auch die in der nächsten Formel symbolisierte Elektronenverteilung gleichzeitig auftritt (KÉKULÉsche Strukturen) und außerdem auch noch die nächsten drei Strukturen; alle fünf Strukturen sollen also gleichzeitig, wenn auch in unterschiedlichem Maße, die

Elektronenverteilung in der C_6H_6-Molekel wiedergeben.
Die quantenmechanischen Überlegungen, die von E. HÜCKEL am Benzol zuerst durchgeführt worden sind, hatten nun folgendes Ergebnis: Ein C-Atom hat Bindungen zu drei planar liegenden nächsten Nachbarn, nämlich zu zwei C-Atomen und einem H-Atom, welche von jedem Atom durch die drei hybridisierten sp^2-Elektronenzustände (vgl. Tab. 15) betätigt werden. Es gehen von jedem C-Atom drei durch jeweils ein Elektronenpaar bewerkstelligte Einfachbindungen zu seinen drei Nachbarn; die Elektronenverteilung zwischen zwei gebundenen Kernen liegt rotationssymmetrisch um die gedachte Achse, welche jeweils die Kerne verbindet, was man mit σ-Bindung bezeichnet. Da nun aber jedes C-Atom vier Bindungselektronen, nämlich sp^3, zur Verfügung stellt, bleibt ein p-Elektron übrig, welches nicht für die drei σ-Bindungen in Anspruch genommen ist. Von den sechs C-Atomen des Benzolmoleküls sind also insgesamt sechs Elektronen noch nicht in Einfachbindungen festgelegt. Die quantenmechanischen Rechnungen haben nun gezeigt, daß dann die kleinste Energie erreicht wird, wenn jene sechs Elektronen sich völlig *gleichmäßig* über den *ganzen* Benzolring verteilen; es kann also keines jener sechs Elektronen einem bestimmten C-Atom zugeordnet werden, sondern alle gehören gemeinsam allen C-Atomen an. Man nennt solche Elektronen nicht-lokalisiert, im Gegensatz zu den Elektronen der σ-Bindungen, welche zwischen ihren Kernen lokalisiert sind[1]. Hieraus ist offensichtlich, daß keine der obigen Strukturformeln die tatsächliche Elektronenverteilung richtig wiedergibt; wenn man sich sämtliche Valenzstrukturen (man nennt sie Grenzstrukturen) überlagert denkt, wobei den beiden Kékulé-Formeln bei weitem das größte Gewicht zukommt, erhält man eine angenäherte Symbolisierung des tatsächlichen Zustandes, den man als mesomeren oder Resonanz-Zustand bezeichnet.

Das Entscheidende für das häufige Auftreten der Resonanz zwischen verschiedenen gedachten Grenzstrukturen ist die Tatsache, daß die niedrigste Energie (das ist die Energie des Grundzustandes) noch kleiner ist als der kleinste Energiewert, den eine an der Resonanz beteiligte Grenzstruktur für sich alleine haben würde; es wird also durch die

---

[1] Die Elektronenwolke der sechs nichtlokalisierten p-Elektronen liegt nicht rotationssymmetrisch zur Kernverbindungsachse, sondern darüber und darunter; man nennt solche Elektronen bzw. Bindungen π-Elektronen bzw. π-Bindungen zum Unterschied von σ-Bindungen.

Resonanz die Energie erniedrigt, die Gitterenergie also erhöht. Mit anderen Worten, die gedachten Elektronenwolken der einzelnen Grenzstrukturen überlagern sich nicht einfach, sondern es tritt eine neue Elektronenwolke auf, welcher eine um die Resonanzenergie kleinere Energie zuzuordnen ist.

Durch den Vorgang der Resonanz wird also verständlich, daß das Benzolmolekül ein *hexagonaler* ebener Ring ist. Wir können weiter sagen, daß infolge der Resonanz gleichsam ungefähr eine $1\frac{1}{2}$-fache Bindung zwischen je zwei C-Atomen wirkt, womit die Länge der C-C-Abstände im Ring von 1,39 Å verständlich wird. Denn dieser Wert liegt zwischen 1,5445 Å, dem Wert des C-C-Abstandes einer Einfachbindung (z.B. im Diamanten), und dem Wert von 1,33 Å, der den Abstand in einer (lokalisierten) Doppelbindung kennzeichnet. Nicht nur für Benzol, sondern für viele Moleküle und Komplexe ist die Einbeziehung der Resonanz von ausschlaggebender Wichtigkeit[1].

Wir wollen noch eine für uns wichtige Resonanzstruktur, nämlich die des *Graphits*[2], behandeln. Stellen wir uns vor, daß an den Stellen des Benzolmoleküls, wo von jedem der 6 C-Atome eine σ-Bindung zu einem H-Atom ausgeht, eine solche Bindung zu einem weiteren C-Atom betätigt wird. Da jedes C-Atom dann insgesamt drei σ-Bindungen betätigt, wird eine zweidimensionale ebene Schicht von C-Atomen aufgebaut, in der jedes C drei nächste Nachbarn hat. Dieses sind die Schichten, die den Graphitkristall, Abb. 61, aufbauen. Genau wie beim Benzol sind von jedem C-Atom drei Elektronen (hybridisierte sp^2-Zustände) zu drei C-Nachbarn in lokalisierten σ-Bindungen festgelegt, aber das π-Elektron eines jeden C-Atoms ist nicht lokalisiert, und seine Aufenthaltswahrscheinlichkeit ist in Richtung der kürzesten Atomabstände, und zwar in einer Ebene oberhalb und unterhalb der Sechserringe, die zu einer zweidimensional unendlichen Schicht verknüpft sind, überall gleich groß. Diese Beweglichkeit der nicht lokalisierten π-Elektronen in der Schicht bewirkt eine beinahe metallische Elektronenleitfähigkeit *in* der Schichtebene. In Richtung senkrecht zu den Schichten ist Graphit ein Isolator, denn die Leitfähigkeit beträgt

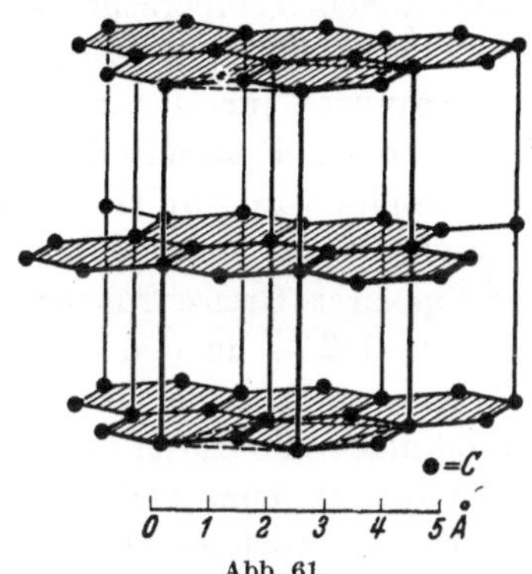

Abb. 61.
Struktur des Graphits. Raumgruppe
$P6_3/mmc - D_{6h}^4$.

---

[1] Siehe z. B. J. SIDGWICK: J. Chem. Soc. **1936**, 533; **1937**, 694.

[2] BRADBURN, M., C. A. COULSON u. G. S. RUSHBROOKE: Proc. Roy. Soc., Edinburgh A **62**, 336 (1948).

nur etwa 1/10000 des *in* der Schicht gemessenen Wertes[1]. Das ist verständlich, denn *zwischen* den Graphitschichten können keine Elektronen wandern, es wirken nur VAN DER WAALSsche Restkräfte, was durch den großen Schichtebenenabstand von 3,345 Å und durch den sehr großen thermischen Ausdehnungs- und Kompressibilitätskoeffizienten senkrecht zu den Schichten zum Ausdruck kommt; der Abstand C—C in der Schicht beträgt 1,421 Å. Es ist offensichtlich, daß die ausgeprägte Schichtenstruktur des Graphitkristalls eine vorzügliche Spaltbarkeit nach (0001) gestattet. Dieser Eigenschaft, häufig in Verbindung mit seiner hohen Temperaturbeständigkeit und seiner elektrischen Leitfähigkeit verdankt der Graphit seine große technische Bedeutung als Schmiermittel, für Dynamobürsten, als Bogenlampenkohlen, im Mikrophon und als Bestandteil der Bleistiftminen. Eine sehr große Menge von Graphit wird zur Herstellung von Schmelztiegeln verwendet.

Beim Benzol herrscht Resonanz zwischen einer Anzahl verschiedener homöopolarer Grenzstrukturen. Am Beispiel des Graphits haben wir erkannt, daß — in den zwei Dimensionen der Schichtebenen — durch Resonanz ein intermediärer Bindungscharakter durch die homöopolaren σ-Bindungen und durch die metallischen π-Bindungen zustande kommt. Wenn auch im einzelnen anders zu erklären, so muß wohl im Prinzip die Zunahme des auch metallischen Bindungsanteils in der Reihe der im Diamant-Typ kristallisierenden Elemente Si, Ge und graues Zinn (unterhalb 18° C) durch eine Zunahme des Beitrages nichtlokalisierter Elektronen gedeutet werden. Der metallische Bindungsanteil, der bei diesen kubischen Strukturen natürlich in allen Richtungen wirksam ist, äußert sich in der Größe der spezifischen elektrischen Leitfähigkeit, die in der in Tab. 28 angegebenen Reihenfolge zunimmt.

Ein weiteres Beispiel, welches den Übergang von homöopolarer zu metallischer Bindungsart belegt, ist das kubische Cu_2O, Cuprit. In diesem Gitter wird jedes O von vier Cu tetraedrisch umgeben und jedes

Tabelle 28.

Spezifische Leitfähigkeit in Ohm$^{-1} \cdot$cm^{-1} (bei 20° C)	C(Diamant) $< 10^{-20}$	Si $\sim 1,3 \cdot 10^6$	Ge* $1,3 \cdot 10^{-2}$	Sn (grau) $\sim 5 \cdot 10^3$	Pb $4,8 \cdot 10^4$
	Kovalente Bindung	Intermediärer Bindungscharakter (Diamantgitter)			Metallische Bindung (kub. dicht. Kugelpackung)

---

[1] KRISHNAN, K. S., u. N. GANGULI: Nature (London) **144**, 667 (1939).

* Si, Ge und graues Sn sind Halbleiter. Die angegebenen Werte geben die Eigenleitung der reinen Elemente wieder; Fremdzusätze erhöhen die Leitfähigkeit äußerst stark.

Cu von zwei O. Die homöopolare Bindung zwischen den Atomen ist aber keineswegs vollkommen, sondern ein Teil der Elektronen ist frei beweglich, was durch die deutliche elektrische Leitfähigkeit und durch den photoelektrischen Effekt demonstriert wird. Außerdem sind homöopolar-metallische Bindungsarten in den Ketten-Gittern von Se und Te und in den Schichten-Gittern von As, Sb und Bi wirksam.

Nicht nur Zustände zwischen kovalenten und kovalenten oder zwischen kovalenten und metallischen Bindungen, sondern auch die vorher behandelten Übergänge (vgl. S. 107ff) zwischen kovalenten und heteropolaren Bindungszuständen kann man durch Resonanz zwischen ionaren und homöopolaren Grenzstrukturen beschreiben. Über kovalent-heteropolare Bindungen hat vor allem PAULING gearbeitet, auf dessen Buch besonders verwiesen sei[1]. Er hat auch eine Methode entwickelt, um den Anteil an heteropolarem Bindungscharakter abschätzen zu können. Dazu hat PAULING, ausgehend von Überlegungen über Bindungsenergien, numerische Werte der *Elektronegativitäten* der verschiedenen Elemente aufgestellt, die von HAISSINSKY[2] ergänzt und teilweise verbessert worden sind. Die Elektronegativität, x, ist ein Maß für die Stärke, mit der ein Atom in einem Molekül Elektronen zu sich heranzieht. (Die Elektronegativität unterscheidet sich von der Elektronenaffinität und vom Ionisierungspotential und vom Normalpotential eines Elements in der elektrochemischen Spannungsreihe, wenn auch allgemeinere Beziehungen zu allen diesen bestehen.) Die Werte, x, sind in der folgenden Tabelle unter jedem Elementsymbol angegeben.

Unter der Voraussetzung, daß die von PAULING mit Hilfe der Dipolmomente berechneten prozentualen Anteile heteropolaren Bindungscharakters in den Wasserstoff-Halogenmolekeln mit 5% im HJ,

Tabelle 29.

H
1,0

Li	Be	B	C	N	O	F
1,0	1,5	2,0	2,5	3,0	3,5	4,0

Na	Mg	Al	Si	P	S	Cl
0,9	1,2	1,5	1,8	2,1	2,5	3,0

K	Cu^{1+}	Ca	Zn	Sc	Ga	Ti	Ge	As	Se	Br	Fe^{2+}	Fe^{3+}	Co	Ni
0,8	1,8	1,0	1,5	1,3	1,6	1,6	1,7	2,0	2,3	2,8	1,65	1,8	1,7	1,7

Rb	Ag	Sr	Cd	Y	In	Zr	Sn^{2+}	Sb^{3+}	Te	I	Ru		Rh	Pd
0,8	1,8	1,0	1,5	1,2	1,6	1,4	1,65	1,8	2,1	2,6	2,05		2,1	2,0

Cs	Au	Ba	Hg^{1+}	La	Tl^{1+}	Hf	Pb^{2+}	Bi
0,7	2,3	0,85	1,8	0,85	1,5	1,3	1,6	1,8

---

[1] PAULING, L.: The Nature of the Chemical Bond, Cornell University Press, 2. Auflage S. 34—75. 1940 (7. Druck 1948).

[2] HAISSINSKY, M.: J. de Phys. Radium (VII), Jan. (1946).

11% im HBr, 17% im HCl und 60% im HF richtig sind, hat PAULING eine empirische Kurve konstruiert, die es gestattet, aus der Differenz der Elektronegativitäten $|x_A - x_B|$ den prozentualen heteropolaren Anteil einer A-B-Bindung zu ermitteln. Die Kurve wurde von HANNAY[1] verbessert und ist in Abb. 62 wiedergegeben; sie stellt folgende Beziehung dar: Prozentualer heteropolarer Charakter $= 16\,|x_A - x_B| + 3{,}5\,|x_A - x_B|^2$. Die erhaltenen Werte sind nicht als genaue Werte, sondern als Abschätzung zu werten.

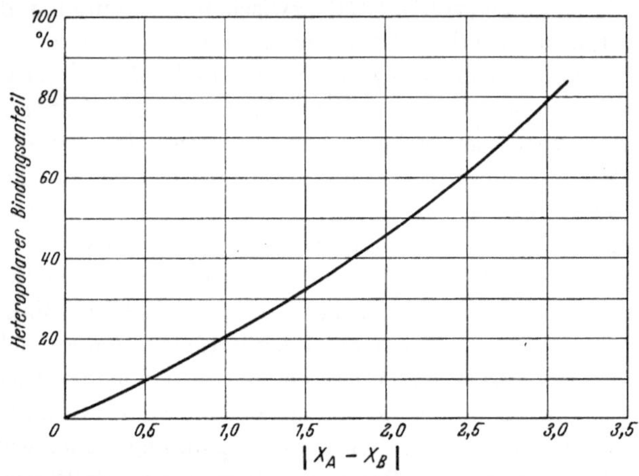

Abb. 62. Zusammenhang zwischen heteropolarem Bindungsanteil einer A-B-Bindung und der Differenz der Elektronegativitäten, $x_A - x_B$, der Atome (nach HANNAY u. SMYTH).

Es sei als Beispiel PAULINGs Methode auf LiJ angewendet. Für die Li—J-Bindung im *Molekül* erhält man aus Tab. 29 und Abb. 62 die Auskunft, daß in der Molekel 35% heteropolarer und folglich 65% homöopolarer Bindungscharakter vorliegen; es stehen also in der Molekel die homöopolare Grenzstruktur Li:J̈: und die heteropolare Grenzstruktur Li⁺J⁻ in Resonanz. Wie liegen nun die Verhältnisse im *Kristall* des LiJ? Im Kristall wird jedes Li von 6 J umgeben (NaCl-Typ). Nach PAULING[2] (1940) darf man annehmen, daß von den 6 vom Li zum J ausgehenden Bindungen nicht mehr als eine Bindung kovalenter Natur ist. Man wird daher mit folgenden verschiedenen resonierenden Grenzstrukturen rechnen dürfen (nur vier Nachbarn sind dargestellt, der 5. und 6. Nachbar würden oberhalb und unterhalb der Zeichenebene liegen):

<pre>
       J⁻   J⁻ ..   :J̈:
    J⁻ Li⁺ J⁻   J⁻ Li :J̈:   oder   J⁻ L̈i J⁻   usw.
       J⁻   J⁻ ..   J⁻
  Sechs heteropolare   Fünf heteropolare Bindungen und eine homöopolare
     Bindungen   Bindung
</pre>

(Nur zwei der sechs Möglichkeiten sind hier dargestellt.)

____

[1] HANNAY, N. B., u. C. P. SMYTH: J. Amer. Chem. Soc. **68**, 171 (1946).

[2] PAULING, L.: Nature of the Chemical Bond. 2. Auflage 1940. S. 73. Bei den Silberhalogeniden glaubt PAULING als Grenzstrukturen zwei von den Bindungen als kovalent annehmen zu müssen.

Da nun die eine kovalente Li—J-Bindung stets auch mit einer heteropolaren
$Li^+—J^-$-Bindung in Resonanz steht, ergibt sich für jene Bindung nur ein bestimmter
Bruchteil an kovalentem Bindungscharakter; dieser Bruchteil entspricht nach
PAULING dem für das LiJ-Molekül ermittelten Wert von 65% kovalentem Bindungscharakter. Die übrigen fünf vom Li zum J im Gitter betätigten Bindung werden als
rein heteropolar angenommen. Da nun die eine intermediäre heteropolar-homöopolare Bindung auch mit den anderen fünf polaren $Li^+—J^-$-Bindungen in Resonanz
steht, entfällt auf jede der sechs vom Li ausgehenden Bindungen $^1/_6$ des kovalenten
Bindungsanteils der einen intermediären Bindung (also $^1/_6$ von 65%), so daß also im
Kristall des LiJ jede der sechs Li—J-Bindungen etwa 10% kovalenten und 90%
heteropolaren Charakter trägt. Bei anderen Alkalihalogenid-Kristallen ist der
kovalente Bindungsanteil kleiner; bei NaCl beträgt er etwa 8%. Die in Tab. 30 für
weitere Alkalihalogenid-Kristalle angegebenen homöopolaren Bindungsanteile sind
entsprechend den hier dargestellten Zusammenhängen nach der 1940 von PAULING
angegebenen Methode (unter Verwendung der neueren Abb. 62) ermittelt worden.
Interessant sind auch die Angaben über den Anteil des kovalenten Bindungscharakters bei den Kristallen der Silberhalogenide, die ebenfalls in der Tabelle aufgeführt sind.

Neuerdings hat jedoch PAULING den homöopolaren Bindungscharakter wesentlich stärker betont, indem er für die Kristalle der Alkalihalogenide nicht mehr annimmt, daß von den sechs von einem Atom ausgehenden Bindungen fünf als rein
heteropolare Grenzstrukturen betrachtet werden können und nur eine denjenigen
homöopolaren Bindungsanteil hat, der sich für die Alkali-Halogen-Molekel ergibt,
sondern er nimmt an, daß jede der sechs Bindungen denjenigen homöopolaren
Bindungsanteil hat, den die zweiatomige Molekel besitzt. Obgleich das vorher
dargestellte Berechnungsverfahren meines Wissens nicht widerrufen ist, so muß
das doch aus der neueren Arbeit gefolgert werden, denn PAULING[1] entwickelt am
Beispiel des CsF-Kristalls die interessante Vorstellung, daß im CsF-Kristall von
jedem Atom eine Bindung ausgeht, die 54% homöopolaren Charakter hat und
zwischen den sechs Nachbarn resoniert, so daß für jede der sechs von einem Atom
ausgehenden Bindungen 54/6 = 9% homöopolarer Bindungscharakter vorliegt; das
aber ist der Anteil, der sich für die Bindung in der Molekel aus den Elektronegativitäten nach PAULING ergibt. Demnach ändert sich durch dieses Rechenverfahren
zwar qualitativ nichts bei einem Vergleich des Bindungsanteils z. B. in der Reihe der
Alkalihalogenide, aber es müßten die in Tab. 30 angegebenen Prozentzahlen für
die Alkalihalogenide mit 6, für die im NaCl-Typ kristallisierenden Ag-Halogenide
mit 3 und für AgJ mit 2 multipliziert werden. FYFE[2] gibt nach dieser Rechen-
methode erhaltene Werte für binäre Zn-, Mg- und Fe-Verbindungen an und nennt
z. B. für ZnS 78% und für MgO 28% homöopolaren Bindungsanteil.

Neuerdings sind jedoch Zweifel daran erhoben worden, ob die sich
aus PAULINGs Methode ergebenden Prozentzahlen richtig sind[3], obgleich
zugegeben wird, daß die Methode sehr wertvolle qualitative Hinweise in
der richtigen Richtung liefert. Man bemüht sich daher, eine eindeutige
Methode zu entwickeln, um quantitative Aussagen über den Bindungscharakter machen zu können, indem man das Ausmaß der räumlichen
Überlappung der Elektronenwolken einer Bindung als Maß für den Anteil homöopolaren und heteropolaren Bindungscharakters zu benutzen

---

[1] PAULING, L.: J. Chem. Soc. **1948**, 1461.
[2] FYFE, W. S.: Amer. Mineral. **36**, 538 (1951).
[3] FYFE, W. S.: Amer. Mineral. **39**, 991 (1954).

versucht. Bei rein heteropolarer Bindung überlappen sich keine Elektronenwolken, während bei einem homöopolaren Bindungsanteil eine teilweise Überlappung und bei rein homöopolarer Bindung eine vollständige Überlappung, eine Verschmelzung der Elektronenwolken der miteinander verbundenen Atome vorliegt. Die Quantenmechanik kann das Ausmaß der räumlichen Überlappung ermitteln durch Berechnung

Tabelle 30.

Kristall	homöopol. Anteil %	Kristall	homöopol. Anteil %	Kristall	homöopol. Anteil %
LiF	3,5	KF	2,5	AgF	16 ⎫
LiCl	9	KCl	8	AgCl	25 ⎬ NaCl-Typ
LiBr	10	KBr	9	AgBr	27 ⎭
LiJ	11	KJ	'10	AgJ	42 ZnS-Typ
NaF	3	CsF	1,5		
NaCl	8,5	CsCl	7,5		
NaBr	9,5	CsBr	8,5		
NaJ	10,5	CsJ	9,5		

des sog. Überlappungsintegrals (overlap integral)[1], was für Alkalihalogenide von FYFE[2] durchgeführt wurde. Er erhielt einen zunehmenden homöopolaren Bindungsanteil in folgender Reihenfolge, die nicht mit derjenigen Reihenfolge übereinstimmt, die sich mittels der PAULINGschen Methode ergibt:

Nach FYFE: $RbF \ll RbCl < NaF < LiF \ll RbJ < LiCl < NaJ = LiJ < NaCl$.

Nach Methode PAULING: $RbF < NaF < LiF \ll RbCl < NaCl < LiCl < RbJ < NaJ < LiJ$.

Auf die Erklärung, die FYFE für die Unterschiede vorbringt, sei hier nicht eingegangen; jedenfalls scheint jene neue Betrachtungsweise durchaus vielversprechend zu sein, so daß ihre Entwicklung verfolgt werden muß.

Einen Anhaltspunkt für den Charakter der Bindungen zwischen verschiedenen Atomen in Kristallen geben die in Tab. 31 zusammengestellten Angaben; die älteren Angaben PAULINGs sind in Klammern ebenfalls aufgeführt.

Man erkennt hieraus, daß u. a. bei den Carbonaten innerhalb des komplexen $[CO_3]^{2-}$-Ions der Bindungscharakter überwiegend homöopolar ist, aber zwischen dem Komplexion und den Kationen wirken in den

---

[1] McCOLL, A.: The principle of maximum overlapping. Trans. Faraday Soc. **46**, 369 (1950). — MULLIKEN, R. S.: Overlap integrals and chemical bonding. J. Amer. Chem. Soc. **72**, 4493 (1950). — Structure of bond energies. J. Phys. Chem. **56**, 295 (1951). — WALSH, A. D.: Factors influencing the strength of bonds. J. Chem. Soc. **1948**, 398.

[2] FYFE, W. S.: Amer. Mineral. **39**, 991 (1954).

Carbonaten überwiegend heteropolare Bindungen. Aus letzterem und didaktischem Grunde sind die Carbonate bei den heteropolaren Kristallen behandelt worden, aber sie würden besser in diesen Abschnitt der intermediären Bindungsarten passen. Über die Silikate, bei denen die Si-O-Bindung ungefähr halb heteropolaren und halb homöopolaren Charakter besitzt, soll nun hier ein Überblick gegeben werden.

Tabelle 31.

Element	Charakter der Bindung				
Alkali-metalle	überwiegend heteropolar mit allen Nichtmetallen außer Li—J-, Li—C- und Li—S-Bindungen, welche 35(43)% ionaren Charakter haben				
Mg, Ca, Sr, Ba	überwiegend heteropolar mit den stärker elektronegativen Nichtmetallen				
	F	O	Cl	Br	J
Be, Al	61(79)%	46(63)%	32(44)%	27(35)%	23(22)% heteropolarer Anteil
B	46(63)%	32(44)%	20(22)%	16(15)%	11(4)% heteropolarer Anteil
C	32(44)%	20(22)%	9 (6)%	6%	heteropolarer Anteil
Si	52(70)%	38(50)%	25(30)%		

Übersicht über die Silikate. Die Erdkruste wird vor allem von Silikaten und Quarz aufgebaut, alle anderen Minerale bestreiten mengenmäßig nur einen sehr untergeordneten Anteil. Da manche Silikate und Quarz sehr wichtige Rohstoffe z. B. für die Grob- und Feinkeramik, für die Zement- und Glasindustrie und für andere Industriezweige sind, beanspruchen sie ein sehr weites Interesse, nicht nur das besondere Interesse des Mineralogen. Aber von einem Mineralogen, von F. MACHATSCHKI[1], ging der Vorschlag einer Klassifikation der Silikate auf kristallstruktureller Grundlage aus, die heute als die einzig sinnvolle Klassifikation gilt und die alte chemische Einteilung in Ortho-, Meta-, Pyrosilikate usw. ersetzt hat.

Man geht von der kristallstrukturellen Tatsache aus, daß das Si stets tetraedrisch von vier O umgeben ist und daß nur eine Verknüpfung der $[SiO_4]^{4-}$-Koordinationstetraeder über Ecken, nicht über Kanten oder gar Flächen erfolgen kann. Entsprechend den verschiedenen Verknüpfungsarten der Tetraeder werden bestimmte Abteilungen von Silikaten unterschieden. Innerhalb jeder Abteilung ist die Mannigfaltigkeit der Strukturen noch sehr groß, was unter anderem auf verschiedene

---

[1] MACHATSCHKI, F.: Zbl. Mineral. A, **1928**, 97.

Möglichkeiten der Anordnung bei gleicher Art von Tetraederverknüpfungen zurückzuführen ist. Weiterhin sind die chemischen Zusammensetzungen von Mineralen gleichen oder ähnlichen Strukturtyps oft recht unterschiedlich und zum Teil sehr kompliziert, weil gerade bei Silikaten Kationen und auch Anionen durch mehrere andere Ionen ganz oder teilweise isomorph ersetzt werden können. So kann z. B. Mg^{2+} durch Fe^{2+} und Mn^{2+}, Ca^{2+} durch Na^+, Al^{3+} durch Fe^{3+} oder Ti^{4+}, $(OH)^-$ durch F^- oder Cl^- ersetzt werden; von größter Bedeutung ist jedoch die Tatsache, daß ein Teil des Si^{4+} durch Al^{3+} ersetzt werden kann, und daß dann der Ladungsausgleich durch Einführung von Kationen oder durch Ersatz von Kationen durch andere Kationen höherer Wertigkeit herbeigeführt werden muß. Die kristallchemische Doppelrolle des Al, nämlich daß es einerseits von 6 O oktaedrisch umgeben ist und andererseits teilweise das Si im SiO_4-Tetraeder ersetzt, ist darauf zurückzuführen, daß das Verhältnis der Ionenradien von $Al^{3+} : O^{2-} = 0{,}43$ beträgt, also sehr nahe dem Grenzwert für Sechser- und Viererkoordination, nämlich $0{,}414$ liegt. Diese Doppelrolle des Al ist bei den Silikaten von großer Wichtigkeit und bewirkt eine Mannigfaltigkeit der chemischen Zusammensetzungen, die ohne die Ergebnisse der Strukturanalyse der Silikate gar nicht zu interpretieren wäre.

Auf die speziellen Silikatstrukturen[1] kann hier nicht eingegangen werden, sondern es wird nur die grundlegende Systematik erläutert.

Man unterscheidet folgende Abteilungen bei den Silikaten:

A. Insel- oder Nesosilikate ($v\tilde{\eta}\sigma o\varsigma$ = Insel)
B. Gruppen- oder Sorosilikate ($\sigma\omega\varrho\acute{o}\varsigma$ = Gruppe)
C. Ketten- oder Inosilikate ($\acute{\iota}v\acute{o}\varsigma$ = Faser)
D. Schichten- oder Phyllosilikate ($\zeta\acute{v}\lambda\lambda ov$ = Blatt)
E. Gerüst- oder Tektosilikate ($\tau\varepsilon\varkappa\tau ov\varepsilon\acute{\iota}\alpha$ = Fachwerk)

A. Bei den *Inselsilikaten* sind die $[SiO_4]^{4-}$-Koordinationstetraeder *nicht* über gemeinsame Ecken mit anderen SiO_4-Tetraedern verbunden; die Tetraeder sind sozusagen selbständig und werden elektrostatisch durch Bindungen, die von Kationen zu den O der SiO_4-Tetraeder gehen, im Verband der Kristallstruktur zusammengehalten. Die Größe der Kationen bedingt die Koordinationszahl gegenüber Sauerstoff; hierdurch und durch das Mengenverhältnis verschiedener Kationen werden sehr verschiedene Arten von Tetraederanordnungen und damit sehr verschiedene Kristallstrukturen gebildet, die aber alle das genannte Charakteristikum der Inselsilikate haben, also auch formelmäßig den $[SiO_4]^{4-}$-Komplex enthalten. Einige Beispiele:

---

[1] Bragg, W. L.: The Atomic Structure of Minerals. Oxford, 1937 Strukturberichte der Z. Kristallogr. **1—7**, (1913—1939) und Structure Reports, **10—13** (1945—1950). — Strunz, H.: Mineralogische Tabellen, 2. Auflage, Leipzig 1949.

Zr [SiO$_4$] Zirkon; Zr^{4+} ist von 8 nächsten O umgeben, vier O in 2,05 und vier in 2,41 Å

Mg$_2$ [SiO$_4$] Forsterit

Fe$_2$ [SiO$_4$] Fayalit

(Mg, Fe)$_2$ [SiO$_4$] Mischkristalle: Olivin

Mg^{2+} bzw. Fe^{2+} sind oktaedrisch von sechs O umgeben. Die rhombische Struktur ist sehr dicht gepackt, so daß man sie auch als eine nach (010) pseudo-hexagonale, annähernd dichteste Sauerstoffpackung beschreiben kann, in der die Si $^1/_8$ der tetraedrischen Lücken und die Mg bzw. Fe die Hälfte der oktaedrischen Lücken besetzen.

Granate:

Mg$_3$Al$_2$ [SiO$_4$]$_3$ Pyrop; mit Fe^{2+} für Mg

Fe$_3$Al$_2$ [SiO$_4$]$_3$ Almandin; mit Mn^{2+} für Fe^{2+}

Mn$_3$Al$_2$ [SiO$_4$]$_3$ Spessartin

Ca$_3$Al$_2$ [SiO$_4$]$_3$ Grossular; mit Fe^{3+} für Al

Ca$_3$Fe$_2$ [SiO$_4$]$_3$ Andradit; mit Ti^{4+} für Si^{4+} und Na$^+$Ti^{4+} für Ca^{2+}Fe^{3+}, dann Melanit genannt.

Ca$_3$Cr$_2$ [SiO$_4$]$_3$ Uwarowit; mit Al für Cr^{3+}.

Die Granat genannten Minerale sind fast immer Mischkristalle der vorstehenden Glieder, so daß man allgemein ihre Formel folgendermaßen schreiben kann: (R^{2+})$_3$ (R^{3+})$_2$ [SiO$_4$]$_3$; R^{2+} = Mg, Fe, Mn oder Ca hat acht O-Nachbarn, während das kleinere R^{3+} = Al, Fe oder Cr sechs O-Nachbarn hat.

Be$_2$ [SiO$_4$], Phenakit, und Zn$_2$ [SiO$_4$], Willemit, haben die gleiche Struktur, in der das Kation von nur vier O umgeben ist. Für Phenakit ist das wegen der Kleinheit des Be^{2+} mit 0,34 Å völlig verständlich; Zn^{2+} (0,83 Å) dagegen ist wesentlich größer, und daher ist hier die Viererkoordination nur durch überwiegend homöopolare Bindung zu verstehen. Interessant ist auch die Struktur des Tief-Eukryptits, LiAl [SiO$_4$], dessen Struktur ebenfalls dem Phenakit-Typ angehört[1]; in ihr sitzen 1 Al^{3+} und 1 Li$^+$ statt 2 Be^{2+} auf tetraedrischen Gitterplätzen.

Andere Silikate, wie z. B. Disthen, Andalusit und Titanit haben ein Atomverhältnis Si : O > 1 : 4, sie gehören aber zu den Inselsilikaten, denn nicht alle O sind an Si gebunden, sondern z. T. an andere Kationen. Das drücken die folgenden Strukturformeln aus, wie sie von STRUNZ aufgestellt worden sind: Al$_2$ [O|SiO$_4$] Andalusit, Disthen und CaTi [O|SiO$_4$] Titanit. Innerhalb der eckigen Klammer steht der gesamte Anionenanteil, der vertikale Strich innerhalb der Klammer unterteilt die Anionen in „komplexfremde Anionen" *vor* dem Strich und Komplex-Anionen, wie SiO$_4$ (oder bei anderen Verbindungen PO$_4$, SO$_4$, CO$_3$), *hinter* dem Strich. Vor der eckigen Klammer steht der kationische Anteil. Man erkennt also aus obiger Strukturformel, daß eines von den insgesamt fünf O nicht an den [SiO$_4$]$^{4-}$ -Komplex gebunden ist. Im Titanit ist Ti oktaedrisch von sechs O umgeben, während das Ca die seltene Koordination von sieben O besitzt. Die Strukturen von Andalusit und Disthen (Cyanit) unterscheiden sich formelmäßig nicht, aber es sind erhebliche Unterschiede vorhanden; denn im Disthen sind alle Al von sechs O oktaedrisch umgeben (die trikline Struktur ist sehr dicht gepackt und kann als annähernd kubisch dichteste Sauerstoffpackung aufgefaßt werden), während im Andalusit nur die Hälfte der Al von sechs, die andere Hälfte von fünf O umgeben wird, was bisher der einzige Fall einer Fünferkoordination in Silikaten ist.

---

[1] WINKLER, H. G. F.: Acta cryst. **6**, 99 (1953); Heidelberger Beitr. Mineral. u. Petr. **4**, 233 (1954).

Topas, Al_2 [(F, OH)$_2$ | SiO_4]
Epidot, Ca_2 (Al, Fe^{3+})$_3$ [OH | (SiO_4)$_3$]
und sehr viele andere Silikate enthalten ebenfalls „komplexfremde Anionen", in diesen Fällen OH, aber die Strukturformel zeigt ihre Zugehörigkeit zur Abteilung der Inselsilikate.

B. Bei den *Gruppen*- oder *Sorosilikaten* sind zwei bzw. drei, vier oder sechs SiO_4-Tetraeder über eine bzw. jeweils zwei Ecken miteinander

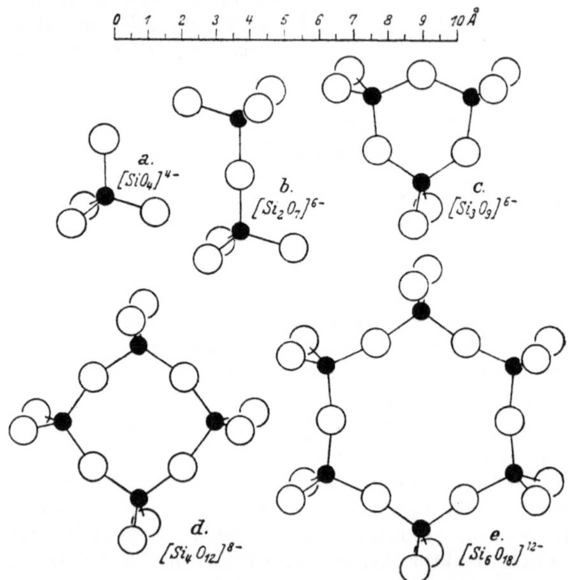

Abb. 63 a—e. Baugruppen der Silikate (aus STRUNZ). a) Inselsilikate, b—e) Gruppensilikate.

verknüpft, so daß sich verschiedene endlich begrenzte Tetraedergruppen ergeben, deren Bau und Zusammensetzung aus Abb. 63 ersichtlich sind:

1. *Zwei-Tetraeder-Gruppe* [Si_2O_7]$^{6-}$.
Eine Verknüpfung zweier Tetraeder zu einer Si_2O_6-Gruppe gibt es nicht. Das ist aus der 3. PAULINGschen Regel verständlich, denn die Bildung solch einer Gruppe würde eine Verknüpfung zweier Tetraeder über eine gemeinsame *Kante* erfordern, was eine starke Verkürzung des Si-Si-Abstandes zur Folge hätte. Daher gibt es nur Verknüpfungen von SiO_4-Tetraedern über gemeinsame Ecken; zwei Tetraeder können daher nur die Gruppe [Si_2O_7]$^{6-}$ bilden.

Beispiele: Sc_2 [Si_2O_7], Thortveitit. Sc ist von 6 O umgeben; Sc teilweise durch Y ersetzt.

Ca_3 [Si_2O_7] Rankinit
$BaBe_2$ [Si_2O_7] Barylith
Ca_4 [(F, OH)$_2$ | Si_2O_7] Cuspidin
Ca_3 [Si_2O_7] · 3 H_2O Afwillit
Zn_4 [(OH)$_2$ | Si_2O_7] · H_2O Kieselzinkerz, Hemimorphit

2. *Ringförmige Tetraedergruppen*: $[SiO_3]_n^{2n-}$

a) ringförmige *Drei-Tetraeder-Gruppe* $[Si_3O_9]^{6-}$

Beispiele: $Ca_3 [Si_3O_9]$ Wollastonit
  $Ca_2NaH [Si_3O_9]$ Pektolith
  $BaTi [Si_3O_9]$ Benitoid
  $Cu_3 [Si_3O_9] \cdot 3H_2O$ Dioptas

b) ringförmige *Vier-Tetraeder-Gruppe* $[Si_4O_{12}]^{8-}$

vermutliches Beispiel: $Na_2FeTi [Si_4O_{12}]$ Neptunit

c) ringförmige *Sechs-Tetraeder-Gruppe* $[Si_6O_{18}]^{12-}$

Beispiel: $Al_2Be_3 [Si_6O_{18}]$ Beryll, Aquamarin, Smaragd. Die $[Si_6O_{18}]$-Ringe liegen in Richtung der *c*-Achse vertikal übereinander und parallel der (0001)-Ebene nebeneinander; sie werden durch die Kationen im Verband der Kristallstruktur zusammengehalten. Al hat 6 nächste O-Nachbarn, die sechs verschiedenen Ringen angehören, und Be hat 4 O-Nachbarn, die vier verschiedenen Ringen angehören. In den Ringen liegen keine Kationen. Darauf dürfte die Beobachtung zurückzuführen sein, daß der lineare thermische Ausdehnungskoeffizient in Richtungen der Ringebene (0001) dreimal so groß ist wie in Richtung der *c*-Achse, denn wenn Kationen-Sauerstoffbindungen von der Mitte der Ringe aus wirksam wären, könnte die Ausdehnung in der Ringebene nicht so relativ groß sein.

Weitere Beispiele: $NaMg_3Al_6 [(OH)_4 \,|\, (BO_3)_3 \,|\, Si_6O_{18}]$ Idealisierte Formel für Turmalin. Al und Mg sind von O und OH etwa oktaedrisch umgeben, Na hat $3\,O + 3\,O + 1\,OH$ als Nachbarn. BO_3 bildet planare Komplexe.

Der Chemismus der Turmaline schwankt sehr erheblich, weil ein sehr weitgehender und unterschiedlicher Ersatz von Kationen möglich ist; die Variabilität der Zusammensetzung kann durch folgende Formel beschrieben werden:

$$(Na, Ca) (Mg, Li, Fe, Al)_3 (Al, Fe, Mg)_6 [(OH)_4 \,|\, (BO_3)_3 \,|\, Si_6O_{18}].$$

Wegen der komplizierten Zusammensetzung gelang die Strukturbestimmung erst vor wenigen Jahren[1]; sie konnte eindeutig den Turmalin zu den Gruppensilikaten stellen, so daß die frühere Vermutung, daß Turmalin ein Inselsilikat sein könnte, überholt ist.

Auch der Cordierit gehört zu den Ringsilikaten; in ihm ist jedoch ein Teil (1/6) des Si durch Al ersetzt, was sehr häufig bei Silikaten ist. Aus der Formel des Cordierits, $Mg_2Al_3 [AlSi_5O_{18}]$ entnimmt man, daß zwei verschiedene Arten von Al vorliegen; denn das Al in der eckigen Klammer ersetzt Si und ist daher tetraedrisch von O umgeben, das Al vor der Klammer ist oktaedrisch von O umgeben.

C. Bei den *Ketten*- oder *Inosilikaten* müssen zwei verschiedene Arten unterschieden werden:

a) einfache eindimensional unendliche Ketten der Zusammensetzung $[Si_2O_6]^{4-}$, die durch die in Abb. 64a dargestellte Art der Verknüpfung von Tetraedern entstehen;

b) eindimensional unendliche Doppelketten oder Bänder der Zusammensetzung $[Si_4O_{11}]^{6-}$, die Abb. 64b zeigt. Beispiele für a) sind die Minerale der Pyroxengruppe, für b) die Minerale der Amphibolgruppe.

a) Die Pyroxene sind z. T. wichtige Hauptgemengteile vieler Gesteine wie Basalte, Gabbros, usw. Die rhombischen Pyroxene sind Mischkristalle $(Mg, Fe)_2 [Si_2O_6]$ und werden, wenn sie bis 10 Mol-% $Fe_2Si_2O_6$ enthalten, Enstatit genannt,

---

[1] HAMBURGER, G., u. M. J. BUERGER: Amer. Mineral. **33,** 532 (1948).

enthalten sie 10—25 Mol-% bzw. mehr $Fe_2Si_2O_6$, dann nennt man die Minerale Bronzit bzw. Hypersthen. Die anderen Pyroxene sind monoklin mit β um 105°. Von ihnen sind besonders wichtig: Diopsid, $CaMg(Si_2O_6)$, Hedenbergit, $CaFe(Si_2O_6)$, Spodumen, $LiAl(Si_2O_6)$, Jadeit, $NaAl(Si_2O_6)$ und Ägirin, $NaFe(Si_2O_6)$. Diese Formeln sind jedoch etwas idealisiert, denn Diopsid z. B. enthält fast immer etwas Fe, und ein sehr geringer Anteil des Si wird isomorph durch Al ersetzt. Dieser isomorphe Ersatz kann aber bis zu $^1/_4$ des Si ausmachen, was in den Augiten verwirklicht ist. Allen

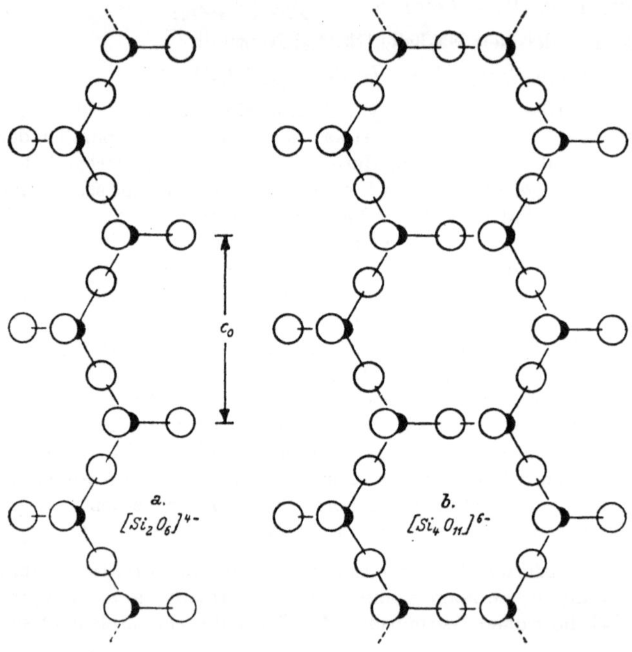

Abb. 64a u. b. Baugruppen der Silikate (aus STRUNZ). a) Kettensilikate, b) Bändersilikate.

diesen Kristallen sind nun als wesentliches Baugerüst die $[Si_2O_6]$-Ketten gemeinsam, welche in Richtung der c-Achse die Struktur durchziehen. Zwischen den Ketten befinden sich die Kationen, welche die elektrostatisch nicht abgesättigten Ketten durch heteropolare Kräfte zusammenhalten. Die Ketten sind aber nur parallel den (100)-Ebenen durch Ionen miteinander verbunden, parallel den (010)-Ebenen dagegen nicht. Diese Verhältnisse erkennt man aus der schematischen Darstellung der Abb. 105, S. 288. Sie gilt für Diopsid, und die Lagen von Ca und Mg sind angedeutet.

Die schwächere Bindung zwischen den Ketten in Richtung der b-Achse kommt auch durch den in dieser Richtung beobachteten recht großen linearen thermischen Ausdehnungskoeffizienten zum Ausdruck; er beträgt beim *Augit* $13{,}7 \cdot 10^{-6}$, während er in Richtung der c-Achse nur 7,3 und in Richtung senkrecht der Fläche (100) nur $6{,}2 \cdot 10^{-6}$ beträgt. Beim *Diopsid* (bei dem innerhalb der Tetraeder nicht wie im Augit Si durch Al ersetzt ist) ist der Zusammenhalt innerhalb der Ketten am größten. Die Koeffizienten der linearen thermischen Ausdehnung sind:

$\parallel$ c-Achse $\ 5{,}7 \cdot 10^{-6}$, $\qquad\qquad$ $\perp$ (100) $6{,}2 \cdot 10^{-6}$.

$\parallel$ b-Achse $16{,}7 \cdot 10^{-6}$,

Auch die Daten des am Spodumen gemessenen linearen Kompressibilitätskoeffizienten, der in Richtung der a-Achse 0,183, parallel der b-Achse 0,250 und parallel der c-Achse $0{,}203 \cdot 10^{-6}$ beträgt, beweisen, daß der schwächste Zusammenhalt zwischen den Ketten in Richtung der b-Achse liegt und daß die heteropolare Bindung zwischen den Ketten in Richtung der a-Achse nur etwas geringer als die Bindung in der Kettenrichtung ist. Das würde bei einer oberflächlichen Betrachtung der Struktur der Pyroxene nicht vermutet werden, und man erkennt, wie wichtig die Aufschlüsse sein können, die durch den Vergleich der Struktur mit den Eigenschaften gegeben werden. Auf die Eigenschaften der Spaltbarkeit und der Lichtgeschwindigkeit im Kristall wird später eingegangen werden.

b) Die wichtigen Minerale der Amphibolgruppe enthalten alle die Tetraederverknüpfung der $[Si_4O_{11}]^{6-}$ Doppelkette. Außer Kationen befinden sich aber stets auch OH, teilweise auch F oder O als Anionen zwischen den Ketten, und ein weitgehender teilweiser isomorpher Ersatz ist die Regel. In den folgenden Beispielen sind viele Zusammensetzungen idealisiert angegeben: $(Mg, Fe)_7\,[OH \mid Si_4O_{11}]_2$ Anthophyllit, rhombisch wenn nicht mehr als 50 Atom-% des Mg durch Fe ersetzt ist, sonst monoklin und dann Cumingtonit genannt.

$$Ca_2Mg_5\,[OH \mid Si_4O_{11}]_2 \qquad \text{Tremolit}$$
$$Ca_2Mg_{2-5}Fe_{0-3}\,[OH \mid Si_4\,O_{11}]_2 \qquad \text{Grammatit-Aktinolith}$$
$$(Na, K)_2Mg_2Fe_5^{\cdot\cdot}\,Fe_4^{\cdot\cdot\cdot}\,[OH \mid Si_4O_{11}]_4 \ \text{Krokydolith.}$$

Es gibt noch wesentlich mehr Vertreter der Amphibolgruppe, aber die hier aufgeführten haben die Eigenschaft, auch als Bündel sehr feiner Fasern vorzukommen; man nennt diese Erscheinungsform *Asbest*. Der wichtigste Asbest, der 90% der Weltproduktion an Asbesten liefert, ist zwar der Chrysotil, der nicht die Amphibolstruktur besitzt, aber alle anderen Asbeste sind Amphibolasbeste. Der Krokydolith ist der verspinnbare südafrikanische Blau-Asbest; der ebenfalls dort gewonnene Amosit ist ein sehr eisenreicher Cummingtonitasbest.

Wenn in den Ketten bis zu $^1/_4$ der Si durch Al ersetzt ist, dann spricht man von Hornblenden, die sehr wichtige Gesteinsgemengteile sind.

In allen Amphibolen durchziehen die Doppelketten — analog wie bei den Pyroxenen — die Kristallstruktur in Richtung der c-Achse und sind ebenfalls nur parallel (100)-Ebenen mit Kationen gegenseitig verbunden, so daß auch hier der Zusammenhang zwischen den Ketten in Richtung der b-Achse beträchtlich geringer ist als in Richtung senkrecht (100); in Richtung der Doppelketten (c-Achse) ist der Zusammenhalt am größten. Das kann auch hier wieder durch die Koeffizienten der linearen thermischen Ausdehnung belegt werden. Für eine Hornblende ergaben sich (zwischen 20 bis 1000°) folgende Werte:

In Richtung der c-Achse 7,9, in Richtung b-Achse 11,5 und in der Richtung senkrecht (100) $9{,}0 \cdot 10^{-6}$ je Grad Temperatursteigerung. Auf die Spaltbarkeit, die, wie bei den Pyroxenen, parallel $\{110\}$ verläuft, wird später eingegangen.

D. In den *Schicht*- oder *Phyllosilikaten* ist jedes SiO_4-Tetraeder über drei Ecken mit jeweils einem weiteren Tetraeder verbunden, so daß sich die Zusammensetzung $[Si_2O_5]^{2-}$ für eine zweidimensional unendliche Tetraederschicht ergibt. Es sind nun zwei verschiedene Arten von Verknüpfungen der SiO_4-Tetraeder zu Schichten verwirklicht:

1. Zweidimensionale Verknüpfungen von ringförmigen Vier-Tetraeder-Gruppen zu einer Schicht, wobei auch ringförmige Acht-Tetraeder-Gruppen entstehen. Diese Verknüpfungsart ist selten und beim tetragonalen Apophyllit, $KCa_4[F \mid (Si_4O_{10})_2] \cdot 8H_2O$ festgestellt worden; (ob

H_2O jedoch als Wasser oder als OH in der Struktur auftritt, ist noch nicht geklärt).

2. Die zweidimensionale Verknüpfung von ringförmigen Sechs-Tetraeder-Gruppen zu der in Abb. 64c dargestellten Schicht ist ein sehr wichtiges Strukturelement vieler Schichtsilikate. Zwischen jene Schichten bauen sich aber nicht nur Kationen, sondern auch OH-Ionen ein. Man kann die nicht einfachen Strukturen dieser Schichtsilikate recht anschaulich beschreiben, und zwar:

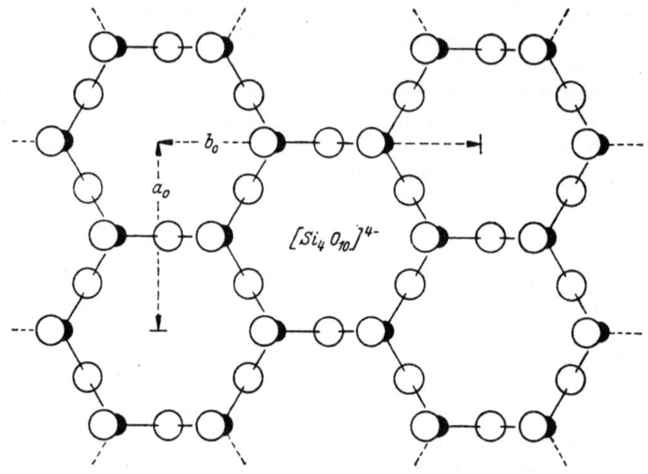

Abb. 64c. Baugruppe der Schichtsilikate (aus STRUNZ).

a) als Kombination *einer* Si_2O_5-Schicht mit einer Brucit-Schicht, $Mg_3(OH)_6$, bzw. einer Hydrargillit-Schicht, $Al_2(OH)_6$, in der jeweils $^2/_3$ der (OH) auf *einer* Seite fehlen, das sind $^1/_3$ aller (OH).

b) als Kombination *zweier* Si_2O_5-Schichten mit einer dazwischenliegenden Brucit- bzw. Hydrargillit-Schicht, aus der beidseitig jeweils $^2/_3$ der (OH) herausgenommen sind.

c) als Wechsellagerung von Schichtpaketen der unter b) aufgeführten Art mit Brucit-Schichten, was zu Chlorit-Schichten führt. Auch andere Arten von Wechsellagerungen kommen vor.

2a) Brucit, $Mg(OH)_2$, kristallisiert im CdJ_2-Typ, in dem die (OH) eine hexagonal dichteste Kugelpackung bilden (wenn von der Polarisation abgesehen wird). Eine Brucit-Schicht wird von zwei dichtesten Kugellagenebenen gebildet, zwischen denen in den oktaedrischen Lücken die Mg sitzen. Bei einer Schicht des Hydrargillits sind nur $^2/_3$ der oktaedrischen Lücken von den Al besetzt. Legt man nun solch eine Schicht, die man auch kurz Oktaederschicht nennt, derart über eine Si_2O_5-Schicht, daß die noch unverknüpften hexagonal angeordneten O der Si_2O_5-Schicht (das sind in der Abb. 64c die nach oben weisenden Tetraederspitzen) den OH einer Brucit-Schicht gegenüber zu liegen kommen, dann sieht man, daß die O der Tetraederspitzen $^2/_3$ der OH der einen Kugellage einer Brucit-Schicht *ungefähr* gegenüberliegen. Denken wir uns diese OH entfernt und durch die O der Tetraederspitzen ersetzt, dann ist ein elektrostatisch in sich abgesättigtes Schichtpaket entstanden, welches aus einer Si_2O_5-Tetraeder- und einer Oktaederschicht besteht und dessen Zusammensetzung $Mg_3[(OH)_4 \mid Si_2O_5]$ ist; denn $[Si_2O_5]^{2-} + Mg_3(OH)_6 - 2\,(OH)$ ergibt die genannte Zusammensetzung. Das Beispiel für diese Struktur ist das Blätterserpentin Antigorit, dessen Schichtebenen möglicherweise gewellt sind[1].

Die gleiche Art der Kombination einer Tetraederschicht aber mit einer Hydrargillitschicht, aus der von der *einen* der beiden Kugellagenebenen ebenfalls $^2/_3$ der (OH) entfernt worden sind, ergibt ein Schichtpaket der Zusammensetzung $Al_2[(OH)_4 \mid Si_2O_5]$. Dieses ist die in Abb. 65 dargestellte Struktur des vor allem für die Porzellanindustrie so wichtigen Tonminerals[2] *Kaolinit*. Die Modifikationen des →

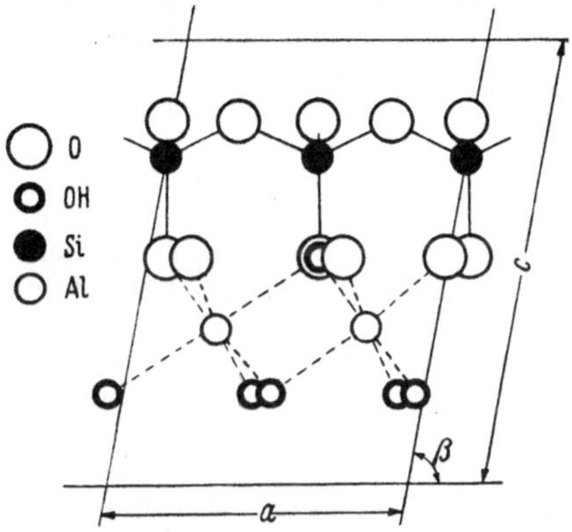

Abb. 65. Kaolinit- (bzw. Antigorit-) Schichtpaket.

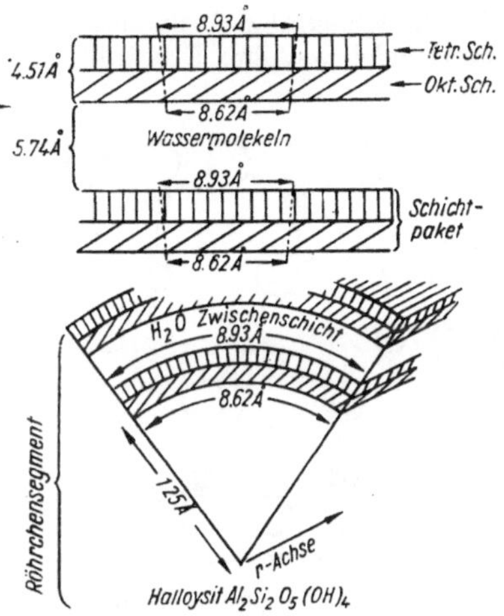

Abb. 66. Schematische Darstellung der Röhrenbildung aus Schichten beim Halloysit. (Nach HENDRICKS u. BATES, aus JASMUND.)

Kaolinits, die Dickit und Nakrit genannt werden, haben den gleichen Aufbau der Schichtpakete und unterscheiden sich nur durch die Art der Übereinanderlagerung der Schichtpakete; während bei Kaolinit $c_0 = 7{,}37$ Å ist, ist bei Dickit $c_0 = 14{,}42 \sim 2 \times 7{,}37$ und bei Nakrit $28{,}66 \sim 4 \times 7{,}37$ Å.

Es wurde betont, daß beim Auflegen der Brucit- bzw. Hydrargillit-Schicht auf die Si_2O_5-Schicht die O der „Tetraederspitzen" nur ungefähr auf die OH der Brucitschicht zu liegen kommen. Wenn ein genaues Übereinstimmen erreicht werden soll, dann müßte man z. B. die Si_2O_5-Schicht etwas krümmen. Das ist nun tatsächlich der Fall beim Chrysotil, der Modifikation[3] des Antigorits, und beim Tonmineral Halloysit, welches sich hinsichtlich seiner Zusammensetzung vom Kaolinit nur durch die Einlagerung von H_2O zwischen den Schichtpaketen unterscheidet. Der Halloysit, $Al_2[(OH)_4 \mid Si_2O_5] \cdot 2H_2O$ bildet nämlich eine Struktur,

---

[1] ARUJA, E.: Mineral. Mag. **27**, 65 (1944). — ITO, T.: X-Ray Studies on Polymorphism., S. 160, Tokyo 1950. — MIDGLEY, H. G.: Mineral. Mag. **29**, 526 (1951). — BRINDLEY, G. W., u. O. VON KNORRIG: Amer. Mineral. **39**, 794 (1954). — ZUSSMAN, J.: Mineral. Mag. **30**, 498 (1954).

[2] Über Tonminerale siehe: JASMUND, K.: Die silicatischen Tonminerale, 2. Aufl. Weinheim/Bergstr. 1955. — X-Ray Identification and Crystal Structures of Clay Minerals, Herausgeber: G. W. BRINDLEY, London 1951. — GRIM, R.: Clay Mineralogy, New York, London, Toronto, 1953.

[3] HESS, H. H., R. J. SMITH u. G. DENGO: Amer. Mineral. **37**, 68 (1952).

die aus zu Röhrchen zusammengebogenen Kaolinit-Schichtpaketen mit zwischengelagertem H_2O besteht[1], wie es schematisch Abb. 66 zeigt. (Durch Erhitzen wird das H_2O ausgetrieben, wobei die Röhren platzen und sich entrollen und die Zusammensetzung des Kaolinits erreicht wird; den entwässerten Halloysit nennt man Metahalloysit.)

Der *Chrysotil*, den man auch Faserserpentin nennt, hat nicht, wie früher angenommen wurde, eine Amphibolstruktur, sondern eine dem Halloysit analoge Röhrenstruktur, jedoch ohne zwischengelagerte Wassermoleküle. Durch diese Struktur, die neuerdings von verschiedenen Forschern[1,2] festgestellt worden ist, wird die feinfaserige Ausbildung, aber vor allem die große Zerreißfestigkeit der Faserbündel und ihre Elastizität verständlich. Chrysotil kann infolgedessen so fein versponnen werden, daß ein Faden von 10 km Länge nur ein Pfund wiegt, und ein nur 0,7 mm dicker Faden kann im Mittel ein Gewicht von 6,8 kg tragen.

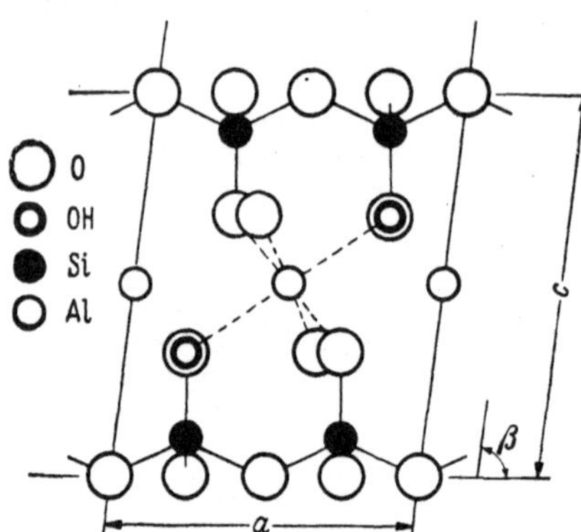

Abb. 67. Pyrophyllitschichtpaket (Montmorillonitschichtpaket).

2b) Die Kombination *zweier* Si_2O_5-Tetraederschichten mit einer Brucit- bzw. Hydrargillit-Oktaederschicht führt zu dem wichtigsten Rohstoff für die Steatitkeramik und für Puder, nämlich zur Struktur des *Talks*, $Mg_3 [(OH)_2 \mid Si_4O_{10}]$, bzw. zu Pyrophyllit, $Al_2 [(OH)_2 \mid Si_4O_{10}]$, siehe Abb. 67. Von der Struktur des Pyrophyllits kann man diejenige des technisch wiederum wichtigen *Montmorillonits* ableiten; welcher der Hauptbestandteil der Bentonite oder Walkerden ist; denn denkt man sich im Pyrophyllit einen Teil des Al durch Mg ersetzt und zur Kompensation der Ladungen Kationen (z. B. Na· oder Ca··) adsorbiert, und stellt man sich weiterhin vor, daß zwischen den Schichtpaketen eine variable Menge von nH_2O sich befindet, dann ist die Struktur dieses innerkristallin quellbaren Tonminerals beschrieben:

$$(Al_{2-x}Mg_x) [(OH)_2 \mid Si_4O_{10}] \cdot nH_2O;$$

es kann auch noch ein Teil der Si durch Al ersetzt sein.

$$\downarrow$$
$$Na_x$$

(Es sei nicht verschwiegen, daß auch andere Strukturvorschläge gemacht worden sind, die von JASMUND[3] einander gegenübergestellt worden sind.)

Auch die Struktur der *Glimmer* kann durch die Kombination zweier Tetraederschichten mit einer Oktaederschicht beschrieben werden, wenn wir uns $1/4$ der Si (in den Sprödglimmern $1/2$ der Si) durch Al ersetzt denken; K-Ionen (selten Na·) nehmen Gitterplätze zwischen den Schichtpaketen ein und bewerkstelligen den Ladungsausgleich. Betont sei, daß bei den Glimmern, zum Unterschied von den vorherigen Schichtsilikaten, heteropolare Bindungskräfte *zwischen* den Schichtpaketen wirken, was eine größere Ritzhärte zur Folge hat. Einige Beispiele für Glimmer sind in der Zusammenstellung auf S. 136 gegeben. Für elektrotechnische

[1] BATES, TH. F., F. A. HILDEBRAND u. A. SWINEFORD: Amer. Mineral. **35**, 463 (1950).

[2] NOLL, W., u. H. KIRCHNER: Naturwiss. **73**, 540 (1950). — WHITTAKER, E. J. W.: Acta cryst. **6**, 747 (1953). — JAGODZINSKI, H., u. G. KUNZE: N. Jb. Mineral. Mh. **1954**, 95, 113 u. 137.

[3] JASMUND, K.: Die silicatischen Tonminerale. 2. Aufl. Weinheim/Bergstr. 1955.

Zwecke ist der *Muskovit*, $KAl_2\,[(OH)_2\,|\,AlSi_3O_{10}]$ wichtig. Die an diesem Mineral gemessenen Wärmeleitzahlen geben, neben der perfekten Spaltbarkeit aller Schichtsilikate parallel (001), einen überzeugenden Aufschluß über die ausgeprägte Anisometrie der Struktur; denn in der Schichtebene ist die Wärmeleitung etwa sechsmal größer als senkrecht dazu. Bei den *Sprödglimmern* ist die Hälfte der Si durch Al ersetzt und der Ladungsausgleich wird durch Ca statt K bewerkstelligt; die elektrostatische Bindung zwischen den Schichtpaketen ist also hier größer, was sich in einer größeren Härte äußert und möglicherweise die Sprödheit dieser Glimmer bewirkt.

2c) Die Struktur der *Chlorite*, die bei der Gesteinsumwandlung entstehen und auch in Tonen vorkommen, kann als eine Wechsellagerung von Talk-Schichten mit Brucit-Schichten beschrieben werden, wenn man sich außerdem noch vorstellt, daß in der Regel sowohl in der Oktaederschicht des Talks, als auch in der Schicht des Brucits wechselnde Mengen von Mg vor allem durch Fe^{2+}, aber auch durch Al und Fe^{3+} isomorph ersetzt sind, und daß oft in den Tetraederschichten ein erheblicher Teil des Si durch Al vertreten ist. Wenn wir den isomorphen Ersatz unberücksichtigt lassen, dann ergibt sich:

$$\left.\begin{array}{c} \text{Talkschicht} \quad Mg_3\,[(OH)_2\,|\,Si_4O_{10}] \\ \text{plus} \\ \text{Brucitschicht} \quad Mg_3(OH)_6 \end{array}\right\} \quad Mg_6\,[(OH)_8\,|\,Si_4O_{10}] \quad \begin{array}{l}\text{idealisiertes}\\ \text{Chloritschicht-}\\ \text{paket;}\end{array}$$

der eisenfreie Pennin kommt dieser Zusammensetzung am nächsten:

$$Mg_5(Mg,\,Al)\,[(OH)_8\,|\,(Al,\,Si)_3O_{10}].$$

Andere Chlorite haben etwa folgende Zusammensetzung, die selbst bei Chloriten desselben Namens noch recht unterschiedlich ist, weil alle Chlorite Mischkristalle sind:

$$(Mg,\,Fe)_5\,Al[(OH)_8\,|\,AlSi_3O_{10}] \qquad \text{Prochlorit, (idealisiert)}$$

$$(Mg_{5,2}Al_{0,8})[(OH)_8\,|\,Al_{1,1}Si_{2,9}O_{10}] \qquad \text{ein Leuchtenbergit}$$

$$(Mg_{0,7}Fe^{2+}_{3,7}Fe^{3+}_{0,7}Al_{0,9})\,[(OH)_8\,|\,Al_{1,6}Si_{2,4}O_{10}] \text{ ein Thuringit.}$$

Früher wurden auch Chamosit, Amesit und der Blätterserpentin Antigorit zu den Chloriten gestellt, aber sie haben die bereits unter 2a) beschriebene Struktur des Antigorits, die man als „kaolinitartig" bezeichnet[1].

Im folgenden sei eine auszugsweise Übersicht über die wichtigsten Schichtsilikate entsprechend des hier besprochenen Aufbauschemas gegeben; S. 136.

· E. In den *Gerüst-* oder *Tektosilikaten* liegt eine dreidimensionale Verknüpfung von SiO_4-Tetraedern vor, die dadurch entsteht, daß jedes SiO_4-Tetraeder über jede seiner vier Ecken mit einem Nachbartetraeder verknüpft ist. Demnach gehört jedes O zwei SiO_4-Tetraedern gemeinsam an, so daß die Zusammensetzung solch einer dreidimensionalen Tetraederverknüpfung SiO_2 ist. Bei den Gerüstsilikaten ist stets ein Teil des Si durch Al ersetzt unter Ladungskompensation durch Einbau von Kationen; erst dadurch können ja bei einer Gerüststruktur Silikate gebildet werden. Außerdem muß bedacht werden, daß die Anordnung (und damit die

---

[1] BRINDLEY, G. W.: Mineral. Mag. **29**, 502 (1951); Acta cryst. **4**, 552 (1951). — GRUNER, J. W.: Amer. Mineral. **29**, 422 (1944).

Symmetrie) von Tetraedergerüsten sehr verschieden sein kann, was an einigen Beispielen gezeigt werden soll; s. S. 137 ff.

Übersicht über wichtige Schichtsilikate.

Eine Si_2O_5-Tetraederschicht	
$+Mg_3(OH)_6$-Brucit-Schicht—2(OH)	$+Al_2(OH)_6$-Hydrargillit-Schicht—2(OH)
$Mg_3[(OH)_4|Si_2O_5]$ Antigorit, Blätter- serpentin	$Al_2[(OH)_4|Si_2O_5]$ Kaolinit, Dickit, Nakrit
Isomorpher Ersatz: $Mg_2Al[(OH)_4|SiAlO_6]$ Amesit (idealisiert)	Ungeordnete Schichten: entwässerter Halloysit = Metahalloysit
Röhrchenstruktur: $Mg_3[(OH)_4|Si_2O_5]$ Chrysotil (Faser- serpentin)	Röhrchenstruktur: $Al_2[(OH)_4|Si_2O_5] \cdot 2\,H_2O$ Halloysit

Zwei Si_2O_5-Tetraederschichten	
+ zwischengelagerter Brucit-Schicht —4(OH) (sog. trioktaedrische Schichtsilikate)	+ zwischengelagerter Hydrargillit- Schicht —4(OH) (sog. dioktaedrische Schichtsilikate)
$Mg_3[(OH)_2|Si_4O_{10}]$ Talk	$Al_2[(OH)_2|Si_4O_{10}]$ Pyrophyllit

Isomorpher Ersatz, adsorbierte Kationen und variable Mengen von H_2O zwischen den Schichtpaketen (innerkristallin quellbar):

$(Mg, Fe^{3+}, Al)_3[(OH)_2|(Si,Al)_4O_{10}] \cdot nH_2O$ $\downarrow$ Vermiculit (Mg, Ca)	$(Al_{2-x}Mg_x)\,[(OH)_2|Si_4O_{10}] \cdot nH_2O$ $\downarrow$ Montmorillonit (Na, Ca)

Ein Viertel der Si durch Al ersetzt und Kationen auf festen Gitterplätzen zwischen den Schichtpaketen: *Glimmer*

$KMg_3[(OH,F)_2|Si_3AlO_{10}]$ Phlogopit $K(Mg,Fe,Mn)_3[(OH,F)_2|Si_3AlO_{10}]$ Biotit Mg vollständig ersetzt: $K(Li\,Fe\cdot\cdot Al)[(F,OH)_2|Si_3AlO_{10}]$ Zinnwaldit	$KAl_2[(OH,F)_2|Si_3AlO_{10}]$ Muskovit $NaAl_2[(OH,F)\,Si_3AlO_{10}]$ Paragonit

Bis $^1/_2$ der Si durch Al ersetzt: *Sprödglimmer*

	$CaAl_2[(OH)_2|Si_2Al_2O_{10}]$ Margarit (Perlglimmer)

$Ca(Mg,Al)_{3-2}[(OH)_2|Si_2Al_2O_{10}]$ Xanthophyllit

Unvollständige Glimmer: Sie enthalten weniger K als die normalen Glimmer und dafür möglicherweise Oxonium (H_3O^+); außerdem ist etwas O durch OH ersetzt, und z. T. ist H_2O zwischen die Schichtpakete gelagert. Beispiele: Hydro- muskovite, Hydrobiotite, Illite u. a. (letztere sind wichtige Bestandteile vieler Tone).

Wechsellagerung von Talk- bzw. Pyrophyllit-Schichten mit Brucit-Schichten: *Chlorite.*

Wechsellagerung von Biotit-Vermiculit-, von Biotit-Chlorit-Vermiculit- Schichten und andere Wechsellagerungen.

Die Modifikationen des kristallinen SiO_2 zeigen bereits verschiedene Tetraeder-gerüste: Beim trigonalen Tief-Quarz (unterhalb 573° C) liegt eine Struktur vor, die durch geringe Verkippung der SiO_4-Tetraeder aus der hexagonalen Struktur des Hoch-Quarzes (573—867° C), Abb. 38 S. 57, entstanden ist. Der hexagonale Hoch-Tridymit (867—1474° C) hat eine um 15,7% voluminösere Struktur, die in Abb. 68 dargestellt ist, und der kubische Hoch-Cristobalit (1474° C) hat wiederum eine an-dere, in Abb. 39, S. 57, gezeigte Struktur von praktisch gleicher Raumerfüllung wie Tridymit. (Die niedriger symmetrischen Tief-Modifikationen des Cristobalits und Tridymits entstehen wiederum durch Verkippung der Tetraeder aus den Strukturen der Hoch-Modifikationen.)

Die verschiedenen Strukturen unterscheiden sich, abgesehen von ihrer Raumerfüllung und Sym-metrie infolge der verschiedenen Tetraedergerüste auch stark hin-sichtlich ihrer physikalischen Ei-genschaften, die z. T. auch in der Technik beachtet werden müssen. Man stellt z. B. hochfeuerfeste Steine aus Quarzsand her, die sog. Silikasteine, in denen aber der Quarz in Tridymit und Cristobalit übergeführt worden ist. Denn Quarz würde oberhalb 867° sich (langsam) in Tridymit umwan-deln, womit eine beträchtliche Volumenvergrößerung verknüpft wäre. Aber wichtig ist auch die Tatsache, daß Quarz zum Unterschied von Tridymit und

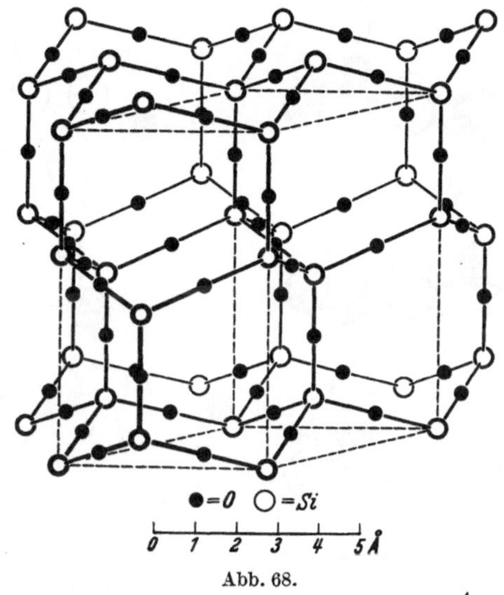

Abb. 68.
Hoch-Tridymit, SiO_2; Raumgruppe $P\,6_3/mmc - D_{6h}^4$.

Cristobalit eine sehr ausgeprägte Anisotropie der thermischen Ausdehnung und der Wärmeleitung besitzt; die thermische Ausdehnung ist senkrecht der c-Achse nahezu doppelt so groß, die Wärmeleitung halb so groß wie in Richtung der c-Achse, was sicherlich auf die spiralige Anordnung des Tetraedergerüstes und die dadurch be-dingte Bildung von Hohlspiralen parallel der c-Achse des Quarzes zurückzuführen ist.

Von den Strukturen der SiO_2-Modifikationen leiten sich einige Silikatstrukturen ab, wenn die Hälfte der Si durch Al ersetzt wird und Alkalien Gitterplätze innerhalb der sperrigen Strukturen zwecks Ladungsausgleiches einnehmen. Solche „deriva-tive" oder „Abkömmlingsstrukturen"[1] sind bekannt von

$(Na_{3/4}K_{1/4})$ [AlSiO$_4$] Nephelin
K[AlSiO$_4$]   Kalsilit und Modifikationen } tridymitartige Struktur

Na[AlSiO$_4$]   Carnegieit (Hochmodifikation des Nephelins) = cristobalitartige Struktur

Li [AlSiO$_4$]   Hoch-Eukryptit[2] = Struktur ableitbar vom Hoch-Quarz-Typ.

Von besonderem Interesse sind die *Feldspat*strukturen, über die zur Zeit intensiv gearbeitet wird. Auf Einzelheiten kann hier nicht eingegangen werden, sondern es

---

[1] BUERGER, M. J.: Amer. Mineral. **39**, 600 (1954).
[2] WINKLER, H. G. F.: Acta cryst. **1**, 27 (1948).

genügt, die allen Feldspäten gemeinsame Grundstruktur darzustellen. Es ist ein dreidimensional verknüpftes Tetraedergerüst, Abb. 69b; man kann jedoch aus der Struktur in Richtung der a-Achse ziehende zickzackförmige „Ketten" herausgreifen, Abb. 69a, die zwar über gemeinsame Ecken von (Si, Al)O_4-Tetraedern und über Kationen miteinander verbunden sind (also nicht wirkliche Ketten sind), aber offensichtlich in physikalischer Hinsicht ein wichtiges Strukturelement darstellen;

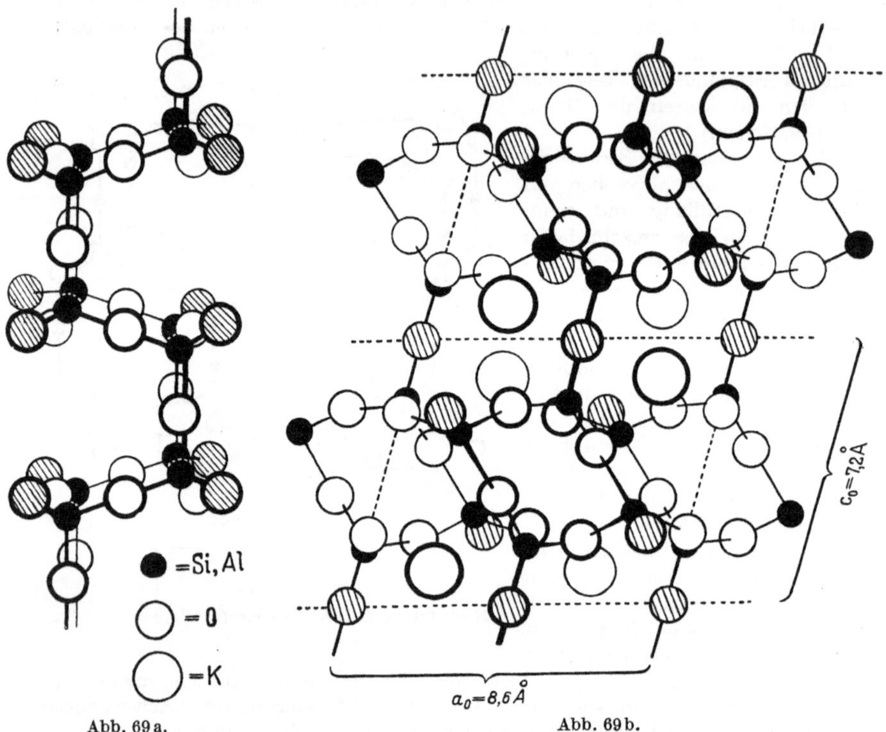

Abb. 69a.   Abb. 69b.

Abb. 69a u. b. Orthoklas. a) Idealisierte Feldspat-„Kette", welche die Struktur in Richtung der a-Achse durchzieht. b) Struktur des Orthoklases. Schraffiert sind die Sauerstoffatome, über die benachbarte „Ketten" miteinander verbunden sind (aus A. F. WELLS).

denn die sehr gute Spaltbarkeit aller Feldspäte verläuft parallel (001) und (010), durchschneidet also nicht jene parallel der a-Achse ziehenden „Ketten". Außerdem ist der Kristall in Richtung der a-Achse besonders leicht elastisch deformierbar, denn der Kompressibilitätskoeffizient $\parallel$ a-Achse ist doppelt so groß wie $\parallel$ b- bzw. c-Achse, die Wärmeleitung etwa halb so groß und die thermische Ausdehnung ist sogar 16—30 mal größer. Neuere Messungen[1] an einem Mikroklin (Or$_{83,5}$Ab$_{16,5}$) ergaben die folgende sehr starke Anisotropie in Richtung der a-Achse:

Koeffizient der linearen	a-Achse	$14,96 \cdot 10^{-6}$	$17,85 \cdot 10^{-6}$
thermischen Ausdehnung	b-Achse	$0,49 \cdot 10^{-6}$	$1,18 \cdot 10^{-6}$
	c-Achse	$0,49 \cdot 10^{-6}$	$1,30 \cdot 10^{-6}$
		(zwischen	(bei 1000° C)
		0° und 100° C)	

[1] ROSENHOLZ, J. L., u. D. T. SMITH: Amer. Mineral. 27, 344 (1942).

Die *Feldspäte*, die übrigens mit 59% die häufigsten Bestandteile der magmatischen Gesteine sind, haben folgende Zusammensetzungen:

<table>
<tr><td rowspan="5">$^1/_4$ der Si
durch Al
ersetzt</td><td rowspan="3">K[AlSi$_3$O$_8$]
(etwas Na
ist auch vor-
handen)</td><td>Tief-Modifikation [1] = Mikroklin; geordnete Verteilung der Si und Al auf ihre Tetraederplätze</td></tr>
<tr><td>Hoch-Modifikation[1] = Sanidin; statistische Verteilung der Si und Al auf ihre Tetraederplätze</td></tr>
<tr><td>Orthoklas und Adular werden als metastabile Zwischenphasen zwischen Mikroklin und Sanidin angesehen[1].</td></tr>
<tr><td colspan="2">(K,Na) [AlSi$_3$O$_8$] Anorthoklase, Mischkristalle</td></tr>
<tr><td colspan="2">Na[AlSi$_3$O$_8$]   Albit</td></tr>
<tr><td>$^1/_2$ der Si
durch Al
ersetzt</td><td colspan="2">Ca[Al$_2$Si$_2$O$_8$]   Anorthit</td></tr>
</table>

bilden Mischkristalle, die man Plagioklase nennt.

Ebenfalls Tektosilikate, aber von anderer Struktur, sind Leucit, K[AlSi$_2$O$_6$] und Analcim, Na[AlSi$_2$O$_6$] · 2H$_2$O, die in der Gruppe die Feldspatvertreter gehören (wie die genannten Minerale Nephelin, Kalsilit etc.), weil sie, bezogen auf den Gehalt an Alkalien, weniger SiO$_2$ als die Alkalifeldspäte enthalten und daher in SiO$_2$-armen Gesteinen diese vertreten. In jenen Tektosilikaten ist, wie die Strukturformeln zeigen, $^1/_3$ der Si durch Al ersetzt. Der Analcim ist besonders interessant, denn hier ist die Verknüpfung der Tetraeder über alle Ecken derart, daß weite Kanäle in der kubischen Struktur gebildet werden. In diesen sitzen die Na˙ und die Wassermoleküle, welche recht locker gebunden sind, so daß das Wasser leicht ausgetrieben werden kann, ohne daß das Gitter zerstört wird. Auch die Na˙ können leicht ausgetauscht werden, z. B. gegen Ca˙˙. Hiervon macht man Gebrauch bei der Wasserenthärtung, denn man kann in ein an Ca-Ionen gesättigtes Gitter leicht wieder Na-Ionen hineinbringen, indem man die Kristalle in Salzsole legt. Solche Kristalle, wie Analcim u. a., stellt man künstlich in großer Menge für den Zweck der technischen Wasserenthärtung her; man nennt sie „Permutite".

Eine andere, sehr voluminöse Gerüststruktur hat ebenfalls besonderes Interesse; es ist die Struktur des kubischen Minerals Sodalith, Na$_8$ [Cl$_2$ | (AlSiO$_4$)$_6$], die auch die synthetisch hergestellten „Ultramarine" besitzen. Die SiO$_4$- und AlO$_4$-Tetraeder sind räumlich so miteinander verknüpft, daß große Hohlräume entstehen, in denen Kationen und — das ist eine Besonderheit dieser Kristalle — auch Anionen der verschiedensten Größe untergebracht werden können. Diese sind nur sehr locker gebunden, so daß sie leicht ausgetauscht werden können gegen andere Ionen. Durch einen künstlich regulierten Austausch kann man den Kristall gelb, rot, violett, blau usw. färben, worauf die Verwendung der Ultramarine als Farbstoffe beruht. Außer Sodalith gehören noch hierher die Minerale Nosean, Na$_8$ [SO$_4$ | (AlSiO$_4$)$_6$]; Hauyn, (Na, Ca)$_{8-4}$ [(SO$_4$)$_{2-1}$ | (AlSiO$_4$)$_6$]; Helvin, (Mn, Fe, Zn)$_8$ [S$_2$ | (BeSiO$_4$)$_6$] und wahrscheinlich der sehr schöne blaue Lapislazuli (Lasurit). (Der Helvin ist besonders interessant, weil hier Be ein Teil des Si ersetzt.)

Die Auswahl, die die mannigfaltigen Ausbildungen eines Tetraedergerüstes in Tektosilikaten zeigen soll, sei mit einer pseudotetragonalen Struktur beschlossen, welche sehr deutlich eine kettenartige Anordnung der Tetraeder erkennen läßt und damit selbst bei Gerüstsilikaten den nadelig-faserigen Habitus der Kristalle erklärt. Es ist die Struktur der *faserigen Zeolithe*, wofür u. a. die Minerale Natrolith, Na$_2$ [Al$_2$Si$_3$O$_{10}$] · 2H$_2$O und Skolezit, Ca [Al$_2$Si$_3$O$_{10}$] · 3H$_2$O Beispiele sind. Man kann

---

[1] LAVES, F.: J. Geology **58**, 548 (1950); **60**, 436, 549 (1952). — GOLDSMITH, J. R., u. F. LAVES: Geochim. et cosmochim. Acta **5**, 1 (1954).

das Wesentliche der Struktur nach PAULING so beschreiben, daß jeweils vier
Tetraeder zunächst Ringe bilden (Abb. 70a), die durch paarweises Auf- und Nieder-
klappen gegenüberliegender Tetraeder deformiert sind und sich in Richtung der
c-Achse derart übereinanderlagern, daß zwischen benachbarten Ringen ein weiteres,
fünftes Tetraederzentrum zustande kommt (Abb. 70b). Es sind dann Ketten ent-
standen, welche parallel der c-Achse ziehen. Die Verknüpfung mit benachbarten
Ketten erfolgt über die wenigen nach außen weisenden Tetraederecken, so daß die
Zusammensetzung des kettenenthaltenden Tetraedergerüstes $[(Si, Al)_5O_{10}]^{2-}$ ist.

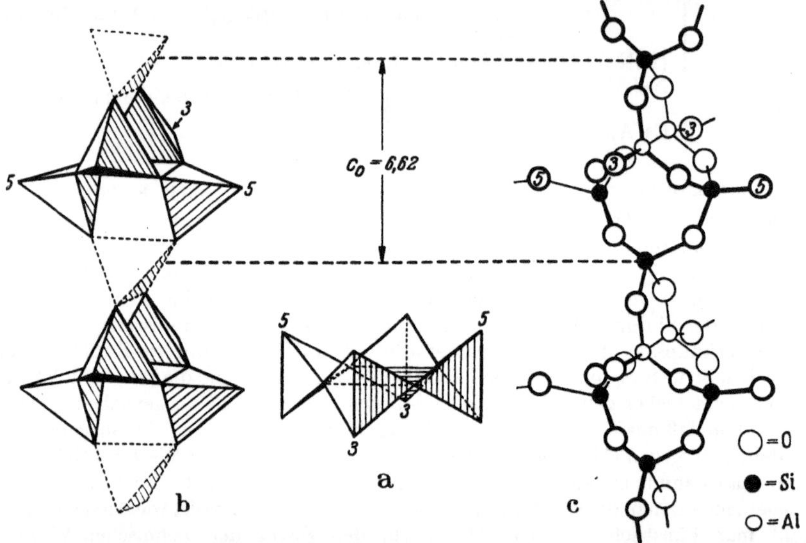

Abb. 70a—c. Baugruppen der Faserzeolithe. Tetraederketten, die mit benachbarten Ketten über
die gemeinsamen Sauerstoffatome 3 und 5 verknüpft sind (aus H. STRUNZ).

Jene wenigen Bindungen werden beim Spalten zerrissen, so daß die Kette intakt
bleibt; die Spaltbarkeit verläuft nach dem Prisma $\{110\}$. Die im Kristall vorhandenen Alkalien und/oder Erdalkalien sitzen in den parallel zu den Ketten verlaufenden Hohlkanälen des Gitters zusammen mit den Wassermolekülen; diese
können beim Erhitzen leicht abgegeben werden, ohne daß die Struktur dadurch
zerstört wird; auch die Kationen können leicht ausgetauscht werden.

Über die Bindungsenergie (Gitterenergie) von Silikaten sind in
neuester Zeit verschiedene Überlegungen angestellt worden [1,2,3]. Da der
größte Energiebeitrag von den Si-O-Bindungen geliefert wird, steigt mit
zunehmender Verknüpfung der SiO_4-Tetraeder auch die Bindungsenergie (die jeweils auf eine Formel mit gleicher Sauerstoffanzahl bezogen
ist); die Bindungsenergie steigt also in der Regel in der Reihenfolge:
SiO_4-Inselsilikate $<$ Si_2O_7-Gruppensilikate $<$ SiO_3-Gruppen- bzw. Kettensilikate $<$ Si_4O_{11}-Bändersilikate $<$ Si_2O_5-Schichtsilikate $<$ SiO_2-Tekto-

[1] KELLER, W. D.: Amer. Mineral. 39, 783 (1954).
[2] RAMBERG, H.: J. Geology 60, 331 (1952).
[3] FYFE, W. S.: Amer. Mineral. 39, 991 (1954).

silikate. Demnach hat also Quarz eine größere Gitterenergie als die verschiedenen Silikate. Außer der Energie der Si-O-Bindungen muß natürlich noch die (geringere) Energie der Kationen-Sauerstoffbindungen und ein etwaiger isomorpher Ersatz der Si durch Al berücksichtigt werden. Dann ergibt sich, daß z. B. Albit eine größere Bindungsenergie als Anorthit hat, was man u. a. wegen des größeren Ersatzes von Si durch Al im Anorthit erwarten muß. Es entspricht weiter der obigen Reihenfolge, daß das Schichtsilikat Muskovit eine größere Bindungsenergie hat als die Bänder-, Ketten-, Gruppen- und Inselsilikate, aber man hätte nicht erwartet, daß der Biotit-Glimmer eine *kleinere* Energie hat als die Bänder- und Kettensilikate, was durch die unterschiedliche Art und Anzahl der Kationen bedingt ist[1].

Vergleichen wir nun einmal — wie wir es bei einfachen heteropolaren Kristallen getan haben — die Bindungsenergie mit der Höhe des Schmelzpunktes, dann sollte man erwarten, daß der Schmelzpunkt um so höher läge je größer die Gitterenergie ist. Es ist aber z. B. bei den Feldspäten Anorthit und Albit gerade umgekehrt. Entsprechend ist es in der Reihe $Ca[Al_2Si_2O_8]$ 1553° C, $Sr[Al_2Si_2O_8]$ 1660° C und $Ba[Al_2Si_2O_8]$ 1720° C, in der die Bindungsenergie sinkt, aber die Schmelztemperatur, die angegeben ist, verringert sich nicht, sondern steigt. RAMBERG[2] führt neben anderen Silikaten eine Anzahl weiterer Verbindungsgruppen an, welche ebenfalls Komplexionen enthalten, wie Phosphate, Nitrate usw., die dasselbe zeigen. Es besteht demnach bei jenen komplexen Strukturen nicht eine einfache Beziehung zwischen Gitterenergie und Schmelzpunkt wie bei einfachen Verbindungen (vgl. S. 67). Der Grund für diese Beobachtungen dürfte darin zu suchen sein, daß nicht nur Kationen-Sauerstoffbindungen beim Schmelzen zerstört werden, wie noch GOLDSCHMIDT[3] angenommen hatte, sondern daß auch Bindungen innerhalb des Anionenkomplexes zerstört werden müssen, und zwar in unterschiedlichem Maße, also z. B. bei $Ba[Al_2Si_2O_8]$ mehr als bei $Ca[Al_2Si_2O_8]$ und bei $Ca[Al_2Si_2O_8]$ mehr als bei $Na[AlSi_3O_8]$.

4. Metallische Bindung.

Die typischen metallischen Eigenschaften, wie das große optische Reflexionsvermögen (metallischer Glanz) und die Undurchsichtigkeit, sowie besonders die gute thermische und elektrische Leitfähigkeit, führten zuerst RIECKE (1898), DRUDE (1900) und LORENTZ dazu, eine Vorstellung über die metallische Bindung zu entwickeln. Seitdem ist intensiv auf diesem Gebiet weitergearbeitet worden; als Wichtigstes können wir herausstellen, daß die Metallatome Valenzelektronen abgeben, die als

---

[1] Siehe Fußnote 1, S. 140.

[2] RAMBERG, H.: J. Geology **60**, 331 (1952).

[3] GOLDSCHMIDT, V. M.: J. Chem. Soc. (London) **1937**, 665.

nicht lokalisierte Elektronen den Raum zwischen den Atomrümpfen richtungslos gleichmäßig erfüllen; man spricht daher mit Sommerfeld von einer Art „Elektronengas". Dieses wurde durch Untersuchungen über die Elektronendichteverteilung im Mg-Kristall[1] direkt festgestellt. Man kam nämlich zu dem Ergebnis, „daß ein verhältnismäßig glatter Elektronenuntergrund (zwischen den Mg-Atomen) existiert, der einer gleichmäßigen Verschmierung von etwa 1,75 Elektronen pro Magnesiumatom über das ganze Gitter entspricht". Demnach sind also die beiden Valenzelektronen des Mg fast vollständig an das alle Atome gemeinsam umgebende „Elektronengas" abgegeben worden. Im Gegensatz dazu werden bei der heteropolaren Bindung die vom Kation abgegebenen Valenzelektronen vom Anion aufgenommen und sind somit fest im atomaren Bereich gebunden; auch bei der homöopolaren Bindung sind vorwiegend die Valenzelektronen als Elektronenpaare lokalisiert, wenn auch — wie die π-Elektronen z. B. im Benzol und Graphit — außerdem nicht lokalisierte Elektronen vorhanden sein können; aber bei der metallischen Bindung sind *sämtliche* Valenzelektronen nicht lokalisiert. Bei Anlegung einer elektrischen Spannung können gewisse (nicht alle) Elektronen leicht durch den Kristall wandern, so daß die für alle Metalle typische große elektrische Leitfähigkeit zustande kommt. Da nach de Broglie jeder bewegten Korpuskel zugleich Welleneigenschaften zukommen, können wir uns auch durch die Fortpflanzung der Elektronenwellen im Metallkristall die gute elektrische und auch die gute thermische Leitfähigkeit vorstellen, die ja beide gesetzmäßig durch das Wiedemann-Franzsche Gesetz gekoppelt sind. Aber es ist auch einleuchtend, daß die Reflexion der Wellen an den Kristallgitterebenen durch jede Unebenheit gestört wird, die z. B. durch Einbau von Fremdatomen, durch Wachstums-Baufehler oder durch Wärmeschwingungen entstanden ist. Hierdurch erklärt sich dann die große Empfindlichkeit des elektrischen und thermischen Leitvermögens gegenüber „Verunreinigungen" sowie die Abnahme der Leitfähigkeit mit steigender Temperatur. (Bei einfach gebauten Kristallen der Nichtmetalle wird eine *Zunahme* der thermischen Leitfähigkeit mit zunehmender Temperatur beobachtet, weil bei ihnen nicht die Elektronen im Kristallgitter, sondern die Atome schwingen und die Energie übertragen, und zwar um so besser, je höher die Temperatur ist. Bei Metallen ist diese Art des Energietransports verschwindend gegenüber demjenigen durch die Elektronenwellen.

Die metallische Bindung unterscheidet sich von der heteropolaren dadurch, daß keine ionaren Zentralkräfte die Bausteine zusammenhalten und von der homöopolaren Bindung dadurch, daß keine gerichteten Bindungen vorliegen; vielmehr ist die metallische Bindung, die von einem Atom zu seinen Nachbarn wirkt, allseitig. Allseitig wirkt auch die heteropolare

---

[1] Brill, R., C. Hermann u. Cl. Peters: Ann. Physik **41**, 37 (1942).

Bindung, aber in heteropolaren Kristallen müssen sich die negativen und positiven Ionen ladungsmäßig neutralisieren, was zu einem festen stöchiometrischen Verhältnis und zu einer Beschränkung der Anzahl der Nachbarn führt. Diese Beschränkung entfällt, wenn Atome metallisch gebunden sind. Es ist also bei der metallischen Bindung zwischen verschiedenen Atomen in einem Gitter das Verhältnis der verschiedenen Partner zueinander nicht festgelegt, so daß man keine stöchiometrischen Verbindungen, sondern sehr wechselnde Zusammensetzungen (Legierungen) antrifft, die jetzt allgemein mit dem Ausdruck „metallische Phasen" bezeichnet werden. Selbst wenn in gewissen Fällen ein bestimmtes Atomverhältnis vorliegt, so ist dieses häufig nicht durch die Valenz der Bausteine bedingt, wie bei hetero- und homöopolaren Verbindungen, sondern derartige metallische Phasen sind auf geometrische und damit auch auf energetische Gründe hinsichtlich der Anordnung der Bausteine im Gitter zurückzuführen, wie z. B. bei Tief-CuAu und -Cu_3Au und bei den Laves-Phasen. Auch die früher als Verbindungen aufgefaßten Hume-Rothery-Phasen, in denen dann allerdings wie bei Valenzkristallen das Verhältnis der Valenzelektronen zur Anzahl der Atome eine Rolle spielt, haben kein streng konstantes Atomverhältnis und sind als metallische Phasen zu bezeichnen.

Bei der metallischen Bindung sind also keine richtungsmäßig-räumlichen Beschränkungen und keine stöchiometrischen Beschränkungen in bezug auf die ein Atom umgebenden Nachbarn vorhanden; die metallische Bindung kann demnach auf so viele Nachbarn wirken, wie aus geometrischen Gründen um ein Atom gepackt werden können. So kommt es, daß in den Metallgittern eine hohe Koordinationszahl verwirklicht ist, die in sehr vielen Fällen dem bei gleich großen Atomen geometrisch möglichen Maximum von 12 entspricht.

Wir kennen vor allem drei verschiedene Gittertypen, in denen die meisten Metallelemente kristallisieren. Zwei davon bilden dichteste Kugelpackungen, in denen jedes Atom von 12 Nachbarn umgeben ist. Es sind dies die kubische dichteste Kugelpackung (bezeichnet in den „Strukturberichten" mit A_1) und die hexagonale dichteste Kugelpackung (A_3). Der dritte häufig auftretende Gittertyp ist das kubische raumzentrierte Gitter (A_2), in dem ein Teilchen 8 Nachbarn hat.

Dichteste dreidimensionale Kugelpackungen kann man auf folgende Weise aufbauen: Kugeln gleicher Größe umgeben sich, wenn sie alle in einer Ebene liegen und so dicht wie möglich aneinandergepackt sind, stets mit 6 Nachbarn. Solche dichtesten Kugellagen legt man nun so übereinander, daß sie in den Einsenkungen der jeweils unteren Kugellage zu liegen kommen. Dann wird jede Kugel von 12 Nachbarn im gleichen Abstand umgeben. Mit unendlich vielen dichtesten Kugellagen kann man unendlich viele dreidimensionale dichteste Kugelpackungen (K.P.)

aufbauen, aber nur zwei sind am einfachsten gebaut und haben kleinste Identitätsperioden; es sind die nachfolgend beschriebene kubische und die hexagonale dichteste Kugelpackung. Bei der kubisch dichtesten Kugelpackung sind die Kugellagen so übereinandergelegt, daß die 4. Lage wieder in identischer Position mit der ersten liegt. Die Lagenfolge ist demnach $ABCA\ldots$ (Abb. 71). In dieser Richtung ist dann eine Schar dreizähliger Drehachsen entstanden, die identisch mit einer der vier dreizähligen Achsen eines Würfels ist. Diese Kugelpackung besitzt die höchste kubische Symmetrie, nämlich die der Raumgruppe $Fm3m$. Die Lage der Kugelmittelpunkte ist identisch mit der Punktanordnung des kubisch flächenzentrierten BRAVAIS-Gitters, was man aus der Darstellung Abb. 72 erkennt.

Zum Unterschied von der kubisch dichtesten Kugelpakkung ist bei der hexagonal dichtesten K. P. die Lagenfolge nur $ABA\ldots$, d. h. die dritte Kugellage befindet sich bereits in identischer Position mit der ersten; Abb. 73.

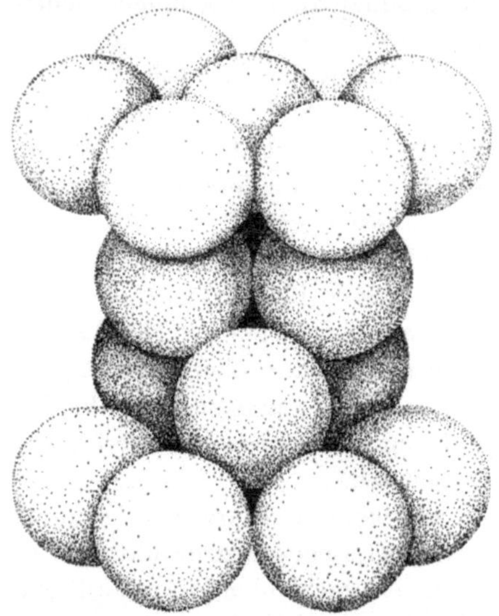

Abb. 71. Kubisch dichteste Kugelpackung, aufgebaut aus dichtesten Kugellagenebenen der Lagenfolge $ABCA$. Senkrecht steht eine Schar von $\overline{3}$-Achsen, die einer der vier Raumdiagonalen [111] eines Würfels entspricht (aus CORRENS).

In Richtung der Aufeinanderfolge der Kugellagen hat sich eine Schar sechszähliger 6_3-Schraubenachsen und eine weitere Schar sechszähliger Drehinversionsachsen, $\overline{6}$, gebildet. Eine $\overline{6}$-Achse verläuft vertikal durch den Mittelpunkt jeder in der Abb. 73 dargestellten Kugel. Die 6_3-Achsen verlaufen vertikal durch die Mitte des z. B. vorne links oben bzw. vorne rechts oben gebildeten Zwickels (sie verlaufen nicht durch einen Kugelmittelpunkt). Die Raumgruppen-Symmetrie ist $P6_3/mmc\text{-}D_{6h}^4$; die Koordinaten der 2 Atome in der Elementarzelle sind

$$\left[\left[\frac{2}{3}\,\frac{1}{3}\,\frac{1}{4}\right]\right] \text{ und } \left[\left[\frac{1}{3}\,\frac{2}{3}\,\frac{3}{4}\right]\right].$$

Diese beiden hochsymmetrischen dichtesten Kugelpackungen, in denen jedes Teilchen von 12 Nachbarn umgeben ist (die übernächsten Nachbarn sind um 41% weiter entfernt), sind besonders häufig bei den Metallelementen verwirklicht. Man vergleiche Tabelle 32, in der die Strukturen der Elemente zusammengestellt sind. Sehr häufig ist auch die Struktur des kubisch raumzentrierten Gitters, in der ein Atom von 8 Nachbarn umgeben wird; aber außer diesen 8 nächsten Nachbarn liegen weitere 6 (das sind die übernächsten Nachbarn), wie die Abb. 74

zeigt, nur um 15% weiter entfernt. Auch zu diesen 6 Atomen können in gewissem Umfang Bindungen von dem zentralen, in der Mitte des Würfels sitzenden Atom ausgehen, so daß man in diesem Gitter sogar in gewissem Sinne von 14 Nachbarn sprechen könnte. Jedenfalls hat auch

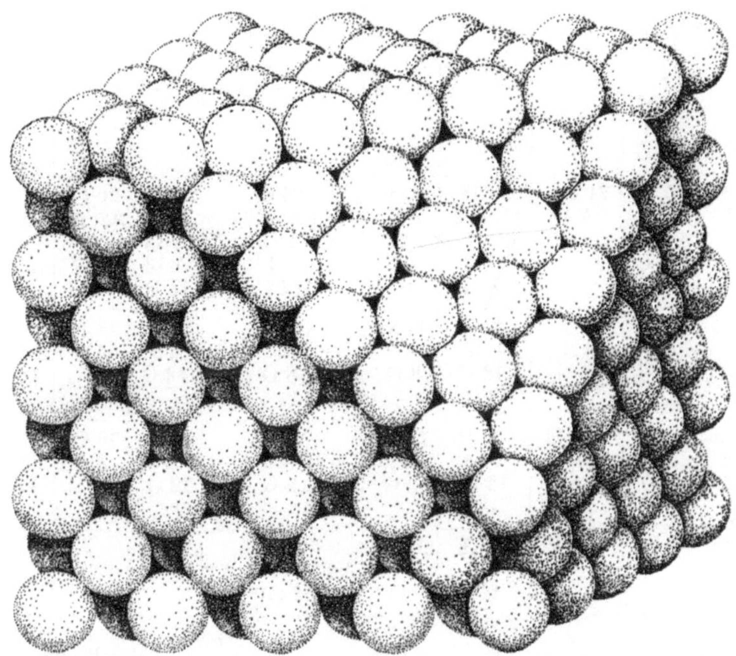

Abb. 72. Kubisch dichteste Kugelpackung als kubisch flächenzentriertes Gitter aufgestellt. Die (111)-Oktaederfläche ist die dichteste Kugellagenebene (aus CORRENS).

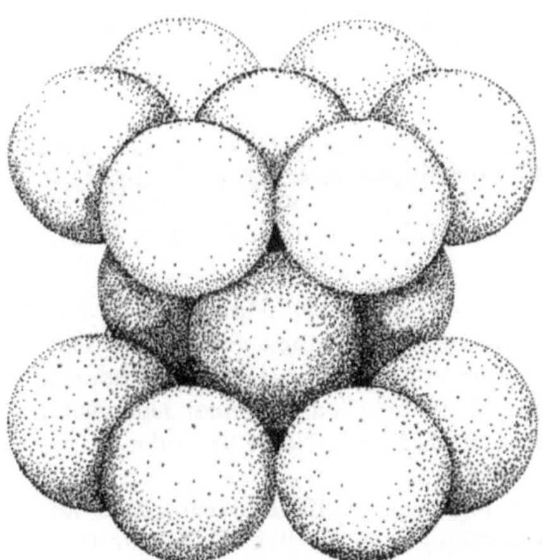

Abb. 73. Hexagonal dichteste Kugelpackung, aufgebaut aus dichtesten Kugellagenebenen der Lagenfolge *A B A* (aus CORRENS).

Winkler, Kristalle, 2. Aufl.

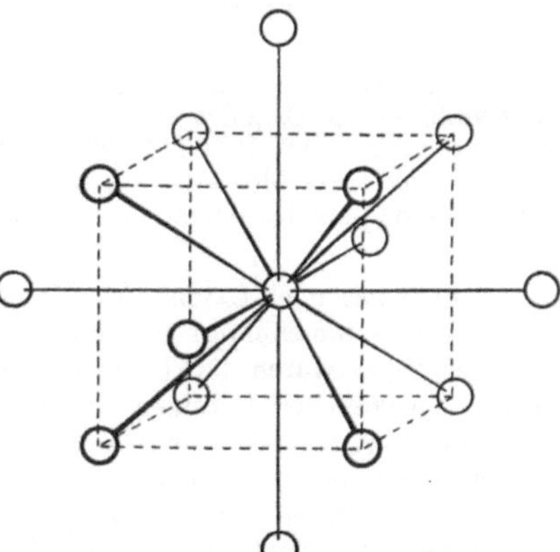

Abb. 74. Kubisch raumzentriertes Gitter. Es sind nicht nur die 8 nächsten, sondern auch die 6 übernächsten Gitterpunkte gezeigt.

10

1 H H_2-Mol. A 3 1 I	Tabelle 32. *Struktur* In jedem Kästchen sind angegeben: Atomnummer und chemisches nach LAVES, worin die fett gesetzten Zahlen die Koordinationszahl zuerst angegeben.							
3 Li A 3$^+$; A 2 12 G 8 G	4 Be A 3; *b* 12 G							
11 Na A 2 8 G	12 Mg A 3 12 G							
19 K A 2 8 G	20 Ca A 1; A 3; *b* 12 G	21 Sc A 1 A 3 12 G	22 Ti A 3; A 2 12 G 8 G	23 V A 2 8 G	24 Cr A 2; A 3 A 12 8 G 12 G	25 Mn A 6 A 12 A 13 12 G	26 Fe A2; A1 8 G 12 G	27 Co A3; Al 12 G
37 Rb A 2 8 G	38 Sr A 1 12 G	39 Y A 3 12 G	40 Zr A 3; A 2 12 G 8 G	41 Nb A 2 8 G	42 Mo A 2 8 G	43 Tc A 3 12 G	44 Ru A 3 12 G	45 Rh A1; *b* 12 G
55 Cs A 2 8 G	56 Ba A 2 8 G	57...71 siehe unten	72 Hf A 3 12 G	73 Ta A 2 8 G	74 W A 3 8 G	75 Re A 3 12 G	76 Os A 3 12 G	77 Ir A 1 12 G
87 Fr	88 Ra	89 Ac	90 Th A 1 12 G	91 Pa	92 U A 20; ~A 3; A 2 4 N (12 G)** 8 G			
		←———————————————						Metallische
57 La A1; A3† 12 G	58 Ce A1; A3 12 G	59 Pr A1; A3† 12 G	60 Nd A 3† 12 G	61	62 Sa ~A 1^{++} 12 G	63 Eu A 2 8 G	64 Gd A 3 12 G	65 Tb A 3 12 G

b bedeutet, daß hier weitere, aber z. T. nicht vollständige Angaben von unterhalb —196° C, teilweise A_1 (BARRETT, 1947). — $^{++}$ siehe DAANE, A. H., und MAXWELL: J. Chem. Phys. **14**, 569 (1946). — † mit doppelter c-Periode; *A B C B A*-Schwerpunkte der Molekeln bilden bei N_2 ein A_3-Gitter, bei O_2 ein A_1-Gitter. — etwas der Willkür des Betrachters überlassen ist, nur die nächsten oder auch die auf

Bausymbole nach LAVES[1]: Der Bauzusammenhang gleicher Atomarten (homogener Bauzusammenhang) wird durch große Buchstaben symbolisiert. Man unterscheidet, ob die durch die kürzesten Bindungsrichtungen miteinander verbundenen Atome zu endlichen Gebilden, die wir Inseln (I) nennen, oder in einer Dimension unendlich, Ketten (K), oder in zwei Dimensionen unendlich, Netze (N), oder in drei Dimensionen unendlich, Gitter (G), verknüpft sind.

Die den Buchstaben beigegebenen Zahlen geben die Koordinationszahl an. Es sei darauf hingewiesen, daß auch bei Verbindungen in gleicher Weise der Bau-

[1] LAVES in D'ANS u. LAX: Taschenbuch für Chemiker und Physiker, Abschnitt Kristallchemie. Berlin 1949; Z. Kristallogr. **73**, 202, 275 (1930).

typen der Elemente[1].

Symbol, Typenbezeichnung nach dem „Strukturbericht", Bausymbol angeben (siehe unten). Bei Modifikationen ist die Tief-Modifikation

2 He — A 3 — 12 G

			5 B	**6 C** A4; A9 4 G; 3 N	**7 N** N_2-Mol. B 21* 1 I	**8 O** O_2-Mol. ~B21* 1 I	**9 F**	**10 Ne** A 1 12 G
			13 Al A 1 12 G	**14 Si** A 4 4 G	**15 P** A17; *b* 3 N	**16 S** A16; *b* 2 I; 2 K	**17 Cl** A 18 1 I	**18 Ar** A 1 12 G
28 Ni A1; A3 A 6 12 G	**29 Cu** A 1 12 G	**30 Zn** A 3 6 N... 12 G**	**31 Ga** A 11 1 I... 7 G**	**32 Ge** A 4 4 G	**33 As** A 7 3 N... 6 G**	**34 Se** *b*; A 8 2 I; 2 K... 6 G**;	**35 Br** A 14 1 I	**36 Kr** A 1 12 G
46 Pd A 1 12 G	**47 Ag** A 1 12 G	**48 Cd** A 3 6 N... 12 G**	**49 In** A 6 12 G	**50 Sn** A4; A5 4 G 6 G	**51 Sb** A 7 3 N... 6 G**	**52 Te** A 8 2 K... 6 G**	**53 J** A 14 1 I	**54 Xe** A 1 12 G
78 Pt A 1 12 G	**79 Au** A 1 12 G	**80 Hg** A 10 6 G... 12 G**	**81 Tl** A3; A2 12 G 8 G	**82 Pb** A 1 12 G	**83 Bi** A 7 3 N... 6 G**	**84 Po** kub.; rhomb. +++	**85 At**	**86 Rn**
Bindung ⟶					Homöopolare Bindung u. z. T. VAN DER WAALS- oder/und metall. Bindg.			VAN DER WAALS
66 Dy A 3 12 G	**67 Ho** A 3 12 G	**68 Er** A 3 12 G	**69 Tm** A 3 12 G	**70 Yb** A 1 12 G	**71 Cp** A 3 12 G			

anderen Modifikationen vorliegen. — + nach vorheriger plastischer Verformung Mitarbeiter: Acta Cryst. **7**, 532 (1954). — +++ siehe BEAMER, W. H., und CH. R. Lagenfolge (KLEMM, 1939). — * Der B-21-Typ ist der Strukturtyp des CO. Die ** Die verschiedenen Bausymbole ergeben sich dadurch, daß es in manchen Fällen die nächsten bezüglich des Abstandes folgenden Nachbarn mit zu berücksichtigen.

zusammenhang zwischen ungleichartigen Atomen symbolisiert werden kann; für solche heterogenen Bauzusammenhänge werden die entsprechenden *kleinen* Buchstaben verwendet; Beispiele:

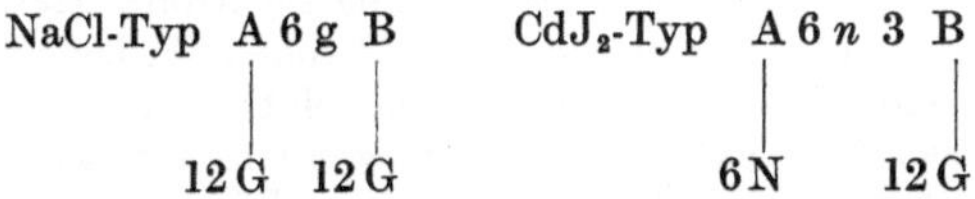

---

[1] Überwiegend nach F. LAVES aus: D'ANS u. LAX: Taschenbuch für Chemiker Physiker, 1949, und TH. ERNST aus: Landolt-Börnstein, 6. Aufl., 1. Teil 4, 1955

das kubisch raumzentrierte Gitter eine hohe Koordinationszahl und damit eine große Packungsdichte. Die Raumerfüllung von Kugelpackungen ist in der Tab. 33 zusammengestellt.

Tabelle 33. *Raumerfüllung von Kugelpackungen.*

Anordnung	Koordinationszahl	Raumerfüllung %
Kubisch und hexagonal dichteste Kugelpackung .	12	74,1
Kubisch raumzentriert	8	68,1
Einfach kubisch	6	52,4
Diamantgitter	4	33,8

Da also in den typischen Metallkristallen und in sehr vielen Legierungen die Atome sich mit einer sehr großen Anzahl von Nachbarn umgeben, können die einzelnen Atome natürlich nicht alle durch Elektronenpaarbindungen aneinander gebunden werden, weil die Anzahl der Valenzelektronen zu klein ist im Vergleich zur Anzahl der Nachbaratome. Andererseits kommt auch keine elektrostatische Bindung zwischen den Atomen in Frage, sondern sie werden durch das *gemeinsame* System der nicht-lokalisierten Elektronen zusammengehalten. PAULING[1] u. a. stellen nun die metallische Bindung als eine besondere Art resonierender Valenz-Bindung dar, auf die kurz eingegangen werden soll.

Alkalimetalle kristallisieren im kubisch raumzentrierten Gitter, d. h. jedes Atom hat acht nächste Nachbarn. Man stellt sich das Zustandekommen der Bindung zunächst so vor, daß das s-Valenzelektron jedes Alkaliatoms eine Elektronenpaarbindung mit einem der acht Nachbaratome eingeht. Man denkt sich nun ferner, daß diese Bindung zu allen anderen Nachbarn überwechselt, was einen gekoppelten Wechsel der von weiteren Nachbaratomen ausgehenden Bindungen mit sich bringt. Man erhält so eine große Anzahl von homöopolaren Grenzstrukturen, welche man sich überlagert zu denken hat (synchronisierte Resonanz). Dann ist jedes Atom an alle seine nächsten Nachbarn gleich stark gebunden.

Durch die Einbeziehung auch ionarer Grenzstrukturen wird eine sog. „nicht-synchronisierte" Resonanz ermöglicht, bei der eine Bindung von einer Position zu einer anderen unabhängig wechseln kann, ohne daß es gleichzeitig auch eine oder mehrere andere Bindungen tun müssen, was bei der „synchronisierten" Resonanz der Fall ist. Diese würde nach PAULING eine wesentlich geringere Resonanzenergie (wie in der zweiatomigen Molekel) liefern als die nicht-synchronisierte Resonanz, durch welche die metallische Bindung im Kristall nach der Konzeption der "resonating-valence-bond-Theorie" zustande kommt. Wegen der großen Zahl von Nachbaratomen können in Metallen die Atome natürlich nicht alle durch Elektronenpaarbindungen aneinandergebunden sein. Deshalb stellt man sich ja Grenzstrukturen vor, bei denen im Falle einwertiger Metalle eine Elektronenpaarbindung zunächst nur zu einem Nachbarn betätigt wird. Wenn nun z. B. bei einem Li-Atom der $2s$-Zustand durch eine Elektronenpaarbindung voll besetzt ist, dann besteht immer noch die energetische Möglichkeit, daß in anderen Grenzstrukturen auch einer der drei $2p$-Zustände eines Atoms durch eine weitere Elektronenpaarbindung besetzt

---

[1] PAULING, L.: The Nature of the Chemical Bond, 2. Aufl. 1940; Proc. Roy. Soc. (London) **196**, 343 (1949).

wird. Solche noch besetzbaren Zustände oder Bahnen werden "metallic orbitals" genannt. Betrachten wir nun noch z. B. das zweiwertige Mg-Atom mit dem Grundzustand $3s^2$; im Metall wird der $3s^1\,3p^1$-Zustand für die Bindungsbildung benutzt, so daß Mg-Atome Grenzstrukturen bilden, bei denen Elektronenpaarbindungen zu zwei Nachbarn betätigt werden; aber damit sind noch nicht alle für die Bindungsbildung in Frage kommenden Bahnen besetzt, sondern es sind noch zwei $3p$-Zustände als "metallic orbitals" vorhanden, welche ebenfalls in anderen Grenzstrukturen von Elektronen besetzt werden können. Andererseits gibt es z. B. bei C, N, O und F keine metallic orbitals, so daß jene Elemente nicht-metallisch sind.

Durch die "resonating-valence-bond"-Theorie kann z. B. erklärt werden, warum das Zinn sowohl als metallischer Leiter (oberhalb 18° C) als auch als Nichtleiter existiert (wenn wir hier die Halbleitereigenschaft des grauen Sn unterhalb 18° C unberücksichtigt lassen). Denn nach PAULING können u. a. folgende zwei verschiedene Konfigurationen, Sn_A und Sn_B, der 14 über dem Kryptonkern befindlichen Elektronen angenommen werden:

$$
\begin{array}{ccccc}
 & 4d & & 5s & 5p \\
Sn_A & \uparrow\downarrow\ \uparrow\downarrow\ \uparrow\downarrow\ \uparrow\downarrow\ \uparrow\downarrow & & \bullet & \bullet\ \ \bullet\ \ \bullet \\
Sn_B & \uparrow\downarrow\ \uparrow\downarrow\ \uparrow\downarrow\ \uparrow\downarrow\ \uparrow\downarrow & \uparrow\downarrow & \bullet\ \ \bullet\ \ \bigcirc
\end{array}
$$

Pfeile sind Elektronenpaare, die nicht zur Bindung beitragen; Punkte sind Bindungselektronen, die mit solchen benachbarter Atome Elektronenpaare bilden; Kreise sind "metallic orbitals", das sind Bahnen, die in Grenzstrukturen von Elektronen besetzt sein können.

Bei Sn_A werden sp^3-Hybridbindungen gebildet, so daß jedes Atom sich mit vier gleichen Atomen tetraedrisch umgibt; es wird die nicht-metallische Struktur des Diamant-Typs gebildet, was beim grauen Zinn der Fall ist. Bei Sn_B dagegen liegt eine noch unbesetzte Bahn vor (metallic orbit), so daß metallische Leitfähigkeit vorhanden ist, und die nicht-synchronisierte Resonanz eintritt. Damit werden die Bindungen ungerichtet, allseitig wirkend. PAULING gibt Gründe dafür an, daß im *metallischen* Zinn die Konfigurationen Sn_A und Sn_B etwa im Verhältnis 1:3 verwirklicht sein werden. Daher wird es verständlich, daß das metallische (tetragonale) Zinn nicht den Diamant-Typ ausbildet, sondern daß eine dichtere Packung mit annähernder Sechserkoordination vorliegt, bei der der Abstand zu vier Atomen 3,016 Å und zu den beiden anderen 3,175 Å beträgt.

In diesem Zusammenhang kann darauf hingewiesen werden, daß die Theorie PAULINGs auch die Valenz, insbesondere die unterschiedlichen Valenzen der Übergangsmetalle erklärt, wenn wir unter Valenz die Anzahl der Bindungselektronen verstehen. Im obigen Beispiel hat Sn_A die Valenz 4, Sn_B die Valenz 2; die Atome im metallischen Zinn haben entsprechend des angegebenen Verhältnisses $Sn_A : Sn_B = 1 : 3$ die mittlere Valenz 2,5. Es mag demnach zunächst erstaunlich erscheinen, daß die Gitterenergie des metallischen Zinns nur etwas, keineswegs wesentlich kleiner ist als die des grauen Zinns (die Umwandlungswärme beträgt 4,4 cal/g). Man muß jedoch bedenken, daß in der metallischen Struktur mit ihrem großen Anteil von Atomen der Art Sn_B eine sehr große Resonanzenergie zur Bindungsenergie beiträgt und so die Gitterenergie wesentlich größer werden läßt, als man auf Grund der Valenz der Atome zunächst erwarten würde.

Eine weitere Stärke der "resonating-valence-bond"-Theorie ist es, daß sie Metallstrukturen, z. B. die Abweichungen von einer idealen hexagonal dichtesten Kugelpackung (Zn mit $c/a = 1,86$ und Cd mit $c/a = 1,89$, statt 1,63) verständlich macht und auch die beobachteten Wirkungsradien der Metalle rechnerisch bestätigen kann. Die empirischen Radien sind in Tafel 2 aufgeführt; sie sind den Radien in homöopolaren Valenz-Kristallen sehr ähnlich, während die entsprechenden Kationenradien wesentlich kleiner sind.

Neben PAULINGs Theorie besteht vor allem die von BLOCH[1] ausgehende Theorie, deren Grundannahme nach SOMMERFELD zunächst die ist, daß in den Metallen alle Valenzelektronen völlig freie, nichtlokalisierte Elektronen sind; weitere Vorstellungen wurden entwickelt, die mit den Worten „Energiebänder" und „Brillouin-Zonen" angedeutet sein mögen[2]. Diese Theorien können elektrische Leiter, Halbleiter und Isolatoren, den Einfluß von „Verunreinigungen" auf elektrische und thermische Eigenschaften u. a. gut erklären, aber, da bei Metallen die gute elektrische und thermische Leitfähigkeit nicht spezifisch für den kristallinen Zustand ist, sondern auch in der Schmelze in etwa gleichem Maße vorliegt, scheint für kristallstrukturelle Probleme der Metalle zunächst die PAULINGsche Theorie nützlicher zu sein. Man darf erwarten, daß beide Theorien so weit entwickelt werden, daß sie eine den metallischen Zustand einheitlich beschreibende Theorie liefern.

Stärke der metallischen Bindung. Eine Vorstellung über die Energie, mit der die Metallatome in der Kristallstruktur gebunden sind, liefert die Sublimationswärme. Sie stellt praktisch diejenige Energie dar, die notwendig ist, um ein Mol des kristallinen Metalls in freie Atome zu überführen. Die Energie, die frei wird, wenn die isolierten Metallatome zur Kristallstruktur (bei 0°K) zusammentreten, ist die Gitterenergie. Da diese im allgemeinen mit der Temperatur nur relativ wenig abnimmt,

---

[1] BLOCH, F.: Z. Phys. **52**, 555 (1928).

[2] Siehe: COULSON, C. A.: Valence. Oxford 1952. — FRÖHLICH, H.: Elektronentheorie der Metalle, Berlin 1936. — HARTMANN, H.: Theorie der chemischen Bindung. Berlin-Göttingen-Heidelberg 1954. — MOTT, N. F., u. H. JONES: The Theory of the Properties of Metals and Alloys, Oxford 1936. — SEITZ, F.: The Modern Theory of Solids. New York 1948. — WILSON, A. H.: The Theory of Metals. Cambridge 1953.

erlaubt die jeweilige Sublimationswärme bereits eine Vorstellung über die Größe der Bindungsenergie[1].

Es ist bemerkenswert, daß die Übergangsmetalle, deren d-Schale nicht aufgefüllt ist, und Cu, Ag und Au, die nur ein Elektron über der vervollständigten d-Schale haben, eine größere Bindungsenergie als die anderen Metalle besitzen. Bei diesen anderen Metallen stellt man fest, daß im allgemeinen die Atome um so fester in der Struktur gebunden sind, je größer die Valenz der Atome ist, und man beobachtet ferner, daß bei ihnen die Bindungsenergie mit zunehmendem Atomradius (in jeder Reihe von oben nach unten) in der Regel abnimmt; bei den Übergangsmetallen ist das nicht so; vgl. Tab. 34.

Tabelle 34. *Sublimationswärme einatomiger Metalle*[2].
(Abgerundet, in kcal/Mol bei Zimmertemperatur.)

```
Li       Be
38       76

Na       Mg        Al        Si
26       36        75        89
  /\       /\        /\        /\
K   Cu   Ca   Zn   Sc   Ga   Ti   Ge   As    V    Cr    Mn    Fe   Co   Ni
22  81   46   31   70? 65   113  89   60?  122   94    68    99  102  101

Rb  Ag   Sr   Cd   Y    In   Zr   Sn   Sb   Nb   Mo          Ru    Rh    Pd
21  65   39   27   90? 52?  142  70   61   185  156         120? 115? 110?

Cs  Au   Ba   Hg   La   Tl   Hf   Pb   Bi   Ta   W           Os    Ir    Pt
19  84   42   15   90   43  (>72) 46   48?185  202         125? 120? 122
```

Wir dürfen also für Metalle, die keine unvollständige oder keine gerade vervollständigte d-Schale haben, sagen, daß in der Regel die Bindungsenergie mit steigender Anzahl der Valenzelektronen zunimmt und mit zunehmendem Atomradius abnimmt. Das muß in den mechanischen und thermischen Eigenschaften unmittelbar dadurch zum Ausdruck kommen, daß bei jeweils gleichem Gittertyp und gleicher Anzahl der Bindungselektronen aber *zunehmendem kürzestem Atomabstand* die Temperatur des Siede- und Schmelzpunktes und die Brinellhärte[3] *abnehmen*, während der thermische Ausdehnungs- und der Kompressibilitätskoeffizient zunehmen; dieses belegen die Daten der Tabelle 35. Ändert sich dagegen nur die *Anzahl* der von jedem Atom zur Verfügung gestellten *Bindungselektronen*, dann

---

[1] Theoretische Berechnungen vgl. z. B. F. Seitz: The Modern Theory of Solids. New York London 1948. Ältere theoretische Berechnungen vgl. z. B. Eucken, A.: Lehrbuch der chemischen Physik, Bd. 2. S. 565ff. Leipzig 1944. — Rice, O. K.: Electronic Structure and Chemical Binding, S. 370ff. New York, London 1940. Hier wird, ausgehend von der Vorstellung, daß *Ionen* und „freie" Elektronen in Metallkristallen vorliegen, die Gitterenergie gleich der Summe aus Sublimationsenergie und Ionisierungsenergie gesetzt.

[2] Cottrell, T. L.: The Strengths of Chemical Bonds. London 1954.

[3] Siehe Erläuterung zu Tab. 35.

Tabelle 35. *Gleiches Kristallgitter, gleiche Anzahl der Bindungselektronen je Atom, aber verschiedener Atomabstand.*

Metall	Gitter	Bindungs-elek-tronen	Atom-abstand Å	F_p °C	K_p °C	$\beta \cdot 10^6$	$k \cdot 10^6$	Brinell-härte
Li	A_2	1	3,04	179	1372	58	8,6	—
Na	A_2	1	3,72	97,7	883	71	14,2	0,07
K	A_2	1	4,62	63,5	776	84	23,2	0,037
Rb	A_2	1	4,87	39	713	90	32,8	0,022
Cs	A_2	1	5,24	28,5	690	97	36,4	0,015
Be	A_3	2	2,25	1280	2967	12	0,8	60
Mg	A_3	2	3,20	657	1102	26	3	30

F_p = Schmelzpunkt in °C; K_p = Siedepunkt in °C; β = linearer thermischer Ausdehnungskoeffizient zwischen 0 und 100°; k = kubischer Kompressibilitätskoeffizient bei 30° C.

A_1 = kubisch dichteste Kugelpackung. In ( ) = Hochtemperatur-Modifikation.
A_2 = kubisch raumzentriertes Gitter.
A_3 = hexagonal dichteste Kugelpackung.

Bei den Alkalimetallen ist die *relative* Volumenänderung angegeben, die aus der Kompressibilität bei 5000 Atm. berechnet ist. Die Brinellhärte kennzeichnet den Widerstand, der einer plastischen Deformation entgegengesetzt wird; er ist in verschiedenen Gittern verschieden. Vergleicht man aber Metalle eines gleichen Gittertyps miteinander, dann gibt auch die Brinellhärte Auskunft über die Bindungsstärke. Die Brinellhärte wird gemessen in kg/mm².

Tabelle 36. *Gleiches Gitter bzw. gleiche Packungsdichte, etwa gleicher Atomabstand, aber verschiedene Anzahl der von jedem Atom abgegebenen Bindungselektronen.*

Metall	Gitter	Bindungs-elek-tronen	Atom-abstand Å	F_p °C	K_p °C	$k \cdot 10^6$	$k \cdot 10^6$	Brinell-härte
K	A_2	1	4,62	63,5	776	84	23,2	0,04
Ba	A_2	2	4,34	710	1638	19	—	42
Mg	A_3	2	3,20	657	1107	26	3	30
Zr	$A_3(A_2)$	4	3,20	1927	—	14,3	1,1	80
Al	A_1	3	2,86	658	2500	23,1	1,4	16
Ti	$A_3(A_2)$	4	2,93	1720	3000	—	0,8	160

müssen mit ihrer steigenden Zahl die Höhe des Siede- und Schmelzpunktes und die Brinellhärte *zunehmen,* während die Koeffizienten der thermischen Ausdehnung und der Kompressibilität natürlich abnehmen müssen; das zeigt Tabelle 36.

Bei den Übergangselementen werden die Bindungselektronen nicht nur von der äußersten Valenzschale geliefert, sondern es kommen noch Elektronen aus dem d-Niveau der unter den Valenzelektronen befindlichen nicht voll aufgefüllten Achtzehnerschale hinzu; auch bei Cu, Ag und Au betätigen sich Elektronen aus dem d-Niveau bei der Bindung. Betrachten wir die langen Perioden des Periodischen Systems mit den darin stehenden Übergangselementen (Sc bis Ni; Y bis Pd; La bis Pt), so steigt die Anzahl der Bindungselektronen je Atom nach PAULING[1] von eins bei K auf sechs bei Cr und bleibt dann bei Mn, Fe, Co und Ni bei sechs. Das entspricht der Beobachtung, daß der Wirkungsradius der Atome in den Metallgittern vom ersten bis zum sechsten Element in jeder langen Periode schnell kleiner wird, um dann vom sechsten bis zehnten Element ungefähr gleich zu bleiben und danach wieder größer zu werden. Die Stärke der metallischen Bindung erreicht demnach ein Maximum in den drei langen Perioden zwischen dem sechsten und zehnten Element jeder Periode, was nicht nur durch ein Minimum der Atomabstände in diesem Gebiet, sondern auch durch ein Minimum der Kompressibilität und der thermischen Ausdehnung sowie durch hohe Werte der Zerreißfestigkeit, der Härte und des Schmelzpunktes deutlich wird. Die folgenden zwei Tabellen lassen diese Zusammenhänge erkennen. (Die bei Metallen bestimmte „Brinellhärte" bezeichnet den Widerstand, der einer plastischen Deformation des Gitters entgegengesetzt wird und ist somit nicht nur von der Bindungsstärke zwischen den Bausteinen abhängig, sondern auch von den durch den Gitteraufbau bedingten Gleitmöglichkeiten.) In Tab. 37 ist das 7. Element, Mn, weggelassen worden, weil es eine gewisse Ausnahmestellung unter den Metallen einnimmt; es kristallisiert z. B. nicht in den einfachen Metallgittern, sondern in beträchtlich komplizierteren. (Vgl. Tab. 32 S. 146.)

Tabelle 37. *Metallische Elemente der langen Perioden und ihre Eigenschaften.*

	1 K	2 Ca	3 Sc	4 Ti	5 V	6 Cr	8 Fe	9 Co	10 Ni	11 Cu
Bindungselektronen . .	1	2	3	4	5	6	5,8	6	6	5,5
Radius K.Z. $=12$	2,38	1,97	1,66	1,47	1,36	1,30	1,26	**1,25**	**1,25**	1,28
F_p in °C . . .	63,5	850	1400	1720	1800	**1860**	1539	1495	1495	1084
Härte	0,04	13	—	160	**260**	70	45	125	70	50
Zerreißfestigkeit kg/cm² . . .	—	—	—	—	—	—	8000	6800	—	4000
$k \cdot 10^6$ bei 30°C	(23,2)	5,7	—	0,8	0,6	0,6	0,6	0,5	**0,5**	0,7
$\beta \cdot 10^6$	84	22	—	—	—	8,5	11,5	11	12,5	16,5
Gittertyp . . .	A_2	A_1 A_3	A_1 A_3	A_3 A_2	A_2	A_2 A_3 A_{12}	A_2 A_1	A_3 A_1	A_1 A_3	A_1
			$\longleftarrow$			Übergangselemente			$\longrightarrow$	

Man sieht aus den Tab. 37 und 38, daß in all denjenigen Metallen, die z. B. wegen ihrer Härte und ihres hohen Schmelzpunktes besondere technische Wichtigkeit erlangt haben, die Anzahl der Bindungselektronen groß und der Atomradius klein ist, womit natürlich die Stärke

---

[1] PAULING: Physic. Rev. **54**, 899 (1938); Proc. Roy. Soc. (London) A. **196**, 343 (1949).

der Bindung groß ist und die betreffenden Eigenschaften erklärlich sind. Aber man sieht auch, daß gewisse Unregelmäßigkeiten innerhalb der Reihen auftreten, die nicht durch die Anzahl der Bindungselektronen und die Größe des Atomradius und wohl auch kaum durch die Gitterunterschiede erklärbar sind.

Tabelle 38.

	1 Cs	2 Ba	3 Selt. Erd.	4 Hf	5 Ta	6 W	7 Re	8 Os	9 Ir	10 Pt	11 Au
Bindungs- elektronen. .	1	2	3	4	5	6	6	6	6	6	5,5
Radius K.Z. $=12$	2,72	2,24	1,86	1,62	1,49	1,41	1,37	**1,35**	1,36	1,39	1,46
F_p in $^\circ$C . . .	28,5	710	—	2200	2996	**3380**	3170	2700	2454	1774	1063
Härte.	0,02	42	—	—	30	**250**	**250**	—	—	50	20
Zerreißfestigkeit kg/cm² . . .	—	—	—	—	9300	42000	—	—	—	3400	2700
$k \cdot 10^6$ bei 30° C	(36,4)	10,2	—	0,9	0,5	**0,3**	—	—	**0,3**	0,4	0,6
$\beta \cdot 10^6$	97	19	—	—	6,6	4,5	**4**	6,7	6,6	8,9	14,2
Gitter	A_2	A_2	A_1 A_3	A_3	A_2	A_2 A_{15}	A_3	A_3	A_1	A_1	A_1

Anmerkung: Bei mehreren angegebenen Gittertypen bezeichnet jeweils der erste die Tieftemperatur-Modifikation. $k =$ kubischer Kompressibilitätskoeffizient; $\beta =$ linearer Ausdehnungskoeffizient, meist Mittelwerte zwischen 0 und 100° C.

Plastische Verformung. Die plastische Verformbarkeit, die auf Translationssprüngen von Atomen entlang Gittergeraden beruht, ist keineswegs auf Metalle beschränkt[1], aber bei Metallen zeigt die mechanische Translation ein so außerordentliches Ausmaß, daß das Walzen und Ziehen, allgemein die Kalt- und Warmverformung leicht möglich ist. Diese Eigenschaft bedingt die technische Wichtigkeit der Metalle; denn wenn man durch plastische Verformung z. B. nicht leicht Drähte herstellen könnte, dann wäre die gute elektrische Leitfähigkeit, die wohl zweitwichtigste Eigenschaft der Metalle, kaum zu nutzen. Aus diesem Grunde sei bereits hier auf die plastische Verformung der Metalle eingegangen. Sie erfolgt auf zwei Arten: Die eine Art, die man „einfache Schiebung" nennt, führt zu mechanisch gebildeten Kristallzwillingen (Druckzwillingsbildung); für diesen Vorgang ist es kennzeichnend, daß das Ausmaß der Verformung stets proportional dem Abstand von der Translationsebene ist. Für hexagonale Metalle, deren Achsenverhältnis $c/a > \sqrt{3}$ ist, wie z. B. bei Zn und Cd, spielt dieser Vorgang eine besondere Rolle[2]. Von wesentlich größerer Bedeutung als die „einfache Schiebung" ist aber bei Metallen die sog. „mechanische Translation", bei der keine

---

[1] Beispiele für Translation bei Nichtmetallen werden später im Zusammenhang mit der Spaltbarkeit besprochen; S. 295 f.

[2] Näheres s. z. B. G. MASING: Lehrbuch der allgemeinen Metallkunde. Berlin-Göttingen-Heidelberg 1950.

Zwillinge gebildet werden und bei der die genannte Proportionalität nicht besteht[1]. Hier können Kristallbereiche um willkürliche Beträge gegeneinander verschoben werden.

Bezüglich theoretischer Vorstellungen über den Mechanismus muß auf die Literatur[2] verwiesen werden; ein wenig wird im Zusammenhang mit Baufehlern der Kristalle, die bei der plastischen Verformung entstehen, gesagt werden; S. 227 f. Hier wollen wir uns nur mit der phänomenologisch-kristallstrukturellen Seite der mechanischen Translation beschäftigen.

Die leichte Verformbarkeit der Metalle ist aus der besonderen Art der metallischen Bindung und aus den (wiederum durch jene bedingten) Arten der Kristallstrukturen zu verstehen. Die typischen Metalle bilden bekanntlich sehr einfach gebaute, dichtgepackte Strukturen. In ihnen kann unter dem Einfluß einer geringen Druck- und Zugspannung eine Verschiebung von Kristallbereichen gegeneinander erfolgen. Bezeichnenderweise erfolgt die Translation in denjenigen Richtungen und unter anderem parallel denjenigen Flächen, die in dichtester Weise mit Atomen besetzt sind; dieses sind die Richtungen und Flächen kleinster potentieller Energie.

Bei der hexagonal dichtesten Kugelpackung, $A\,3$, sind die drei kristallographisch gleichwertigen Richtungen $[1\,1\,\overline{2}\,0]$ und die Ebene senkrecht zur c-Achse $(0\,0\,0\,1)$ am dichtesten gepackt; vgl. Abb. 73. Bei der kubisch dichtesten Kugelpackung, $A\,1$, sind die sechs kristallographisch gleichwertigen Richtungen $[1\,0\,\overline{1}\,]$ und die vier ebenfalls kristallographisch gleichwertigen Ebenen $\{1\,1\,1\}$ in dichtester Weise mit Atomen belegt; vgl. Abb. 72. Für andere Gittertypen sind die diesbezüglichen Angaben in Tab. 39 enthalten. Die in dieser Tabelle zusammengestellten Beobachtungen zeigen sehr deutlich, daß stets die dichtest besetzte Gittergerade die Translationsrichtung ist; beim metallischen Sn, welches sperriger gebaut ist und einen merklichen homöopolaren Bindungsanteil hat, tritt auch eine erheblich weniger dicht besetzte Gittergerade in Funktion. Man sieht weiter, daß die dichtest besetzte Netzebene der Struktur auch stets Translationsebene ist, aber beim Sn und auch bereits beim kubisch raumzentrierten Gitter treten noch andere Translationsebenen auf. Gerade die Beobachtungen am kubisch raumzentrierten Gitter, welche zeigen, daß die Translation stets in Richtung der dichtest besetzten Gittergerade aber parallel verschiedenen, z. T. keineswegs dicht besetzten

---

[1] Vgl. z. B. G. Masing: Lehrbuch der allgemeinen Metallkunde. Berlin-Göttingen-Heidelberg 1950 und die unten zitierten Werke.

[2] Cottrell, A. H.: Dislocations and Plastic Flow in Crystalls. Oxford 1953. — Kochendörfer, A.: Plastische Eigenschaften von Kristallen. Berlin 1941. — Kossel, W.: Z. Naturforsch. 8a, 815 (1953). — Leibfried, G., u. P. Haasen: Z. Physik 137, 67 (1954). — Schmid, E., u. W. Boas: Kristallplastizität. Berlin 1935. Seeger, A.: Theorie der Kristallplastizität. Z. Naturforsch. 9a, 785, 856, 870 (1954).

Ebenen erfolgt, macht es deutlich, daß dem translativen Platzwechsel der Atome in der *Richtung* geringster potentieller Energie die wesentliche Bedeutung bei dem atomar zu betrachtenden Mechanismus der mechanischen Translation zukommt.

Tabelle 39. Translation in Metallen.

Metall	Gitter	Translations-		Dichtest besetzte	
		Richtung	Ebene	Gittergerade	Netzebene
Cu, Ag, Au, Al, Pb, Ni	A_1	$[10\bar{1}]$	(111)	1. $[10\bar{1}]$ 2. $[100]$ 3. $[112]$	1. (111) 2. (100) 3. (110)
α-Fe, W, Na	A_2	$[11\bar{1}]$	(101) (112) (123)	1. $[111]$ 2. $[100]$ 3. $[110]$	1. (101) 2. (100) 3. (111)
Mg, Zn, Cd	A_3	$[11\bar{2}0]$	(0001)	$[11\bar{2}0]$	(0001)
β-Sn (weiß)	tetragonal	$[001]$ $[001]$ $[10\bar{1}]$ $[10\bar{1}]$	(110) (100) (121) (101)	1. $[001]$ 2. $[111]$ 3. $[100]$ 4. $[101]$	1. (100) 2. (110) 3. (101)
Bi As, Sb	trigonal (Schichten $\perp c$)	$[11\bar{2}0]$	(0001) (0001)	$[11\bar{2}0]$	(0001)
Te	hexagonal (Ketten $\|c$)	$[11\bar{2}0]$?	$(10\bar{1}0)$	nur geringe Translation	$(10\bar{1}1)$

A_1 = kubisch dichteste Kugelpackung, A_2 = kubisch raumzentriertes Gitter, A_3 = hexagonal dichteste Kugelpackung.

Die bisher gemachten Angaben gelten für Zimmertemperatur, also für die sog. Kaltverformung. Bei höherer Temperatur treten aber in einigen Strukturen, z. B. in derjenigen der hexagonal dichtesten Kugelpackung, zusätzlich noch neue Gleitmöglichkeiten hinzu. Das hat eine große technische Bedeutung für das Magnesium, bei dem nämlich beim Kaltwalzen infolge einer sog. „Verfestigung" (s. S. 229) die Verformungsfähigkeit bald erschöpft wäre; aber bei erhöhter Temperatur können mehr Translationssysteme betätigt werden als bei Zimmertemperatur, so daß die Verformung wesentlich weiter getrieben werden kann. Daher wird Mg in der Praxis erst oberhalb 225° C verformt.

In polykristallinen einphasigen Metallgußstücken, in denen sehr, sehr viele kleine Kriställchen völlig unregelmäßig angeordnet sind, erfolgt die plastische Verformung natürlich wesentlich schwerer als in einem Einzelkristall, aber die trotzdem gute Verformbarkeit ist natürlich auch dort auf die Translation in den einzelnen Kriställchen zurückzuführen Es ist einleuchtend, daß in polykristallinen, einphasigen Metallen die Deformation um so leichter einsetzen wird, je mehr Gleitmöglichkeiten der einzelne Kristall hat; denn dann ist die Wahrscheinlichkeit um so größer, daß Gleitrichtungen und -ebenen einer möglichst großen Zahl der statistisch angeordneten einzelnen Kriställchen in einer günstigen Lage zur Angriffskraft liegen. Eine Struktur vom Typ der hexagonal dichtesten Kugelpackung hat nun bei Zimmertemperatur drei verschieden orientierte, kristallographisch gleichwertige Translationsrichtungen $[11\overline{2}0]$, und die Translationsebene (0001) hat nur eine einzige Orientierung, denn es bestehen hierzu keine kristallographisch gleichwertigen Flächen anderer Lage. Das kubisch raumzentrierte Gitter hat aber vier verschieden orientierte Translationsrichtungen der Art $[111]$ und sehr viele Gleitebenen. Eine Struktur vom Typ der kubisch dichtesten Kugelpackung hat sogar sechs verschieden orientierte kristallographisch gleichwertige $[101]$-Translationsrichtungen und vier verschieden orientierte $\{111\}$-Translationsebenen. Da den Translationsrichtungen die wesentlichste Bedeutung zukommt, muß gefolgert werden, daß bei metallischen Gußstücken, deren Einzelkriställchen im Typ der kubisch dichtesten Kugelpackung kristallisiert sind, eine plastische Deformation am leichtesten einsetzen kann; wenn das kubisch raumzentrierte Gitter vorliegt, ist die Deformation schwieriger, und sie ist offensichtlich (bei Zimmertemperatur) noch schwieriger, wenn die Kriställchen die hexagonal dichteste Kugelpackung bilden. Diese Folgerungen haben natürlich nur dann ihre volle Bedeutung, wenn auch jeweils die metallische Bindungsstärke etwa gleich ist, d. h. wenn die Anzahl der Bindungselektronen je Atom, die kürzesten Atomabstände und die Packungsdichte der betrachteten Metallkristalle (etwa) gleich sind. Beispiele, die diese Bedingungen erfüllen, sind in Tab. 40 zusammengestellt, sie zeigen, daß jene einfachen kristallstrukturellen Überlegungen richtig sind; denn wir können als relatives Maß für den Widerstand, der einer geringen

Tabelle 40.

Metall	Mittel kürzester Atomabstände Å	Anzahl der Bindungselektronen	Gitter	Brinellhärte
Rh	2,684	6	A_1	110
Ru	2,667	6	A_3	220
Pt	2,769	6	A_1	50
Re	2,745	6	A_3	250
Ni	2,487	6	A_1	70
Co	2,503	6	A_3	125
Ca	3,932	2	A_1	13
Ba	4,343[1]	2	A_2	42

[1] Trotz eines erheblich größeren Abstandes noch größere Brinellhärte als Ca.

plastischen Verformung entgegengesetzt wird, die Brinellhärte verwenden. Zur Bestimmung der Brinellhärte wird nämlich eine Stahlkugel von bestimmtem Durchmesser durch statischen Druck in das zu prüfende Materialstück eingedrückt. Die „Härte" wird angegeben durch das Verhältnis der Last in kg zur Fläche der Eindruckskalotte in mm². Je größer also der Wert der Brinellhärte ist, um so kleiner ist bei gleichem Druck die eingedrückte Fläche, d. h. um so geringer ist die plastische Deformation. Aus der Tabelle sieht man, daß die Brinellhärte geringer, d. h. die plastische Deformation größer ist bei den Metallgußstücken mit kubisch dichtester Kugelpackung (A_1) als bei denjenigen mit hexagonal dichtester Kugelpackung (A_3) bzw. mit kubisch raumzentriertem Gitter (A_2).

So kommt es wohl auch, daß die folgenden in der kubisch dichtesten Kugelpackung kristallisierenden Metalle eine so große Bedeutung im Handwerk erlangt haben, denn sie können gut plastisch deformiert (gedehnt und gehämmert) werden und verhalten sich daher relativ weich: Cu, Ag, Au, Pt, Ni, γ-Fe, Al und Pb.

Die hexagonal dichteste Kugelpackung und das kubisch innenzentrierte Gitter (A_2) sind weniger leicht deformierbar, und daher sind die in diesen Gittern kristallisierenden Metalle wie Cr, V, Mo, W und α-Fe härter und brüchiger und weniger gut zu bearbeiten. Da Eisen sowohl im A_1- wie im A_2-Typ kristallisiert, ist die große metallurgische Bedeutung des Eisens verständlich; denn es kann durch Wärmebehandlung entweder die Eigenschaft des A_1-Gitters (oberhalb 906° C) annehmen und weich und gut schmiedbar sein oder aber die größere Härte des A_2-Gitters zeigen. Die besonders hohe Härte des Eisens in Form der verschiedenen Stähle ist darauf zurückzuführen, daß die Gleitung innerhalb der Eisenkristalle verhindert wird. Das ist dann der Fall, wenn in einem Teil der Lücken innerhalb der Kugelpackung des Kristallgitters das kleine C-Atom statistisch eingelagert wird. So ist bei Verwendung von etwas Chrom und Nickel die γ-Modifikation des Eisens auch bei normaler Temperatur stabil und in ihr kann etwas C interstitiell eingelagert sein. Diese *austenitisch* genannten Stähle sind sehr hart und spröde, d. h. nicht plastisch, dafür aber stark elastisch deformierbar. In ähnlicher Weise kann auch das Gitter des α-Fe in seinen Lücken etwas C (bis 1,6%) einbauen, wodurch diese *Martensit* genannten Kristalle beträchtlich schwerer plastisch deformierbar und daher also ganz bedeutend härter sind als das reine α-Fe. (Die Bezeichnung *Ferrit* entspricht praktisch reinem α-Fe.) Auch Kupfer kann z. B. durch Einlagerung geringer Mengen von S oder As spröde gemacht werden.

Für die charakteristische plastische Verformbarkeit der Metalle, die auch — in weniger guter Weise — vor allem bei höherer Temperatur entlang anderen als den besonders ausgezeichneten dichtesten Ebenen und Richtungen erfolgen kann (z. B. bei Al ab 450° (100) und [011], bei Mg ab 225° ($10\bar{1}1$) und [$11\bar{2}0$]), ist aber nicht nur der einfache Gitterbau verantwortlich, sondern auch die Tatsache, daß die metallische Bindung ungerichtet ist, und besonders, daß ein Atom nicht wie bei der ionaren Bindung eine bestimmte Anzahl von (elektrisch) andersgearteten Nachbarn haben muß, also nicht stets abgesättigt werden muß. In einem Metall sind einem Atom keine großen Beschränkungen hinsichtlich Anzahl und Richtung der Bindungen, die es mit Nachbaratomen eingeht, auferlegt, so daß jedes Atom nach der Deformation des Gitters sofort wieder feste Bindungen mit seinen Nachbarn betätigt, wodurch der Zusammenhalt des Gitters erhalten bleibt. Bei Kristallen mit heteropolarer Bindung ist das längst nicht immer der Fall.

Zwar gibt es auch hier bestimmte Ebenen und Richtungen, entlang denen eine geringe Gleitung erfolgen kann (z. B. KCl, NaCl, MgO nach (111), (100) und (110) in Richtung [$1\bar{1}0$]; PbS nach (001) und [110]). Aber eine in anderer, geeigneter Richtung angesetzte Druck- oder Zugkraft kann auch Spaltung und damit Aufhebung des Gitterverbandes bewirken. Denn durch die äußere Kraft kann eine Verschiebung von Atomlagen gegeneinander erreicht werden, derart, daß die energetisch günstigste Koordination der verschiedenen Atome zueinander im Gitter gestört wird; der Nachbar eines Kations ist dann z. B. kein Anion mehr, sondern auch ein Kation. Hier können dann keine starken Bindungen neu aufgebaut werden, vielmehr erfolgt elektrostatische Abstoßung und der Kristall wird „zersprengt". Daher kommt es, daß heteropolare Kristalle im allgemeinen spröder sind als Metallkristalle. Das gleiche gilt auch für homöopolare Kristalle, weil nur bestimmte, gerichtete Bindungen aufgebaut werden können.

Die folgenden Metalle der III. bis VI. Gruppe Se, Te; As, Sb, Bi; Ge, Sn; Ga und In haben nicht die einfachen, dicht gepackten Gitter der typischen Metalle; in ihnen tritt neben metallischer Bindung auch ein sehr starker homöopolarer Bindungsanteil in Erscheinung, weshalb bei ihnen die Gleitung nicht so leicht erfolgen kann; die Stoffe sind brüchiger als die typischen Metalle. Da die Strukturen ziemlich sperrig sind, kann beim Schmelzen eine statistisch dichter gepackte Flüssigkeit entstehen, so daß eine Volumenabnahme zu verzeichnen ist. Diese ist beim Bi, Ga, Ge und Si festgestellt worden; sie beträgt beim Si etwa 10% (H. v. WARTENBERG[1]). Das Antimon zeigt fast keine Volumenänderung, bestimmte Legierungen gar keine. Solche Legierungen wie z. B. eine Sn-Sb-Legierung oder ein Zusatz von Sb (12 bis 26%) zu Pb, was ein Letternmetall ergibt, sind von erheblicher technischer Bedeutung.

Aus dem Charakteristikum der metallischen Bindung, nämlich keine Beschränkung hinsichtlich Art der Atome und Richtung der mit Nachbaratomen eingegangenen Bindungen, erklärt sich auch die große Mannigfaltigkeit der Mischkristall- und der Legierungsbildung bei den Metallen.

Metallische Mischkristalle. Wir betrachten als Beispiel für eine große Gruppe von Legierungen das System Cu-Au. Beide Elemente kristallisieren

---

in der kubisch dichtesten Kugelpackung. Die Atomradien sind:
Cu = 1,28 Å, Au = 1,44Å , also Au ist um 12,5% größer als Cu. Schmilzt
man Cu und Au in verschiedenen Verhältnissen zusammen und schreckt
die Schmelze ab, dann haben die gebildeten Kristalle über den gesamten möglichen Mischungsbereich das Gitter einer kubisch dichtesten
Kugelpackung, in der die Cu- und Au-Atome statistisch auf die Gitterpunkte verteilt sind. Man spricht in solchen Fällen von „festen Lösungen";
im kristallographischen Sinne sind es homogene Mischkristalle. Kühlt man
dagegen die Schmelze langsam ab oder wird die abgeschreckte Probe getempert, dann ist bei gleichem Atomverhältnis von Cu zu Au die Verteilung
der Atome nicht mehr statistisch, sondern die Cu- und Au-Atome sind
jeweils in parallelen Lagen angeordnet. Das Gitter kann dann nicht
mehr flächenzentriert wie die kubisch dichteste K. P. sein, und infolge
der Größenunterschiede der beiden Atomarten ist es auch nicht mehr
kubisch, sondern tetragonal, aber pseudo-kubisch mit $c : a = 0,932$. Bei
größerem Cu-Gehalt werden in dieser Struktur statistisch einige Au-Atome
ersetzt, aber bei 75 Atom-% Cu und 25% Au ist der Ersatz nicht mehr
statistisch, sondern derart, daß jedes Goldatom von 12 Cu umgeben ist
und jedes Cu von 4 Au und 8 Cu. Die Kugelpackung insgesamt ist eine
kubisch dichteste, aber das Gitter ist wegen der Verschiedenheit der
Bausteine jetzt nicht mehr kubisch flächenzentriert, sondern kubisch
primitiv. Denn die Au-Atome sitzen an den Ecken des Elementarwürfels,
während die Cu die Flächenmitten besetzen. Bei weiterem Zusatz von
Cu werden weitere Au-Atome in diesem Gitter statistisch ersetzt, bis
schließlich das Gitter des reinen Cu resultiert.

Die beiden geordneten Phasen CuAu und Cu_3Au sind auffallende
Beispiele dafür, daß ein bestimmtes stöchiometrisches Verhältnis nur
deshalb zustande kommt, weil sich dann die Atome im Gitter besonders
gut geometrisch ordnen können. Das stöchiometrische Verhältnis ist hier
kein Ausdruck für bestimmte chemische Bindungsverhältnisse. Deshalb
spricht man im Falle von CuAu und Cu_3Au auch nicht von „Verbindungen", sondern von Phasen.

Bei schnellem Abkühlen treten in diesem System überhaupt keine
geordneten Phasen auf, sondern die Cu- und Au-Atome sind auf die
Gitterplätze der kubisch dichtesten K.P. statistisch verteilt, so daß eine
kontinuierliche Reihe von Mischkristallen entsteht.

Solche Mischkristalle können natürlich nur zustande kommen, wenn
die Größen der Atome, die sich im Gitter statistisch verteilen, nicht zu
unterschiedlich sind. Erfahrungsgemäß findet eine gute gegenseitige
Vertretbarkeit der Atome nur dann statt, wenn der Unterschied der
Atomradien nicht größer als 14 bis 15% ist. Aber außer einem nur
geringen Größenunterschied ist für das Zustandekommen von metallischen Mischkristallen die Anzahl der von jedem Atom abgegebenen

Elektronen, die ja die Bindung im Metallgitter bewirken, von entscheidender Wichtigkeit. Bei Mischkristallen (abgeschreckten Legierungen) zwischen gleichwertigen Metallen wird dieser Faktor natürlich noch nicht wirksam, und so kommt es, daß man *vollständige* Mischkristallbildung zwischen den in Tab. 41 aufgeführten gleichwertigen Metallen beobachtet.

Tabelle 41.

(Nach W. Hume-Rothery: Structure of Metals and Alloys 1947, 74.)

Zwischen	Cu	und Au;	Unterschied der Atomradien		12,5%
	Ag	— Au			0,1
I	K	— Rb			7
	K	— Cs			11
	Rb	— Cs			7,5
II	Ca	— Sr			9
	Mg	— Cd			8
III	In	— Tl	(fast vollständig)	etwa	12
IV	Ti	— Zr	(wahrscheinlich vollständig)	etwa	8,7
V	As	— Sb			12,2
	Sb	— Bi			7,5
VI	Cr	— Mo			8,5
	Mo	— W			0,4
	Ni	— Pd			9,2
VIII	Ni	— Pt			10
	Pd	— Pt			1,1

Wenn aber in einem Kristall einwertige Atome durch höherwertige ersetzt werden, dann erfolgt (abgesehen von den Legierungen der Übergangsmetalle untereinander und mit Metallen der I. Nebengruppe) die Mischkristallbildung nicht mehr über den ganzen möglichen Mischungsbereich. Denn die Stabilität des Gitters eines Metallkristalls hängt offenbar von der Elektronenkonzentration, d. h. von dem Verhältnis der Bindungselektronen zur Anzahl der Atome ab. Für diese empirische Feststellung von Hume-Rothery u. Mitarb. (1934) wurde eine Theorie von H. Jones[1] entwickelt, auf die hier nur verwiesen werden kann.

Wenn nun z. B. ein Ag- oder Cu-Atom nicht durch ein einwertiges Metallatom ähnlicher Größe, sondern durch ein zweiwertiges bzw. drei- oder vierwertiges ersetzt wird, dann wird zusätzlich ein Bindungselektron bzw. es werden zwei oder drei Elektronen je Atom dem Gesamtgitter zusätzlich zugeführt; es wird also die Elektronenkonzentration erhöht. Wenn die Elektronenkonzentration einen gewissen Wert übersteigt, dann ist das Gitter nicht mehr beständig, d. h. der Bereich der Mischkristallbildung ist begrenzt.

Wir sahen, daß einwertige Metalle bei ähnlichen Atomgrößen bis zu 100% eines einwertigen Metalls aufnehmen können. Das Gitter eines

---

[1] Jones, H.: Proc. Roy. Soc. (London) A **144**, 225 (1934); **147**, 396 (1934).

einwertigen Metalls kann aber nur bis etwa 40% Atomprozent eines zweiwertigen Metalls ähnlicher Größe aufnehmen und nur etwa 20% eines dreiwertigen bzw. nur bis zu etwa 13% eines vierwertigen Metalls und mit ihm homogene Mischkristalle bilden.

Beispiele: Ag—Hg bis 37% Hg, Ag—Cd bis 42,5% Cd; Cu—Al, Cu—Ga, Ag—Al, Ag—In bis 20 bis 21% Al bzw. Ga oder In; Cu—Ge, Cu—Si, Ag—Sn bis 12 bis 14% Ge bzw. Si oder Sn.

Besonders deutlich wird die Einschränkung des Bereiches der Mischkristallbildung durch Einfügung höherwertiger Atome bei folgenden

Tabelle 42.

System	Atom-% der gesättigten Mischkristallphasen	Verhältnis Valenzelektronen: Atome in gesättigter Mischkristallphase	Gittertyp
Cu—Zn	38,4	1,38	(ähnliche Gitter) A_1 bzw. A_3
Cu—Al	20,4	1,41	(gleiche Gitter) A_1
Cu—Si	14,0	1,42	(verschiedene Gitter) A_1 bzw. Diamant

Cu-Legierungen. In der Tab. 42 (nach HUME-ROTHERY) ist der größtmögliche Atomprozentanteil angegeben, bei dem noch ein homogener Mischkristall sich bildet. Aus der dritten Spalte erkennt man, daß das Verhältnis der Anzahl der Bindungselektronen zur Anzahl der Atome in dem sozusagen gesättigten Mischkristall praktisch konstant bleibt. Wird dieses Verhältnis überschritten, dann wird das Gitter instabil.

Es ist zu beachten, daß diese homogenen Mischkristalle gebildet werden, ohne daß das Gitter der reinen Gastkomponente irgendwie von Einfluß wäre. Während bei Cu und Al die Gitter der beiden Elemente gleich sind, sind sie bei Cu und Si völlig verschieden.

Metallische Phasen. Wenn also mehr Atomprozente hinzugefügt werden, dann wird das Gitter instabil, es entsteht ein neues Gitter, eine neue metallische Phase. Diese Phasen können einen kleinen oder größeren Homogenitätsbereich haben; das heißt, sie haben keine feste stöchiometrische Zusammensetzung, sondern sie bilden in einem gewissen Bereich von Zusammensetzungen Mischkristalle. Deshalb können diese metallischen Phasen auch nicht als chemische Verbindungen bezeichnet werden.

Eine Gruppe bestimmter metallischer Phasen, die als HUME-ROTHERY-Phasen bezeichnet werden, treten vor allem als Legierungen auf zwischen den folgenden mit a und b bezeichneten Gruppen von Elementen: a) Cu, Ag, Au; Mn; Fe, Co, Ni, Rh, Pd, Pt. b) Be, Mg, Zn, Cd, Hg; Al, Ga, In, Tl; Si, Ge, Sn, Pb; La, Ce, Pr, Nd. Als Beispiel diene das System Ag—Cd, für das in der Abb. 75 die verschiedenen Phasen, die bei verschiedenen Atomprozenten von Cd stabil sind, dargestellt sind.

Die beiden Endphasen α und η sind natürlich durch das Gitter der beiden Elemente Ag bzw. Cd bestimmt, aber die β-, γ- und ε-Phase sind unabhängig von dem Gitter der Endglieder und sind weit verbreitet bei vielen Legierungen.

Die β-Phase stellt ein kubisch raumzentriertes Gitter dar, in dem alle die Punktlagen des in Abb. 74, S. 145 dargestellten Gitters *statistisch* durch A- und B-Atome besetzt; und die ε-Phase hat das Gitter der hexagonal dichtesten Kugelpackung, während die γ-Phase ein kompliziertes kubisches Gitter darstellt, welches 52 Atome in der Elementarzelle enthält. Diese komplizierte Struktur unterscheidet sich von den

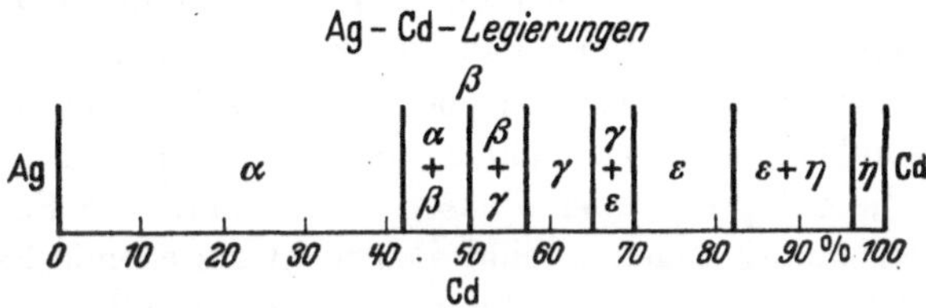

Abb. 75. Die Phasen im System Ag-Cd und ihre Homogenitätsbereiche (nach WESTGREN).

einfach gebauten der β- und ε-Phase auch in ihren physikalischen Eigenschaften dadurch, daß sie im Gegensatz zu jenen hart und brüchig ist. Es wurde mehrfach festgestellt, daß die Härte der kubisch-flächenzentrierten α-Phase mit zunehmender Zulegierung ansteigt. Sie erreicht in der γ-Phase ein *steiles* Maximum und wird in der ε- und η-Phase wieder geringer. Dasselbe Verhalten zeigt auch der elektrische Widerstand. Über eine moderne Deutungsmöglichkeit dieser Erscheinungen mit Hilfe der freien Elektronenniveaus in der BRILLOUIN-Zone siehe G. M. SCHWAB[1].

Ein experimentelles Ergebnis, für welches Erklärungsversuche von H. JONES[2] und U. DEHLINGER[3] vorliegen, besagt nun, daß die β-, γ- und ε-Phasen dann in Legierungen auftreten, wenn ein ganz bestimmtes Verhältnis der Anzahl der Valenzelektronen zur Anzahl der Atome im Gitter vorliegt. Nur dieses Verhältnis scheint die Stabilität des Gitters zu bedingen, und es scheint unwichtig zu sein, von welcher chemischen Art die Atome sind und wie groß die relative Anzahl der Atome ist. So kommt es, daß äußerst verschiedenartig zusammengesetzte Legierungen ein gleiches Gitter bilden können. Dies ist ein weiterer Hinweis dafür, daß die bindenden Elektronen nicht bestimmten Atomen angehören, sondern allen Atomen des Gitters gemeinsam sind.

---

[1] SCHWAB, G. M.: Angew. Chem. **61**, 434 (1949).

[2] JONES, H.: In N. F. MOTT u. H. JONES: Theory of the Properties of Metals and Alloys. S. 107f. Oxford 1936.

[3] DEHLINGER, U.: Z. Physik **94**, 231 (1935).

Das Verhältnis der Anzahl der Valenzelektronen zur Anzahl der vorhandenen Metallatome ist für die

Valenzelektronen / Atome

β-Phase (kubisch raumzentriert) . . . . $= 3:2$
γ-Phase (kubisch, 52 Atome in Zelle) . . . . . $= 21:13$
ε-Phase (hexagonal dichteste Kugelpackung) . . $= 7:4$

Diese beobachteten Regelmäßigkeiten werden als HUME-ROTHERY-Regel bezeichnet. Normalerweise kann man bei der Anwendung dieser Regel die Zahl der Valenzelektronen, die von den einzelnen Atomen abgegeben werden, deren Gruppennummer im periodischen System gleichsetzen. Nur bei den Metallen der VIII. Gruppe und bei La, Ce, Pr und Nd hat man als Anzahl der Valenzelektronen formal Null zu setzen[1]. Die angegebenen Verhältnisse sind aber nicht als feste Verhältnisse zu betrachten, sondern es ist vielmehr so, daß bereits in der *Nähe* dieser Verhältnisse die entsprechenden Phasen stabil sind. Die Formeln, die die Zusammensetzung angeben, sind also nicht als chemische Formeln zu werten, welche ein festes stöchiometrisches Verhältnis bezeichnen. In den folgenden Zusammenstellungen sind als Beispiele auch die technisch besonders bekannten Legierungen angegeben, wie Messing Cu—Zn, Aluminiumbronzen Cu—Al und Bronzen Cu—Sn.

Tabelle 43.
Beispiele für β-, γ- und ε-Phasen:

	Phase	Valenz-elektronen	Atome	Verhältnis
β-Phase kubisch raumzentriert	$CuZn$, $AgCd$	$1 + 2$	2	3:2
	$CoZn_3$	$0 + 2 \cdot 3$	4	3:2
	Cu_3Al	$3 + 3$	4	3:2
	$FeAl$	$0 + 3$	2	3:2
	Cu_5Sn	$5 + 4$	6	3:2
γ-Phase 52 Atome in der Zelle	Cu_5Zn_8, Ag_5Cd_8	$5 + 2 \cdot 8$	13	21:13
	Fe_5Zn_{21}	$0 + 2 \cdot 21$	26	21:13
	Cu_9Al_4	$9 + 3 \cdot 4$	13	21:13
	$Cu_{31}Sn_8$	$31 + 4 \cdot 8$	39	21:13
ε-Phase hexagonal dichteste Kugelpackung	$CuZn_3$, $AgCd_3$	$1 + 2 \cdot 3$	4	7:4
	Ag_5Al_3	$5 + 3 \cdot 3$	8	7:4
	Cu_3Sn	$3 + 4$	4	7:4

Es ist jedoch zu beachten, daß die HUME-ROTHERY-Regel nur Gültigkeit besitzt für Legierungen zwischen den beiden erwähnten Gruppen von Elementen. Über Ausnahmen vgl. die Arbeit von H. WITTE[2].

---

[1] Mögliche Erklärung hierfür siehe z. B. bei A. EUCKEN: Chemische Physik II, 2, 579.

[2] WITTE, H.:Der Gültigkeitsbereich der HUME-ROTHERYschen Regel. Metallwirtsch. **16**, 237—245 (1937).

Eine andere weitverbreitete Gruppe metallischer Legierungen mit dem stöchiometrischen Verhältnis AB_2 ist befähigt, bestimmte Gitter zu bilden, wobei die chemische Art der Atome und ihre Wertigkeit gleichgültig sind, wenn nur ein bestimmtes Radienverhältnis der Atome vorliegt. Diese Gitter verdanken ihre Stabilität rein geometrischen Faktoren. Wenn nämlich bei kugelig angenommenen Atomen das Radienverhältnis $R_A : R_B = \sqrt{3} : \sqrt{2} = 1{,}225$ beträgt, dann bilden sich Kugelpackungen mit einer besonders guten Raumerfüllung aus, die zwischen derjenigen der dichtesten Kugelpackung und derjenigen des kubisch raumzentrierten Gitters liegt. Das Besondere an diesen Gittern ist aber, daß die A-Atome mit der Koordinationszahl 4 und die B-Atome mit der Koordinationszahl 6 für sich je einen gitterhaften Zusammenhang bilden; es ist nämlich der Abstand zwischen nächstgelegenen A- und B-Atomen *größer* als das arithmetische Mittel der Abstände zwischen nächstbenachbarten A-Atomen unter sich und nächsten B-Atomen unter sich. Das A-Gitter und das B-Gitter sind derart zu einem Gitter ineinandergestellt, daß eine sehr gute Raumerfüllung resultiert. Das A-Atom hat 12 B-Nachbarn und B hat 6 A-Nachbarn, d. h. es sind die größtmöglichen Koordinationszahlen, die in einer AB_2-Verbindung auftreten können, verwirklicht. Metallische AB_2-Legierungen, die in solchen Gittern kristallisieren, nennt man LAVES-Phasen. Es gibt von ihnen drei verschiedene Typen, den MgCu_2-, MgZn_2- und den MgNi_2-Typ. Bei den bisher bekannten 65 Vertretern der LAVES-Phasen schwankt der Wert des Radienverhältnisses tatsächlich um den theoretischen Wert von 1,225; das Mittel beträgt 1,205[1].

Tabelle 44. *Beispiele für* LAVES-*Phasen.*

MgCu₂-Typ: $CaAl_2$, $MgCu_2$, $TiBe_2$, $AgBe_2$, $TiCo_2$, $PbAu_2$, $NaAu_2$, KBi_2, $Mg(NiZn)$, $Mg(Ni_{1,8}Si_{0,2})$;

MgZn₂-Typ: KNa_2, $MgZn_2$, $CaMg_2$, $CaLi_2$, $FeBe_2$, $TiFe_2$, $Mg(CuAl)$, $Mg(Cu_{1,5}Si_{0,5})$;

MgNi₂-Typ: $MgNi_2$, $TiCo_2$, $ZrFe_2$, $TaCo_2$, $Mg(Zn, Cu)_2$, $Mg(Ag_{0,4}Zn_{1,6})$.

Die weite Verbreitung der LAVES-Phasen ist wie die der HUME-ROTHERY-Phasen wiederum ein Beweis dafür, daß die Vorstellung einer Bindung, wie sie bei Ionen- und Valenzgittern wirksam ist, fehl am Platze ist.

Halbmetallische Verbindungen. In den bisher betrachteten Phasen war der Charakter der Bindung typisch metallisch. Das ist nicht immer der Fall; denn es ist bereits darauf aufmerksam gemacht worden, daß neben metallischer Bindung auch starke Anteile an homöopolarer Bindung, z. B. bei den Elementgittern des As, Sb, und Bi, auftreten. Man

---

[1] LAVES, F.: Naturwiss. **27**, 65 (1939). — LAVES, F., u. H. J. WALLBAUM: Z. anorg. Chem. **250**, 110 (1942).

kennt nun auch eine Anzahl metallischer Verbindungen, bei denen zusätzlich ein heteropolarer und homöopolarer Bindungsanteil auftritt. Das sind vor allem die im NiAs-Typ kristallisierenden Verbindungen von metallischen Übergangselementen der V., VI., VII. und VIII. Gruppe des periodischen Systems mit Sn, As, Sb, Bi, Te, Se oder S. Eine nicht ganz vollständige Zusammenstellung sei hier gegeben.

Tabelle 45. *Beispiele für Verbindungen im NiAs-Typ.*

	V	Cr	Mn	Fe	Co	Ni	Pd	Pt	Cu	Au
Sn				FeSn		NiSn		PtSn	CuSn	AuSn
Pb								PtPb		
As			MnAs			NiAs				
Sb		CrSb	MnSb	FeSb	CoSb	NiSb	PdSb	PtSb		
Bi						NiBi		PtBi		
S	VS	CrS		FeS	CoS	NiS				
Se	VSe	CrSe		FeSe	CoSe	NiSe				
Te		CrTe	MnTe	FeTe	CoTe	NiTe	PdTe	PtTe		

Der Gitter-Typ des NiAs (Rotnickelkies) kann als eine hexagonal dichteste Packung von As beschrieben werden, in deren sämtlichen oktaedrischen Lücken die Ni untergebracht sind. (Es brauchen nicht immer alle Lücken besetzt zu sein, was besonders durch den Magnetkies illustriert wird; dieser schwankt in seiner Zusammensetzung von FeS bis Fe_6S_7, was F. LAVES [1930] eindeutig auf einen Fe-Unterschuß im Gitter zurückführen konnte.) Ein Ni-Atom wird also von sechs As-Atomen oktaedrisch umgeben; aber zwei Ni haben fast den gleichen Abstand vom zentralen Ni wie die As-Nachbarn, so daß insgesamt ein Ni von sechs As und zwei Ni in nächster Nachbarschaft umgeben wird (Abb. 76). Die As werden von sechs Ni umgeben, aber nicht in Form eines Oktaeders, sondern in Form eines trigonalen Prismas. Während der homogene Bauverband der As für sich betrachtet eine hexagonal dichteste Kugelpackung darstellt, ist das Nachbarschaftsbild der für sich betrachteten Ni eine Kette parallel der Hauptachse; denn in dieser Richtung beträgt der Abstand Ni-Ni

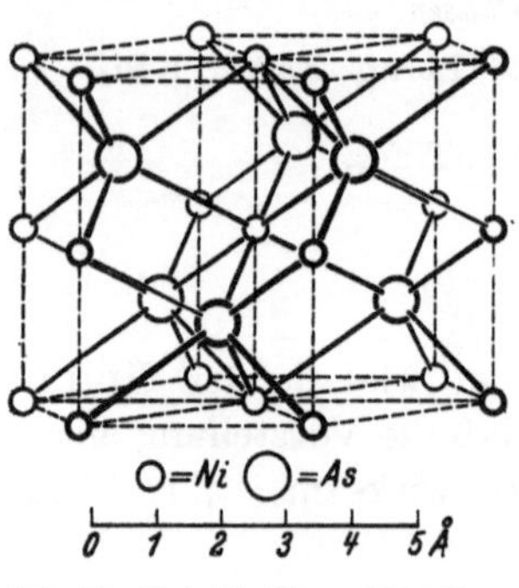

Abb. 76. Rotnickelkies, NiAs-Typ. Raumgruppe $P6_3/mmc - D_{6h}^4$.

beim NiAs nur 2,52 Å, während der nächst kürzeste Abstand (in Richtung der *a*-Achse) 3,61 Å ausmacht. Beim FeS ist der kürzeste Fe-Fe-Abstand in Richtung der *c*-Achse 2,90, in Richtung der *a*-Achse 3,44 Å.

Die Struktur des NiAs hat eine ausgeprägte Anisotropie, die sich u. a. darin äußert, daß die thermische Ausdehnung in Richtung der c-Achse nur $^1/_8$ des senkrecht zur Hauptachse gemessenen Wertes beträgt. Dies könnte folgendermaßen erklärt werden: Zwischen Ni und As wirkt heteropolar-homöopolare Bindung, zwischen den Ni-Atomen dagegen metallische[1] und homöopolare Bindung[2], die — wie der kurze Ni-Ni-Abstand in Richtung der Ketten bekundet — stärker ist, so daß in Richtung der c-Achse nur eine wesentlich kleinere thermische Ausdehnung erfolgen kann.

Weiterhin zeigt eine Anzahl von Verbindungen zwischen den (stark elektropositiven) Elementen der drei ersten Gruppen des Periodischen Systems mit Elementen der IV. bis VII. Gruppe trotz ihres metallischen Aussehens eine Bindungsart, die man als intermediär zwischen metallisch und heteropolar bezeichnet hat. Solche Verbindungen sind besonders von E. ZINTL und Mitarbeitern untersucht worden. (Zusammenfassende Darstellungen von H. W. KOHLSCHÜTTER[3] und F. LAVES[4].) Sie sind im Gegensatz zu echten metallischen Phasen in absolut ammoniakalischer Lösung bis zu einem gewissen Grade löslich, wobei die Lösung eine merkliche Ionenleitfähigkeit zeigt (es bilden sich wahrscheinlich Komplexionen unter Addition von NH_3). Es ist nicht überraschend, daß sich in Verbindungen von Metallen mit Se, Te, As, Sb und Bi, die man noch als Anionenbildner ansehen kann, oder gar mit typischen Anionen, wie Cl, Br, J und S, ein heteropolarer Bindungsanteil bemerkbar machen soll; es ist aber beachtlich, daß auch Si, Ge, Sn und Pb offensichtlich in gewissem Maße die Rolle eines Anions, z. B. in den Verbindungen Mg_2Si, Mg_2Ge, Mg_2Sn und Mg_2Pb übernehmen. Der Einfluß des beträchtlichen heteropolaren Bindungsanteils neben dem metallischen äußert sich dann auch im Kristallgitterbau. Die soeben genannten Mg-Verbindungen kristallisieren alle in dem für Ionenverbindungen typischen Fluoritgitter, CaF_2-Typ, wobei jedoch Mg die Positionen des F und Si, bzw. Ge usw. diejenigen des Ca besetzt (*Antifluoritgitter*). Außerdem treten noch andere Gittertypen auf, wie der Anti-Sc_2O_5- und der Anti-La_2O_5-Typ.

Alle diese Verbindungen sind bei normaler Temperatur recht gute elektrische Isolatoren. Aber das besagt nicht, vor allem nicht für die im Antifluorittyp kristallisierenden Verbindungen, daß es unbedingt heteropolare Verbindungen seien. Denn bei den im Antifluoritgitter kristallisierenden Substanzen liegt ein Verhältnis von Valenzelektronen zur Atomanzahl von 8:3 vor, und wellenmechanische Überlegungen

---

[1] LAVES, F., u. H. J. WALLBAUM: Z. angew. Mineral. **4**, 16—46 (1943).
[2] KLEMM, W.: Naturwiss. **37**, 150—156 (1950).
[3] KOHLSCHÜTTER, H. W.: Ber. dtsch. chem. Ges. **75**, 45 (1942).
[4] LAVES, F.: Naturwiss. **29**, 244 (1941).

haben gezeigt, daß bei solch einem Verhältnis die Elektronen innerhalb ihrer Energiebänder festgelegt sind und nicht das Leitfähigkeitsband erreichen können. Die Elektronen können also im *Kristall* unter der Wirkung einer elektrischen Spannung nicht wandern. Wenn dagegen der Kristall schmilzt, dann ändert sich die Lage und Breite der Energiebänder, und zwar derart, daß die Schmelzen dieser Kristalle eine sehr gute *Elektronenleitfähigkeit* von der Größenordnung der der typischen Metalle zeigen. Dieses widerspricht also einer etwaigen Annahme überwiegend heteropolarer Bindungen zwischen den Bausteinen der erwähnten Kristalle.

5. Die VAN DER WAALSsche Bindung.

Zwischen allen Atomen, Ionen oder Molekülen, gleichgültig ob im Gas, in der Flüssigkeit oder im Kristall, wirkt zusätzlich zu den anderen Bindungskräften stets auch die geringe VAN DER WAALSsche Anziehungskraft. Sie beruht auf einer Wechselwirkung der äußeren Elektronen; man darf aus der Bewegung der Elektronen schließen, daß jedes Atom ein sehr kleines, seine Richtung schnell änderndes Dipolmoment besitzt, welches auch ein solches in hinreichend nahen Nachbaratomen induziert, so daß eine geringe Anziehung zustande kommt. Da die Dipole sehr schnell alle Richtungen einnehmen, entsteht kein permanenter Dipol, und die VAN DER WAALSsche Anziehungskraft wirkt ungerichtet, also allseitig.

Die Energie kann in erster Näherung durch $-\dfrac{4\,\alpha^2 \cdot I}{\varDelta^6}$ beschrieben werden[1],

Tabelle 46.

	WAALS-Energie in kcal/Mol	Kürzester Atomabstand (Å)
Ne	0,59	3,20
Ar	2,03	3,84
Kr	2,80	3,96
HCl	5,05	1,28
HBr	5,52	1,41
HJ	6,21	1,6
N_2	1,86	1,1
O_2	2,09	1,2
Cl_2	7,43	2,0

worin $\alpha =$ Polarisierbarkeit; $I =$ erstes Ionisierungspotential, d.h. die Energie, die benötigt wird, um ein Elektron von einem Atom zu entfernen; $\varDelta =$ Atom bzw. Molekülabstand bedeuten. Es zeigt sich, daß jene Energie um so größer ist, je *größer* die Atome, Ionen oder Moleküle sind und je größer die Anzahl der Nachbarn ist. Ersteres erkennt man aus Tab. 46. Die angegebene (auf 0° K extrapolierte) Sublimationswärme gibt die VAN DER WAALS-Energie an; denn in den aufgeführten Kristallen sind die Moleküle bzw. Atome nur durch die VAN DER WAALSsche Bindungskraft zusammengehalten.

Die VAN DER WAALS-Energie ist so gering, daß sie in heteropolaren, homöopolaren und metallischen Kristallen kaum eine Bedeutung hat (man vgl. ihren verschwindend kleinen Anteil an der Gitterenergie von

---

[1] LONDON, F.: Z. phys. Chem. B **11**, 222 (1930); Z. Phys. **63**, 254 (1930); **60**, 491 (1930).

Alkalihalogeniden Seite 66), aber für die Kristallstrukturen der festen
Edelgase und der Molekeln, insbesondere für die Fülle organischer Molekeln,
spielt sie die entscheidende Rolle, weil sie alleine die Atome bzw. Moleküle
im Kristallverband zusammenhält. (Bei einer Anzahl von Strukturen ist
allerdings außerdem zwischen Molekeln die etwas stärkere Wasserstoffbindung wirksam, wie z. B. beim Eis, s. S. 171 f.). In allen jenen Fällen
ist die Kristallstruktur dadurch bestimmt, wie man die Molekeln, welche
ja jeweils eine spezielle Gestalt haben, möglichst dicht packen kann.

Da die Molekeln durch die sehr schwache van der Waalssche
Bindung in der Kristallstruktur zusammengehalten werden, ist der
meistens sehr niedrige Schmelzpunkt solcher sog. Molekülgitter, sowie
ihre Weichheit, ihre große Kompressibilität und thermische Ausdehnung
und ihre geringe Sublimationswärme völlig verständlich.

Die optischen und elektrischen Eigenschaften der Molekülgitter entsprechen jenen ihrer Moleküle; sie sind daher im kristallinen, im flüssigen
und gasförmigen Zustand im wesentlichen dieselben nur natürlich mit
dem Unterschied, daß bei nicht kubischer Symmetrie die Kristalle
anisotrop sind. Sie sind fast immer durchsichtig, nicht leitend und
diamagnetisch.

Die einzigen Festkörper, in denen *ausschließlich* van der Wallssche
Bindungskräfte wirken, sind die Edelgase in fester Form, also bei sehr
tiefen Temperaturen; denn bei den Edelgasen können wegen der abgesättigten Elektronenhüllen weder hetero- noch homöopolare, noch
metallische Bindungskräfte sich entfalten. Die *Schwäche* der van der
Waalsschen Bindung wird durch die äußerst niedrigen Schmelzpunkte
aller Edelgase demonstriert.

Bezüglich der Kristallstruktur der Edelgase besteht eine formale
Ähnlichkeit zu metallischen Strukturen; denn die van der Waalssche
Bindung ist auch räumlich ungerichtet und kann nicht abgesättigt
werden, so daß ein Atom sich mit der geometrisch größtmöglichen Anzahl
von Nachbarn umgeben kann. Daher haben alle festen Edelgase Gitter
einer dichtesten Kugelpackung. (He hat das Gitter der hexagonal dichtesten Kugelpackung, alle anderen Edelgase kristallisieren in der kubisch
dichtesten.)

Wenn auch gitterenergetisch der Unterschied dieser beiden dichtesten Kugelpackungen (bei gleicher Atomgröße) äußerst gering ist, kann man doch feststellen,
daß die Anordnung der hexagonal dichtesten Kugelpackung eine etwas größere
Gitterenergie als die der kubisch dichtesten Kugelpackung hat. Man sollte daher
erwarten, daß alle Edelgase hexagonal kristallisieren würden. Aber Prins[1] stellte
die interessante Vermutung auf, daß die sich berührenden Atome sich gegenseitig
etwas eindrücken, also deformieren werden, und daß das leichter möglich ist, wenn
die Kontaktstellen nach der kubischen Symmetrie angeordnet sind; das soll günstiger für die acht Elektronen der äußersten Hülle sein. Durch diese bei Ne, Ar, Kr

---

[1] Prins, M.: In «Changement de Phases» Soc. Chem. Phys. (Paris) **1952**, 249.

Kurze Übersicht über den Zusammenhang zwischen Bindungsart und strukturellen und physikalischen Eigenschaften.

<table>
<tr><th>Eigenschaften</th><th>Heteropolar</th><th>Homöopolar</th><th>Metallisch</th><th>VAN DER WAALS</th></tr>
<tr>
<td>Strukturell</td>
<td>ungerichtete Bindung; elektrische Neutralität der Summe der Ionenladungen. Gitter mit großer K. Z.</td>
<td>gerichtete und zahlenmäßig begrenzte Bindung. Gitter mit niedriger K. Z.</td>
<td>ungerichtete Bindung; Gitter mit sehr großer K. Z.</td>
<td>ungerichtete Bindung. Gitter dichtester Kugelpackungen, bzw. möglichst dichte Packung der Moleküle</td>
</tr>
<tr>
<td>Bindungsstärke</td>
<td colspan="2">— mittel bis stark —
abhängig von Ladung und Ionenabstand | abhängig von Elektronenkonfiguration (Valenz) und Atomabstand</td>
<td>unterschiedlich; abhängig von Anzahl der Bindungselektronen und Atomabstand</td>
<td>schwach; kein Einfluß der Elektronenkonfiguration. Kraft steigt mit Größe der Atome bzw. Moleküle</td>
</tr>
<tr>
<td>mechanisch — Härte</td>
<td colspan="2">— unterschiedliche Härte — typische Vertreter große Härte</td>
<td>Gleitung weit verbreitet</td>
<td>sehr gering</td>
</tr>
<tr>
<td>mechanisch — Kompressibilität</td>
<td colspan="3">— mittlere bis geringe Kompressibilität —</td>
<td>große Kompressibilität</td>
</tr>
<tr>
<td>thermisch — Therm.Ausdehnung Schmelzpunkt</td>
<td colspan="3">— mittlere bis geringe thermische Ausdehnung —</td>
<td>große
niedrig
Moleküle in Schmelze</td>
</tr>
<tr>
<td></td>
<td>ziemlich hoch. Ionen in Schmelze</td>
<td>hoch Moleküle in Schmelze</td>
<td>unterschiedlich</td>
<td></td>
</tr>
<tr>
<td>Elektrisch</td>
<td>mäßige Isolatoren Schmelze leitend</td>
<td>gute Isolatoren Schmelze nicht leitend</td>
<td>Leiter Schmelze leitend</td>
<td>Isolatoren Schmelze nicht leitend</td>
</tr>
<tr>
<td>Optisch</td>
<td>Lichtbrechung und Absorption im wesentlich. die der einzelnen Ionen und daher ähnlich in Lösung</td>
<td>Hohe Lichtbrechung. Absorption in Lösung und Kristall verschieden</td>
<td>Große Reflexion. Opak. Eigenschaften ähnlich in Schmelze</td>
<td>Eigenschaften sind diejenigen der Moleküle und daher ähnlich in Lösung oder Gas</td>
</tr>
</table>

und Xe freiwerdende Deformationsenergie würde dann die Gitterenergie der kubisch dichtesten gegenüber der hexagonal dichtesten Kugelpackung etwas größer werden, so daß jene Edelgase kubisch kristallisieren.

Auf Seite 170 sind die Zusammenhänge zwischen Bindungsart und strukturellen und einigen physikalischen Eigenschaften übersichtlich, aber schematisiert dargestellt, um das Wesentlichste am Vergleich zu wiederholen. Man muß jedoch bedenken, daß die reinen Bindungsarten nur Grenztypen darstellen, daß also alle Übergänge vorhanden sind, besonders jedoch zwischen heteropolar und homöopolar und zwischen metallisch und homöopolar.

6. Die Wasserstoffbindung.

Zwischen vielen Wasserstoff enthaltenden Molekülen wirken außer VAN DER WAALSschen Kräften zusätzlich noch etwas stärkere Bindungskräfte, die man als Wasserstoffbrücken- oder Wasserstoff-Bindung, bisweilen auch als Hydroxylbildung bezeichnet[1]. Für sie ist kennzeichnend, daß über *ein* Wasserstoffatom Bindungen zu *zwei* anderen Atomen gehen, so daß z. B. Polymerisation organischer Molekeln über Wasserstoffbrücken erfolgen kann. Die Wasserstoffbindung, die man oft auch durch eine *punktierte* Linie symbolisiert, ist keine kovalente Bindung; sie kann als permanente Dipolkraft dargestellt werden[2], aber man kann sie auch als heteropolare Bindungskraft beschreiben[3]: Das äußerst kleine positive Wasserstoff-Ion kann Anionen anziehen, aber wegen seiner Kleinheit kann nur Kontakt zu zwei Anionen hergestellt werden; die typische Koordinationszahl des H bei dieser Bindungsart ist also zwei. Bei dieser Konzeption können nur zwischen den am stärksten elektronegativen Atomen Wasserstoffbrücken gebildet werden, deren Bindungsstärke mit abnehmender Elektronegativität abnehmen muß. Man hat nun empirisch festgestellt, daß zum F sehr starke Wasserstoffbrücken gebildet werden, zum O schwächere und zum N noch schwächere; die Bindung zum Chlor ist, wahrscheinlich wegen des größeren Wirkungsradius des Cl, nur sehr schwach.

Eine besonders wichtige und interessante Struktur, in der Wasserstoffbrücken recht stark wirksam sind, ist die des Eises und Wassers. Im gewöhnlichen hexagonalen Eis hat man röntgenographisch festgestellt, daß Sauerstoffatome stets tetraedrisch von Sauerstoffatomen umgeben und so angeordnet sind, wie die Zn und S in dem Strukturtyp des Wurtzits (Abb. 56, Seite 98). (Man kann die Lage der Sauerstoffatome im Eis auch vergleichen mit der Lage der Si im Tridymitgitter,

---

[1] LATIMER, W. M., u. W. H. RODEBUSH: J. Amer. Chem. Soc. **42**, 1419 (1920).

[2] Siehe z. B. O. K. RICE: Electronic Structure and Chemical Binding. New York-London, S. 559 ff. 1940.

[3] Siehe z. B. L. PAULING: The Nature of the Chemical Bond. S. 284 ff. 1940; COULSON, C. A.: Valence. Oxford 1952, S. 301 ff.

SiO_2.) Der kürzeste Abstand der O beträgt 2,76 Å. Die H liegen nun nicht etwa in der Mitte des O—O-Abstandes, sondern jedes O hat zwei H im Abstand von 0,99 Å, d. h. es liegen H_2O-Moleküle im Eis vor. Stellt man sich nun vor, daß Sauerstoff vier tetraedrisch gerichtete sp^3-Hybridbindungen betätigen würde, dann werden zwei dieser Bindungen zu zwei H gerichtet sein und abgesättigt werden; da H wesentlich weniger elektronegativ als O ist, wird man an den Orten der beiden H eine kleine positive Ladung erwarten dürfen. In den beiden anderen Tetraederrichtungen jedoch, in denen die Elektronen keine Bindung eingehen konnten, wird man eine gewisse Elektronenhäufung, also negative Ladung erwarten. Demnach hätte das Sauerstoffatom in der Wassermolekel zwei Häufungsstellen positiver und zwei Häufungsstellen negativer Ladung, die tetraedrisch angeordnet sind. Von den Häufungsstellen positiver Ladung, also von den Orten der H einer H_2O-Molekel, wirken nun heteropolare Kräfte zu Stellen negativer Ladung zweier anderer Molekeln, so daß jedes O ungefähr tetraedrisch von vier H umgeben ist; zwei H gehören zu einer Molekel, während die beiden anderen, weiter entfernten H zwei anderen benachbarten Molekeln angehören. Auf diese Art kommt also eine Wasserstoffbrückenbindung zwischen den Molekeln zustande, die merklich fester ist, als wenn nur die VAN DER WAALSsche Bindung wirksam wäre.

PAULING hat die Bindungsenergie der Wasserstoffbindung abgeschätzt, indem er von den 12,2 kcal/mol, die als Sublimationswärme des Eises bestimmt worden sind, 3 kcal/mol als reine VAN DER WAALS-Energie abzieht und die restlichen 9 kcal/mol unter den beiden Wasserstoffbindungen aufteilt, so daß jeder der O—H . . . . . O Bindungen des Eises die Energie von 4,5 kcal/mol zukommt.

In der Kristallstruktur des Eises haben zwar die Schwerpunkte der Sauerstoffatome ihre bestimmten Punktlagen, aber man darf nicht meinen, daß die H der vier Wasserstoffbrückenbindungen[1] ebenfalls ihre festliegenden Positionen etwa genau auf den O—O-Verbindungslinien, die von jedem O zu seinen vier O-Nachbarn ausgehen, hätten. Wir müssen vielmehr aus der relativ großen Entropie von 0,82 cal/Mol.-Grad, die Eis selbst bei sehr tiefen Temperaturen noch besitzt, schließen, daß die H nicht nur feste Gitterplätze besetzen, sondern daß z. B. durch Drehung der H_2O-Molekeln um ihren Sauerstoffschwerpunkt die H verschiedene Lagen einnehmen, wobei wohl anzunehmen ist, daß die H häufig auf den O—O-Verbindungslinien liegen. Ein Eiskristall ist also auch bei tiefer Temperatur strukturell stark „fehlgeordnet" (vgl. S. 210 ff.), weil die H der Moleküle ihre Lage zueinander ändern können. Unter dem Einfluß eines elektrischen Feldes ist das sogar schon bei $-73°C$ so stark, daß das Eis eine Dielektrizitätskonstante aufweist, die bereits von der Größenordnung derjenigen des Wassers ist.

CROSS und Mitarbeiter[2] konnten folgern, daß bei $-183°C$ jede H_2O-Molekel durch Wasserstoffbrücken mit vier Nachbarmolekeln koordiniert ist, daß aber mit

---

[1] Von einer H_2O-Molekel gehen zwei Wasserstoffbrücken zu zwei benachbarten Molekeln aus und zwei Bindungen „landen" sozusagen von zwei anderen Molekeln auf dem O der betrachteten Molekel.

[2] CROSS, P. C., J. BURNHAM u. P. A. LEIGHTON: J. Amer. Chem. Soc. **59**, 1134 (1937).

steigender Temperatur Wasserstoffbrücken sozusagen aufgelöst werden, so daß beim Schmelzpunkt eine erhebliche Anzahl von Molekeln vorliegt, welche durch Wasserstoffbrücken an nur zwei oder drei Nachbarmolekeln gebunden sind. Die sehr geringe Schmelzwärme des Eises von 1,44 kcal/mol besagt, daß beim Schmelzen nur ein kleiner Anteil (ca 15%, nach PAULING) der im Eis vorhandenen Wasserstoffbrücken aufgelöst wird. Schließlich konnte abgeschätzt werden, daß im Wasser bei $40°C$ eine Molekel im Mittel nur noch an zwei Nachbarmolekeln durch Wasserstoffbrücken gebunden ist.

Es ist offensichtlich, daß die Struktur des Eises mit seiner (bei tiefer Temperatur) wurtzitartigen tetraedrischen Koordination von Molekeln sehr sperrig, d. h. voluminös gebaut ist (denn eine dichteste Packung würde 12 Nachbarn haben); mit steigender Temperatur tritt nun a) eine thermische Ausdehnung ein, die eine allmähliche weitere Vergrößerung des Volumens bewirkt, und b) ein allmähliches Auflösen der tetraedrischen Molekülanordnung, wodurch eine etwas dichtere Packung der Moleküle, also Volumenverminderung erreicht wird. Durch das Schmelzen wird der Einfluß von b) gegenüber a) plötzlich stärker, so daß eine ca. 10%ige Volumenverminderung eintritt. Bei noch weiterer Steigerung der Temperatur auf $4°C$ wird in dem Wechselspiel zwischen Vorgang a) und b) das kleinste Volumen, also die größte Dichte erreicht. Diese so eigentümliche Veränderung der Dichte des Wassers ist also auf die so sperrig gebaute Kristallstruktur des Eises, die auch teilweise noch im Wasser vorhanden ist, zurückzuführen, also auf die Wasserstoffbindung; würden nur VAN DER WAALSsche Kräfte die Moleküle im Eis zusammenhalten, dann hätte es eine größere Dichte als Wasser, was katastrophale Folgen für das organische Leben hätte.

PAULING hat abgeschätzt, daß der Schmelzpunkt des Wassers bei $-100°C$ und der Siedepunkt bei $-80°$ liegen würden, wenn nur VAN DER WAALS- und nicht auch die stärkeren Wasserstoffbindungen zwischen den Molekeln wirksam wären. Aus den gleichen Gründen sind Schmelzpunkt, Siedepunkt und Verdampfungswärme bei HF und H_2O aber auch noch bei NH_3 anomal hoch. Weiter ist die besonders große Dielektrizitätskonstante des Wassers, des H_2O_2, HF, C_2H_5OH, CH_3OH und NH_3 auf Polymerisation mittels Wasserstoffbrückenbindung zurückzuführen.

Die Wasserstoffbrückenbindung spielt bei einer großen Zahl organischer Verbindungen eine sehr wichtige Rolle; sie kann sowohl intermolekular als auch intramolekular wirksam sein. Wegen der geringen Bindungsenergie der Wasserstoffbindung mag ihre große Bedeutung zunächst überraschend sein, aber gerade wegen der geringen Energie kann die Wasserstoffbindung leicht aufgelöst bzw. gebildet werden, so daß sie bei vielen bei normaler Temperatur ablaufenden physiologischen Reaktion eine sehr wichtige Rolle übernimmt. Beispiele hierfür sind in den auf S. 171 zitierten Werken behandelt, auf die deshalb verwiesen sei.

Aber auch in anorganischen Verbindungen, ja selbst in Mineralen, kann die Wasserstoffbindung wirksam sein, wenn OH-Ionen in der Kristallstruktur vorhanden sind; man spricht dann auch von Hydroxylbindung. Über die zwischen OH-Gruppen wirkende Hydroxylbindung ist folgende Vorstellung entwickelt worden[1]: In der OH-Gruppe liegt

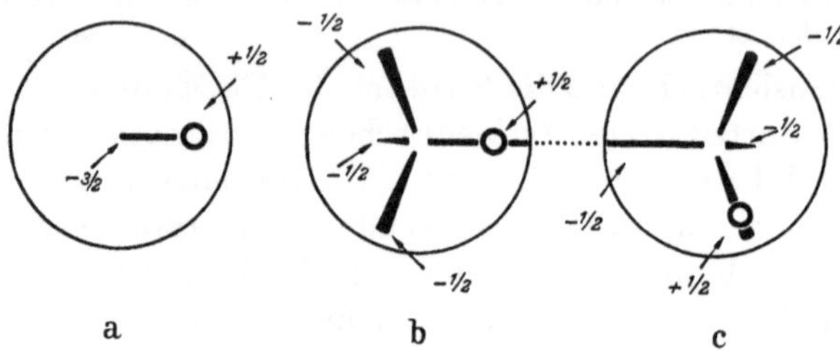

Abb. 77 a—c. OH-Ion und Wasserstoffbindung; a) Zylindrische Symmetrie der Ladungsverteilung, b u. c) Tetraedrische Symmetrie der Ladungsverteilung. Wasserstoffbindung: punktierte Linie zwischen b und c (nach BERNAL).

das H etwa 1 Å vom Zentrum des O entfernt, aber noch innerhalb seiner Wirkungssphäre, die einen Radius von 1,3 — 1,8 Å hat; auch für das negative OH-Ion darf eine derartige Lage des H angenommen werden. Dann kann man sich das OH-Ion als Dipol vorstellen, in der Art wie es die Skizze Abb. 77 zeigt; es hat eine polare zylindrische Symmetrie. BERNAL meint nun, daß unter dem Einfluß höher geladener Kationen, d. h. starker Polarisation, die Ladungsverteilung eine tetraedrische Anordnung annimmt (ähnlich wie im H_2O), wie es in Abb. 77 b und c

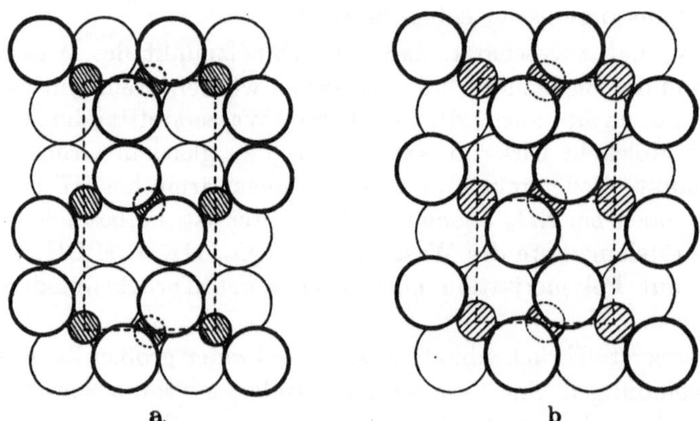

Abb. 78 a u. b. Lagenfolge der Schichtpakete; a) im Hydrargillit, γ-Al(OH)$_3$ = Al$_2$(OH)$_6$ (mit Wasserstoffbindung) und b) im Brucit Mg(OH)$_2$ = Mg$_3$(OH)$_6$ (ohne Wasserstoffbindung) (aus A.F. WELLS).

schematisiert ist. Dieses OH-Ion kann nun z. B. ein anderes OH-Ion anziehen und mit einer Hydroxylbindung festhalten, wie es der Kombination der Abb. 77 b und c entspricht (punktierte Linie). Auf diese Art

---

[1] BERNAL, J. D., u. H. D. MEGAW: Proc. Roy. Soc. (London) A **151**, 384 (1935).

stellen sich OH-Ionen direkt gegenüber, was z. B. in der Kristall-struktur des Hydrargillits, γ-Al(OH)$_3$, beobachtet wird, Abb. 78. Im Gegensatz dazu liegen in der ebenfalls aus OH-Schichten aufgebauten Struktur des Brucits, Mg(OH)$_2$ die (OH)$^-$ des einen Schichtpaketes *auf Lücke* zwischen den (OH)$^-$ des darunter und darüber liegenden Schichtpaketes; hier ist wegen der geringeren Polarisation des Mg-Ions nicht die tetraedrische Ladungsverteilung im OH-Ion vorhanden, und infolgedessen wirkt keine Hydroxylbindung zwischen den Schichtpaketen. Beim Brucit sind also die Schichtpakete dichter gepackt, beim Hydrargillit dagegen lockerer, aber die Bindung ist wegen der Hydroxylbindung fester als beim Brucit, wo nur VAN DER WAALSsche Kräfte wirksam sind. Das zeigt sich auch an den Eigen-schaften des Hydrargillits. Während z. B. die thermische Ausdehnung bei Brucit und Portlandit, welche dem CdJ$_2$-Typ angehören, in Richtung der Schichtennormalen, d. h. $\parallel$ c-Achse, vier bzw. dreimal größer ist als in Richtungen parallel zu den Schichten, ist beim Hydrargillit dieser Unterschied wesentlich geringer wegen der Hydroxylbindung zwischen den Schichtpaketen[1].

Weitere Beispiele für Minerale mit Hydroxylbindung sind α- und γ-AlO(OH), die man Diaspor bzw. Boehmit nennt, sowie α- und γ-FeO(OH), die Goethit (Nadeleisenerz) bzw. Lepidokrokit (Rubin-glimmer) genannt werden. WELLS[2] gibt eine Anzahl weiterer anorga-nischer Beispiele.

II. Isomorphie und Polymorphie.

1. Isomorphiebeziehungen.

Das von MITSCHERLICH in die Kristallkunde eingeführte Wort „Isomorphie" hat bezüglich seiner Auslegung manche Meinungsver-schiedenheiten ausgelöst. Versteht man unter Isomorphie das, was das Wort besagt, nämlich „gleiche Gestalt", und benutzt man das Wort Gestalt nicht nur zur Kennzeichnung der durch mancherlei Faktoren beeinflußbaren *äußeren* Gestalt, sondern — entsprechend unserer heutigen Kenntnis vom Aufbau der kristallinen Festkörper — zur Kennzeichnung gleicher Kristallstrukturen, welche ursächlich auch die äußeren Formen bedingen, dann kommt man zu dem Ergebnis, daß es Isomorphie in die-sem strengen Sinne nicht gibt. Es können immer nur Annäherungen an diesen urbildlichen Begriff vorkommen. Deshalb spricht man besser von *Isomorphiebeziehungen* und nicht schlechthin von Isomorphie. (Nur in einem Fall kann Isomorphie im strengen Sinne verwirklicht sein, dann nämlich, wenn zwei Verbindungen sich aus zwei verschiedenen Isotopen

---

[1] MEGAW, H. D.: Proc. Roy. Soc. (London) A, **142**, 198 (1933); Z. Kristallogr. **100**, 71 (1939).

[2] WELLS, A. F.: Structural Inorganic Chemistry, Oxford 1950.

derselben Elemente aufbauen.) Für die Isomorphiebeziehungen gibt es verschiedene Kriterien, wie z. B. kristallgeometrische Ähnlichkeit, Ähnlichkeit der molekularen Bausteine, Mischbarkeit, Impfbeziehungen, orientierte Aufwachsungen einer Kristallart auf einer anderen[1], Ähnlichkeit der physiologischen Wirksamkeit usw. Die für uns wichtigsten Kriterien sind 1. kristallgeometrische Ähnlichkeiten, die man unter dem Begriff der *Typie* zusammenfaßt, und 2. die *Mischbarkeit*.

Beide Begriffe müssen auseinandergehalten werden, denn gleicher Kristallgittertyp und Mischbarkeit brauchen keineswegs gekoppelt zu sein, und umgekehrt kann vollständige Mischbarkeit zwischen Stoffen mit verschiedenen Gittertypen auftreten.

a) Typie.

Die Bedingungen, denen Gitter genügen müssen, wenn man sie als „gleich", „ähnlich" bzw. „verschieden" bezeichnen will, hat F. Laves[2] folgendermaßen zusammengestellt:

Isotypie. Zwei Kristalle A und B werden *isotyp* genannt, wenn sie die gleiche Atomanordnung haben und die folgenden drei Bedingungen erfüllen:

1. Die Kristalle A und B müssen die gleiche Raumgruppe besitzen.

2. Jedem mit Atom-, Ionen- oder (bei rotierenden Teilchen) Teilchenschwerpunkten besetzten Gitterkomplex[3] von A muß ein etwa gleich stark besetzter Gitterkomplex von B entsprechen.

3. Die Achsenverhältnisse und die speziellen Parameterwerte der Gitterkomplexe von A und B müssen gleich sein bzw. dürfen nur derart wenig voneinander abweichen, daß die Bauzusammenhänge nicht wesentlich verschieden sind.

Alle Verbindungen, die einem Gittertyp zugeordnet sind, erfüllen diese drei Bedingungen; sie sind also alle isotyp. Die Gründe dafür, weshalb verschiedene Verbindungen im gleichen Gittertyp kristallisieren, sind nicht in jedem Falle angebbar. Einige wesentliche Gründe können jedoch herausgestellt werden:

a) Bei im wesentlichen heteropolaren Kristallen kann ein gleicher Gittertyp auftreten, wenn das *Verhältnis der Ionenradien* zueinander innerhalb der Grenzen liegt, in denen das bestimmte Gitter stabil ist, und wenn die Polarisationseigenschaften der Bausteine innerhalb der verschiedenen Verbindungen gleich oder ähnlich sind.

b) Bei einer Reihe von im wesentlichen homöopolaren Kristallen tritt gleicher bzw. sehr ähnlicher Gittertyp auf (z. B. Zinkblende- oder Wurtzitgitter), wenn die

---

[1] Über orientierte Aufwachsungen siehe: Neuhaus, A.: Fortschr. Mineral. **29/30**, 136—287 (1952). Vultée, J. v.: Fortschr. Mineral. **29/30**, 297—378 (1952).

[2] Laves, F.: Chemie **57**, 30—33 (1944).

[3] Ein Gitterkomplex ist die Gesamtheit aller Punkte, die durch die Symmetrieoperationen einer Raumgruppe aus einem Punkte bestimmter Lage erzeugt wird.

Regel von GRIMM u. SOMMERFELD erfüllt ist, d. h. wenn die Gesamtzahl der Bindungselektronen sich zur Anzahl der Atome wie 4 zu 1 verhält. (Es gibt Ausnahmen: ScN usw.!)

c) Bei Metallen treten Gitter mit sehr hoher Koordinationszahl auf. Die Gründe dafür, warum die kubisch bzw. hexagonal dichteste Kugelpackung bzw. das kubisch innenzentrierte Gitter von bestimmten metallischen Elementen gebildet werden, sind noch nicht bekannt. Weitere isotype Kristalle entstehen unter den für die Bildung der HUME-ROTHERY- und der LAVES-Phasen geltenden Bedingungen (vgl. S. 164 f.). Bei den LAVES-Phasen kann man noch nicht voraussagen, in welchem der drei Gittertypen eine geeignete Substanz kristallisieren wird.

Homöotypie. Je nach der Art des Unterschiedes zwischen verschiedenen Gittern kann man mehrere Fälle von Ähnlichkeit = Homöotypie unterscheiden:

a) Die Bedingung 3, die bei der Isotypie aufgeführt ist, ist nur schlecht erfüllt.

Beispiel: Mg und Zn; Mg und Cd. Die hexagonal dichteste Kugelpackung des Mg ist beträchtlich deformiert, so daß das Achsenverhältnis bei Zn und Cd beträchtlich größer ist als bei Mg.

b) Die Bedingung 2 für Isotypie ist insofern nicht voll erfüllt, als nicht allen Gitterkomplexen von A gleichartige Gitterkomplexe von B zuzuordnen sind.

Beispiele: Quarz (SiO_2) und $AlAsO_4$. Beide Verbindungen haben die gleiche Anordnung von Tetraedern im Gitter. Beim Quarz ist die Mitte jedes Sauerstofftetraeders von Si besetzt, beim $AlAsO_4$ dagegen sind 50% der Si im $SiSiO_4$ (Quarz) durch Al und die anderen 50% durch As besetzt. Es besteht keine Isotypie mehr, aber Homöotypie.

Diamant und Zinkblende sind homöotyp; hier wird ebenfalls dadurch, daß an Stelle von jeweils 50% der C-Atome Zn bzw. S treten, auch die Symmetrie erniedrigt; es ist also auch die obige Bedingung 1 nicht mehr erfüllt.

c) Wenn bei zwei Kristallen A und B das Gerüst, welches für den Bau des Gitters als wesentlich angesehen wird, das gleiche ist, wenn aber bezüglich der Punktlagenbesetzung und des Zellinhalts Unterschiede vorhanden sind, dann bezeichnet man diese Gitter auch als homöotyp.

Beispiele: Hochquarz ($SiSiO_4$) und $LiAlSiO_4$(Hoch-Eukryptit). Das wesentliche Tetraedergerüst ist bei beiden Kristallen gleich; beim $LiAlSiO_4$ sitzt das Al an Stelle von 50% des Si des Quarzes (ähnlich dem Fall b), aber zusätzlich sind noch Li in den Hohlspiralen des Tetraedergerüstes untergebracht. Weitere Beispiele sind die „Abkömmlingsstrukturen", Seite 137.

d) Wenn die Bauzusammenhänge, dargestellt durch das Gerüst der wichtigsten Bindungsrichtungen, gleich sind, aber Unterschiede hinsichtlich der Symmetrie (Bedingung 1) bestehen, dann spricht man ebenfalls von Homöotypie.

Beispiel: Hochquarz und Tiefquarz. Die tetraedrischen Bauzusammenhänge sind in beiden Fällen dieselben, aber im Tiefquarz sind die Koordinationstetraeder stärker gegeneinander verkippt. Wenn man die Punktlagen des Si in die (0001)-Ebene projiziert, dann äußert sich der Unterschied der beiden homöotypen Strukturen folgendermaßen: Beim Hochquarz liegen die Projektionspunkte der Si auf Geraden, beim Tiefquarz auf zick-zack-förmigen Linien. Die Raumgruppen sind verschieden: Hochquarz hat $P6_22$, Tiefquarz dagegen $P3_12$ (bzw. die enantiomorphen Raumgruppen).

e) Homöotypie liegt auch dann vor, wenn infolge gleicher Koordinationszahlen die Bauzusammenhänge im Kristall A und im Kristall B gleich sind, die engste Nachbarschaftsumgebung also gleich ist, wenn aber die weitere Nachbarschaftsumgebung verschieden ist. (Das Bausymbol nach Laves[1] ist dasselbe; es ist angegeben.)

Beispiele:	Kubisch dichteste Kugelpackung und hexagonal dichteste					
	Kugelpackung			$12G$		
	Zinkblende	und	Wurtzit	A	$4g4$	B
				$12G$		$12G$
	$CdCl_2$	und	CdJ_2	A	$6n3$	B
				$6N$		$12G$
	$MgCu_2$ und $MgZn_2$ und $MgNi_2$; in					
	allen Fällen ist das Bausymbol			A	$12g6$	B
				$4G$		$6G$
	Cristobalit	und	Tridymit.			

f) Kombinationen der verschiedenen vorstehend aufgezählten Unterschiede ergeben auch noch Homöotypie.

Beispiele: Spinell, $MgAl_2O_4$, und Korund, Al_2O_3 (Fall c und e); BPO_4 und Tridymit, SiO_2 (Fall b und e).

Heterotypie. Die Gitter, die nicht unter den Begriff der Isotypie und Homöotypie fallen, werden heterotyp genannt; sie sind nicht mehr „gleich" bzw. „ähnlich", sondern „verschieden" voneinander im Sinne der Typie.

b) Mischkristallbildung.

Die Bildung von Mischkristallen zwischen zwei oder mehreren kristallinen Phasen wurde früher als ein besonders sicheres Charakteristikum für strukturelle Gleichheit chemisch verschiedener Stoffe betrachtet. Heute weiß man jedoch, daß Mischkristallbildung nicht nur zwischen isotypen Stoffen auftritt, sondern auch zwischen homöotypen

---

[1] siehe S. 146.

und sogar zwischen heterotypen. Wenn man also unter dem übergeordneten Begriff der Isomorphiebeziehungen die Mischkristallbildung betrachtet, dann muß man unterscheiden:

Mischbarkeit zwischen isotypen Kristallen   = isomorph mischbar,
Mischbarkeit zwischen homöotypen Kristallen = homöomorph mischbar,
Mischbarkeit zwischen heterotypen Kristallen = heteromorph mischbar.

Bei den drei Arten gibt es Beispiele für vollständige, gute und schlechte Mischbarkeit.

Unter einem echten Mischkristall versteht man einen Mischkristall, dessen Gastkomponente atom- oder molekulardispers nach den Gesetzen der Statistik gleichmäßig im Wirtkristall verteilt ist, man spricht bisweilen auch von „festen Lösungen". Solch eine statistische Einlagerung von Ionen oder Atomen in einem Wirtkristall ist nun auf verschiedene Arten möglich, wobei stets die eine der zu erfüllenden Voraussetzungen die ist, daß die eingelagerten Teilchen von geeigneter Größe sind. Was unter „geeigneter Größe" zu verstehen ist, wird bei den einzelnen Fällen erläutert werden. Jedenfalls ist bei der Mischkristallbildung die *absolute Größe* der Bausteine von entscheidender Bedeutung, nicht das Radienverhältnis wie bei der Bildung gleicher Gittertypen.

1. Einfache Substitution. Der einfachste Fall der Mischkristallbildung ist der, daß Anionen bzw. Kationen im Kristall A durch eine gleiche Menge von Anionen bzw. Kationen des Kristalls B ersetzt, substituiert werden. Man nennt diesen Fall *einfache Substitution*[1]. Hierbei muß die Größe der ersetzenden Teilchen ähnlich derjenigen der substituierten sein. An sehr vielen Mischkristallen, insbesondere an metallischen, hat sich herausgestellt, daß die „Ähnlichkeit" der Größe so lange vorliegt, solange der Radius des größeren Teilchens den des kleineren Teilchens um nicht mehr als etwa 15% übersteigt; dann kann Mischkristallbildung über den ganzen möglichen Mischungsbereich eintreten: vollständige Mischkristallbildung. Sind die Größenunterschiede stärker, dann kann nur eine unvollständige oder keine Mischkristallbildung erfolgen. Beispiele für einfache Substitution bei Mischkristallbildung:

a) zwischen *isotypen* Kristallen: Größenunterschied

Ag—Au vollständig mischbar 0%
KCl—KBr vollständig 8%
NaCl—AgCl vollständig 15%
KCl—KJ unvollständig 22%
NaCl—KCl nur bei hoher Temperatur vollständig mischbar (>400°)
        bei tiefer Temperatur *keine* Mischbarkeit 36%
LiCl—KCl *nicht* mischbar 70%
Komplizierte Kristalle:
Olivine: Mg_2SiO_4—Fe_2SiO_4 vollständig mischbar 6%
Spinelle: $MgAl_2O_4$—$FeAl_2O_4$ gut mischbar 6%

---

[1] Nach F. Laves: Z. Elektrochem. **45**, 2—16 (1939).

b) zwischen *homöotypen* Kristallen:

Mg—Cd (hexagonal dichteste Kugelpackung bzw. deformierte hexagonale Kugelpackung) bei hohen Temperaturen vollständig mischbar 5%

Al—Mg (kubisch dichteste Kugelpackung bzw. hexagonal dichteste Kugelpackung) 12%
Al nimmt bei 451° bis 15,35% Mg im Gitter auf.
Mg nimmt bei 436° bis 12,1% Al im Gitter auf.
(Bis zu diesen Zusammensetzungen sind die Mischkristalle technisch verwertbar.)

Cu—Zn (kubisch dichteste Kugelpackung bzw. deformierte hexagonal dichteste Kugelpackung). Cu löst bei 905° etwa 33% Zn; bei niedriger Temperatur etwa 40%. Zn löst nur sehr wenig Cu. (Messinge) 7%

c) zwischen *heterotypen* Kristallen:

Mg—Li (hexagonal dichteste Kugelpackung bzw. kubisch raumzentriertes Gitter) praktisch vollständig mischbar 2%

KCl—TlCl (NaCl- bzw. CsCl-Typ) 12%
unvollständig; etwa 20% TlCl können im KCl-Gitter eingebaut werden.

In allen Fällen der einfachen Substitution werden gleichwertige Gitterplätze wieder vollständig besetzt; der Formeltyp bleibt also derselbe, was jedoch auch bei einer anderen Art der Mischkristallbildung der Fall sein kann (Divisionssubstitution).

2. Gekoppelte Substitution. Als zweiten Fall der Art der Mischkristallbildung können wir von der einfachen Substitution die *gekoppelte Substitution* unterscheiden. Beide Vorgänge sind eng miteinander verwandt, denn es werden stets gleichwertige Gitterplätze wieder vollständig besetzt. Bei der gekoppelten Substitution, wofür die bei hoher Temperatur vollständige isomorphe Mischbarkeit der Plagioklase zwischen den beiden Endgliedern Albit, $NaAlSi_3O_8$, und Anorthit, $CaAl_2Si_2O_8$, ein Beispiel ist, findet ein gekoppelter Ersatz von Na^+ und Si^{4+} durch die jeweils ähnlich großen Ca^{2+} und Al^{3+} statt.

Additions- und Subtraktionssubstitution. Zwei Arten von Mischkristallbildung unterscheiden sich nun wesentlich von den beiden bisher behandelten dadurch, daß bei ihnen gleichwertige Gitterplätze nicht vollständig, sondern unvollständig besetzt werden. Der eine Fall ist der, daß eine *größere* Anzahl gleichwertiger Gitterplätze im Mischkristall besetzt ist als in der reinen Phase; diesen Vorgang nennt man *Additionssubstitution*. Den anderen Fall, bei dem eine *kleinere* Anzahl gleichwertiger Gitterplätze in Mischkristall besetzt ist, nennt man *Subtraktionssubstitution*; er wird unter 4 behandelt. Beide Fälle sind naturgemäß auf homöo- und heterotype Kristalle beschränkt.

3. Additionssubstitution: a) zwischen *homöotypen* Kristallen:

$$\gamma\text{-}Al_2O_3\text{—}MgAl_2O_4 \text{ (Spinell) vollständig mischbar.}$$

Beide Gitter sind kubisch, unterscheiden sich aber hinsichtlich des Zellinhalts und der Punktlagenbesetzung; sie sind homöotyp. Denn beide Gitter können als eine kubisch dichteste Sauerstoffpackung aufgefaßt werden, in der tetraedrische und oktaedrische Lücken durch die kleinen Kationen besetzt sind. Beim normalen Spinell, dessen Elementarzelle acht Moleküle enthält, sind acht tetraedrische Lücken durch Mg besetzt und 16 oktaedrische durch Al. Diese 24 Lücken werden beim γ-Al_2O_3 nicht alle besetzt, sondern im Durchschnitt nur $21^1/_3$, wobei sich die Al auf tetraedrische und oktaedrische Lücken statistisch verteilen. Die Mischkristallbildung auf der Seite des Al_2O_3 kommt nun dadurch zustande, daß tetraedrische mit Al besetzte Lücken statt dessen durch Mg besetzt werden, und außerdem werden auf im Al_2O_3 noch freie tetraedrische Lücken weitere Mg gebracht, damit die Elektroneutralität gewahrt bleibt. Es werden also Ionen zusätzlich auf gleichwertige Gitterplätze eingebaut: Additionssubstitution.

Die Bausteine sind von „ähnlicher" Größe, weil sie in die Lücken des Gitters passen, obgleich ihr Größenunterschied recht beträchtlich ist. Mg^{2+} ist um 35% größer als Al^{3+}. (Solche Mischkristalle, in denen die Formeln nicht übereinstimmen, hat man „anomale" Mischkristalle genannt. Da sich aber dahinter eine ganze Reihe verschiedener Erscheinungen verbirgt, ist es besser, diesen Namen fallen zu lassen.)

Ein weiteres sehr anschauliches Beispiel für Additionssubstitution sind die Mischkristalle

b) zwischen *heterotypen* Kristallen: Beispiele sind $MgCl_2$—$LiCl$; $NiTe_2$ — $NiTe$; $NiSe_2$ — $NiSe$; CaF_2 — YF_3.

$MgCl_2$ kristallisiert im Schichtengitter vom Typ des $CdCl_2$, während LiCl den NaCl-Typ bildet. Aber beiden Gittern liegt eine kubisch dichteste Packung von Cl-Ionen zugrunde. Beim LiCl sind nun sämtliche oktaedrischen Lücken der Anionenpackung durch Li besetzt, während beim $MgCl_2$ nur die Hälfte der oktaedririschen Lücken von Mg besetzt sind. Die Gitter sind im Sinne der Typie heterotyp, aber trotzdem kann hier Mischkristallbildung eintreten und folgendermaßen verstanden werden: Man kann statt LiCl auch Li_2Cl_2 schreiben und sich vorstellen, daß an die Stelle von Mg im $MgCl_2$ durch Hinzufügen von Li_2Cl_2 erstens die oktaedrischen Lücken, in denen das Mg saß, durch Li besetzt werden, und zweitens, daß der andere Teil der Li (denn an Stelle von 1 Mg treten 2 Li in das Gitter) in die beim $MgCl_2$ noch unbesetzten oktaedrischen Lücken zusätzlich tritt. Es werden also gleichwertige Gitterplätze dabei aufgefüllt: Additionssubstitution. Die Mg" und Li˙ haben gleiche Größe.

Ganz ähnlich liegen die Dinge bei der lückenlosen Mischkristallbildung zwischen $NiTe_2$ und NiTe[*], zwischen $TiSe_2$ und TiSe und zwischen $TiTe_2$ und TiTe[**]. Die AB_2-Verbindung kristallisiert jeweils im CdJ_2-Typ, die AB-Verbindung im NiAs-Typ; es handelt sich also um heterotype Kristalle. Aber diesen beiden Typen ist eine hexagonal dichteste Anionenpackung gemeinsam. Beim CdJ_2-Typ sind die oktaedrischen Lücken nur zwischen übernächsten Kugellagenebenen dieser dichtesten Kugelpackung besetzt, beim NiAs-Typ dagegen sind sämtliche oktaedrischen Lücken besetzt. Wird nun z. B. zum $NiTe_2$ vom CdJ_2-Typ Ni_2Te_2 hinzugefügt, dann bleibt die dichteste Kugelpackung der Te-Anionen unverändert, und es werden nur zusätzlich in ihr oktaedrische Lücken mit Ni aufgefüllt. Da die Art des Kations und damit der Radius derselbe bleibt, bestehen keine Hemmnisse für die vollständige Mischkristallbildung durch Additionssubstitution.

Auch die Mischkristalle zwischen CaF_2 und YF_3 gehören hierher. Das CaF_2 kann bis zu 40 Mol.-% YF_3 in sein Gitter aufnehmen. Wenn das Ca durch Y ersetzt wird, dann tritt zusätzlich F in das Gitter ein. Denn die Elementarzelle des Flußspatgitters kann man auch als ein aus acht einfach kubischen Würfeln bestehendes

---

[*] Tegnér, St.: Z. anorg. Chem. **239**, 127 (1938). Klemm, W., u. U. N. Fratini: Z. anorg. Chem. **251**, 222 (1943).

[**] Ehrlich, P.: Z. anorg. Chem. **260**, 14 (1949).

Gitter von F-Ionen beschreiben, bei dem in der Mitte jedes *zweiten* F-Würfels ein Ca-Ion sitzt (Abb. 79). Bei den Mischkristallen werden dann die freien Würfelmitten zusätzlich durch F besetzt. Im reinen YF_3 befindet sich im Zentrum der einfach kubischen F-Würfel zur Hälfte Y und zur Hälfte F.

4. Der analoge Gegenfall zu den durch Additionssubstitution entstehenden Mischkristallen ist der Fall, bei dem die Mischkristallbildung durch **Subtraktionssubstitution** verstanden werden kann, d. h. durch Ersatz gleichwertiger Gitterplätze, wobei die Anzahl der besetzten gleichwertigen Gitterplätze verringert wird. Hierfür sind die Mischkristalle $LiCl$—$MgCl_2$ auf der Seite des LiCl ein Beispiel. Denn es werden im Gitter des Li_2Cl_2 2 Li durch nur 1 Mg ersetzt; es bleiben also oktaedrische Gitterplätze frei.

5. Divisionssubstitution. Als fünfte Art der Mischkristallbildung können wir nach F. LAVES (1939) den Fall herausstellen, daß die eingebauten Teilchen nicht die in der reinen Phase des Wirtkristalls besetzten, d. h. gleichwertige Gitterplätze ersetzen, sondern sich auf neue, d. h. ungleichwertige Gitterplätze begeben; sie wird *Divisionssubstitution* genannt. Ein Beispiel hierfür sind die heterotypen Mischkristalle zwischen AgBr und CuBr.

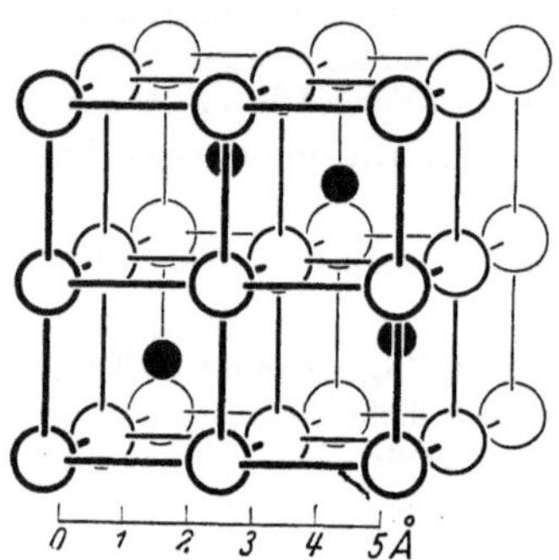

Abb. 79. Flußspat-Struktur, CaF_2, als F-Ionen-Gitter gezeichnet.

AgBr kann bei erhöhter Temperatur (etwa bei 230°) etwa 35 Mol.-% CuBr in sein Gitter einbauen. Das AgBr kristallisiert im NaCl-Typ, das CuBr im Zinkblendetyp; der Größenunterschied zwischen Ag und Cu ist sehr gering. Beiden Gittern liegt nun die kubisch dichteste Kugelpackung von Br-Teilchen zugrunde. Bei der Mischkristallbildung zwischen AgBr und CuBr werden nun nicht die Ag durch Cu in den oktaedrischen Plätzen ersetzt (das wäre dann einfache Substitution), sondern die Cu gehen in einige tetraedrische Lücken der Kugelpackung. Entsprechend der Anzahl der in das Gitter eingebauten Cu-Teilchen muß eine gleiche Anzahl von Ag aus dem Gitter herausgehen, wodurch dann ein Teil der oktaedrischen Plätze unbesetzt bleibt. Die Verteilung der restlichen Ag in oktaedrischen Lücken und die Verteilung der Cu in tetraedrischen dürfte statistisch sein. Bei dieser Art der Mischkristallbildung werden also durch das Cu nicht gleichwertige (oktaedrische) Gitterplätze besetzt, sondern ungleichwertige (tetraedrische); ein Teil der oktaedrischen Plätze bleibt also frei und natürlich auch der größte Teil der tetraedrischen Plätze.

Alle echten Mischkristalle mit ihrer statistischen Verteilung der Atome weisen *Fehlordnungen* im Gitter auf, die von erheblichem Einfluß auf physikalische Eigenschaften sind; hierauf wird im Kapitel „Ideal- und Realkristall" eingegangen werden.

Überblicken wir das Gebiet der Mischkristallbildung, dann können wir zusammenfassend feststellen, daß gleicher Formeltyp der Komponenten und chemische Ähnlichkeit ihrer Bausteine durchaus nicht charakteristisch für die Mischkristallbildung sind, sondern daß sie bedingt ist durch die Art des Kristallgitters der Komponenten und durch die Gleichheit bzw. Ähnlichkeit der Bausteingrößen. Außer der Voraussetzung, daß die Art des Bindungscharakters zwischen den Bausteinen der einen Mischkristall bildenden Substanzen ungefähr gleich sein muß (das schließt auch ein, daß die Polarisationseigenschaften der Bausteine ähnlich sein müssen), müssen also folgende zwei Bedingungen erfüllt sein, damit Mischkristalle entstehen können:

1. Gleiche oder ähnliche Größe der Bausteine *und*

2. a) gleicher Gittertyp (isomorph mischbar) oder

 b) ähnlicher Gittertyp (homöomorph mischbar) oder

 c) verschiedener Gittertyp (heteromorph mischbar); aber dann muß ein gleiches wesentliches Baugerüst (z. B. Anionenpackung) vorliegen, in dem sich Lücken befinden, welche aufgefüllt oder weniger stark besetzt werden können, oder

 d) verschiedener Gittertyp: die Gitter dürfen energetisch nur sehr wenig voneinander unterschieden sein, wie bei Mg—Li.

Bezüglich des Ausmaßes der Mischkristallbildung, ob vollständig oder beschränkt, weiß man bisher noch wenig. Von Einfluß ist sicherlich der Größenunterschied des ersetzenden Teilchens gegenüber dem ersetzten; bei metallischen Legierungsphasen spielt das Verhältnis der Elektronen zur Anzahl der Atome eine Rolle (siehe S. 162). Es bleibt jedoch noch manche Frage bei der Mischkristallbildung offen. So ist z. B. nicht zu verstehen, warum die isotypen Metalle Cu und Ag nur sehr beschränkte Mischbarkeit zeigen, während Cu und Au, deren Größenunterschied der gleiche ist wie der zwischen Cu und Ag, vollständig mischbar sind. Eine Fülle von Beispielen für Mischkristallbildung ist von H. SEIFERT[1] zusammengestellt und bearbeitet worden.

Bei allen Mischkristallen (abgesehen von dem angenommenen Fall einfacher Substitutionsmischkristalle, bei denen die sich ersetzenden Bausteine Isotopen sind) sind Fehlordnungen im Gitter vorhanden in dem Sinne, daß das Raumgitter von einer der Gittertheorie gehorchenden idealen Anordnung der Punktbesetzungen abweicht. (Siehe Seite 210ff.)

2. Polymorphie[2].

Im Kapitel B I sind wesentliche Prinzipien aufgezeigt worden, nach denen die verschiedenen Atome und Ionen als Elemente und in Verbindungen ihre Kristallstrukturen aufbauen. Seit E. MITSCHERLICH (1821) wissen wir aber, daß ein und dieselbe chemische Substanz manchmal

---

[1] SEIFERT, H.: Fortschr. Mineral. u. Petrogr. **19**, 103 (1935); **20**, 324 (1936); **22**, 186 (1937).

[2] Für diesen Abschnitt wurde weitgehend eine Arbeit des Verfassers verwendet in: Z. anorg. Chem. **276**, 169 (1954).

auch *verschiedene Strukturen* bilden kann. Man nennt diese Erscheinung *Polymorphie*; die verschiedenen Bausteinanordnungen einer polymorphen Substanz werden Modifikationen genannt. Diese unterscheiden sich natürlich auch in ihren Eigenschaften voneinander, obgleich die chemische Zusammensetzung unverändert ist.

Bei einigen Substanzen verläuft die polymorphe Umwandlung reversibel; in solchen Fällen sind wir sicher, daß es sich um thermodynamisch stabile Modifikationen handelt, die bei der Umwandlungstemperatur miteinander im Gleichgewicht stehen. So wird ein Quarzkristall, wenn er über 573° erhitzt wird, stets in die Hochquarz genannte Modifikation überführt, und beim Abkühlen bildet er stets wieder die Modifikation des Tiefquarzes. Diese wechselseitige Modifikationsänderung nennt man eine *enantiotrope* Umwandlung (enantioi, griech. entgegen, tropos Wendung). Enantiotrop ist auch die Umwandlung des Schwefels:

rhombischer Schwefel $\xleftrightarrow{95,6°}$ monokliner Schwefel. Bei diesen Beispielen erfolgt die Modifikationsänderung sehr schnell, während die ebenfalls enantiotrope Umwandlung des SiO_2 Hochquarz $\xleftrightarrow{867°}$ Hochtridymit $\xleftrightarrow{1474°}$ Hochcristobalit nur sehr langsam vor sich geht. (Durch Zusatz von sog. Mineralisatoren, wie LiCl oder Natriumwolframat, kann·man allerdings die Umwandlungsgeschwindigkeit sehr stark steigern, so daß die Temperaturen, bei denen die polymorphe Umwandlung stattfindet, auf einige Grade genau bestimmt werden konnten.)

Andere Substanzen lassen überhaupt keine wechselseitige Modifikationsänderung erkennen, sondern nur eine einseitige, *monotrope*. So wird z. B. die u. a. in Molluskenschalen gebildete rhombische $CaCO_3$-Modifikation, der Aragonit, bei etwa 400° in die trigonale Modifikation, in den Calcit, umgewandelt. Bei Temperaturerniedrigung wird jedoch der Aragonit nicht wieder gebildet; der Vorgang ist also monotrop.

Der Vorgang der polymorphen Umwandlung ist noch keineswegs so weit geklärt, daß wir etwa *voraussagen* könnten, welche Substanzen polymorph sind und welcher Art die Strukturänderungen sind; auch über die verschiedenen Mechanismen beim Ablauf der Umwandlungen wissen wir nur wenig[1]. Aber wenn man die beiden Kristallstrukturen, die jeweils an einer polymorphen Umwandlung beteiligt sind, miteinander vergleicht, wenn man also zunächst die kristallographische Seite der Polymorphie betrachtet, dann können *verschiedene Arten polymorpher Strukturänderungen* unterschieden werden, die nach einem Vorschlag

---

[1] Siehe z. B. Arbeiten in "Phase Transformation in Solids", herausgegeben von SMOLUCHOWSKI, MAYER u. WEYL. New York 1951. — GUINIER, A.: Généralités sur les changements de phase dans les cristaux. Vortrag auf dem 3. Internat. Kristallographen-Kongreß, Paris 1954.

von BUERGER[1] hier aufgeführt werden. Es werden zunächst vier Gruppen unterschieden, die folgendermaßen gekennzeichnet sind:

A. Änderung der Anzahl nächster Nachbarn, d. h. der Koordinationszahl.

B. Änderung der Anzahl übernächster Nachbarn, wobei die Koordinationszahl unverändert bleibt.

C. Änderung von einer geordneten zu einer fehlgeordneten Struktur, d. h. zu einer Struktur, in der teilweise oder ganz eine nur statistische Anordnung von Atomen oder Atomgruppen vorliegt.

D. Änderung des Bindungscharakters.

Bei A bis C werden noch jeweils Untergruppen unterschieden, die in der Übersicht auf S. 187f. aufgeführt sind.

Bei den polymorphen Modifikationen, die sich hinsichtlich ihres Gitters durch eine Änderung der Koordinationszahl unterscheiden, also der Gruppe A angehören, kann man eine Art Regel erkennen, auf die M J. BUERGER[2] aufmerksam machte: Die *größere* Koordinationszahl tritt in den Gittern auf, welche bei *niedrigerer Temperatur* bzw. bei *großen Drucken* stabil sind; und entsprechend tritt die kleinere Koordinationszahl bei der bei hoher Temperatur bzw. bei normalen Drucken stabilen Modifikationen auf. Zur Bestätigung dieser Regel, von der nur wenige Ausnahmen bekannt sind, wurden Beispiele in der folgenden Tab. 47 zusammengestellt.

Als Ausnahme von dieser Regel, daß eine größere Koordinationszahl in der bei niedrigerer Temperatur bzw. bei höherem Druck stabilen Modifikation verwirklicht ist, sind außer dem α-und β-Fe, welche KZ = 8 haben, nur noch zwei weitere Substanzen bekannt: Das Cr betätigt in der α-Tieftemperaturmodifikation die niedrigere KZ = 8, in der β-Hochtemperaturmodifikation dagegen KZ = 12. Sn hat in der unterhalb 18° stabilen Modifikation des grauen Zinns das Gitter des Diamanten mit KZ = 4, in der bei höheren Temperaturen stabilen Modifikation des metallischen Zinns KZ = 6 (4 Nachbarn in der Entfernung von 3,02 Å, 2 in 3,18 Å). Aber gerade dieses Beispiel des Zinns läßt mit der Temperaturänderung eine Modifikationsänderung erkennen, bei der sich der Bindungscharakter zwischen den Bausteinen ändert; denn oberhalb 18° ist der metallische Bindungsanteil sehr viel größer als unterhalb dieser Temperatur. Hieraus wird der Übergang zu einer größeren Koordinationszahl bei der metallischen Modifikation des Zinns verständlich, denn die Tendenz zu einer möglichst großen Koordinationszahl ist bezeichnend für die metallische Bindung. Über eine mögliche Erklärung der Strukturänderung des Chroms siehe[3].

Es sei nun eine Übersicht der polymorphen Strukturänderungen gegeben. In den Gruppen *A*, *B* und *C* werden jeweils zwei Untergruppen unterschieden, die kennzeichnend für schnell bzw. meistens langsam verlaufende Strukturumwandlungen sind. Die Umwandlungen

---

[1] BUERGER, M. J.: In "Phase Transformations in Solids", S. 183, 1951; siehe Anm. 1, S. 184.

[2] BUERGER, M. J.: Amer. Mineral. **33**, 101 (1948).

[3] WINKLER, H. G. F.: Z. anorg. Chem., **276**, 185 (1954).

Tabelle 47.

Substanz	Modifikation stabil bei		
	höherer Temperatur (Normaldruck)	niedrigerer Temperatur (Normaldruck)	großem Druck
$CsCl$	K Z 6 > 445°	K Z 8 < 445°	—
$RbCl$	K Z 6 ⎫	K Z 8 < —190°	K Z 8 ⎫ bei etwa
$RbBr$	K Z 6 ⎬ normale	—	K Z 8 ⎬ 5000 atm
RbJ	K Z 6 ⎭ Temperatur	—	K Z 8 ⎭
NH_4Cl	K Z 6 > 184°	K Z 8 < 184°	—
NH_4Br	K Z 6 > 138°	K Z 8 < 138°	—
NH_4J	K Z 6 > —18°	K Z 8 < —18°	—
AgJ	K Z 4 > 146°	—	K Z 6 bei etwa 3700 atm
C	K Z 3 (Graphit)	—	K Z 4 (Diamant)
Cs	K Z 8 normale Temperatur	—	K Z 12
Tl			—
Ti	K Z 8 β-Hochmodifikation	K Z 12 α-Tiefmodifikation	—
Zr			—
Rh			—
Fe	K Z 8 δ-Fe > 1401°	K Z 12 γ-Fe 1401° bis 906°; bei noch tieferer Temperatur jedoch wieder K Z 8, α-Fe	K Z 12 bei sehr hohen Drucken [1]
GeO_2	K Z 4 und 2 (Quarztyp)	—	K Z 6 und 3 (Rutiltyp)
$CaCO_3$*	Calcit. Ca hat 6 Sauerstoffnachbarn	Aragonit. Ca hat 9 Sauerstoffnachbarn	—
KNO_3	Calcittyp > 128°	Aragonittyp < 128°	—
$Al_2O_3 \cdot SiO_2$	Sillimanit; die Hälfte der Al ist von 4 Sauerstoffen umgeben	Andalusit; die Hälfte der Al ist von 5 Sauerstoffen umgeben	Disthen; die Hälfte der Al ist von 6 Sauerstoffen umgeben
	Die anderes Hälfte der Al ist in allen Modifikationen stets von 6 Sauerstoffen umgeben		
	Entsteht in metamorphen Gesteinen bei sehr hohen Temperaturen	Entsteht in metamorphen Gesteinen bei nicht sehr hohen Temperaturen	Entsteht in metamorphen Gesteinen bei hohen gerichteten Drucken und nicht sehr hohen Temperaturen

[1] BIRCH, F.: J. of Science **238**, 192 (1940).

* $SrCO_3$ und $BaCO_3$ bilden entsprechende Modifikationen, jedoch zusätzlich noch mit Fehlordnung der Anionen.

der Gruppe *B* sind besonders bei komplizierteren Strukturen häufig, und die in ihr unterschiedenen Untergruppen a) deplazive Umwandlung und b) rekonstruktive Umwandlung sind in Abb. 80 näher erläutert. (Die meisten der in der Übersicht angeführten Beispiele werden später ausführlicher behandelt; hierauf beziehen sich die Seitenangaben.)

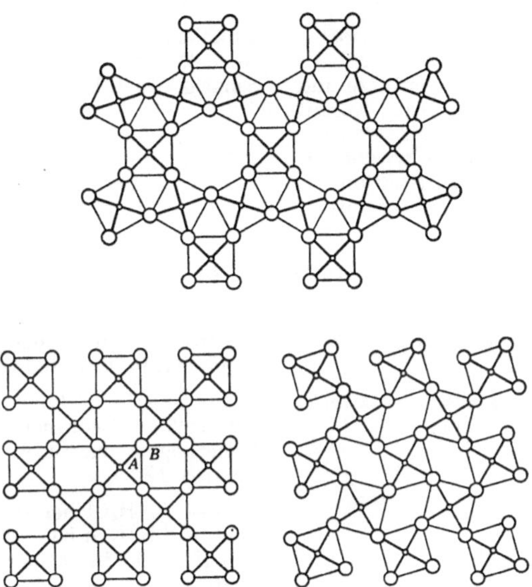

Abb. 80. Polymorphe Strukturen bei Erhaltung der Koordinationszahl, aber Änderung der Anzahl übernächster Nachbarn (schematisch; aus BUERGER). Zum Bild rechts unten ist genau so auch die enantiomorphe Form möglich.

1. *Deplazive* Umwandlung: Umwandlung von Tief-Struktur (rechts unten) in Hoch-Struktur (links unten). Bei dieser Art der Deplazierung der Atome ist keine nennenswerte Potentialschwelle zu überwinden, so daß die Umwandlung schnell erfolgt. Die Hochmodifikation hat die geringere Dichte und die höhere Symmetrie. Bei der Umwandlung von der Hoch- in die Tiefmodifikation entstehen häufig Zwillinge.

2. *Rekonstruktive* Umwandlung: Umwandlung von Tief-Struktur (links unten) in Hoch-Struktur (oben). Diese hat die geringere Dichte und eine geringere Anzahl übernächster Nachbarn, d.h. größere potentielle Energie. Bei dieser Art der Umwandlung müssen Bindungen zu nächsten Nachbarn zunächst aufgehoben werden, damit die Rekonstruktion der Struktur erfolgen kann; das bedeutet meistens die Überwindung einer erheblichen Potentialschwelle, weshalb die Umwandlung meistens langsam erfolgt.

A. Umwandlung durch Änderung der Anzahl nächster Nachbarn.

a) dilatativ — schnell:

z. B. CsCl bei 445° C; CsCl-Typ wandelt sich in NaCl-Typ um durch Dilatation in [111] und Kontraktion senkrecht zu dieser Richtung; S. 197. — Analog geht die Umwandlung vom kubisch flächenzentrierten zum raumzentrierten Gitter durch Deplazierung der Atome vor sich: γ-Fe $\rightleftarrows$ δ-Fe.

b) rekonstruktiv — meistens langsam

Umwandlungen von hexagonal dichtester Kugelpackung in das kubisch raumzentrierte Gitter bei metallischen Elementen; S. 200.

B. Umwandlung durch Änderung der Anzahl übernächster Nachbarn.

a) deplaziv — schnell:
(Es findet nur eine Deplazierung statt, ohne daß Bindungen zerrissen werden; s. Abb. 80 linkes und rechtes Bild.)

Tief-Hoch-Umwandlungen des SiO_2; sie können jedoch nur mit Vorbehalt als Beispiel hier gebracht werden, weil in den Hoch-Modifikationen die Sauerstoffatome wahrscheinlich auch etwas fehlgeordnet sind; S. 201 f.

b) rekonstruktiv — meistens langsam:
(Bindungen zu nächsten Nachbarn werden — mindestens teilweise und vorübergehend — zerrissen, worauf die Koordinationspolyeder sich nach einem anderen Schema wieder zusammenbauen; Rekonstruktion; s. Abb. 80, Bild oben und links unten.)

Zinkblende — Wurtzit; S. 200.
Hoch- Quarz — Hoch-Tridymit; S. 201
Senarmontit (Sb_2O_3) — Valentinit

C. Umwandlung durch Fehlordnung.

a) rotatorisch — schnell:
["concealed" nach SOSMAN (1934)].

Tief-$NaNO_3$—Hoch-$NaNO_3$
In Hoch-Modifikationen rotiert NO_3-Komplex, in Tief-Modifikationen nicht.

b) substitutionell — langsam bis schnell:
["diffusiv" nach LAVES (1952)].

1. Statistische Besetzung gleichartiger Gitterplätze: Geordnete — ungeordnete Legierungen, wie Cu_3Au, $CuZn$, Ni_3Mn usw.; S. 199.

$\gamma \dashrightarrow \beta$-$NH_4Cl$ bei 31° C; S. 196.
$\gamma \dashrightarrow \beta$-$NH_4Br$ bei —38° C.
Tief-Hoch-Modifikation von Feldspäten; S. 203.

Umwandlung des Ag_2HgJ_4 bei 50,7°; S. 199.

2. Statistische Besetzung auch ungleichartiger Gitterplätze (sogenannter „Zwischengitterplätze"): Dieser Fall bedeutet u. a. eine Änderung der Koordinationszahl wie im Fall A.

Beispiel: Cu_2S, Chalkosin, bei 103° C mit statistischer Verteilung der Cu auf verschiedenartige Lücken einer hexagonal dichtesten Kugelpackung der S-Atome in der Hoch-Modifikation; wenn von der zusätzlichen geringen Deplazierung der S hier abgesehen wird.

D. Umwandlung durch Änderung des Bindungscharakters.

gewöhnlich langsam: graues Zinn — weißes Zinn (bei —18° C)

Diese BUERGERsche Klassifikation ist sehr anregend aber noch zu schematisch, denn es hat sich herausgestellt, daß eine ganze Anzahl von Umwandlungen aufzufassen sind als *kombinierte* Transformationen. So kann man bislang folgende Fälle unterscheiden:

$A_a + C_a$ Kombinierte Dilatations- und Rotationsfehlordnungs-Umwandlung: NH_4J (CsCl-Typ) $\leq -18°C > NH_4J$ (NaCl-Typ mit Rotation der NH_4-Gruppen) bzw. die entsprechenden Umwandlungen des NH_4Cl und NH_4Br, S. 196.

$A_b + C_a$ Kombinierte Rekonstruktions- und Rotationsfehlordnungs-Umwandlung: KNO_3 (Aragonit-Typ) $\leq 128° > KNO_3$ (Calcit-Typ mit rotierenden NO_3-Gruppen); S. 197.

$A_b + C_b$ Kombinierte Rekonstruktions- und Diffusions-Umwandlung: AgJ (Zinkblende-Typ) $\leq 145,8°C >$ AgJ (kubisch innenzentriertes J-Teilgitter, in dem die Kationen alle möglichen Lücken statistisch besetzen); S. 195.

$B_a + B_b$ Kombinierte Deplazierungs- und Rekonstruktions-Umwandlung: $LiAlSiO_4$ (Eukryptit) bei 970°C und K_2LiAlF_6 bei 470°C. Hier werden gewisse Koordinationspolyeder der Struktur lediglich deplaziert, während andere neu umgebaut werden, siehe WINKLER[1]. Dieser Fall dürfte besonders häufig bei solchen Strukturen auftreten, die sich aus Koordinationspolyedern mit verschiedenen Kationen aufbauen.

$B_a + C_a$ Kombinierte Deplazierungs- und (geringe) Rotationsfehlordnungs-Umwandlung: Tief-, Hoch-Cristobalit; S. 201.

$C_b + B_a$ Kombinierte Diffusions- und Deplazierungs-Umwandlung: CuAu. In der Hochmodifikation sind beide Atomarten statistisch auf die Gitterplätze einer kubisch dichtesten Kugelpackung verteilt; in der Tiefmodifikation befinden sich Cu und Au abwechselnd geordnet in Ebenen parallel (0 0 1), die c-Periode ist etwas kürzer geworden, so daß tetragonale Symmetrie resultiert. Auf diesen Fall einer kombinierten Transformation hatte LAVES[2] bereits hingewiesen.

Es werden bei dieser Betrachtungsweise indirekt die Veränderungen der Gitterenergie der beiden an einer Umwandlung beteiligten Strukturen berücksichtigt, indem die Änderung von Anzahl und Entfernung der ionaren oder atomaren Nachbarn festgestellt wird. Nicht berücksichtigt wird jedoch bei dieser kristallographischen Klassifikation die für die Erscheinung der Polymorphie nicht minder wichtige Höhe der Umwandlungstemperatur und der Unterschied der Entropien zweier polymorpher Phasen am Umwandlungspunkt. Es ist gerade für die folgenden Ausführungen die Tatsache entscheidend, daß die einzige bei polymorphen Umwandlungen meistens gut bekannte thermodynamische Größe, nämlich die Umwandlungstemperatur, bisher überhaupt noch nicht für eine Klassifikation polymorpher Umwandlungen herangezogen worden ist.

Es soll nun ein Vorschlag unterbreitet werden, der die drei Größen, nämlich Umwandlungstemperatur, Änderung der inneren Energie und Änderung der Entropie bei der Klassifikation berücksichtigt. Damit wird dann auch die Frage beantwortet, warum durch eine Temperaturänderung (der Druck möge hier stets klein und gleich bleiben) eine polymorphe Umwandlung erfolgen konnte, bzw. warum sie zwangsläufig erfolgen mußte.

---

[1] WINKLER, H. G. F.: Acta cryst. **7**, 33 (1954). — Heidelberger Beitr. Mineral. Petrogr. **4**, 233 (1954).

[2] LAVES, F.: J. Geology **60**, 436 (1952).

Die allgemeingültige Antwort auf diese Frage gibt die Thermodynamik. Sie besagt, daß diejenige von allen denkbaren kristallinen Phasen gleicher chemischer Zusammensetzung stabil ist, welche die relativ kleinste freie Energie hat; diese ist $F = U - T \cdot S$, worin U die innere Energie, S die Entropie und T die absolute Temperatur bedeuten[1]. Eine polymorphe Umwandlung ist dann bei Änderung der Temperatur und konstant gehaltenem Druck möglich, wenn zwei oder mehrere denkbare kristalline Strukturen gleicher chemischer Zusammensetzung

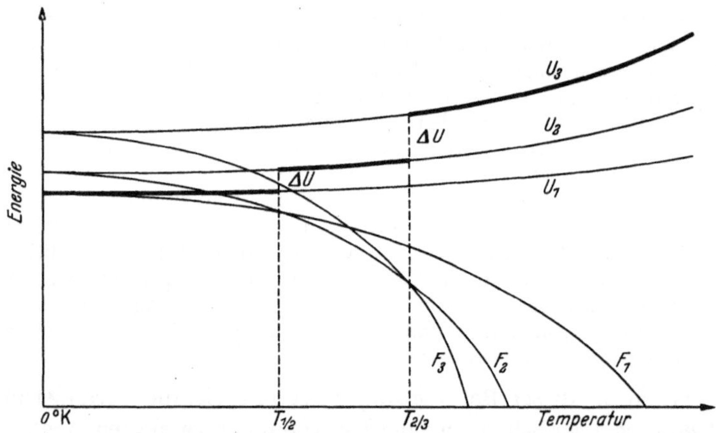

Abb. 81. Zusammenhang zwischen freier Energie F, innerer Energie U, Umwandlungstemperatur T und Entropie S. Die Neigung der Tangente an die F-Kurve in dem der jeweiligen Temperatur entsprechenden Punkte gibt die Größe der jeweiligen Entropie an. (Nach BUERGER).

die relativ kleinste freie Energie in jeweils *verschiedenen* Temperaturbereichen haben. Am Umwandlungspunkt zweier stabiler Phasen (1) und (2) haben natürlich beide die gleiche freie Energie; sie stehen im thermodynamischen Gleichgewicht miteinander: $F_2 = U_2 - T_u \cdot S_2 = F_1 = U_1 - T_u \cdot S_1$; daraus folgt: $U_2 - U_1 = T_u (S_2 - S_1)$. Da die Entropie der mit (2) bezeichneten Hochmodifikation bei gleicher Temperatur stets größer ist als die Entropie der mit (1) bezeichneten Tief-Modifikation, also $S_2 > S_1$, ist $U_2 - U_1$ stets positiv, also $U_2 > U_1$. Bei einer mit steigender Temperatur stattfindenden polymorphen Umwandlung $1 \to 2$ muß also die innere Energie der Hoch-Modifikation U_2 um den Energiesprung ΔU größer sein als die innere Energie der Tief-Modifikation, U_1; s. Abb. 81. Das entspricht bei einer mit steigender Tempe

---

[1] Es ist für diese Betrachtung erlaubt, das additive Glied $p \cdot V$ des GIBBSschen thermodynamischen Potentials zu vernachlässigen, weil die hier zu betrachtenden Umwandlungen von Festkörpern bei dem geringen Druck von 1 Atm. und ohne sehr große Volumenänderungen vor sich gehen, d. h. das thermodynamische Potential kann gleich der freien Energie F gesetzt werden.

ratur stattfindenden polymorphen Umwandlung der für den Umbau der Struktur verbrauchten, also absorbierten Wärmeenergie (Umwandlungsenthalpie ΔH_u).

Bisweilen verläuft die Strukturänderung nicht bei einer bestimmten Temperatur, sondern es findet mit steigender Temperatur in der Nähe des Umwandlungspunktes *allmählich* eine Strukturänderung der Phase 1 in die Phase 2 statt; d. h. die Kurve von U_1 steigt in einem Temperaturbereich allmählich bis zu U_2, ohne daß ein Energiesprung bei einer bestimmten Temperatur auftritt. Aber die Kurve der spezifischen Wärme, $C = \dfrac{dU}{dT}$, zeigt am Umwandlungspunkt einen Sprung. Solche Fälle bezeichnet man als Umwandlungen zweiter Ordnung oder λ-Umwandlungen. (Hierüber und über weitere Umwandlungsarten höherer Ordnung s. "Phase Transformations in Solids", 1951).

Nach obiger Gleichung ist also $\Delta U = T_u \cdot \Delta S$. Die jeweiligen Energieunterschiede ΔU können, absolut betrachtet, nur klein sein, denn sonst könnte ein Umbau der Struktur allein durch Temperaturerhöhung nicht möglich sein. Man muß aber bedenken, daß die an sich geringen Energieänderungen ΔU durchaus noch recht unterschiedlich sein können, denn ΔU ist — wie obige Gleichung zeigt — von dem Produkt aus der Umwandlungstemperatur, T_u, und dem Unterschied der Entropien der beiden Phasen bei der Umwandlungstemperatur, ΔS, abhängig. Es muß daher z. B. bei „niedrigem" T_u und „sehr großem" ΔS das ΔU „groß" sein, während z. B. bei „niedrigem" T_u und „kleinem" ΔS das ΔU nur „sehr klein" sein kann. Es ist nun eine Erhöhung der inneren Energie gleichbedeutend mit einer Erniedrigung der jeweiligen Gitterenergie, so daß die sprunghafte Vergrößerung der inneren Energie bei einer mit steigender Temperatur stattfindenden polymorphen Umwandlung genauso durch eine sprunghafte Verringerung der Gitterenergie der Strukturen beschrieben werden kann; d. h. bei tiefer Temperatur (exakt beim absoluten Nullpunkt, bei der $T \cdot S = 0$ ist) ist diejenige Struktur stabil, welche die größte Gitterenergie hat. Die mit steigender Temperatur stabil werdenden Strukturen haben jeweils eine stufenweise verminderte Gitterenergie.

Wenn sich auch die Gitterenergie bisher nur für einfache Ionenverbindungen berechnen läßt, so kann man doch oft qualitative Unterschiede der Gitterenergien bei gleichem atomarem Bestand aus einem kristallgeometrischen Vergleich der an einer polymorphen Umwandlung beteiligten Strukturen abschätzen. Durch die nachfolgend gezeigte Abschätzung ist es oft möglich, auch sehr geringe Unterschiede von Gitterenergien zu erfassen, die der theoretischen Berechnung noch nicht zugänglich sind[1].

---

[1] Mit steigender Temperatur verringert sich allmählich die Gitterenergie, aber nur sehr wenig, so daß jene Änderung gegenüber der sprunghaften Energieänderung bei der Umwandlung vernachlässigt werden kann.

Es liegt eine Verringerung der Gitterenergie (d. h. Erhöhung der inneren Energie) in folgenden Fällen vor:

I. Die Anzahl nächster, entgegengesetzt geladener Nachbarn (die Koordinationszahl) ist geringer geworden, ohne daß sich die Abstände geändert haben. Der Energieunterschied ist meistens relativ „groß". Es muß jedoch das Radienverhältnis berücksichtigt werden; denn ΔU ist um so geringer, je weniger von der jeweiligen geometrischen Radienverhältnisgrenze abgewichen wird. Ferner: Zwischen hexagonal dichtester Kugelpackung und kubisch raumzentriertem Gitter ist der Energieunterschied mit „mittel" abzuschätzen, denn trotz einer Verringerung der Anzahl der nächsten Nachbarn von 12 auf 8 befinden sich im kubisch raumzentrierten Gitter die 6 übernächsten Nachbarn nur um 15% weiter entfernt als die nächsten Nachbarn, während in einer dichtesten Kugelpackung die 6 übernächsten Nachbarn um 41% weiter entfernt sind. Außerdem sind die Atomabstände in der Modifikation mit kubisch raumzentrierter Struktur auch noch etwas kleiner.

In einigen Fällen ist jedoch zu beachten, daß trotz einer Verringerung der Koordinationszahl z. B. von 6 auf 4 die Gitterenergie nicht verringert zu sein braucht, und zwar dann nicht, wenn neben der heteropolaren Bindung auch ein starker Anteil an Elektronenpaar-Bindung wirksam wird. (HUGGINS[1]). So kann unter Voraussetzung gleicher chemischer Zusammensetzung — z. B. eine Struktur vom Zinkblendetyp — wenn ein erheblicher homöopolarer Bindungsanteil neben heteropolarer Bindung wirksam ist, sogar eine um einige Prozente größere Gitterenergie haben als die Struktur vom NaCl-Typ, wenn keine homöopolare Bindung wirksam ist. — Bei polymorphen Substanzen ist dieses Beispiel der Strukturänderung vom Zinkblende- oder Wurtzittyp zu NaCl-Typ als Hochmodifikation unter wesentlicher Änderung des Bindungscharakters noch nicht bekannt geworden.

II. Die Koordinationszahl und die Abstände zu nächsten Nachbarn sind zwar gleich geblieben, aber die Anzahl übernächster entgegengesetzt geladener Nachbarn ist geringer geworden.

Man kann auch, indem an die dritte PAULINGsche Regel erinnert wird, aussagen, daß dann eine Veringerung der Gitterenergie vorliegt, wenn Anionenpolyeder nicht Ecken, sondern Kanten oder gar Flächen gemeinsam haben; der Effekt ist um so größer, je geringer die Koordinationszahl und je höher geladen das Kation im Innern des Polyeders ist.

Der Energieunterschied ist dann je nach der Anzahländerung und einer eventuellen Abstandsänderung „mittel" bis „klein".

III. Die Anzahl und Entfernung zu nächsten Nachbarn und auch die Anzahl übernächster Nachbarn ist unverändert geblieben; aber die Entfernungen zu übernächsten Nachbarn haben sich etwas vergrößert.

Der Energieunterschied ist nur relativ „klein" oder „sehr klein".

---

[1] HUGGINS M. L.: In SMOLUCHOWSKI, MAYER und WEYL, "Phase Transformations in Solids", S. 248. New York 1951.

II/III. Die Fälle II und III können jeweils nur von einem Teil der atomaren Bausteine in den beiden an der Umwandlung beteiligten Strukturen verwirklicht sein (z. B. $LiAlSiO_4$, WINKLER[1]).

Der Energieunterschied ist dann zwischen „mittel" und „klein" oder nur „klein".

IV. Atomare Bausteine verschiedener Elektronegativität besetzen nicht bestimmte Gitterplätze, sondern verteilen sich in statistischer Weise auf diese oder auch auf andere gleichartige Gitterplätze (Substitutions- oder Diffusions-Fehlordnung).

Der Energieunterschied dürfte je nach Art und Menge der Atome „mittel" oder „groß" sein.

Wenn auch *ungleichartige* Gitterplätze besetzt werden, dann wird der Energieunterschied wohl immer „groß sein"; denn es wird dann auch teilweise die Koordinationszahl verändert.

V. Gewisse Komplexionen behalten nicht ihre festen Gitterplätze in der Struktur bei, sondern rotieren. Der Energieunterschied wird „sehr klein", „klein" oder „mittel" sein, je nach der Größe des Rotationskreises oder Rotationsraumes und der Anzahl und Ladung der rotierenden Atome.

VI. Es kann die Art des Bindungscharakters verändert werden, z. B. derart, daß bei einigen organischen Verbindungen infolge Temperaturerhöhung die Wasserstoff-Brücken zwischen den Molekeln durch die schwächere VAN DER WAALS-Bindung abgelöst werden. Hier dürfte der Energieunterschied relativ „groß" sein.

Es kann auch die metallische Bindung auf Kosten der homöopolaren Bindung vergrößert werden, wie es bei der Hochmodifikation des Zinns und möglicherweise des Chroms ist; hier wird dann sogar die Koordinationszahl in der Hochmodifikation größer.

Der Energieunterschied ist schwer abzuschätzen. Im Fall der Umwandlung des grauen Zinns in das metallische Zinn (bei 18° C) könnte ΔU „mittel" sein.

Bisweilen muß berücksichtigt werden, daß mehrere Vorgänge zur Größe der Änderung der inneren Energie beitragen, wie z. B. bei der Umwandlung des KNO_3. Dort findet sowohl eine Änderung der Anzahl nächster Nachbarn als auch ein Übergang von Ordnung zu Rotationsfehlordnung der NO_3-Gruppen statt. Das ΔU wird daher einen größeren Wert haben, als wenn die Änderung zur Fehlordnung nicht vorhanden wäre.

Weiterhin muß berücksichtigt werden, daß bei Modellsubstanzen (S. 68) die Energieänderung bei der Umwandlung des „abgeschwächten" Modells kleiner ist als bei der Umwandlung des „verstärkten "Modells; denn im „verstärkten" Modell ist

---

[1] WINKLER, H. G. F.: Heidelberger Beitr. Mineral. 4, 233 (1954).

die Ladung der Bausteine doppelt so groß. Nimmt man an, daß sich die Entropieänderung bei der Umwandlung der beiden Modellpaare nicht wesentlich unterscheidet, dann muß die Umwandlung des „verstärkten" Modells bei einer wesentlich
höheren Temperatur erfolgen als die des „abgeschwächten" Modells. Experimentelle
Ergebnisse von E. Thilo und Mitarbeitern[1]) und T. Hahn[2] über Umwandlungen
im System NaF—BeF$_2$ und dem „verstärkten" Modellsystem CaO—SiO$_2$ bestätigen
diese Folgerung.

Ein Vorschlag zur Klassifikation polymorpher Umwandlungen.

Man kann nun die Fülle polymorpher Umwandlungen ordnen, indem
man zwischen ΔU „groß", ΔU „mittel", ΔU „klein" und ΔU „sehr
klein" unterscheidet, wobei man bedenken muß, daß diese Gruppen
nicht gegeneinander scharf abgegrenzt sind, sondern daß sie durch Übergänge miteinander verbunden sind. Weiterhin können die polymorphen
Umwandlungen nach der jeweiligen Höhe der Umwandlungstemperatur
angeordnet werden. Es soll zunächst nur grob unterschieden werden
zwischen T_u „sehr groß" (um 1350° K), T_u „hoch" (um 1050° K), T_u
„mittel" (um 750° K) und T_u „niedrig" (um 450° K) und T_u „sehr
niedrig" (um 150° K); ein T_u von z. B. 600° K steht zwischen „mittel"
und „niedrig", so daß auch hier natürlich wieder Übergänge zwischen
den Gruppen auftreten. Da $\Delta U = T_u \cdot \Delta S$ ist, wird in dieser Klassifikation auch die Entropieänderung berücksichtigt.

Es ist nun zweckmäßig, zunächst in einem Grundschema, welches
jederzeit verfeinert werden kann, zwanzig verschiedene Gruppen polymorpher Umwandlungen zu unterscheiden (Schema S. 195).

Diese Klassifikation ist natürlich nur auf solche Modifikationen anwendbar, die miteinander im thermodynamischen Gleichgewicht stehen.
Es ist nun zu bedenken, daß bei einer Phasenumwandlung zunächst
allein die Höhe der Umwandlungstemperatur mit hinreichender Sicherheit bekannt ist; die Energieänderung ΔU kann jedoch aus der Strukturänderung oft abgeschätzt werden und in vielen Fällen, wo genaue Strukturuntersuchungen vorliegen, läßt sich auch die Änderung der Entropie,
ΔS, aus einem Vergleich der Strukturen abschätzen. In wenigen Fällen,
wo die Umwandlungen schnell verlaufen, ist aus kalorischen Messungen
die Umwandlungsenthalpie ermittelt worden, die — wenn die Volumenänderung unberücksichtigt bleibt — dem ΔU entspricht, hieraus kann
dann (durch Division mit der absoluten Temperatur) das ΔS der Umwandlung berechnet werden. In solchen Fällen kann aus der Kenntnis
von ΔU, ΔS und T_u eine exakte Eingruppierung einer polymorphen Umwandlung erfolgen. Da die kalorischen Messungen jedoch recht schwierig
und oft mit sehr erheblichen Fehlergrenzen behaftet sind, liegen bisher

[1] Thilo, E., u. H. Schröder: Z. physik. Chem. **197**, 39 (1951). — Thilo, E., u.
F. Liebau: Z. physik. Chem. **199**, 125 (1952).
[2] Hahn, T.: Neues Jb. Mineral., Beilage-Bd. [Abh.] A. **86**, 1 (1953).

nur wenige zuverlässige Daten vor, so daß der hier begangene Weg, nämlich eine qualitative Abschätzung von ΔU aus einem kristallgeometrischen Vergleich der an der Umwandlung beteiligten Strukturen und Berücksichtigung der Umwandlungstemperatur von Nutzen sein dürfte.

Umwandlungstemperatur			Änderung der inneren Energie			
°K	°C	T_u	ΔU groß	ΔU mittel	ΔU klein	ΔU sehr klein
-1500-	-1227-					
1350	1077	sehr hoch	**5** ΔS klein	**10** ΔS sehr klein	**15** ΔS sehr, sehr klein	**20** ΔS extrem klein
-1200-	-927-					
1050	777	hoch	**4** ΔS mittel	**9** ΔS klein	**14** ΔS sehr klein	**19** ΔS sehr, sehr klein
-900-	-627-					
750	477	mittel	**3** ΔS groß	**8** ΔS mittel	**13** ΔS klein	**18** ΔS sehr klein
-600-	-327-					
450	177	niedrig	**2** ΔS sehr groß	**7** ΔS groß	**12** ΔS mittel	**17** ΔS klein
-300-	-27-					
150	-123	sehr niedrig	**1** ΔS sehr, sehr groß	**6** ΔS sehr groß	**11** ΔS groß	**16** ΔS mittel
0	273					

Aus T_u und ΔU ergibt sich sofort, wie groß das ΔS sein muß (siehe obiges Schema). Stellt man z. B. fest, daß ein mittleres bzw. großes ΔS zu erwarten ist, dann wird man die Strukturen überprüfen, um festzustellen, wodurch das ΔS hervorgerufen sein kann; z. B. ob in der Hoch-Modifikation eine größere Entropie infolge weniger stark gehemmter Oscillationen plausibel ist oder ob Rotationen oder andere Arten von Fehlordnungen mit der Struktur im Einklang stehen. Es ist durchaus denkbar, daß derartige Überlegungen zu einer Verbesserung eines Strukturvorschlages führen können.

Zur Erläuterung der vorgeschlagenen Klassifikation seien nun Beispiele gegeben:

Gruppe (2): T_u niedrig, ΔU groß, ΔS sehr groß.

β-AgJ (Zinkblende-Typ) — 145,8° C — α-Hoch-AgJ (kubische Struktur mit starker *Fehlordnung* der Kationen).

T_u ist niedrig; ΔS ist „sehr groß", denn die Ag, die in der β-Modifikation nur bestimmte tetraedrische Gitterplätze besetzen, sitzen in der Hoch-Modifikation überhaupt nicht auf festen Gitterplätzen, sondern wechseln ständig ihre Plätze, wobei nicht nur sämtliche tetraedrischen Plätze, sondern auch sog. Zwischengitterplätze benutzt werden, von welchen aus das Kation nur 3 oder gar 2 nächste Nachbarn hat. Es hat sich auch das „starre" Jod-Teilgitter des AgJ, welches in der β-Modifikation kubisch-flächenzentriert ist, in der Hoch-Modifikation in kubischraumzentriert geändert (STROCK[1,2]). Aus alledem folgt, daß in der Hoch-Modifikation im Mittel die Anzahl nächster entgegengesetzt geladener Nachbarn verringert ist gegenüber der Tief-Modifikation und daß die Ag stark fehlgeordnet sind, woraus auf ein relativ „großes" ΔU geschlossen werden kann. — Die Umwandlung β-CuBr — 470° C — α-CuBr ist kristallstrukturell gleichartig, aber in Gruppe (3) wegen der höheren Umwandlungstemperatur zu stellen[3].

Möglicherweise gehören die polymorphen Umwandlungen des NH_4Cl bei 184,2° C und des NH_4Br bei 137,8° C auch in die Gruppe (2) (*Kombinierte Dilatations-* und *Fehlordnungs*umwandlung). Da jeweils die Tief-Modifikation im CsCl-Typ, die Hoch-Modifikation jedoch im NaCl-Typ kristallisiert, dürfte ΔU „groß" sein, denn die Koordinationszahl verringert sich von 8 auf 6 und die Anzahl übernächster entgegengesetzt geladener Nachbarn von 24 auf 8 (Dichteabnahme etwa 15%). Da T_u „niedrig" ist, muß erwartet werden, daß ΔS „sehr groß" ist. Es herrscht noch nicht völlige Klarheit darüber, auf welche Art ein so großes ΔS zustande kommt. Da jedoch die Umwandlungstemperaturen nicht weit unterhalb der Sublimationstemperatur liegen, kann man auf erhebliche Platzwechselvorgänge in der Struktur bei der jeweiligen T_u schließen, und man darf weiterhin annehmen, daß diese Platzwechsel in der Struktur der Hoch-Modifikation, wegen der in ihr wirkenden geringeren Anzahl von Bindungen zwischen den Bausteinen häufiger erfolgen als in der Struktur der Tief-Modifikation, so daß bereits eine gewisse Fehlordnung vorhanden und damit ΔS durchaus „groß" sein könnte. ΔS wird sogar „sehr groß" sein, denn EUCKEN[4] ist bei einer Betrachtung über die Rotation von Ionengruppen in Kristallen zu dem Ergebnis gekommen, daß beim NH_4Cl unterhalb 184° C „von einer freien Rotation der gesamten NH_4-Ionen nicht die Rede sein kann", sondern daß die Rotation noch stark gehemmt ist, während oberhalb des Umwandlungspunktes eine nahezu ungehemmte, freie Rotation möglich erscheint.

Die Umwandlung des NH_4J bei — 17,6° C ist strukturell von gleicher Art wie die beschriebene des NH_4Cl und NH_4Br. Aber wegen der niedrigeren Umwandlungstemperatur muß diese Umwandlung des NH_4J in die *Gruppe* (1) der Klassifikation gestellt werden. Das bedeutet, daß ΔS noch größer sein muß als bei den gleichartigen Umwandlungen des NH_4Cl und NH_4Br. Wenn auch dieser größere Wert von ΔS noch nicht deutbar erscheint, so besteht doch kein Zweifel darüber, daß das ΔS sehr groß

[1] STROCK, L. W.: Z. physik. Chem. B **25**, 441 (1934).
[2] STROCK, L. W.: Z. physik. Chem. B **31**, 132 (1936).
[3] Vgl. H. G. F. WINKLER: Z. anorg. Chem. **276**, 178 (1954).
[4] EUCKEN, A.: Z. Elektrochem. angew. physik. Chem. **45**, 134 (1939).

ist; denn auch für das NH_4J gelangten neuerdings STEPHENSON, LANDERS und COLE[1] bei der Diskussion kalorischer Daten zu der Ansicht, daß in der Hoch-Modifikation die NH_4-Ionen rotieren müssen, in der Tief-Modifikation dagegen nicht. Auch PLUMB und HORNIG[2] kommen zu dem Ergebnis, daß im Hoch-NH_4J die NH_4-Ionen um eine Richtung rotieren, welche durch die Bindung von einem H^+ der NH_4-Gruppe zu einem J^- gebildet wird.

Ein anderes Beispiel für die Gruppe (2) ist Tief-KNO_3 (Aragonit-Typ) — 128° C — Hoch-KNO_3 (Calcit-Typ mit Rotationsfehlordnung) (*kombinierte Rekonstruktions-* und *Rotations*-Transformation). ΔS ist „sehr groß", denn nur in der Hoch-Modifikation rotieren die NO_3-Gruppen um die Trigyre und außerdem oszillieren die O-Atome mit einer Amplitude von 0,4 Å in Richtung der Trigyre (TAHVONEN[3]). Infolge der Strukturumwandlung tritt — wenn die statischen Strukturen betrachtet werden — eine Verringerung der Anzahl der nächsten O-Nachbarn der K-Ionen beim Übergang vom Aragonit zum Calcit-Typ von 9 auf 6 ein, wobei der Abstand fast gleichbleibt. Außerdem tritt wegen der Rotationsfehlordnung noch zusätzlich im Mittel eine Verringerung des Abstandes gleichgeladener O einer CO_3-Gruppe zur benachbarten ein, so daß auch aus diesen Gründen die innere Energie der Hoch-Modifikation beträchtlich größer als die der Tief-Modifikation sein muß. ΔU ist daher bestimmt „groß". Aus ΔU „groß" und ΔS „sehr groß" muß auf T_u „niedrig" geschlossen werden, was tatsächlich der Fall ist.

Gruppe (3): T_u „mittel", ΔU „groß", ΔS „groß".

Tief-CsCl (CsCl-Typ) — 452° C — Hoch-CsCl (NaCl-Typ). *Dilatations*umwandlung.) T_u ist „mittel"; ΔU ist „groß", denn die Koordinationszahl verringert sich von 8 auf 6, und die Anzahl der übernächsten entgegengesetzt geladenen Nachbarn verringert sich von 24 auf 8, wobei jedoch eine Abstandsverringerung von 10% eintritt; die Abnahme der Dichte beträgt 3%. Außerdem weicht das Radienverhältnis 0,91 erheblich von dem geometrischen Grenzwert 0,73 zwischen CsCl-Typ und NaCl-Typ ab, so daß ΔU als „groß" abgeschätzt werden kann. ΔS muß dann auch „groß" sein. Das könnte man folgendermaßen verstehen: Bei der Umwandlungstemperatur, die nur 200° unterhalb des Schmelzpunktes liegt, dürfen wir auch bei diesem Alkalihalogenid damit rechnen, daß eine Anzahl von Leerstellen im Gitter sich befinden, und daß sog. Zwischengitterplätze von den Kationen besetzt werden (vgl. S. 212.

---

[1] STEPHENSON, C. C., L. A. LANDERS u. A. G. COLE: J. Chem. Phys. **20**, 1044 (1952).

[2] PLUMB, R. C., u. D. F. HORNIG: J. Chem. Phys. **12**, 366 (1953).

[3] TAHVONEN, P. E.: Suom. Tiedeakat. Toimituksia [Ann. Acad. Sci. fenn.], Sarja A I, Math.-Physica **44**, 20 (1947); ref. in Structure Rep. **11**, 362.

Da nun die Möglichkeiten dazu in dem hier stark aufgeweiteten NaCl-Typ größer sind als im CsCl-Typ, dürfte ein „großes" ΔS verständlich sein[1].

Gruppe (4): T_u „hoch", ΔU „groß", ΔS „mittel".

Strontianit, Tief-SrCO$_3$ (Aragonit-Typ) — 912° C — Hoch-SrCO$_3$ (Calcit-Typ mit Anionenfehlordnung) (*Kombinierte Rekonstruktions-* und *Fehlordnungs*-Transformation).

ΔU ist „groß" wegen der Änderung der Koordination zu nächsten Nachbarn (s. S. 74f.); es tritt eine Vergrößerung des spezifischen Volumens um 7% ein. Da T_u „hoch" ist, muß ein „mittleres" ΔS erwartet werden.

Das dürfte verständlich sein, denn LANDER[2] hat wahrscheinlich gemacht, daß in der Hoch-Modifikation eine Fehlordnung der O vorliegt. Diese soll dadurch gekennzeichnet sein, daß die O der CO$_3$-Gruppe nicht immer die Lagen, die der Calcit-Typ vorschreibt, besetzen, sondern in statistischer Weise auch andere Lagen, welche durch Drehung einer CO$_3$-Gruppe vorzugsweise um 30° beschrieben werden können. Die O sind also in der Struktur fehlgeordnet. Um diese Lagen muß bei der hohen Umwandlungstemperatur eine erhebliche Oscillation der O stattfinden. Wenn auch noch keine völlige Rotation um die Trigyre stattfindet, so ist der Zustand nicht mehr sehr weit davon entfernt. In der Tief-Modifikation ist solche Fehlordnung noch nicht vorhanden, so daß es plausibel erscheint, wenn bei dieser Umwandlung ΔS als „mittel" abgeschätzt worden ist.

Die Umwandlung des Witherits, Tief-BaCO$_3$ (Aragonit-Typ) bei 810° C in Hoch-BaCO$_3$ (Calcit-Typ mit Anionenfehlordnung) ist von gleicher Art wie die Umwandlung des SrCO$_3$ bei 912°.

Vom BaCO$_3$ ist noch eine weitere Umwandlung bei etwa 965° bekannt, die zu einer Struktur vom NaCl-Typ führt. Da für diese Struktur entweder eine geordnete oder fehlgeordnete Anordnung der Anionen in den Ebenen senkrecht zu den 4 Trigyren des Würfels von LANDER[2] vorgeschlagen wird, da also die Struktur noch nicht geklärt ist, kann auf diese Umwandlung hier nicht näher eingegangen werden. Entsprechend unseren Überlegungen sollte die fehlgeordnete Struktur die wahrscheinlichste sein.

Die Umwandlung Aragonit → Calcit ist in empfindlicher Weise vom Reinheitsgrad abhängig; es ist nicht bekannt, ob die in der Literatur zu findende maximale Umwandlungstemperatur von 470° C sich auf wirklich reines CaCO$_3$ bezieht. Die Transformation ist nicht umkehrbar. Es ist daher nicht erwiesen, daß Aragonit und Calcit in einem thermodynamischen Gleichgewicht stehen.

Nach BOEKE[3] darf Aragonit nicht als stabile Form des CaCO$_3$ angesehen werden. Dann ist es nicht erlaubt, die hier zugrunde liegenden Überlegungen auf die

---

[1] Man sollte erwarten, daß ein Sprung in der Ionenleitfähigkeit des CsCl bei 445° nachweisbar sein müßte.

[2] LANDER, J. J.: J. Chem. Phys. **17**, 892 (1949).

[3] BOEKE, H. E.: Neues Jb. Mineral., Beilage-Bd. [Abh.] A **1**, 118 (1912).

Umwandlung Aragonit → Calcit anzuwenden. Aus den Beobachtungen im Mineralreich scheint man der Ansicht zu sein, daß nur dann Aragonit entsteht, wenn auch Mg-Ionen bei der Bildung anwesend sind.

Gruppe (7): T_u „niedrig“, ΔU „mittel“, ΔS „groß“.

Vielleicht gehört folgendes Beispiel in diese Gruppe: Tief-Ag_2HgJ_4 — ∼ 50,7° C — Hoch-Ag_2HgJ_4 (*Substitutionsfehlordnung*).

T_u ist „niedrig“; ΔS ist „groß“, denn in der Hoch-Modifikation besetzen die Ag und Hg nicht bestimmte tetraedrische Gitterplätze in dem nach dem Prinzip einer kubisch dichtesten Kugelpackung aufgebauten J-Teilgitter — wie in der Tief-Modifikation —, sondern die Ag und Hg haben die Freiheit, ihre Plätze zu wechseln (sehr große Ionenleitfähigkeit der Hoch-Modifikation!), und zwar unter Benutzung sämtlicher zur Verfügung stehenden gleichartigen, d. h. tetraedrischen Gitterplätze. Es liegt also eine statistische Verteilung der Ag und Hg auf diesen Gitterplätzen vor. Da stets gleichartige, nämlich tetraedrische Plätze besetzt werden, kann ΔS nicht so groß wie z. B. bei der Umwandlung des AgJ sein; es ist jedoch schwer abschätzbar, ob ΔS trotzdem noch in den Bereich eines „sehr großen“ ΔS gehört oder ob ΔS nur „groß“ ist. Ähnliche Schwierigkeiten bereitet die Abschätzung von ΔU; denn es werden zwar stets nur tetraedrische Gitterplätze von den Kationen besetzt, aber infolge des Überganges von einer geordneten zu einer statistischen Verteilung der Ag und Hg muß, insbesondere auch wegen der verschiedenen Elektronegativitäten dieser Kationen, ein erhebliches ΔU erwartet werden. Man kann kaum abschätzen, ob ΔU „mittel“ oder gar „groß“ sein wird. Demnach gehört dieses Beispiel entweder in die Gruppe (7) oder in die Gruppe (2).

Gruppe (8): T_u „mittel“, ΔU „mittel“, ΔS „mittel“.

Beispiele für diese Gruppe dürften die *substitutionellen* oder diffusiven Transformationen folgender Legierungen sein:

geordnetes CuAu — 408° C — fehlgeordnetes CuAu;
geordnetes Cu_3Au — 388° C — fehlgeordnetes Cu_3Au.

In den fehlgeordneten Hoch-Modifikationen sind die Abstände sehr wenig kleiner als in den geordneten[1,2], aber es werden sich in den fehlgeordneten Strukturen mit ihren statistischen Anordnungen sämtlicher Atome auf die Punktlagen der kubisch dichtesten Kugelpackung auch gleiche Atomarten unmittelbar berühren[3]. Da jedoch die Unterschiede der Elektronegativitäten zwischen Cu und Au nicht sehr groß sind, wird

---

[1] Structure Rep. 11, 103—111 (1947/1948).

[2] Structure Rep. 12, 48—49 (1949).

[3] Neue Untersuchungen gelangten zu dem Ergebnis, daß oberhalb der Umwandlungstemperatur zwar die "long-range" Ordnung plötzlich verschwindet, daß aber noch lokal geordnete Bereiche bis zu wesentlich höheren Temperaturen bestehen bleiben. Siehe z. B. S. SIEGEL, Fußnote 1, S. 200.

ΔU wohl höchstens „mittel" sein. Wenn diese Abschätzung richtig ist, dann kann, da T_u „mittel" ist, nur ein „mittleres" ΔS erwartet werden. Ein mittleres ΔS wäre plausibel, aber wohl kaum ein großes ΔS, wie man vielleicht zunächst meinen könnte; denn in beiden Modifikationen werden gleichartige Gitterplätze, keine „Zwischengitterplätze" von den Atomen besetzt, und es sind auch oberhalb der Umwandlungstemperatur noch *kleine geordnete* Strukturbereiche erhalten geblieben[1].

Gruppe (9): T_u „hoch", ΔU „mittel", ΔS „klein".

Tief-α-Ti — 877° C — Hoch-β-Ti (Fp. 1727° C) ⎫ *Rekonstruktive*
Tief-α-Zr — 862° C — Hoch-β-Zr (Fp. 1860° C) ⎭ Transformation.

Die Tief-Modifikationen kristallisieren in einer hexagonal dichtesten Kugelpackung ($c/a = 1{,}601$ bei α-Ti und $1{,}589$ bei α-Zr), während die Hoch-Modifikationen ein kubisch-raumzentriertes Gitter bilden. Infolgedessen ändert sich die Koordinationszahl von 12 auf 8; da jedoch im kubisch raumzentrierten Gitter die 6 übernächsten Atome nur 15% weiter entfernt sind, wird ΔU nur als „mittel" geschätzt. Weil T_u „hoch" ist, kann nur ein „kleines" ΔS erwartet werden. Dies möchte man auch annehmen, denn die Umwandlungstemperatur liegt noch 800 bis 1000° unterhalb des Schmelzpunktes, so daß große Schwingungsamplituden und Platzwechselvorgänge mit Besetzung von Zwischengitterplätzen — die im kubisch raumzentrierten Gitter eher möglich sind als in der dichtesten Kugelpackung — noch keine große Bedeutung haben. Aber etwas größer sind die Schwingungsamplituden im raumzentrierten Gitter[2], so daß ein „kleines" ΔS entsteht.

Gruppe (10): T_u „sehr hoch", ΔU „mittel", ΔS „sehr klein".

Die *rekonstruktive* Umwandlung Zinkblende — 1020° C — Wurtzit dürfte in diese Gruppe gehören. Bei der Strukturumwandlung ändert sich die Anzahl *über*nächster andersartiger Nachbarn von 12 (in 4,5 Å Entfernung) in der Zinkblende zu $9 + 1$ (in 4,5 bzw. 3,9 Å Entfernung) im Wurtzit. ΔU kann als „mittel" abgeschätzt werden. Da T_u·„sehr hoch" ist, kann nur ein „sehr kleines" ΔS erwartet werden. Ein sehr niedriger Wert von ΔS ist verständlich, wenn man bedenkt, daß im *stabilen* Wurtzit keine Fehlordnungen bekannt sind.

Daß Wurtzit überhaupt eine ein klein wenig größere Entropie als Zinkblende bei der hohen Umwandlungstemperatur haben wird, kann man wohl aus der Tatsache folgern, daß es der Wurtzit ist, der im Bereich der Umwandlungstemperatur eine Anzahl eindimensional fehlgeordneter Strukturen bildet (MÜLLER[3]), woraus auf die etwas bessere Möglichkeit zu Platzwechseln im Wurtzit im Vergleich zur

---

[1] SIEGEL, S.: Order-disorder transitions in metal alloys in SMOLUCHOWSKI, MAYER und WEYL, "Phase Transformations in Solids", S. 366. New York 1951.

[2] BARRETT, CH. S.: Physic. Rev. **72**, 245 (1947).

[3] MÜLLER, H.: Neues Jb. Mineral., Beilage-Bd. [Abh.] A **84**, 43 (1952).

Zinkblende zu schließen ist[1]. Aber im Vergleich zu den vorher besprochenen polymorphen Umwandlungen kann ΔS nur „sehr klein" sein.

Ein besonderes Interesse besitzen die Modifikationen des SiO_2, die im folgenden behandelt werden sollen.

Gruppe (14): T_u „hoch", ΔU „klein", ΔS „sehr klein".

Bei der *rekonstruktiven* Transformation Hoch-Quarz — 867° C — Hoch-Tridymit ändert sich die Anzahl übernächster entgegengesetzt geladener Nachbarn. Im Quarz hat 1 Si 16 übernächste O-Nachbarn in einer mittleren Entfernung von 4,0 Å, während im Tridymit 1 Si nur 12 übernächste O-Nachbarn in etwas kürzeren Entfernungen von 3,9 Å hat. Es tritt bei der Umwandlung bekanntlich eine erhebliche Volumenvergrößerung von 15,7% ein. Aber es verringert sich auch der Abstand zu *nächsten* Nachbarn im Tridymit um 3%, was energetisch der Verminderung der Anzahl übernächster Nachbarn wieder entgegenwirkt, so daß hier ΔU nicht als „mittel", sondern wohl nur als „klein" abzuschätzen ist. Da die Umwandlungstemperatur „hoch" ist, kann ΔS nur „sehr klein" sein. Die gegenüber Hoch-Quarz *ein wenig* größere Entropie des Hoch-Tridymits ist verständlich, denn die Tridymit-Struktur ist lockerer gebaut als die Hoch-Quarz-Struktur, d. h. auch, daß die Bausteine im Tridymit bei gleicher Temperatur etwas weniger gehemmt schwingen oder rotieren können als beim Quarz.

Möglicherweise liegt auch in diesen beiden Hoch-Modifikationen der gleiche Fall wie beim Hoch-Cristobalit vor, wo die Sauerstoffatome um die gedachte jeweilige Verbindungslinie Si—Si auf einem Kreis mit dem Radius von etwa 0,4 Å rotieren sollen.

Es sei hier erwähnt, daß die Umwandlung Tridymit — 1474° C — Cristobalit nicht in diese Gruppe gehört. Denn ΔU dürfte nur „sehr klein" sein (keine Volumenänderung); weil T_u „sehr hoch" ist, kann ΔS nur „extrem klein" sein. Dieses Beispiel würde man daher in die Gruppe (20a) stellen.

Gruppe (12): T_u „niedrig", ΔU „klein", ΔS „mittel".

Tief — 250° C — Hoch-Cristobalit (*Kombinierte deplazive und Rotations*fehlordnungs-Transformation).

Diese Strukturumwandlung ist kristallstrukturell von W. NIEUWENKAMP[1,2] untersucht worden, wobei sich ergab, daß durch eine geringe Deplazierung der SiO_4-Tetraeder (neben einer Symmetrieänderung) eine geringe Veränderung des Abstandes zu übernächsten Nachbarn eintritt; die Volumenzunahme beträgt 2,7%. Daraus kann auf ein „kleines" ΔU geschlossen werden. Da T_u „niedrig" ist, muß ein „mittleres" ΔS erwartet werden. Diese ist sehr plausibel, denn NIEUWENKAMP[3] hat gezeigt, daß — zum Unterschied von der Tief-Modifikation — die Sauerstoffatome in der Hoch-Modifikation fehlgeordnet sind.

---

[1] Da jene fehlgeordneten Strukturen nur metastabil sind und nicht einem Gleichgewicht entsprechen, gehören sie nicht weiter in unsere Betrachtungen.

[2] NIEUWENKAMP, W.: Z. Kristallogr. A **92**, 82 (1935).

[3] NIEUWENKAMP, W.: Z. Kristallogr. A **96**, 454 (1937).

Es bestehen zwei Möglichkeiten, entweder rotieren die Sauerstoffatome auf einem Kreis von 0,4 Å Radius um die zwischen benachbarten Si gedachte Verbindungslinie oder sie sitzen in statistischer Weise auf Orten dieses Kreises. Es muß daher die Hoch-Modifikation eine größere Entropie haben als die Tief-Modifikation. Da der Radius des Kreises, auf dem die Atome fehlgeordnet sind, nur klein ist, kann ΔS nicht „groß" sein. Aber ΔS kann als „mittel" abgeschätzt werden. ΔS muß jedenfalls erheblich größer als bei der Umwandlung Hoch-Quarz—Hoch-Tridymit sein, wo es als „sehr klein" bezeichnet worden ist.

Gruppe (17): T_u „niedrig", ΔU „sehr klein", ΔS „klein".

Man wäre wohl geneigt, die der Tief- Hoch-Umwandlung des Cristobalits sehr ähnlichen *deplaziven* Umwandlungen Tief-Tridymit — 117° C — Mittel- — 163° C — Hoch-Tridymit gleichfalls in die Gruppe (12) zu stellen. Doch dürfte gegenüber der Umwandlung Tief → Hoch-Cristobalit ein Unterschied bestehen. Denn obgleich sehr genaue Strukturuntersuchungen über die Tridymit-Modifikationen noch fehlen, kann man bei diesen sperrig gebauten Strukturen aus der äußerst geringen Volumenänderung von jeweils nur 0,2% schließen, daß bei jeder der beiden Transformationen ΔU nur „sehr klein" und nicht mehr „klein" sein kann. Dann wäre, da T_u „niedrig" ist, jeweils nur ein „kleines" ΔS zu erwarten. Das wird durch die kalorischen Messungen bestätigt, vgl. S. 204 f.

Exakte Strukturuntersuchungen wären hier wünschenswert; denn es liegt die Vermutung nahe [Mosemann u. Pitzer[1]], daß im Hoch-Tridymit alle Sauerstoffionen etwas fehlgeordnet sind wie im Hoch-Cristobalit, und daß im Mittel-Tridymit nur ein Teil der Sauerstoffe etwas fehlgeordnet ist, während die Tief-Modifikation vollständig geordnet ist.

Gruppe (13): T_u „mittel", ΔU „klein", ΔS „klein".

Tief- Quarz — 573° C — Hoch- Quarz[2] [*Kombinierte deplazive* und wahrscheinlich *Fehlordnungs*-Transformation]. Bei der Strukturumwandlung ändert sich nur die Entfernung zu übernächsten entgegengesetzt geladenen Nachbarn ein wenig, was durch die geringe Volumenzunahme von 0,8% zum Ausdruck kommt; ΔU wird daher nur „klein" sein. Da T_u „mittel" ist, kann nur ein „kleines" ΔS erwartet werden. Wenn man berechtigt wäre anzunehmen, daß im Hoch- Quarz die Sauerstoffatome etwas fehlgeordnet sind (wie im Hoch-Cristobalit), dann wäre der kleine Entropiesprung am Umwandlungspunkt gegenüber dem geordneten Tief- Quarz verständlich. Er muß etwas kleiner sein als bei der Umwandlung Tief- ⇌ Hoch-Cristobalit, weil die Umwandlung Tief- ⇌ Hoch-Quarz um etwa 300° höher liegt, so daß am Umwandlungspunkt beim Tief- Quarz die Schwingungen der Bausteine relativ intensiver sind als beim Tief-Cristobalit am tiefer liegenden Umwandlungspunkt. Es wäre daher verständlich, daß ΔS hier kleiner ist als bei der Umwandlung des

---

[1] Mosemann, M. H., u. K. S. Pitzer.: J. Amer. Chem. Soc. **63**, 2348 (1941).

[2] Findet die Umwandlung nicht bei Atmosphärendruck, sondern bei höherem Druck statt, dann liegt die Umwandlungstemperatur wesentlich höher; bei 10000 at bei 815⁰ C. [Yoder, H. S.: Trans. Amer. Geophys. Union **31**, 827 (1950).]

Tief-Hoch-Cristobalits, also nicht „mittel", sondern „klein". Das bestätigen auch die kalorischen Daten, s. S. 204f.

Gruppe (4): Die Umwandlung der Feldspäte, die an die der SiO_2-Modifikationen angeschlossen sei, dürfte in die Gruppe (4) gehören, welche gekennzeichnet ist durch T_u „hoch", ΔU „groß" und ΔS „mittel"

Tief-$NaAlSi_3O_8$ (Albit) — etwa 700° C — Hoch-$NaAlSi_3O_8$ (Analbit),

Tief-$KAlSi_3O_8$ (Mikroklin) — etwa 700° C — Hoch-$KAlSi_3O_8$ (Sanidin).

Die Umwandlungen dieser Feldspäte sind kürzlich von Laves[1] eingehend untersucht worden. Er gelangte zu dem Ergebnis, daß sich die Hoch- und die Tief-Modifikation jeweils lediglich durch eine verschiedene Verteilung der Al und Si unterscheiden: In der Hoch-Modifikation sind die Al und Si in statistischer Weise auf gleichartige Punktlagen verteilt, während in der Tief-Modifikation die Al und Si geordnet sind. Da die Elektronegativitäten von Al und Si recht unterschiedlich sind, dürfte die Änderung der inneren Energie, ΔU, bei der (sehr langsam verlaufenden) Umwandlung „groß" sein. Dann ergibt sich aus der Höhe der „hohen" Umwandlungstemperatur, daß ΔS nur „mittel" sein kann. Kracek und Neuvonen[2] haben die Umwandlungswärme beim Albit zu 3,4 kcal/mol bestimmt, woraus sich ein ΔS von 3,5 cal/mol · grad berechnet. Damit diese Daten mit den bei den Umwandlungen des SiO_2 gemessenen Daten verglichen werden können, empfiehlt es sich, die vorstehenden Werte durch vier zu dividieren, was in Tab. 48 (S. 205) geschehen ist.

Vergleich der abgeschätzten Unterschiede der inneren Energie und der Entropie mit kalorisch gemessenen Werten.

Für eine nicht sehr große Zahl thermisch ausgelöster polymorpher Umwandlungen ist die jeweilige Umwandlungsenthalpie gemessen worden, die — wenn der Druck klein ist und die Volumenänderung vernachlässigt werden kann — der Änderung der inneren Energie zweier sich durch Temperaturänderung ineinander umwandelnden Modifikationen entspricht; hieraus kann dann, indem durch die absolute Temperatur dividiert wird, die Änderung der Entropie, ΔS, berechnet werden. Die Zusammenstellung der bis Ende 1947 verfügbaren Daten besorgte Kelly. Er weist jedoch besonders darauf hin, wie schwierig es ist, Umwandlungsenthalpien zu bestimmen. Eine Fehlergrenze von $\pm$ 50% oder sogar 100% oder mehr ist durchaus nicht selten. Aber trotzdem geben diese kalorischen Daten einen Anhaltspunkt, so daß es interessant sein dürfte, jene Daten mit unseren Abschätzungen zu vergleichen.

Die Umwandlungsenthalpie, die hier mit ΔH bezeichnet wird, ist in cal/mol angegeben und entsprechend die Entropieänderung, ΔS,

---

[1] Laves, F.: J. Geology **60**, 436 (1952).

[2] Kracek, F. C., u. K. J. Neuoonen: Amer. J. Sci. (Bowen Volume) **1952**, 293.

in cal/mol · grad. Daher erscheint es zunächst nur dann sinnvoll, den gemessenen Wert von ΔH mit dem von uns abgeschätzten ΔU von verschiedenen Substanzen zu vergleichen, wenn der Formeltyp derselbe ist, also z. B. Elemente unter sich oder Verbindungen vom Typ AB oder AB_2 usw. Die Werte der Legierung AuCu lassen sich mit denjenigen der Elemente vergleichen, wenn man als Mol das halbe Formelgewicht betrachtet. Es ist auch noch angängig, die Daten der Feldspäte mit den an den SiO_2-Umwandlungen bestimmten Daten zu vergleichen, wenn man als Mol der Feldspäte $^1/_4$ des Formelgewichts betrachtet, also den angegebenen Wert durch vier teilt. Es ergibt sich dann die Gegenüberstellung in der Tabelle 48 (s. S. 205).

Durchmustert man die jeweiligen geschätzten und gemessenen Angaben, dann fällt der Vergleich überraschend befriedigend aus. Nur zwei von den 18 Beispielen fallen etwas heraus: $BaCO_3$ und Ti.

Es besteht nun die Möglichkeit, den qualitativen Abschätzungen von ΔU als „groß", „mittel", „klein" usw. Quantitäten zuzuordnen. Zwar ist die Anzahl der Beispiele noch gering, aber vorläufig könnte man folgende Angaben machen:

Für ΔU ergibt sich:

> „groß": $>$ etwa 700 cal/mol
> „mittel": etwa 400—700 cal/mol
> „klein": etwa 100—400 cal/mol
> „sehr klein": $<$ etwa 100 cal/mol.

Es ist von besonderem Interesse, bei den strukturell sehr ähnlichen Tief-Hoch-Umwandlungen des Quarzes, Tridymits und Cristobalits die zum Teil verschieden groß abgeschätzten ΔU und ΔS mit den Meßdaten zu vergleichen. Man überzeugt sich, daß bei den Umwandlungen Tief-Mittel- bzw. Mittel-Hoch-Tridymit das ΔU tatsächlich deutlich kleiner als bei den anderen Umwandlungen ist. Weiterhin deuten die Meßdaten darauf hin, daß bei der Umwandlung Tief-Hoch-Cristobalit ΔS etwas größer als bei der Tief-Hoch-Quarz- oder gar bei den beiden Tridymit-Umwandlungen ist, was auf Grund unserer Abschätzungen von ΔU gefolgert wurde (vgl. S. 202). Interessant ist weiterhin, daß bei der Umwandlung Quarz-Tridymit durch die Berücksichtigung sowohl der Verminderung der Anzahl der übernächsten Nachbarn als auch der geringen Verminderung des Abstands zu nächsten Nachbarn nur ein „kleines" ΔU abgeschätzt werden konnte (vgl. S. 201); diese Abschätzung ist durch die Messung bestätigt worden.

Diese Beispiele dürften es deutlich gemacht haben, daß ein möglichst genauer kristallgeometrischer Vergleich der an einer polymorphen Umwandlung beteiligten beiden Strukturen in vielen Fällen es ermöglicht, auf die energetischen Änderungen und damit auf die Unterschiede der Entropien zu schließen. Man kann dann verstehen, weshalb eine polymorphe Umwandlung bei einer bestimmten Temperatur erfolgen mußte.

Tabelle 48.

Formel	Umwandlungs-temperatur		ΔU geschätzt	ΔH cal/mol	ΔS geschätzt	ΔS cal/mol grad	Literatur	Gruppe
	°K	°C						
AgJ	419	145,8	groß	1270	sehr groß	3,0	[1]	2
CsCl	725	452	groß	1300	groß	1,8	[1]	3
NH_4Cl	457,7	184,5	groß	940	sehr groß	2,1	[1]	2
NH_4Br	411	137,8	groß	760	sehr groß	1,8	[1]	2
NH_4J	256,6	—17,6	groß	700	sehr groß	2,8	[1]	2
KNO_3	128	401	groß	1400	sehr groß	3,5	[1]	2
$BaCO_3$	1083	801	groß	3860	mittel	3,6!	[1]	4
SiO_2:								
Tief-Hoch-Quarz	846	573	klein	290	klein	0,34	[1]	13
Tief-Hoch-Cristobalit . .	523	250	klein	⌈315 ⌊200	mittel	⌈0,60 ⌊0,38	[2] [1]	12
Hoch-Quarz-Hoch-Tridymit	1140	867	klein	126	sehr klein	0,11	[2]	14
Hoch-Tridymit-.Hoch-Cristobalit	1747	1474	sehr klein	52	extr. kl.	0,03	[2]	20a
Tief-Mittel-Tridymit . .	390	117	sehr klein	⌈ 40 ⌊ 70	klein	⌈0,10 ⌊0,18	[1] [2]	17
Mittel-Hoch-Tridymit . .	436	163	sehr klein	39	klein	0,09	[2]	17
$^1/_4 NaAlSi_3O_8$ . .	~973	~700	groß	850	mittel	0,87	[4]	4
Cu_2S	376	103	groß	920	sehr groß	2,5	[1]	2
Ti	1150	877	mittel	950!	klein	0,83!	[1]	9
$^1/_2 CuAu$	685	408	mittel	592	mittel	0,82	[3]	8
Tl	505	232	sehr klein	75	klein	0,15	[1]	17

3. Polytypie.

Die Zinkblende wandelt sich, wie bereits beschrieben, bei etwa 1020°C in Wurtzit um, aber die Umwandlung von Wurtzit in Zinkblende erfolgt bei einer tieferen Temperatur knapp unterhalb 900° C. Diese Umwandlungshysterese beim ZnS kann, wie JAGODZINSKI[5] gezeigt hat, durch den besonderen Umwandlungsmechanismus verstanden werden. Es war JAGODZINSKI auch möglich, aus der Art des Umwandlungsmechanismus (wenn außerdem nicht nur die Konfigurationsentropie, sondern auch die Schwingungsentropie berücksichtigt wird) die merkwürdige Erscheinung zu erklären, daß eine große Zahl *verschiedener* hexagonaler und rhomboedrischer Wurtzitkristalle und SiC-Kristalle gebildet werden, welche sich nur durch eine unterschiedliche Größe der c-Periode unterscheiden. Man nennt diese Erscheinung *Polytypie.* Polytype Wurtzitkristalle

[1] KELLY, K. K.: U. S. Dept. Interior, Bur. Mines, Bull. **476** (1949).
[2] MOSEMANN, M. H., u. K. S. PITZER: J. Amer. Chem. Soc. **63**, 2348 (1941).
[3] BORELIUS, G., L. E. LARSON u. H. SELBERG: Ark. Fysik **2**, 161 (1950).
[4] KRACEK, F. C., u. J. NEUVONEN: Amer. J. Sci. (Bowen volume) **293** (1952).
[5] JAGODZINSKI, H.: Neues Jb. Mineral., Mh. **1954**, 49—65 u. 209—225.

kommen sowohl als Minerale in der Natur vor[1] als auch bei der synthetischen Herstellung und Umwandlung bei Temperaturen um 900° C[2]. Viele polytype hexagonale und rhomboedrische SiC-Kristalle werden, neben dem wohl eigentlich stabilen kubischen β-SiC, bei der Herstellung des Karborunds erhalten; es sind keine Phasen im thermodynamischen Sinne. Bezüglich der nicht einfachen Erklärung dieser Erscheinung sei auf die Arbeiten von JAGODZINSKI[3] verwiesen, in denen auch die frühere Literatur diskutiert wird. Hier sei nur phänomenologisch auf die Polytypie eingegangen.

Die Struktur der Zinkblende und des mit ihr isotypen β-SiC kann bekanntlich so beschrieben werden, daß die eine Atomart die Gitterpunkte einer kubisch dichtesten Kugelpackung besetzen, in der die andere Atomart auf tetraedrischen Plätzen sitzt, d. h. vier Nachbarn hat. Bei der normalen Wurtzitstruktur dagegen besetzt die eine Atomart die Punktlagen der hexagonalen dichtesten Kugelpackung und die andere Atomart sitzt gleichfalls auf tetraedrischen Plätzen dieser Atomanordnung. Faßt man Zn mit dem dazugehörigen S, und analog Si und C, zu Doppelschichten zusammen, dann wird die Zinkblende- und die β-SiC-Struktur durch die kubische Lagenfolge $ABCA$ ... beschrieben, die normale hexagonale Wurtzitstruktur durch die Lagenfolge ABA ... Die Identitätsperiode der kubischen Strukturen beträgt in Richtung einer Trigyre gemessen (d. h., bei dieser „hexagonalen" Aufstellung, in Richtung der c-Achse) also drei Doppelschichten. Bei den polytypen ZnS- und SiC- Strukturen, welche alle entweder hexagonal oder rhomboedrisch sind, ist nun die c-Periode größer, z. T. sehr wesentlich größer. Man kennt z. B. eine hexagonale Struktur mit 4 Doppelschichten $ABAC$ und mit 6 Doppelschichten $ABACBC$ und eine rhomboedrische Struktur mit 15 Doppelschichten $ABACBCACBABCBAC$.

Seit einiger Zeit sind die in Tab. 49 aufgeführten Strukturen bekannt[4] (H bzw. R bedeutet hexagonal bzw. rhomboedrisch, die Zahl gibt die Anzahl der Doppelschichten in Richtung der c-Achse bis zur Identität an). Außerdem sind Strukturen mit noch größerer c-Periode vor kurzem bekannt geworden[5], die jedoch hier nicht mehr aufgeführt worden sind.

Die Untersuchung von 150 willkürlich ausgewählten SiC-Kristallen durch JAGODZINSKI ergab, daß am weitaus häufigsten der $6H$-Typ (etwa 70%) auftritt, dann folgt der $15R$-Typ. Verwachsungen zwischen

---

[1] FRONDEL, C., u. CH. PALACHE: Amer. Mineral. **35**, 29 (1950).

[2] MÜLLER, H.: Neues Jb. Mineral., Abh. **84**, 43 (1952).

[3] Siehe Anm. 5, S. 205.

[4] OTT, H.: Z. Kristallogr. **61**, 515 (1925); **62**, 201 (1925); **63**, 1 (1926). — THIBAULT, N. W.: Amer. Mineral. **29**, 249, 327 (1944). — RAMSDELL, L. S.: Amer. Mineral. **32**, 64 (1947). — RAMSDELL, L. S., u. J. A. KOHN: Acta cryst. **4**, 75 (1951).

[5] MITCHELL, R. S.: J. Chem. Phys. **22**, 1977 (1954).

$6H$ und $15R$ sind auch recht häufig. Bei ZnS gibt es außerdem einen 12-Schicht- und einen 18-Schichttyp, die jedoch beim SiC nicht auftreten können.

Die c-Identitätsperiode erhält man bei den SiC-Typen, wenn man die Anzahl der Doppelschichten mit 2,51 Å multipliziert; der $87R$-Typ hat somit $c = 218$ Å.

Bei der Untersuchung von SiC-Kristallen hat JAGODZINSKI festgestellt, daß ein Teil der Typen vollständig geordnete Strukturen darstellt, ein anderer Teil jedoch eindimensionale Lagen*fehlordnung* aufweist, d. h. hin und wieder liegt eine Doppellage nicht an der Stelle, an der sie liegen sollte, sondern an einer anderen. (Das zeigt sich in röntgenographischen Aufnahmen an Einkristallen am Auftreten von diffusen Interferenzen neben den scharfen Interferenzen der geordneten Struktur.) Solche Fehlordnungen, denen beim SiC etwa 12% der Doppellagen in statistischer Weise unterworfen sind, treten bei den langperiodischen Strukturen stets auf und sind dann zwangsläufig mit der Polytypie gekoppelt.

Tabelle 49.

Anzahl der Doppel- schichten und Symmetrie	ZnS und/oder SiC
$2H$	normaler Wurtzit
[3 kubisch	β-SiC und Zinkblende]
$4H$	SiC und ZnS (Wurtzit)
$6H$	SiC und ZnS
$8H$	SiC
$10H$	SiC
$15R$	SiC und ZnS
$21R$	SiC
$33R$	SiC
$51R$	SiC
$75R$	SiC
$84R$	SiC
$87R$	SiC

Zu den Beispielen polymorpher Strukturen, deren Gitter sich lediglich durch eine verschiedene Art der Übereinanderlagerung von zweidimensional gleichgebauten Lagen oder Schichten bzw. Schichtpaketen unterscheiden, gehören auch die bisher als Modifikationen des $Al_2O_3 \cdot SiO_2 \cdot H_2O$ angesehenen Minerale Kaolinit, Dickit und Nakrit. Bei diesen sind die Schicht*pakete* vom Typ des Kaolinits (s. S. 133) in verschiedener Weise derart übereinandergelagert, daß die c-Identitätsperiode beim Dickit zweimal, beim Nakrit viermal so groß ist wie die des Kaolinits.

Analoge polytype Strukturen sind auch bei vielen Glimmern röntgenographisch festgestellt worden[1]. So kann das auf ein Schichtpaket folgende Schichtpaket bereits wieder in identischer Lage mit dem ersten

---

[1] HENDRICKS, ST. B., u. M. E. JEFFERSON: Amer. Mineral. **24**, 729 (1939).

Anmerkung: SMITH, Y. V. und H. S. YODER gaben in einem Vortrag vor der Mineralog. Soc., London, neueste Ergebnisse bekannt, die wohl in einem der nächsten Hefte der Mineral. Mag. 1955 veröffentlicht werden, aber mir noch nicht zur Verfügung standen.

sich befinden, oder aber die identische Position wird erst von dem dritten, vierten usw. Schichtpaket eingenommen. Dementsprechend unterscheidet man bei den Glimmern:

Einschichtige monokline Strukturen . . . . mit $c_0 =$ 10,2 Å,
Zweischichtige monokline Strukturen . . . . . . mit $c_0 =$ 20,2 Å,
Dreischichtige rhomboedrische Strukturen . . . . mit $c_0 =$ 30,0 Å,
Sechsschichtige monokline u. trikline Strukturen . . mit $c_0 =$ 60,0 Å,
Vierundzwanzigschichtige trikline Strukturen . . . mit $c_0 =$ 240,0 Å.

(Die letztere ist bisher nur an einem Biotit festgestellt worden.) Die Einschicht- bis Sechsschichtstrukturen sind bei den chemisch verschiedenartigsten Glimmern, wie Biotit, Phlogopit, Lepidolith usw., beobachtet

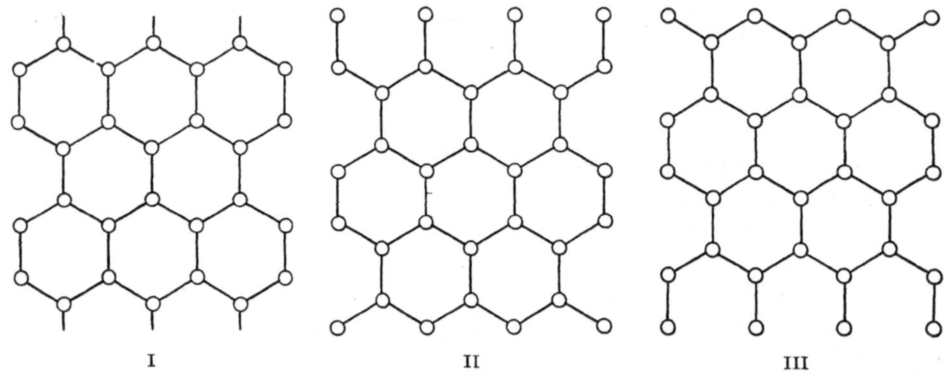

I   II   III

Abb. 82. Identische Graphitschichten in verschiedener Orientierung.

worden, nur überraschenderweise nicht bei Muskoviten, welche alle die Zweischicht- bzw. Dreischichtstruktur[1] bilden. Bei den Glimmern kennen wir also verschiedene Typen, deren Gitter sich nur durch die Art der Aufeinanderfolge der Schichtpakete unterscheiden. Entsprechendes ist von unvollständigen Glimmern, von den Illiten, bekannt geworden[2].

Es ist bemerkenswert, daß auch bei Glimmerkristallen oft eindimensionale Schichtenfehlordnung röntgenographisch zu beobachten ist und ferner, daß „gemischte" Strukturen (Wechselstrukturen) auftreten, bei denen die bei den Typen verwirklichten Gitterverschiedenheiten bereits innerhalb ein und desselben Kristalls statistisch abwechseln.

Polytypie ist ferner beim Graphit bekannt. Bei der häufigsten, hexagonalen Struktur sind die Schichten derart übereinander angeordnet, wie es der Reihenfolge I II I II . . . der in Abb. 82 dargestellten gleichgebauten, aber verschieden zueinander orientierten Atomlagen entspricht; durch Übereinanderlegen der Schichten I und II erhält man

---

[1] AXELROD, J. M., u. F. S. GRIMALDI: Amer. Mineral. **34**, 559 (1948).
[2] LEVINSON, A. A.: Amer. Mineral. **40**, 41 (1955).

eine Projektion der Atomanordnung dieses Strukturtyps (Abb. 83a). Ein zweiter, rhomboedrischer Typ besitzt die Schichtenfolge I II III I II III . . .[1]. Die Projektion der übereinanderliegenden Schichten zeigt Abb. 83b. Außerdem sind aus den Röntgenaufnahmen weitere Typenbildungen wahrscheinlich gemacht worden, die aber noch nicht genauer ermittelt werden konnten. Die verschiedenen Typen kommen sowohl in natürlichen Graphiten aus den verschiedensten Teilen der

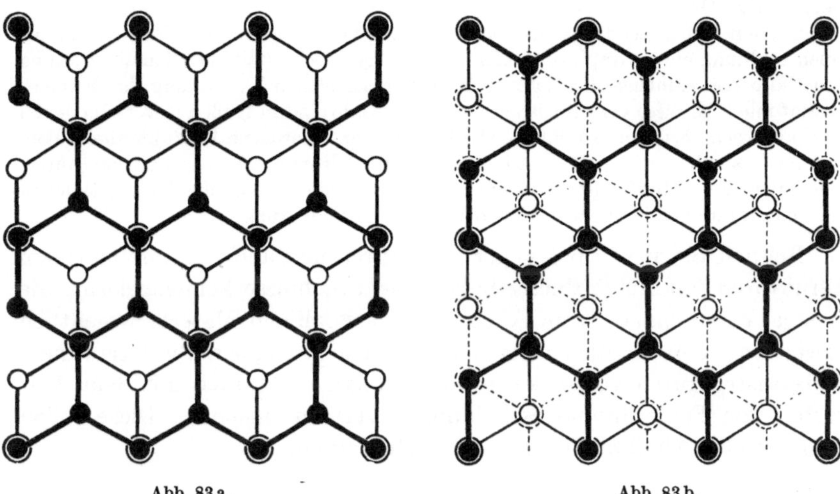

Abb. 83 a.
Abb. 83 b.

Abb.83a u.b. Projektion der Graphitgitter in die (0001)-Ebene. a) Gitter mit der Schichtenfolge I II I . . . $c_0 = 6{,}696$ Å, b) Gitter mit der Schichtenfolge I II III I . . .; $c_0 = \frac{3}{2} \cdot 6{,}696 = 10{,}044$ Å. Die ausgefüllten Kreise gehören zur Schicht I, die leeren Kreise zur Schicht II und die gestrichelten Kreise zur Schicht III.

Erde als auch in künstlich hergestellten Graphiten überraschenderweise anscheinend in einem ziemlich gleichbleibenden Verhältnis vor: 80% der I II I II . . .-Struktur und 14% der I II III . . .-Struktur[2]. Es konnte ferner festgestellt werden[3], daß beide Lagearten auch in einem Einzelkristall verwirklicht sein können und daß Graphite, ebenso wie polytype SiC-, Wurtzit- und Glimmerkristalle eindimensional fehlgeordnet sein können.

In diesem Zusammenhang sei erwähnt, daß der Ruß, welcher häufig als Modifikation des Kohlenstoffs bezeichnet wird, ein äußerst verschiedenartig zusammengesetztes Produkt ist. Ruße stellen ein Gemisch mehrerer struktureller Anordnungen

---

[1] LIPSON, H., u. A. R. STOKES: Proc. Roy. Soc. (London) **181**, 101 (1942).

[2] BACON, G. E.: Acta cryst. **3**, 320 (1950) gelangte zu dem Ergebnis, daß der Anteil der rhomboedrischen I II III . . . Struktur bei gut kristallisierten Graphiten nur wenige Prozente beträgt, aber daß durch Pulvern dieser Prozentsatz wesentlich vergrößert werden kann.

[3] JAGODZINSKI, H., u. F. LAVES: Schweiz. Min. Petr. Mitt. **28**, 456 (1948).

von Kohlenstoffatomen dar. Es gibt nämlich Ruße, welche sich aus kleinsten
Graphitkriställchen aufbauen, aber andere bestehen aus winzigen Kristalliten
graphitähnlicher, parallel gelagerter *Schichten* (welche aber sonst keine kristallographische Orientierung mehr zueinander haben), die in einer Zwischenmasse von
amorphem Kohlenstoff eingebettet sind. Neuere Untersuchungen[1] ergaben für
einen bestimmten Ruß, daß 65% in Form von graphitähnlichen perfekt gebauten
Schichten vorliegen und daß die restlichen 35% nicht mal die zweidimensionale
Ordnung der Kohlenstoffschichten erkennen lassen, also amorph sind. Von den
Schichten liegen etwa 55% paarweise parallel, während die restlichen 45% keine
gegenseitige Orientierung mehr haben.

Bei den Rußen zeigt sich also der Übergang von der dreidimensionalen kristallinen Ordnung eines Graphitkristalls über die nur noch zweidimensionale Ordnung
innerhalb der Kohlenstoff*schichten* bis zu der amorphen Unordnung der Kohlenstoffatome. All diese verschiedenen Ordnungsgrade sind in Rußen in verschiedenen
Verhältnissen vertreten, so daß sie strukturell sehr heterogene Produkte darstellen,
welche deshalb auch z. B. hinsichtlich ihrer Adsorptionseigenschaft so unterschiedlich sind. Hierfür ist natürlich auch die verschiedene Größe der Kriställchen
und Kristallite bei den verschiedenen Rußen von Bedeutung.

Bei den Beispielen polytyper Strukturen und auch bei polymorphen
Strukturen mit Fehlordnung haben wir Ergebnisse kennengelernt, die
unsere Vorstellungen vom Aufbau der kristallinen Materie wesentlich
erweitern; denn wir dürfen uns nicht nur ideal streng periodisch geordnete
Kristallstrukturen vorstellen, sondern müssen uns auch mit dem Auftreten von Fehlordnungserscheinungen vertraut machen. Diese sollen
im folgenden Abschnitt näher behandelt werden.

III. Ideal- und Realkristall.

Bei den Abweichungen eines realen Kristalls von dem streng periodisch geordneten Idealkristall unterscheidet man, wie es C. W. Correns[2] getan hat, zweckmäßigerweise zwischen Fehlordnungen und Baufehlern. Diese beiden großen Gruppen von Unordnungserscheinungen
und ihr Einfluß auf die Eigenschaften der Kristalle seien im folgenden
besprochen.

1. Fehlordnungen.

Die geometrische Gittertheorie betrachtet den Kristall als eine dreidimensional unendliche periodische Punktanordnung, als ein homogenes
Diskontinuum. Die Homogenität verlangt, daß ein Kristallstück völlig
gleich ist, von welchem Teil des Kristalls es auch stammen mag; das
bedeutet u. a., daß die Elementarzellen der Raumgitter stets *exakt*
aneinandergefügt sind. Das Diskontinuum ist gekennzeichnet durch die
räumliche Trennung der atomaren Bausteine, deren Schwerpunkte sich

---

[1] FRANKLIN, R. E.: Acta cryst. **3**, 107 (1950) siehe dort weitere Literatur.

[2] CORRENS, C. W.: Einführung in die Mineralogie, Berlin: Springer 1949, und
„Ordnung und Unordnung in den Kristallen" in „Das Problem der Gesetzlichkeit"
S. 1 bis 23. Hamburg 1949.

auf Gitterpunkten befinden. Die Anordnung der Gitterpunkte im Raum muß der Symmetrie einer der 230 Raumgruppen gehorchen. Da ein Gitterpunkt durch die Symmetrieelemente in eine Anzahl äquivalenter (gleichwertiger) Gitterpunkte übergeführt wird, verlangt die geometrische Gittertheorie, daß alle äquivalenten Punktlagen vollständig besetzt sind, und zwar durch Atome gleicher Art. Dieses theoretische Bild eines Kristalls trifft aber nur für den Idealfall zu, also für den Idealkristall. Der tatsächlich gewachsene Realkristall jedoch weist beträchtliche Abweichungen von dieser vollkommenen Ordnung auf; er hat eine gewisse Unordnung.

Die Fehlordnungserscheinungen sind besonders deutlich bei den vorher besprochenen Mischkristallen; denn bei ihnen haben wir ja eine statistische, also eine nur im *Durchschnitt* homogene Verteilung der Atome auf.ihre Gitterplätze erkannt. Es sind die Substitutionsmischkristalle Beispiele für *eine* Art solcher Fehlordnungen; bei ihnen sind noch alle äquivalenten Gitterplätze vollbesetzt, aber eben in statistischer Weise und durch verschiedene Atomarten.

Eine zweite und dritte Art von Fehlordnungen zeigen die Additionsbzw. die Subtraktionsmischkristalle, bei denen im Kristall eine Anzahl von gleichwertigen Gitterplätzen statistisch zusätzlich besetzt werden bzw. statistisch unbesetzt bleiben. Und schließlich bilden die Divisionsmischkristalle Beispiele für eine vierte Art von Fehlordnung, weil bei ihnen bestimmte Atome sich auf *ungleichwertige* Gitterplätze verteilen, diese also statistisch und nur teilweise besetzt sind. Diese Fehlordnungsarten sind aber nicht auf Mischkristalle beschränkt sondern treten auch in reinen Kristallen auf, (S. 212). Wir können daher nach F. Laves[1] bei Kristallen vier große Gruppen von Fehlordnungen unterscheiden:

Fehlordnung durch:

1. Substitution { Nur statistische vollkommene Besetzung gleichwertiger Gitterplätze durch verschiedene Atomarten.

2. Addition } Statistisch *un*vollständige Besetzung gleichwertiger
3. Subtraktion } Gitterplätze.

4. Division { Statistisch *un*vollständige Besetzung *ungleichwertiger* Gitterplätze.

Hierzu tritt noch als andersgeartete Fehlordnung:

5. Rotation von Ionengruppen oder Molekeln.

6. Eindimensionale Lagenfehlordnung (wie bei polytypen Strukturen; S. 205ff.).

Aus dem auffälligen Auftreten der *Ionenleitfähigkeit* in Ionenkristallen, besonders bei höherer Temperatur, haben schon J. Frenkel[2] und

---

[1] Laves, F.: Z. Elektrochem. **45**, 2 (1939).
[2] Frenkel, J.: Z. Physik **35**, 652 (1926).

C. WAGNER u. W. SCHOTTKY[1] auf gewisse Fehlordnungen im Kristall geschlossen. Sie unterscheiden a) eine Bildung von Leerstellen, d. h. es fehlt eine äquivalente Menge an Kationen und Anionen im Gitter (Abb. 84), und b) eine Besetzung von Zwischengitterplätzen, d. h. eine (kleine) Anzahl von Kationen bzw. Anionen hat ihre normalen Gitterplätze verlassen und befindet sich auf Zwischengitterplätzen, also in vorher unbesetzten Lücken des Gitters. Die Gitterplätze, auf denen im

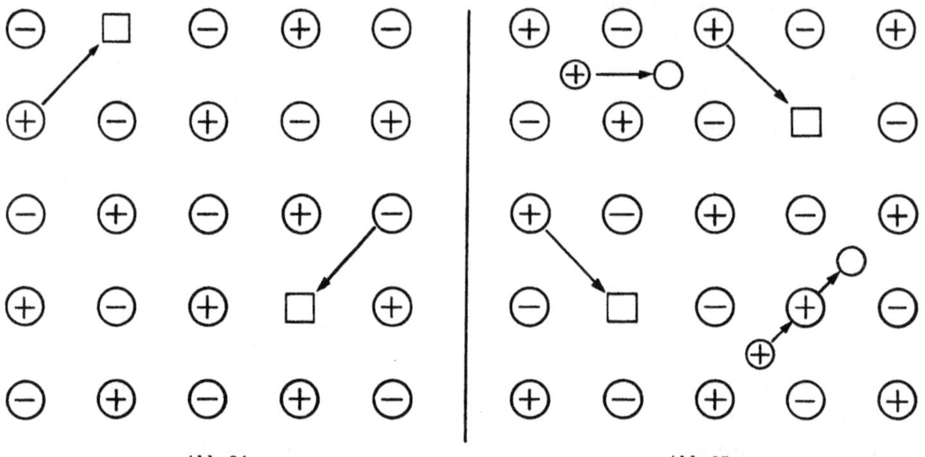

Abb. 84.   Abb. 85.

Abb. 84 und 85. Fehlordnungen in heteropolaren *A B*-Kristallen.

Abb. 84. Leerstellen im Gitter (Nach SCHOTTKY und WAGNER). Abb. 85. Ionen auf Zwischengitterplätzen. (Nach FRENKEL und WAGNER.) □ = Leerstelle; kleiner Kreis mit Pluszeichen = besetzter Zwischengitterplatz; kleiner leerer Kreis = noch unbesetzter, möglicher Zwischengitterplatz.

idealen Kristall die jetzt auf Zwischengitterplätzen befindlichen Kationen bzw. Anionen saßen, bleiben natürlich frei (Abb. 85); denn in allen Fällen bleibt die Elektroneutralität des Ionenkristalls erhalten. Die Häufigkeit dieser Fehlordnungsarten nimmt mit steigender Temperatur stark zu und ist besonders groß unmittelbar unterhalb des Schmelzpunktes der Ionenkristalle, weshalb hier die Ionenleitfähigkeit im Kristall ihr Maximum erreicht. Die Fehlordnungen stehen in einem thermodynamischen Gleichgewicht.

Die Fehlordnung durch Bildung von Leerstellen (SCHOTTKY) kann bei der Klassifikation nach LAVES in die Gruppe der Subtraktionskristalle eingeordnet werden, weil hier gleichwertige Gitterplätze unvollständig besetzt sind, und die FRENKELsche Fehlordnung durch Besetzung von Zwischengitterplätzen paßt in die Gruppe der Divisionskristalle, weil ungleichwertige Gitterplätze statistisch und nur teilweise besetzt sind.

---

[1] WAGNER, C., u. W. SCHOTTKY: Z. phys. Chem. B **11**, 163 (1930).

Durch die SCHOTTKYsche Vorstellung der Fehlordnung wird es sofort verständlich, daß unter dem Einfluß eines elektrischen Feldes sowohl Anionen als auch Kationen durch das Gitter zu dem entsprechenden Pol wandern können, derart, wie es in der Abb. 84 schematisch für ein heteropolares AB-Gitter angedeutet ist. Diesen Effekt, nämlich Wanderung von Kationen *und* Anionen, beobachtet man z. B. bei den Alkalihalogeniden bei hoher Temperatur (etwa oberhalb 500° C) und bei PbJ_2, während *nur die Kationen* wandern bei $AgCl$, $AgBr$, AgJ, $CuCl$, α-$CuBr$, α-CuJ und bei tieferer Temperatur bei den meisten Alkalihalogeniden. [Bei $CuCl$ und γ-$CuBr$ (stabil unterhalb 391° C) tritt bei Temperaturen tiefer als 250° bzw. 300° eine *Elektronen*leitung mit Temperaturabnahme immer stärker in Erscheinung.] In BaF_2, $BaCl_2$, $BaBr_2$, $PbCl_2$ und $PbBr_2$ wandern *nur die Anionen* durch das Gitter. Die beiden zuletzt genannten Effekte können durch Divisionsfehlordnung gedeutet werden, was am Beispiel des α-AgJ noch näher gezeigt wird.

Das PbJ_2 ist besonders interessant, weil es im niedrigen Temperaturgebiet eine Kationenleitung, im höheren Temperaturgebiet jedoch eine Anionenleitung zeigt; dieses Verhalten wird auf die große Polarisierbarkeit des J-Ions zurückgeführt[1], die sich bei höheren Temperaturen verringert, so daß erst dann ein Platzwechsel der J-Ionen energetisch möglich wird.

Für die Wanderung der Kationen im $AgCl$ und in den Gittern der Alkalihalogenide (bei tiefer Temperatur) gibt bereits die Abb. 85 eine grobe Vorstellung, welche ja ebenfalls eine Divisionsfehlordnung darstellt. Die Abbildung ist der Arbeit von E. KOCH u. C. WAGNER[2] entnommen. Von diesen Autoren wurde auch die Ionenleitung in $AgCl$ und $AgBr$ in Abhängigkeit von der Temperatur bestimmt. Sie erhielten für die *reinen* Salze Werte, die in der folgenden Tabelle mit verwertet worden sind:

Tabelle 50. *Thermodynamische Fehlordnungen in AB-Kristallen.*
(Fehlordnungen durch Division und/oder Subtraktion.)
Spezifische Leitfähigkeit einiger Salze in $Ohm^{-1}\,cm^{-1}$
in Abhängigkeit von der Temperatur.
(Die Temperatur, bei der die Leitfähigkeit gemessen worden ist, ist jeweils auf die Temperatur des Schmelzpunktes bezogen; Minusgrade bedeuten unterhalb des Fp., Plusgrade oberhalb Fp. Unter jeder Substanz ist in Klammern der Schmelzpunkt in ° C angegeben.)

Temperatur bezogen auf Fp. = 0	NaCl (801)	KCl (770)	CuCl (432)	AgCl (455)	AgBr (430)	α-AgJ (557)
— 220°	$7 \cdot 10^{-6}$	$2 \cdot 10^{-6}$	$1 \cdot 10^{-4}$	$3 \cdot 10^{-4}$	$1 \cdot 10^{-3}$	2,0
— 150°	$3 \cdot 10^{-5}$	$8 \cdot 10^{-6}$	—	$2 \cdot 10^{-3}$	$2 \cdot 10^{-2}$	—
— 60°	$2 \cdot 10^{-4}$	—	$8 \cdot 10^{-2}$	—	$1 \cdot 10^{-1}$	2,5
— 30°	—	$1 \cdot 10^{-4}$	$2 \cdot 10^{-1}$	—	—	—
— 10°	$6 \cdot 10^{-4}$	—	—	$1 \cdot 10^{-1}$	2,6	—
+50°(Schmelze)	4	2	3	4	~2	2,4

(Die linke Randbeschriftung der Tabelle: Temperaturzunahme)

[1] HEVESY, G. v., u. W. SEITH: Z. Physik **66**, 790 (1929).
[2] KOCH, E., u. C. WAGNER: Z. phys. Chem. B **38**, 295 (1938).

Man erkennt hieraus, daß die Leitfähigkeit beträchtlich mit der Temperatur ansteigt, woraus man auf eine Zunahme der Fehlstellen im Gitter mit zunehmender Temperatur schließen muß. So konnten C. Wagner u. J. Beyer[1] zeigen, daß im AgBr-Kristall bei etwa 400° 16% der Ag-Ionen sich auf Zwischengitterplätzen befinden, während es bei Zimmertemperatur nur etwa $1/_{10}$% sind.

Wenn der Kristall schmilzt, dann tritt ein merklicher Sprung auf höhere Werte der Ionenleitfähigkeit ein, der offensichtlich um so größer ist, je weniger groß das Ausmaß der Fehlordnung im Kristall war.

Bei α-AgJ (Hochtemperaturmodifikation) [und bei AgBr] beobachtet man jedoch keine wesentliche Erhöhung der Leitfähigkeit, wenn der Kristall schmilzt; vielmehr zeigt der AgJ-Kristall bereits unmittelbar oberhalb seines Umwandlungspunktes (145,8° C) bei 146° C eine Kationenleitfähigkeit von 1,3 Ohm^{-1}cm^{-1}, also von der gleichen Größenordnung, wie sie in heteropolaren *Schmelzen* beobachtet wird. Dieses eigenartige Verhalten kann aus der Kristallstruktur des α-AgJ verständlich gemacht werden. Die Hochtemperaturmodifikation des AgJ kristallisiert nicht wie die Tieftemperaturmodifikation im Zinkblende- bzw. (bei —180°) im Wurtzitgitter, sondern die Jodteilchen bilden ein kubisch raumzentriertes Gitter. In diesem aus Jod gebildeten Teilgitter befinden sich Lücken, und zwar entfallen auf n Kugeln eines kubisch raumzentrierten Gitters 3 n Lücken mit der Koordinationszahl 2, 6 n Lücken mit der Koordinationszahl 3 und 12 n Lücken mit der Koordinationszahl 4. Es werden nun alle diese Lücken in dem Jodteilgitter teilweise von Ag belegt. Aber die Ag bleiben nicht auf diesen Plätzen, sondern können sich ziemlich frei durch das Jodgitter hindurch bewegen, wobei sie alle diese Platzmöglichkeiten (Zwischengitterplätze) vorübergehend benutzen. Man kann auch sagen, daß Ag sich wie eine Flüssigkeit durch das Jodgitter bewegen kann. A. Klemm[2] ist es sogar gelungen, eine teilweise Trennung der Isotopen ^{107}Ag und ^{109}Ag zu erreichen, weil das letztere langsamer durch den Kristall wandert. Die Besonderheit dieser α-AgJ-Struktur wurde von L. W. Strock[3] ermittelt; sie ist ein Beispiel für einen Kristall mit Divisionsfehlordnung. Diese Art der Fehlordnung dürfte auch bei der Hochtemperaturmodifikation des CuJ (440 bis 602°), des Ag$_2$S und Ag$_2$Se vorliegen und deren große Ionenleitfähigkeit verständlich machen. Ähnlich ist die große Ionenleitfähigkeit der Hochtemperaturmodifikation des Ag$_2$HgJ$_4$ durch Fehlordnung zu verstehen (vgl. S. 199).

Wir sahen, daß mit steigender Temperatur die Anzahl der Fehlordnungen sehr stark vergrößert wird. Andererseits ist es offensichtlich,

---

[1] Wagner, C., u. J. Beyer: Z. phys. Chem. **32**, 113 (1936).
[2] Klemm, A.: Z. Naturforsch. **2a**, 9 (1947).
[3] Strock, L. W.: Z. physik. Chem. B, **25**, 441 (1934); **31**, 132 (1936).

daß bei Einbau eines zweiwertigen Ions anstelle eines einwertigen der Gitterbau fehlgeordnet wird. Das ist der Fall bei den Subtraktionsmischkristallen, die z. B. zwischen AgCl und $CdCl_2$ (bis über 10 Mol-% $CdCl_2$ bei 350°) gebildet werden. Bei diesen Mischkristallen treten n Cd-Ionen an die Stelle von $2\,n$ Ag-Ionen, so daß also n vorher von Ag besetzte Gitterplätze im Mischkristall unbesetzt bleiben. Die mit zunehmendem Ersatz von Ag durch Cd erfolgende Zunahme der Fehlordnung im Kristall erkennt man deutlich aus der Zunahme der Leitfähigkeit. Diese ist u. a. für verschieden zusammengesetzte Mischkristalle AgCl—$CdCl_2$ von E. KOCH u. C. WAGNER (1938) bei verschiedenen Temperaturen gemessen worden.

Einen Auszug aus den Meßdaten (abgerundet) gibt Tab. 51 wieder.

Tabelle 51.

Temperatur °C	CdCl$_2$-Gehalt in Mol-% im AgCl						
	0	0,1	0,2	0,8	1,5	2,5	10,0
350	$7 \cdot 10^{-3}$	$7 \cdot 10^{-3}$	$9 \cdot 10^{-3}$	$2 \cdot 10^{-2}$	$4 \cdot 10^{-2}$	$6 \cdot 10^{-2}$	$2 \cdot 10^{-1}$
250	$4 \cdot 10^{-4}$	$1 \cdot 10^{-3}$	$2 \cdot 10^{-3}$	$7 \cdot 10^{-3}$	$1 \cdot 10^{-2}$	$2 \cdot 10^{-2}$	$9 \cdot 10^{-2}$
210	$9 \cdot 10^{-5}$	$6 \cdot 10^{-4}$	$1 \cdot 10^{-3}$	$4 \cdot 10^{-3}$	$8 \cdot 10^{-3}$	$1 \cdot 10^{-2}$	$5 \cdot 10^{-2}$

Man erkennt hieraus, daß die Leitfähigkeit und damit die Anzahl der Fehlstellen im Gitter proportional der Zusatzkonzentration wächst und daß sich schon sehr geringe Zusätze sehr deutlich hierbei bemerkbar machen. (Bei einem Zusatz von 0,1 Mol-% $CdCl_2$ wird die bei 210° gemessene Leitfähigkeit im AgCl—$CdCl_2$-Mischkristall auf den 6fachen Betrag, bei 10 Mol-% $CdCl_2$ auf den 600fachen Betrag gegenüber dem reinen AgCl-Kristall erhöht.)

Weiter sieht man, daß ein bestimmter kleiner Zusatz bei einer relativ hohen Temperatur (350° in dem aufgeführten Beispiel) die Leitfähigkeit nicht in dem Ausmaße vergrößert, wie es bei tieferen Temperaturen (z. B. bei 210°) der Fall ist. Das besagt, daß bei höherer Temperatur die Leitfähigkeit wesentlich durch die thermodynamisch zusätzlich entstandenen Fehlordnungen (die vorher besprochen worden sind) bestimmt ist. Bei niedrigerer Temperatur nimmt die thermodynamische Fehlordnung rasch ab, und schließlich wird ein Temperaturgebiet erreicht, in dem im wesentlichen die durch den Einbau von Fremd-Ionen im Gitter entstandenen Fehlordnungen (Subtraktionsfehlordnung) die Größe der Ionenleitfähigkeit bestimmt. In einem noch tieferen Temperaturgebiet ist die Größe der Leitfähigkeit nicht mehr für Kristalle derselben Art gleich (gemessen bei konstanter Temperatur und gleicher Zusammensetzung), sondern sie wechselt erheblich von Probe zu Probe. Die bei tiefen Temperaturen noch beobachtbare äußerst geringe Ionenleitfähigkeit ist dann wesentlich bedingt durch das Auftreten von Unordnungen im Gitter eines heteropolaren Kristalls, welche durch Fehler beim Kristallisieren entstanden sein können oder/und durch mechanische Beanspruchungen und daher von Kristall zu Kristall stark schwanken; solche Unordnungen bezeichnet man als Baufehler, die später noch eingehender behandelt werden.

Metallische Leitfähigkeit und andere Eigenschaften. Als ein Beispiel dafür, daß auch bei Substitutionsmischkristallen eine Beeinflussung physikalischer Eigenschaften durch Fehlordnung entsteht, ohne daß — wie bei den bisherigen Beispielen — Gitterplätze unvollständig besetzt sind, sondern allein dadurch, daß verschiedene Atome auf gleichwertigen Gitterplätzen verteilt sind, und zwar statistisch verteilt sind, mögen die Mischkristalle Au—Ag hier angeführt sein. Aus der Abb. 86 erkennt man den Einfluß der durch statistische Verteilung von Atomen hervorgerufenen Fehlordnung auf physikalische Eigenschaften. Gold und Silber bilden eine vollständige Mischkristallreihe, und man sieht, daß mit zunehmendem Gehalt der einen Komponente im Gitter des Wirtkristalls der elektrische Widerstand stark zunimmt, d. h. daß die elektrische Leitfähigkeit entsprechend abnimmt.

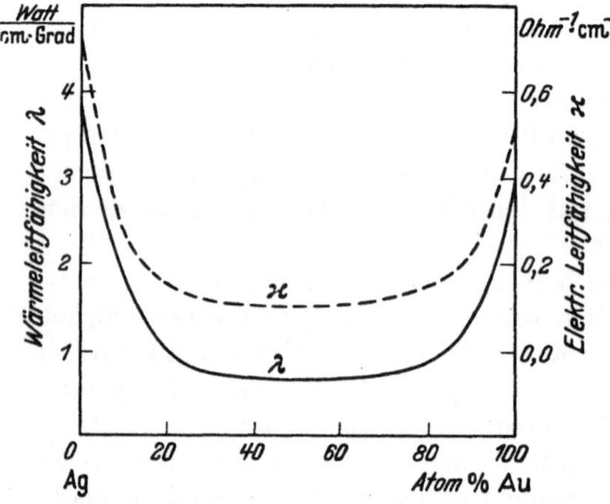

Abb. 86. Physikalische Eigenschaften von Ag-Au-Mischkristallen mit statistischer Atomverteilung auf die Plätze einer kubisch dichtesten Kugelpackung. [Elektrischer Widerstand und Wärmeleitzahl bei 0° C, aus G. BORELIUS: Handbuch der Metallphysik, Bd. 1. Teil 1. Leipzig 1935. Brinellhärte aus W. KUNTZE: Handbuch der Metallphysik, Bd. 1, Teil 2 (1940). Kritische Schubspannung nach SACHS und WEERTS (1930), aus SCHMID und BOAS.]

Bei metallischen Leitern bewirkt also eine Fehlordnung im Kristall eine Abnahme der elektrischen Leitfähigkeit im Gegensatz zu den Ionenkristallen, in denen eine Erhöhung der Ionenleitfähigkeit durch Fehlordnung eintritt. Das ist natürlich auf den grundsätzlich andersgearteten Vorgang zurückzuführen, welcher

Elektronenleitung bzw. Ionenleitung bedingt. (Vgl. elektrische Eigenschaften der Metalle und beachte die Tatsache, daß die Ionenleitfähigkeit heteropolarer Kristalle beim Schmelzpunkt sprunghaft *an*steigt, während die metallische Elektronenleitfähigkeit beim Schmelzen sprunghaft etwa auf die Hälfte *ab*nimmt.) So wie man eine Abnahme der elektrischen Leitfähigkeit ($\varkappa$) mit zunehmender Fehlordnung bei Metallen beobachtet, wird auch eine entsprechende Abnahme der Wärmeleitfähigkeit (λ) festgestellt. Das ist bei Metallen aus der allgemeinen Analogie zwischen Elektrizitäts- und Wärmeleitung völlig verständlich. (WIEDEMANN-FRANZsche Regel; $\lambda/\varkappa$ ist bei gegebener Temperatur konstant[1].) Aus der Abb. 86 erkennt man weiter, daß auch die Festigkeitseigenschaft der Brinellhärte und der kritischen Schubspannung (die das Einsetzen einer ausgiebigen Translation bewirkt) mit zunehmender Fehlordnung im Gitter zunimmt.

Auch die bekannte Erscheinung der gesteigerten Härte des vergüteten Eisens ist auf Gitterfehlordnungen zurückzuführen. So wird die Brinellhärte *reinen* Eisens durch einen einprozentigen Zusatz von Ni um $^1/_{20}$ von Mn um $^1/_8$ und von Cr um $^1/_4$ erhöht; diese Zusätze bilden mit dem Eisen einfache Substitutionsmischkristalle.

Andere Zusätze, wie die sehr kleinen Atome Si, P und C, werden auf Zwischengitterplätzen zusätzlich im Eisengitter eingelagert. Bei einer statistischen Verteilung spricht man dann von Einlagerungsmischkristallen. H. SEIFERT[2] ist der Auffassung, daß keine statistische Einlagerung, sondern eine kristallographisch orientierte Einlagerung von submikroskopisch kleinen z. B. Carbidkomplexen im Eisengitter vorliegen könnte, was er mit „anomalem Mischkristall" bezeichnet. Es liegt also je nach der Auffassung ein fehlgeordnetes oder ein durch orientierte Einlagerungen gestörtes Kristallgitter vor. Die Härte dieser Kristalle ist gegenüber derjenigen des reinen Eisens bei einem einprozentigen Zusatz von Si zweimal größer, von P 2,25mal und von C fast 2,5mal größer.

An synthetisch hergestellten Ionenkristallen untersuchte die SMEKAL-Schule[3] u. a. die mechanische Eigenschaft der Zerreißfestigkeit und stellte fest, daß bei NaCl (bei Zimmertemperatur) eine Erhöhung um 30—100% eintritt, wenn der Kristall durch Einbau sehr geringer Mengen von z. B. Ag, Cu oder K fehlgeordnet ist (einfache Substitutionsfehlordnung). Die Erhöhung ist noch wesentlich größer, nämlich 4- bis 5fach, wenn statt einwertiger Kationen zweiwertige Ionen wie Ca, Pb oder Sr im NaCl-Gitter eingebaut sind (Fehlordnung durch Subtraktions-Mischkristallbildung). Solche Gitterfehlordnungen erschweren also das Abgleiten von Kristallteilen gegeneinander, d. h. sie erhöhen die Zerreißfestigkeit.

---

[1] Gewisse Abweichungen von dieser Regel wurden neuerdings von J. O. LINDE erkannt und diskutiert: K. Sv. Vet. Akad. Ark. f. Fysik 4, 541 (1952).

[2] SEIFERT, H.: Z. Elektrochem. **50**, 89 (1944).

[3] SMEKAL, A.: In Handbuch der Physik 24, Teil 2. Berlin 1933.

Ein weiteres Beispiel, welches besonders anschaulich den Unterschied im physikalischen Verhalten von Kristallen mit substitutioneller Fehlordnung einerseits und mit geordneter Verteilung der Atome andererseits zeigt, sei hier angeführt. Substitutions-Mischkristalle mit statistischer Verteilung der Atome können zwischen Cu und Au in allen Verhältnissen erhalten werden, wenn man die entsprechend zusammengesetzten Schmelzen abschreckt. Die Veränderung des elektrischen Widerstandes mit der Zusammensetzung des Mischkristalls verläuft ganz so wie bei den Ag—Au-Mischkristallen und ist durch die glatt durchlaufende, z.T. gestrichelt gezeichnete Kurve in Abb. 87 dargestellt. Wenn die Cu—Au-Schmelzen aber langsam abkühlen, dann bildet sich bei einer Schmelzzusammensetzung von Cu_3Au und $CuAu$ jeweils eine Struktur, in der die Atome nicht mehr statistisch auf die Plätze des kubisch flächenzentrierten Gitters verteilt, sondern in ganz bestimmter Weise *geordnet* sind (vgl S. 160). In diesen geordneten Kristallen ist die elektrische Leitfähigkeit ganz beträchtlich größer als in den fehlgeordneten Kristallen; der elektrische Widerstand ist also kleiner, was sehr deutlich in der Abb. 87 durch die nach unten gerichteten Spitzen der (ausgezogenen) Kurve zum Ausdruck kommt.

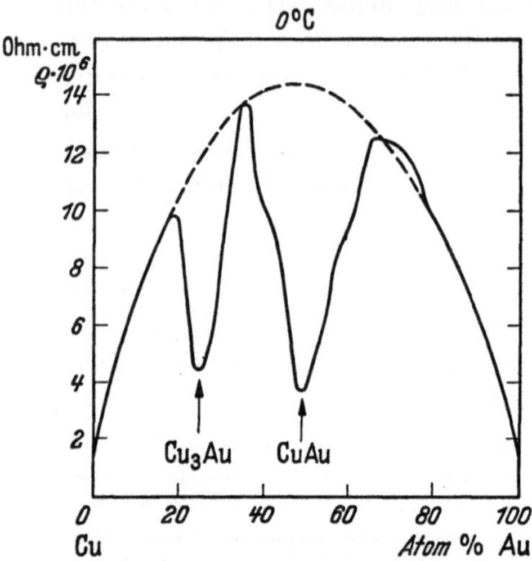

Abb. 87. Elektrischer Widerstand der Cu—Au-Legierungen. (Geordnete Kristalle bzw. statistisch ungeordnete Kristalle.) (Aus G. BORELIUS: Handbuch der Metallphysik, Bd. 1, Teil 1, nach MATHIESSEN, KURNAKOW, ZEMCZUSNY und ZASEDETELEV.)

Auch die geringere Härte der geordneten Cu_3Au- und $CuAu$-Phasen gegenüber den ungeordneten Mischkristallen zeigt den Einfluß der Fehlordnung, der sich auch aus den Daten für die kritische Schubspannung bei der plastischen Deformation zu erkennen gibt. Die Schubspannung der geordneten Cu_3Au-Kristalle beträgt 2,3 kg/mm², während die der ungeordneten fast doppelt so groß ist, nämlich 4,4 kg/mm².

Derartige Umwandlungen von substitutionell fehlgeordneten Kristallen zu geordneten durch Tempern sind außerdem noch bekannt bei $CuZn$ (β-Messing), Cu_3Pb, Cu_3Pt, Ni_3Fe und Fe_3Al. Das β-Messing z. B. bildet als fehlgeordnete Phase ein kubisch innenzentriertes Gitter, in dem Cu und Zn statistisch über die Punktlagen verteilt sind, während in der geordneten Phase jedes Teilchen von acht andersgearteten Teilchen umgeben ist. Die Punktanordnung ist dann die gleiche wie beim CsCl-Typ; also kubisch primitiv, nicht mehr kubisch innenzentriert.

Halbleitereigenschaft. Bisher sind Beispiele für Fehlordnungen im Kristallgitter besprochen worden, die charakterisiert sind durch eine nur statistische vollständige bzw. unvollständige Besetzung von Gitterplätzen. Diese kann hervorgerufen sein durch Mischkristallbildung oder bei höheren Temperaturen, durch thermodynamische Vorgänge, wobei die stöchiometrische Zusammensetzung eines Kristalls stets erhalten bleibt. Es gibt nun aber Kristalle, bei denen ein *stöchiometrischer* Überschuß oder Unterschuß einer seiner ionaren oder atomaren Bestandteile vorliegt; dann ist ebenfalls eine Fehlordnung im Kristall vorhanden. Denn bei einem Kristall mit Metallunterschuß sind Kationen-Leerstellen vorhanden; d. h. die Kationen sind fehlgeordnet, weil die Kationenplätze des geordneten Gitters nur *un*vollständig in statistischer Weise besetzt sind (das entspricht der Gruppe der Subtraktionsfehlordnung, s. S. 211). Um nun der bei Ionenkristallen stets zu erfüllenden Forderung der Elektroneutralität zu entsprechen, muß eine den fehlenden Kationen äquivalente Menge an Elektronen ebenfalls fehlen, was dadurch erreicht wird, daß ein Teil der Kationen jeweils ein Elektron abgibt und so seine (positive) Ladung erhöht, oder aber es geben Anionen jeweils ein Elektron ab und erniedrigen ihre Ladung. (Die Stelle des höher geladenen Kations bzw. niedriger geladenen Anions nennt man auch Elektronendefektstelle oder die Stelle eines „Defektelektrons"; man spricht auch von „Elektronenfehlordnung".) Diese Vorstellungen, die auf WAGNER[1] basieren, können folgendermaßen schematisiert werden.

<pre>
K⁺ A⁻ K⁺ A⁻ K⁺
A⁻ □ A⁻ K²⁺ A⁻
K⁺ A⁻ K⁺ A⁻ K⁺
A⁻ K²⁺ A⁻ □ A⁻
K⁺ A⁻ K⁺ A⁻ K⁺
</pre>
<pre>
K⁺ A⁻ K⁺ A⁻ K⁺
A⁻ □ A° K⁺ A⁻
K⁺ A⁻ K⁺ A⁻ K⁺
A° K⁺ A □ A⁻
K⁺ A⁻ K⁺ A⁻ K⁺
</pre>

Nicht-stöchiometrische Zusammensetzung infolge eines Unterschusses an Kationen. Ladungsausgleich durch Elektronenabgabe a) bei einer äquivalenten Menge von Kationen [links $K^+ \rightarrow K^{2+}$] oder b) bei Anionen [rechts: $A^- \rightarrow A°$].

Die nicht exakt stöchiometrisch zusammengesetzten Kristalle, z. B. NiO, CoO, FeO, Cu_2O und Bi_2O_3 haben einen Kationen*unterschuß* durch Bildung von Leerstellen. Die Elektroneutralität wird bei ihnen dadurch erreicht, daß eine den Leerstellen äquivalente Anzahl von Kationen ihre Ladung erhöht: Ni^{2+} zu Ni^{3+}, Cu^+ zu Cu^{2+}. Bei Vorliegen einer derartigen Kationen- und Elektronenfehlordnung kann nun, wenn eine Spannung angelegt wird, relativ leicht ein Ni^{2+} ein Elektron an das benachbarte Ni^{3+} abgeben; dieses wird dann zu Ni^{2+}, jenes zu Ni^{3+}, d. h. dieser *fortgesetzte* Valenzwechsel stellt ein Wandern eines Elektrons

---

[1] WAGNER, C.: Z. physik. Chem. B **22**, 181 (1933).

durch den Kristall dar. Daher beobachtet man bei den angeführten Kristallen bereits bei Zimmertemperatur eine merkliche *Elektronen*leitfähigkeit; die ebenfalls zu erwartende Kationenleitfähigkeit ist bei so niedrigen Temperaturen noch verschwindend.

Die Elektronenleitfähigkeit jener Kristalle ist sehr viel kleiner als diejenige der Metalle, weshalb man jene Kristalle als *Halbleiter*[1] bezeichnet. Mit steigender Temperatur erhöht sich — im Gegensatz zu den Metallen — die Leitfähigkeit bei den Halbleitern meistens, was verständlich ist, weil die an die Gitterfehlstellen gebundenen Elektronen durch eine thermische Anregung abgespalten werden und so zur Leitfähigkeit beitragen können.

Außer den nicht-stöchiometrischen Halbleiterkristallen mit Kationen*unterschuß* gibt es auch solche, die einen Kationen*überschuß* haben, wie z. B. das ZnO und CdO, bei denen zusätzlich Kationen, z. B. Zn^+ und Zn^{2+} und eine äquivalente Menge von Elektronen auf Zwischengitterplätzen sitzen. Bei wieder anderen nicht-stöchiometrischen Halbleiterkristallen, z. B. bei TiO_2, liegt ein *Unterschuß* von *Anionen* vor; es sind also Anionenleerstellen im Gitter vorhanden und dafür zusätzliche Elektronen, die Ti^{4+} zu Ti^{2+} reduzieren.

Der Elektronentransport erfolgt bei den Halbleitern also durch einen Valenzwechsel, und daher sind solche Verbindungen Halbleiter, bei denen chemisch gleichartige Atome verschiedener Valenz auf energetisch gleichwertigen oder nahezu gleichwertigen Gitterplätzen sitzen. Daraus ergibt sich auch, daß bisweilen selbst stöchiometrisch zusammengesetzte Verbindungen ohne Leerstellen, wie der Magnetit, Fe_3O_4, Halbleiter sein können. Der Magnetit hat sogar eine fast so große spezifische Leitfähigkeit wie Metalle. Das ist darauf zurückzuführen, daß der Magnetit in der Struktur des *inversen* Spinells (s. S. 76) kristallisiert, d. h. daß sowohl Fe^{2+} als auch Fe^{3+} auf *gleich*wertigen oktaedrischen Gitterplätzen sich befinden; ein Ladungsaustausch $Fe^{2+} + Fe^{3+} \rightarrow Fe^{3+} + Fe^{2+}$ ist daher ohne großen Energieaufwand möglich. Der Magnetit ist eines der wenigen Beispiele, die *ohne* Fehlordnung die größte Leitfähigkeit zeigen, weil die große Leitfähigkeit durch die nur im völlig geordneten Kristall *ungestörte* Folge $Fe^{2+} - Fe^{3+} - Fe^{2+}$ usw. bedingt wird. Tritt Fehlordnung ein, z. B. durch Einbau von Al statt Fe^{3+} (in Richtung auf $FeAl_2O_4$, Hercynit) oder dadurch, daß jeweils 3 Fe^{2+} durch 2 Fe^{3+} und einen nicht besetzten Gitterplatz ersetzt werden (in Richtung auf γ-Fe_2O_3), dann sinkt die Leitfähigkeit sehr stark ab. Dieses spezielle Verhalten des Magnetits erklärt sich also aus seiner Kristallstruktur und dem darin möglichen Leitungsmechanismus. Die Regel bei den

---

[1] Die obere Grenze der spezifischen Leitfähigkeit der Halbleiter, die gleichzeitig die untere Grenze der metallischen Leitfähigkeit ist, liegt bei der Größenordnung von 10^3 und geht herunter bis zu etwa 10^{-10} Ohm^{-1} cm^{-1}.

Halbleiterkristallen wie bei den Ionenleiterkristallen ist aber, daß Fehlordnungen irgendeiner der verschiedenen Arten vorhanden sein müssen, damit überhaupt eine Leitfähigkeit erfolgen kann. Da auch Fehlordnungen mit dem Einbau von Fremdatomen, insbesondere anderer Wertigkeit, entstehen, ist es verständlich, daß solche Fremdatome gerade bei den Halbleitern von sehr starkem Einfluß auf die spezifische Leitfähigkeit sind.

Da die Halbleiter heute ein so großes Interesse für die Technik haben, sei ganz besonders auf drei neue zusammenfassende Darstellungen hingewiesen, in denen auch das einschlägige Schrifttum zitiert ist[1].

Fehlordnungen der hier besprochenen Art sind auch für andere physikalische und chemische Eigenschaften verantwortlich, wie z. B. für die Fluoreszenz, Färbungen und Verfärbungen[2] und für das technisch besonders wichtige Gebiet der Festkörperreaktionen. Letztere sind durch Diffusion von einzelnen Atomen bzw. Ionen vermittels Platzwechselvorgängen in Kristallen zu verstehen, welche nur dann möglich sind, wenn Fehlordnungen in den an den Reaktionen beteiligten kristallinen Phasen vorhanden sind oder zuvor geschaffen werden. Auf die Festkörperreaktionen können und brauchen wir hier nicht einzugehen, da sie in dem soeben erschienenen Buch von K. HAUFFE[3] sehr gründlich behandelt sind. Es sei hier kurz nur noch ein Beispiel für die Erscheinung der Fluoreszenz und für das Zustandekommen einer Färbung in dem an sich farblosen NaCl erwähnt.

Farbzentren. Setzt man NaCl dem Bombardement von Elektronenstrahlen aus oder erhitzt man es im Na-Dampf, dann wird das ehemals farblose NaCl gelb. Der Mechanismus dieses Farbwechsels ist von R. W. POHL[4] und seinen Mitarbeitern geklärt worden. Der Farbwechsel ist darauf zurückzuführen, daß ein kleiner Teil der negativen Chlor-Ionen durch *Elektronen* verdrängt und ersetzt worden ist. Diese Chlor-Ionen haben also ihren Gitterplatz verlassen und sind an die Oberfläche diffundiert. Ein auf einem Halogengitterplatz sitzendes Elektron bildet nun zusammen mit den benachbarten Na-Ionen ein „Farbzentrum", F-Zentrum. Bei 500° enthält der Kristall im Gleichgewicht etwa $5 \cdot 10^{16}$ Farbzentren im cm^3; bei Zimmertemperatur wären es wesentlich weniger, aber man kann durch Abschrecken die bei hoher Temperatur eingestellte

---

[1] HAUFFE, K.: Reaktionen in und an festen Stoffen. Berlin-Göttingen-Heidelberg: Springer-Verlag 1955; Fehlordnungserscheinungen und Leitungsvorgänge in ionen- und elektronenleitenden festen Stoffen. Erg. exakt. Naturwiss. **25**, 193—292 (1951). — STÖCKMANN, F.: Halbleiter. Fortschr. Mineral. **33**, 1—111 (1954).

[2] PRZIBRAM, K.: Verfärbung und Luminiszenz. Wien: Springer-Verlag 1953.

[3] HAUFFE, K.: Reaktionen in und an festen Stoffen. Berlin-Göttingen-Heidelberg: Springer-Verlag 1955.

[4] POHL, R. W.: Physik. Z. **39**, 36 (1938). — HILSCH, R., u. R. W. POHL: Z. Physik **108**, 55 (1938).

Konzentration auch bei Zimmertemperatur „konservieren". Durch Verdrängung von Cl-Ionen ist also die stöchiometrische Zusammensetzung des Kristalls gestört worden; die Elektroneutralität ist aber auch in diesem Falle erhalten geblieben, weil eine dem verdrängten Cl äquivalente Menge an Elektronen dem Kristall zugeführt worden ist.

Fluorescenz. Läßt man auf reines Zinksulfid, welches auf etwa 800 bis 1000° C erhitzt ist, ultraviolettes Licht oder Kathodenstrahlen fallen, dann fluoresciert es blau, d. h. es absorbiert kurzwellige Strahlung und emittiert längere, sichtbare Lichtwellen. Das scheint beim ZnS auf eine nichtstöchiometrische Zusammensetzung zurückzuführen zu sein, derart, daß zusätzlich Zinkatome auf Zwischengitterplätzen sitzen und /oder freie Schwefelpositionen im Gitter vorhanden sind. Wenn das ZnS mit etwas Kupfer erhitzt wird, dann wird dieses im ZnS-Kristall zusätzlich untergebracht und der Kristall hat eine gelbgrüne Fluorescenzfarbe, welche ihr Optimum bei einer Kupferkonzentration von etwa 1 pro 10000 hat. Diese äußerst geringe Konzentration entspricht der Verteilung der Fehlstellen im Gitter; sie ist von der gleichen Größenordnung wie bei den Farbzentren.

Rotation von Molekülen oder Ionengruppen. Außer den bisher besprochenen Beispielen von Fehlordnungen in Kristallgittern muß noch die Möglichkeit einer Rotation von Molekülen oder Ionengruppen im Gitter betrachtet werden. Denn durch eine Rotation werden natürlich Abweichungen von dem Idealgitter hervorgerufen. In einem idealen Raumgitter sind ja nur diskrete Punkte vorhanden, an denen die Atome bzw. Ionen sitzen und um die sie mit steigender Temperatur um so stärker derart schwingen, daß die Gitterpunkte die Schwingungsschwerpunkte der Atomlagen darstellen. Wenn aber ein Teil der thermischen Energie dazu benutzt wird, um Atomgruppen in Rotation um eine oder mehrere Achsen zu versetzen, dann ist eine Abweichung vom idealen Kristallgitter eingetreten, eine Fehlordnung.

Eine Rotation von Molekülen selbst bei den tiefsten bisher erreichten Temperaturen wurde beim Wasserstoffkristall festgestellt; denn die *Moleküle* bilden eine hexagonal dichteste Kugelpackung, was nur dann möglich ist, wenn die H_2-Moleküle eine kugelförmige Symmetrie haben, also rotieren. Bei höheren Temperaturen zeigen viele Molekülkristalle eine Rotation, wie z. B. die Hochtemperaturmodifikation von HCl, HBr, HJ, CH_4 usw., die ebenfalls dichteste Kugelpackungen bilden. Außerdem gibt es viele Beispiele von Kristallen, in denen komplexe Ionen rotieren, wenn eine bestimmte Temperatur überschritten wird. So besitzen die Hochtemperaturmodifikationen von NaCN, KCN, RbCN und CsCN hochsymmetrische Gitter; die ersten drei dieser Verbindungen kristallisieren im NaCl-Typ, das CsCN im CsCl-Typ[1]. Hieraus muß

---

[1] LELY: Thesis. Utrecht 1942.

gefolgert werden, daß die CN-Gruppen kugelsymmetrisch wie das Cl-Ion sind, was durch eine Rotation der CN-Gruppen um ihren Mittelpunkt zustande kommt. (Der kugelige Wirkungsradius des Cyanions beträgt etwa 1,92 Å). Entsprechend sind die Beobachtungen, daß die Ammoniumhalogenide (außer NH_4F) als dimorphe Substanzen sowohl im NaCl- als auch im CsCl-Typ kristallisieren, durch Rotation der NH_4-Gruppen zu verstehen. In diesen Ammoniumhalogeniden rotieren die NH_4-Ionen bereits bei Zimmertemperatur, und aus dem anomalen Verlauf der spezifischen Wärme mit steigender Temperatur schließt man,

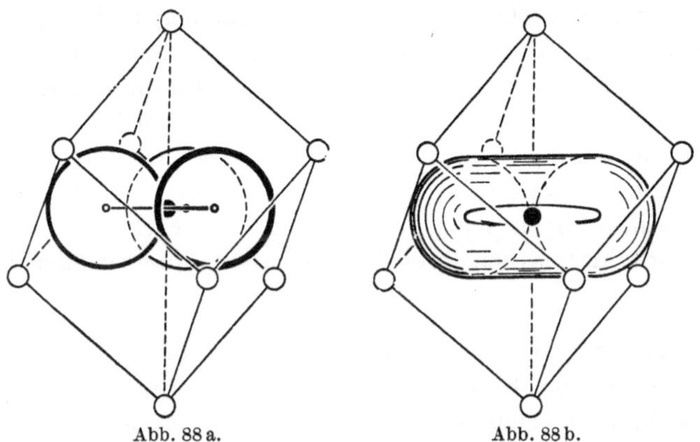

Abb. 88 a.   Abb. 88 b.

Abb. 88 a u. b. a) Ausschnitt aus dem Gitter des $NaNO_3$ bei 25°. Die Atome der NO_3-Gruppe besetzen ganz bestimmte Punktlagen, b) derselbe Ausschnitt bei 280° C. Die Nitratgruppe rotiert um das N-Atom und um die dreizählige vertikale Achse. (Nach BARTH aus CORRENS.)

daß z. B. beim NH_4Cl die Rotation der NH_4-Ionen zwischen —40° und —30° C einsetzt; denn es ist einleuchtend, daß die Abzweigung eines Teils der thermischen Energie zum Zwecke der Rotation von Ionengruppen den Temperaturverlauf der spezifischen Wärme eines Kristalls beeinflussen muß.

Es kann nun die Rotation um eine Achse oder um mehrere Achsen oder völlig frei um ein Zentrum herum erfolgen; es können also verschiedene Orientierungen für die rotierenden Gruppen möglich sein. Das ist vielleicht der Fall beim NH_4Cl; denn der am Transformationspunkt von 184,3° (bei dem NH_4Cl vom CsCl- in den NaCl-Typ wechselt) gemessene Wert der Entropie kann, wie ZERNICKE[1] meint, nur gedeutet werden, wenn eine Änderung in der Orientierung der rotierenden NH_4-Gruppen angenommen wird (siehe aber S. 196). Eine Rotation möglicherweise um nur eine Achse, nämlich um die dreizählige Achse, setzt in $NaNO_3$-Kristallen zwischen 250 und 275° in zunehmendem Maße ein; bei niedrigerer Temperatur sitzen die N und O auf festen Gitterplätzen (Abb. 88 a und b). Aber NO_3-Gruppen können auch völlig frei um ein Zentrum rotieren, so daß

<hr>

[1] ZERNICKE: Nederl. Tijdschr. Natuurk. **8**, 66 (1941).

sie die Gestalt eines kugeligen Ions mit dem sehr großen Wirkungsradius von 2,3 Å annehmen; das ist oberhalb 125° bei NH_4NO_3 verwirklicht. Diese Verbindung kristallisiert oberhalb 125° im CsCl-Typ, so daß nicht nur die NO_3-, sondern auch die NH_4-Gruppen vollständig rotieren. Es gibt noch andere Modifikationen von NH_4NO_3, in denen die NH_4- und/oder die NO_3-Gruppen nicht um ein Zentrum, sondern um Achsen rotieren.

Diese Beispiele mögen genügen, um zu zeigen, daß dann, wenn die einem Kristall innewohnende thermische Energie sich nicht nur in Schwingungen der Kristallbausteine um ihre Gleichgewichtslage sondern auch in Rotationen kundtut, eine gewisse Fehlordnung im Gitter zustande kommt, die sich dann auch vor allem auf thermische Eigenschaften solcher Kristalle auswirkt[1]. Da die Rotation von Bausteingruppen im Gitter nicht nur die Symmetrie der Gruppe, sondern manchmal auch die Symmetrie des ganzen Kristalls erhöht, können verschiedene polymorphe Modifikationen einer Verbindung entstehen, die sich dann natürlich auch hinsichtlich ihrer Eigenschaften unterscheiden können.

2. Baufehler.

Die unter dem Begriff der Fehlordnungen beschriebenen Abweichungen eines realen Kristalls von einem Idealkristall sind Unordnungen von Atomen, Ionen oder Molekülen, die in statistischer Weise sich über den ganzen Kristall erstrecken und der Größenordnung nach bereits in jeder 1. bis 100000sten Elementarzelle des Kristalls anzutreffen sind. Es wurde aber bei einem mit Fehlordnungen versehenen Kristall bisher stillschweigend vorausgesetzt, daß die einzelnen Elementarzellen sich stets in völlig paralleler Weise räumlich aneinanderfügen, so wie es die geometrische Gittertheorie verlangt. Wir werden aber sehen, daß das keineswegs immer der Fall ist, ja, daß es eine seltene Ausnahme ist; denn bei sehr vielen Kristallen können wir bereits mit bloßem Auge oder mit Hilfe des Mikroskops sehen, daß Kristallflächen oder Spaltflächen eines Kristalls keineswegs ideal eben sind, sondern daß auf solch einer Fläche Flächenteile zu erkennen sind, welche ein wenig gegeneinander geneigt sind. Das ist nun der äußere Ausdruck dafür, daß nicht immer die Elementarzellen in streng paralleler Weise im Kristall aneinandergefügt sind. Größere sichtbare Bereiche oder nur sehr kleine submikroskopische Bereiche des Kristalls sind jedoch hinsichtlich der Anordnung der Elementarzellen ideal gebaut, aber diese perfekten Kristallbereiche sind gegeneinander um geringe Winkel geneigt oder sie sind gegeneinander versetzt, so daß der ganze Kristall etwas fehlgebaut ist. Man beschreibt die Erscheinung solcher Baufehler, durch die also Inkonformitätsgrenzen innerhalb des Kristalls geschaffen worden sind,

---

[1] Siehe A. EUCKEN: Z. Elektrochem. **45**, 126 (1939).

durch eine sog. „Mosaikstruktur“ oder durch eine „Verzweigungsstruktur“ (lineage structure nach M. J. BUERGER)[1] oder auch in gewissen Fällen als spiralige Struktur.

Man muß annehmen, daß diese Baufehler durch den Wachstumsvorgang entstehen, was für die spiraligen Wachstumsstrukturen in letzter Zeit oft nachgewiesen worden ist. Es ist aber auch denkbar, daß unter gewissen Bedingungen ein Kristall so wächst, daß einige Elementarzellen nicht immer gemeinsame Flächen, sondern manchmal nur gemeinsame Kanten haben; dann sind einige Kristallbereiche etwas gegeneinander geneigt (Mosaikstruktur). Wir können uns andererseits die Verzweigungsstruktur durch eine Art dendritischen Wachsens entstanden denken, das vor allem bei Metallen auftritt. Die Diffusionsströme bringen übersättigte Lösung an einen kleinen wachsenden Kristall heran. Die übersättigte Lösung trifft zuerst auf die Ecken des Kristalls und ermöglicht von ihnen aus ein dendritisches Wachsen. Im idealen Fall würden die entsprechenden dendritischen Zweige jeweils genau parallel verlaufen, und bei weiterer Kristallisation würde ein Kristall frei von Baufehlern entstehen. Aber wenn durch „zufällige“ Einflüsse die einzelnen Zweige nicht genau parallel wachsen, dann werden dort, wo sie aneinander treffen, Unregelmäßigkeiten und Lücken entstehen. Verschiedene Teile eines Kristalls können also etwas verschieden gegeneinander orientiert sein, obgleich sie von einem einzigen Kristallkeim aus gewachsen sind (daher „Verzweigungsstruktur“). Ein Querschnitt durch solch eine Struktur würde der Oberfläche eines „Mosaikkristalls“ ähneln.

Die naheliegende Vermutung, daß solche Baufehler durch Wachstumsbedingungen geschaffen werden, wurde für einen besonderen Fall experimentell bestätigt. Durch Wachstumsversuche mit $LiSO_4 \cdot H_2O$ aus waßriger Lösung konnte gezeigt werden, daß bei sonst gleichen Bedingungen die synthetischen Kristalle um so mehr Baufehler enthalten, je niedriger die Temperatur des Kristallisierens war[2].

Man kann also solch einen mit Baufehlern behafteten Kristall als einen Kristall ansehen, in dem viele gleiche Kristallindividuen nicht genau parallel, sondern nur *fast* parallel miteinander verwachsen sind.

Im gewissen Gegensatz dazu kennen wir aus dem Reich der Kristalle auch viele Beispiele, bei denen die Kristallteile (oder auch verschiedene Kristallarten) gesetzmäßig orientiert verwachsen sind (orientierte Aufwachsungen; durch Entmischung entstandene orientierte Einlagerung in Mischkristallen) oder in denen die Teile einer Kristallart symmetrisch zueinander orientiert sind (Zwillinge) (vgl. CORRENS: Einführung in die Mineralogie, S. 79ff. Berlin-Göttingen-Heidelberg, Springer-Verlag 1949).

In allen Kristallen sind Baufehler mehr oder weniger stark vorhanden. Abgesehen davon, daß sie z. T. schon mit dem Auge sichtbar

---

[1] BUERGER, M. J.: Z. Kristallogr. **89**, 195 (1934).

[2] TUTTLE, O. F., u. W. S. TWENHOFEL: Amer. Mineral. **31**, 569 (1946).

sind, treten sie auch in submikroskopischen Bereichen auf. Denn M. v. LAUE hat bereits schon ein Jahr nach seiner Entdeckung der Röntgenstrahlinterferenzen an Kristallen die Vermutung ausgesprochen, daß der von ihm und TANK untersuchte Flußspatkristall „ein Konglomerat vieler nicht mit der nötigen Genauigkeit zusammengesetzter Stücke" sei. C. G. DARWIN[1] hat dann das Verhalten der Röntgenstrahlinterferenzen weiterverfolgt; er kam zu dem Ergebnis, daß ein mosaikartiger Aufbau der Kristalle zu einer besseren Deutung der beobachteten Intensität der Beugungsreflexe führt, was auch in neuester Zeit von mehreren Forschern bestätigt worden ist. Denn ein völlig ideal gebauter Kristall muß eine beträchtlich geringere, etwa dreißigmal geringere Intensität eines abgebeugten Reflexes ergeben als tatsächlich beobachtet wird. Dieser Effekt ist also auf Baufehler zwischen sehr kleinen Kristallbereichen (von etwa 10^{-5} cm Seitenlänge) zurückzuführen.

Als Beispiel dafür, wie sich Baufehler auf mechanische Eigenschaften eines Kristalls auswirken, kann man ein Experiment von I. N. STRANSKI[2] anführen. Als Kriterium für die Verringerung der Anzahl der Baufehler des Kristalls kann man die Zunahme der mechanischen Festigkeit, z. B. der Zerreißfestigkeit, ansehen. Denn ein ideal gebauter Kristall hat eine sehr große Zerreißfestigkeit, die sich bei einfachen Gittern aus der Gitterenergie berechnen läßt und z.B. beim NaCl bei 20000 kg/cm² liegt, während ein mit Baufehlern versehener Kristall eine um mehrere Zehnerpotenzen geringere Zerreißfestigkeit besitzt. (Diese kann sich durch sehr starke Häufung von Baufehlern, z. B. infolge starker plastischer Deformation, wieder erhöhen.) Der Versuch STRANSKIs demonstriert nun, in wie starkem Maße die auf den Querschnitt bezogene Zerreißfestigkeit eines Steinsalzkristalls zunimmt, wenn während oder unmittelbar vor dem Reißversuch immer mehr von dem Kristall in Wasser abgelöst wird, wenn also der Kristall immer dünner wird (Abb. 89). Die Zerreißfestigkeit steigt von etwa 200 kg/cm² für Kristalle von 0,01 cm² Querschnitt auf fast 20000 kg/cm² für Kristalle von 10^{-5} cm² Querschnitt. Bei diesen äußerst dünnen Kristallen ist also

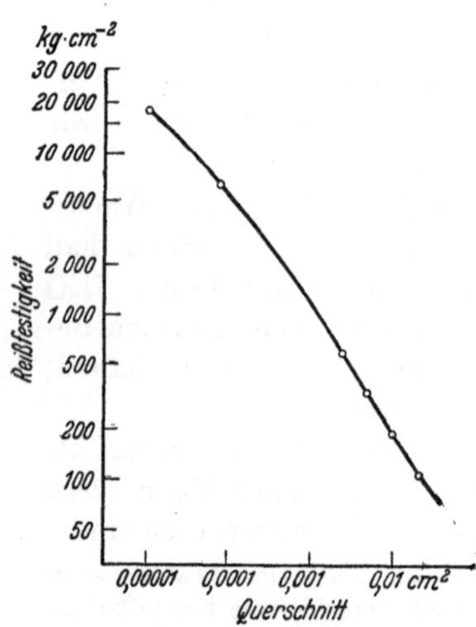

Abb. 89. Reißfestigkeit von Steinsalzkristallen, deren Oberflächenschicht abgelöst ist, in Abhängigkeit vom Querschnitt. (Nach STRANSKI.)

[1] DARWIN, C. G.: Philosophic. Mag. 27 (1914); 43 (1922).
[2] STRANSKI, I. N.: Ber. dtsch. chem. Ges. 75, 1667 (1942).

nahezu die theoretische Zerreißfestigkeit verwirklicht; d. h. hier sind fast keine Baufehler mehr vorhanden, der Kristall ist fast ideal gebaut. Bei dicker werdenden Kristallen wird die Zerreißfestigkeit ständig ganz bedeutend geringer, was durch eine Zunahme der Baufehler erklärt werden kann. Ob dieser Effekt jedoch allein auf Baufehler oder auch auf mechanische Verletzungen, Kerben usw. zurückzuführen ist, die sich mit der Querschnittsverkleinerung des Kristalls durch Ablösen verringern, ist noch nicht eindeutig entschieden. Jedenfalls sind zweifellos Baufehler in starkem Maße für die sehr große Verringerung der mechanischen Festigkeit verantwortlich. Das kann auch mittels eines Spaltversuches am NaCl gezeigt werden: Bei annähernd ideal gebauten, unter besonders gleichmäßigen Abkühlungsbedingungen künstlich gezogenen reinen NaCl-Kristallen muß man einen beträchtlich stärkeren Druck auf die spaltende Messerschneide ausüben, bis die Spaltung erfolgt, als bei natürlichen, mit Baufehlern behafteten Steinsalzkristallen. Es muß jedoch darauf hingewiesen werden, daß bei natürlichen Steinsalzkristallen eine Verminderung der mechanischen Festigkeit auch noch durch Einbau geringer Mengen von Fremdbausteinen, von sog. „Verunreinigungen", denkbar sein kann, also durch Fehlordnungen im Gitter.

Auch an Zinnkristallen wurde festgestellt[1], daß bei einer Größe von nur $1\,\mu$ die theoretisch zu erwartende Festigkeit vorhanden ist, während millimetergroße Kristalle eine 1000fach kleinere Festigkeit infolge von Baufehlern (dislocations) haben.

Es brauchen nun Baufehler nicht nur durch Wachstumsvorgänge entstanden zu sein, sondern sie können auch z. B. durch mechanische Beanspruchung geschaffen oder zum mindesten vervielfacht oder verstärkt werden. Das ist vor allem der Fall, wenn ein Kristall plastisch deformiert wird. Dadurch werden „Verzerrungen" innerhalb des Kristallgitters erzeugt („Versetzungen", "dislocations", „Verhakungen"), die gleichbedeutend mit Inkonformitätsgrenzen innerhalb des Kristalls sind; es entstehen so also auch Baufehler. Die Abb. 90 zeigt eine durch Deformation entstandene Inhomogenität, eine „Versetzung".

Diese Abbildung, die nach einer Photographie von L. Bragg u. J. F. Nye[2] gezeichnet ist, stellt ein zweidimensionales „Blasenmodell" einer Metallstruktur dar, in dem die Blasen alle von gleicher Größe ebenso wie die Atome eines metallischen Elements sind und in dem die Capillaranziehung zwischen den Seifenblasen, die Bindungskraft durch die freien Elektronen im Metall ersetzt. Die durch Deformation entstandene „Versetzung" geht von einer Korngrenze aus; sie kann aber genau so gut von der Grenze zwischen zwei „Kristallzweigen" (lineages) oder zwischen zwei „Mosaikblöcken" ausgehen.

Es mag hier erwähnt werden, daß Versetzungen, die dadurch gekennzeichnet sind, daß (in der Gleitrichtung gesehen) einer aus

---

[1] Galt u. Hering: Physic. Rev. 85, 1060 (1952).

[2] Bragg, L., u. J. F. Nye: Naturwiss. 34, 328 (1947).

n Atomen bestehenden Atomreihe eine benachbarte Atomreihe mit $n + 1$ Atomen gegenübersteht, von entscheidender Bedeutung für den Vorgang der plastischen Deformation sind. Man braucht nämlich nur eine Schubspannung von solch einer Größe aufzuwenden, die befähigt ist, *ein* Atom um einen Atomabstand zu verschieben, dann hat man eine „Versetzung" geschaffen. Sie entsteht besonders leicht an Korngrenzen im Kristall, weil dort Spannungen konzentriert sind, die

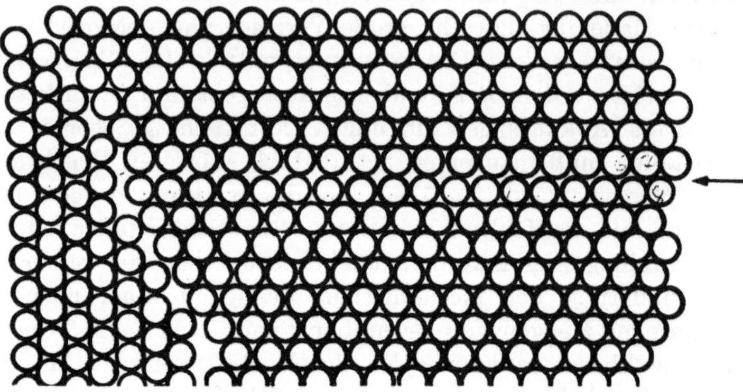

Abb. 90. Von einer Korngrenze ausgehende Versetzung, hervorgerufen durch deformierenden Druck (Pfeil). (Blasenmodell gezeichnet nach BRAGG u. NYE: Durchmesser der Blasen 0,30 mm.)

eine zusätzliche Energie für die Verschiebung eines Atoms liefern. Die für den Gleitsprung eines Atoms aufgebrachte Energie geht nun nicht etwa verloren, sondern wird in Form von potentieller und kinetischer Energie an die folgenden Atome einer Atomreihe weitergegeben, so daß auch diese jeweils zu einem Gleitsprung, d. h. zu einer Verschiebung um einen Atomabstand befähigt werden, ohne daß neue Energie hinzugefügt werden muß[1]. Man sagt dann, daß die Versetzungen wandern, und zwar wandern sie durch das ganze ideal gebaute Kristallstück. Diesen Vorgang kann man als eine Art Kettenreaktion im Kristallgitter bezeichnen. Durch diese Art der Auslösung einer plastischen Deformation, die also ursächlich an Inkonformitätsgrenzen (also an Baufehler) im Gitter gebunden ist, wird verständlich, daß die kritische Schubspannung, welche zwecks Einleitung des Gleitprozesses aufgebracht werden muß, sehr wesentlich niedriger ist als die theoretisch für einen ideal gebauten Kristall berechnete Schubspannung. Die tatsächlich an Kristallen gemessenen Werte sind größenordnungsmäßig 100- bis 1000 mal kleiner als die für den Idealkristall theoretisch berechneten.

---

[1] Über die Energie, „über das Spannungsfeld einer Versetzung" haben G. LEIBFRIED u. K. LÜCKE: Z. Phys. **126**, 450 (1949) theoretische Berechnungen angestellt, die auch die älteren Ansätze berücksichtigen. Siehe auch W. T. READ: Dislocations in Crystals. New York-London 1953. — COTTRELL, H. H.: Dislocations and plastic Flow in Crystals. Oxford-New York 1953.

Da aber mit zunehmender plastischer Deformation immer mehr
Versetzungen geschaffen werden und wandern, wird der Kristall immer
stärker „verzerrt“, es werden immer mehr Baufehler erzeugt. Die Ausmaße der ideal gebauten Gitterteile werden immer kleiner, so daß
die Versetzungen nicht mehr so weit wandern können, sondern schon
eher an den Inkonformitätsgrenzen „abgefangen“ werden oder „ver-
haken“. Es muß also, um eine Deformation um gleiche Längen zu
erzielen, die Schubspannung um so mehr erhöht werden, je mehr der
Kristall bereits plastisch deformiert ist; der Kristall setzt also mit

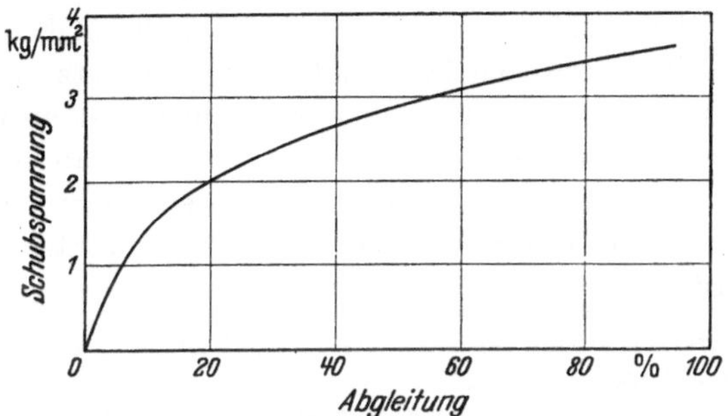

Abb. 91. Verfestigungskurve von Al-Kristallen bei plastischer Deformation. (Aus SCHMID und BOAS.)

zunehmendem Verformungsgrad (Abgleitung) einer weiteren Verformung einen ständig wachsenden Widerstand entgegen; man sagt, er hat
sich „verfestigt“. Die Abb. 91 zeigt die mit zunehmender Abgleitung
erfolgende Verfestigung eines Aluminiumkristalls bei Zimmertemperatur, die also auf eine ständige Zunahme der Baufehler im Kristall
zurückzuführen ist.

Durch Tempern können diese Baufehler im Kristall wieder teilweise
zum Verschwinden gebracht werden. Diese „Erholung“ genannte Erscheinung ist auf eine teilweise Rekristallisation, d. h. auf eine Neu-
ordnung der Atome auf energetisch günstigere Plätze zurückzuführen.

Auch die Spannungen (Gitterverzerrungen, Versetzungen) von natürlichen Steinsalzkristallen, die z. B. durch eine plastische Deformation
unter dem Einfluß tektonischer Kräfte hervorgerufen sein können,
können durch mehrtägiges Tempern teilweise aufgelöst werden (optimal
bis etwa 600°); nach dieser Behandlung sind dann die Kristalle beträchtlich besser plastisch deformierbar als die unbehandelten natürlichen Steinsalzkristalle. Zu dem gleichen Ergebnis kommt man auch,
wenn man Steinsalzkristalle statt in Luft in Wasser deformiert, z. B.
biegt. A. F. JOFFE[1] beschrieb wohl zuerst die bekannte Erscheinung,
daß trockenes Steinsalz, wenn man es biegen will, brüchig, aber in

---

[1] JOFFE, A. F.: The physics of crystals, S. 63. New York 1928.

Wasser eingetaucht gut biegsam ist. Da J. B. BARNES[1] mittels Infrarot-Absorptionsspektren gezeigt hat, daß das Wasser den Kristall durchdringt (wahrscheinlich auf Haarrissen und entlang den Mosaikblockgrenzen), kann man sich mit M. J. BUERGER[2] vorstellen, daß die mit Baufehlern behafteten, also energiereichen Gitterbereiche an den Blockgrenzen abgelöst werden und die Ionen dann an energieärmeren, der Periodizität des Raumgitters besser entsprechenden Stellen wieder eingebaut werden. Dadurch werden also die Baufehler im Kristall vermindert, und der Kristall ist infolgedessen besser plastisch deformierbar als ein mit vielen Baufehlern behafteter (trockener) Steinsalzkristall.

Wenn man den Widerstand, den ein Kristall, insbesondere ein Metallkristall, einer plastischen Deformation entgegensetzt, als „Härte" bezeichnet (was z. B. bei der Brinellhärte geschieht), dann ist also ein völlig ideal gebauter Kristall äußerst hart, ein Kristall mit wenigen Baufehlern dagegen sehr weich, während ein bereits stark deformierter, mit vielen Baufehlern behafteter Kristall wieder beträchtlich härter und brüchiger ist.

Wir sind bereits vorher mit der Tatsache vertraut gemacht worden, daß ebenfalls eine größere Schubspannung zwecks plastischer Deformation von Kristallen aufgewendet werden muß, wenn viele *Fehlordnungen* im Kristall vorhanden sind, wie sie bei der Mischkristallbildung geschaffen werden. Es erhöhen also sowohl Fehlordnungen als auch Baufehler die „Härte" eines Kristalls.

In ganz ähnlicher Weise, wie z. B. ein Metallkristall durch Kaltbearbeitung (plastische Deformationen bei normalen Temperaturen) sich sehr stark verfestigt, also härter wird, kann auch die Tatsache verstanden werden, daß ein polykristallines Gußstück eine beträchtlich größere Härte als der entsprechende Einkristall hat. Denn die Korngrenzen zwischen den verschieden orientierten Kristallen eines Gußstückes wirken etwa so wie die durch Baufehler geschaffenen Inkonformitätsgrenzen innerhalb eines stark deformierten Einkristalls: sie hemmen die Gleitung. Wird nun ein polykristallines Werkstück einer Kaltbearbeitung unterzogen, dann werden auch dessen einzelne Kristalle beansprucht, es entstehen in ihnen immer mehr Baufehler und die Gleitung wird zunehmend erschwert, d. h. das Material zeigt mit zunehmender Beanspruchung eine Verfestigung, eine größere „Härte" und auch eine größere Zerreißfestigkeit; eine plastische Dehnung (die in Prozenten der Ausgangslänge angegeben wird) kann natürlich in den bereits mechanisch bearbeiten, d. h. stark mit Baufehlern behafteten Metallstücken längst nicht mehr das Ausmaß des gleichen baufehlerärmeren, also weicheren Metallstückes erreichen. Hierfür seien einige Daten in Tab. 52 angegeben.

---

[1] BARNES, J. B.: Physic. Rev. **43**, 82 (1933).
[2] BUERGER, M. J.: Z. Kristallogr. **89** (1934).

Tabelle 52[1].

	Kupfer		Aluminium		Nickel	
	weich	hart	weich	hart	weich	hart
Brinellhärte . .	50	110	15—25	35—40	80—90	180—200
Zerreißfestigkeit kg/mm² . . .	15—25	40	7—11	15—23	40—45	80
Dehnung % . .	40	5	30—45	2—8	40—45	2

Die durch intensive Kaltbearbeitung (z. B. Hämmern, Walzen, Ziehen) geschaffenen Baufehler erhöhen auch den spezifischen elektrischen Widerstand metallischer Leiter, wenn auch längst nicht in dem Maße, wie es die atomaren Fehlordnungen tun. Die Widerstandserhöhung macht nur einige Prozente aus, sie ist für einige polykristalline reine Metalle nach J. S. KOEHLER[2] hier angegeben:

Erhöhung des spezifischen elektrischen Widerstands durch intensive Kaltbearbeitung, bezogen auf das unbearbeitete Metall (Δ in %).

Metall	Cu	Ag	Ni	Pt	Mo
Widerstandserhöhung Δ .	2	3	8	6	18
	A_1-Gitter				A_2-Gitter

Diese Daten deuten darauf hin, daß die durch Kaltbearbeitung, also durch plastische Deformation bei normaler Temperatur, geschaffenen Baufehler in stärkerem Maße bei den Kristallen ausgeprägt sind, bei denen infolge des Gitterbaues die Translation schwerer möglich ist. Die kubisch raumzentrierten Gitter (A_2) sind also stärker gestört als die Gitter der kubisch dichtesten Kugelpackung (A_1-Gitter).

Baufehler, die durch Wachstum entstanden sind, bewirken natürlich gleichfalls eine Erhöhung des spezifischen elektrischen Widerstandes. So konnte F. G. SMITH[3] nachweisen, daß Pyritkristalle, die eine mit bloßem Auge deutlich erkennbare Verzweigungsstruktur (nach einer der vier [1 1 1]-Richtungen) zeigen, einen ganz beträchtlich höheren elektrischen Widerstand haben als solche Kristalle, bei denen man keine Baufehler erkennen konnte.

Ein technisch sehr wichtiges Problem, nämlich die sog. Aushärtung des Duraluminiums, ist ebenfalls nur mit Hilfe der Vorstellung von Baufehlern und Fehlordnungen verständlich geworden. Duraluminium besteht aus 95,5 Atom-% Al, 4% Cu und 0,5% Mg. Diese Legierung

---

[1] Aus G. MASING: Lehrbuch der allgemeinen Metallkunde S. 341. Berlin-Göttingen-Heidelberg: Springer-Verlag 1950.

[2] KOEHLER, J. S.: Physic. Rev. 75, 106—117 (1949).

[3] SMITH, F. G.: Amer. Mineral. 27, 1 (1942) Econ. Geol. 42, 515 (1947).

zeigt, wenn sie von Temperaturen oberhalb etwa 450° schnell abgekühlt worden ist, im Laufe der Lagerung bei gewöhnlicher oder mäßig erhöhter Temperatur eine erhebliche Zunahme der Brinellhärte und der Zugfestigkeit, deren Maximum nach etwa einem Monat erreicht ist; dies bezeichnet man mit Aushärtung. Der Effekt ist auf eine Entmischung des bei hoher Temperatur homogenen Mischkristalls zurückzuführen; aber es bilden sich hier nicht etwa dreidimensional orientierte Einlagerungen von Cu-Al-Phasen im Al-Kristall, sondern — wie JAGODZINSKI und LAVES[1] zeigen konnten — zweidimensionale Cu-Anreicherungen im Al-Gitter. Durch ihr Auftreten werden in dem Al-Gitter Verzerrungsgebiete geschaffen, die so erhebliche Verspannungen im Kristall bewirken, daß eine etwa 50 prozentige Steigerung der Härte und der Zugfestigkeit zu verzeichnen ist. — Abgesehen davon, daß durch die submikroskopischen, zweidimensionalen Cu-Anreicherungen die Homogenität des Kristalls gestört ist, bewirken die Verspannungen eine Abweichung vom Idealkristall; hier ist es schwierig zu entscheiden, ob man sie als Baufehler oder als Fehlordnungen bezeichnen soll.

Wir sahen anhand von Beispielen, in wie starkem Maße Baufehler und Fehlordnungen eines Kristalles sich auf seine Eigenschaften auswirken. Aber nicht alle Eigenschaften sind in so starkem Maße von Unordnungen innerhalb des Kristalls abhängig. Hierfür sei lediglich ein Beispiel aufgeführt: W. P. STAKER[2] hat die linearen thermischen Ausdehnungskoeffizienten bei Zink-Einkristallen ermittelt und festgestellt, daß sie im wesentlichen *dieselben* sind, gleichgültig ob perfekte, reine Kristalle für das Experiment verwendet wurden oder solche mit optisch erkennbarer Mosaikstruktur oder Kristalle, welche 0,2% Cd, also Fehlordnungen im Gitter enthalten.

Man erkennt also, daß unser Bild von einem Kristall nicht vollständig ist ohne eine Beachtung der Unordnungen des Kristalls, d. h. der Baufehler und Fehlordnungen, welche einen Realkristall von einem Idealkristall unterscheiden. Würde man einen Kristall nur charakterisieren durch a) eine kristallographische und chemische Beschreibung des Festkörpers mit seinen ebenen Flächen, welche man häufig sehen kann, oder b) durch ein Modell seiner atomaren oder molekularen Anordnung, welches man ableiten kann, oder c) durch die scharfen Röntgenreflexe, welche den beobachtbaren Beweis für die Art der räumlichen Bausteinanordnung liefern, dann wäre jedes dieser Kriterien für sich alleine eine unvollkommene Beschreibung des Kristalls, und alle diese Kriterien zusammengenommen machen sie auch noch nicht vollständig. Es wäre etwa so, wie K. LONSDALE[3] schreibt, als wenn man feststellen

---

[1] JAGODZINSKI, H., u. F. LAVES: Z. Metallkde. **40**, 296 (1949).
[2] STAKER, W. P.: Physic. Rev. **61**, 653 (1942).
[3] LONSDALE, K.: Sci. Progr. **1947**, Nr. 137, 1.

sollte, wie und was wirklich ein Mensch sei, wenn man zu seiner Beurteilung eine Photographie, eine Beschreibung seines Charakters und seiner Fähigkeiten und ein Gesundheitszeugnis zur Verfügung hätte. Keines dieser Kriterien ist vollständig ohne die anderen, und alle zusammengenommen sind auch noch unvollständig, weil sie nicht oder nur unvollkommen das für einen Menschen so Wesentliche und Schwerzuerfassende angeben, nämlich das, was wir unter Persönlichkeit verstehen. In diesem Bilde gesprochen wäre die „Persönlichkeit" eines Kristalls gekennzeichnet durch seine Abweichungen vom „Typ" des Kristalls, durch seine Fehlordnungen.

C. Eigenschaft und Kristallstrukturen.

Es soll nun der ursächliche Zusammenhang, der zwischen physikalisch-chemischen Eigenschaften und der Kristallstruktur besteht, noch von einer anderen Seite beleuchtet werden. Dazu betrachten wir einige ausgewählte Eigenschaften für sich, wie Wärmeleitung, Kompressibilität, thermische Ausdehnung, Ausbreitungsweise des Lichtes, Härte und Spaltbarkeit, um festzustellen, wie verschiedene Kristallstrukturen sich gegenüber jenen Eigenschaften verhalten. Es werden dabei — abgesehen von gelegentlichen unvermeidbaren Wiederholungen — neue, im vorangegangenen Teil B noch nicht behandelte Zusammenhänge aufgezeigt werden.

1. Wärmeleitung.

Wie die Lichtausbreitung, so sind auch die Wärme- und Elektrizitätsleitung, die Kompressibilität und die Wärmeausdehnung in bezug auf den Makrokristall zentrosymmetrische Vorgänge, welche in ihrer räumlichen Ausbreitungsart allein von dem Kristall*system*, zu dem ein Kristall gehört, abhängig sind.

Bei dem Vorgang der Wärmeleitung ist der numerische Wert der Wärmemenge je Zeiteinheit, dQ/dt, die senkrecht durch die Stirnfläche eines Würfels von 1 cm Kantenlänge hindurchgeht, gleich dem numerischen Wert des spezifischen Wärmeleitvermögens, λ, wenn die Temperaturdifferenz zwischen Vorder- und Hinterfläche gerade 1° C beträgt; also $dQ/dt = -\lambda F\, dT/ds$. ($F$ = Fläche, s = Weg, T = Temperatur.) λ wird dann in cal/cm · sec · Grad gemessen. Stellt man nun graphisch in einem Kristall das Wärmeleitvermögen als vom Mittelpunkt des Kristalls nach allen Richtungen des Raumes ausgehende Strecken dar, dann erhält man für alle kubischen Kristalle eine Kugelfläche; die Wärme wird nach allen Richtungen gleichmäßig schnell geleitet, und die Isothermen innerhalb eines kubischen Kristalls sind Kugelflächen. Für die tetragonalen, trigonalen und hexagonalen (d. h. wirteligen) Kristalle erhält man als Bezugsfläche die Fläche eines Rotationsellipsoids und für die niedriger

symmetrischen Kristalle die Fläche eines dreiachsigen Ellipsoids. Diese
Bezugsflächen sind im Kristall so gelagert, daß volle Übereinstimmung
mit der durch die regelmäßige Anordnung der Bausteine im Kristallgitter
erzeugten Symmetrie besteht. Es gibt also bei der Wärmeleitung, wie bei
der Lichtausbreitung, wiederum fünf verschiedene, im Kristall in bestimmter Weise orientierte Ausbreitungsweisen (vgl. S. 45 und Tab. 3, S. 49).

Man kann die kugelige bzw. elliptische Ausbreitung durch folgenden
einfachen Versuch anschaulich zeigen. Überzieht man beliebig orientierte Platten eines kubischen Kristalls mit einer dünnen Wachsschicht
und führt man diesen Platten durch senkrechtes Aufsetzen eines heißen
Drahtes Wärme zu, dann wird das Wachs auf allen Platten eines kubischen Kristalls *kreisförmig* um die Aufsetzstelle herum aufgeschmolzen.
Das bleibt auch nach dem Erkalten deutlich an einem kleinen Wulst
sichtbar. Die Ausbreitung der Wärme vollzieht sich also in einem kubischen Kristall, wie in amorphen Körpern, in allen Richtungen des Raumes
gleich schnell. Bei den wirteligen Kristallen ist das nur noch in *einer
Ebene* der Fall, nämlich in der Ebene senkrecht zur kristallographischen
Hauptachse. Aber in jeder anderen Ebene ist die Wärmeleitung elliptisch,
in Ebenen parallel zur Hauptachse (kristallographischer Hauptschnitt)
liegen die größte und die kleinste Wärmeleitfähigkeit. Die Längen
der beiden Ellipsendurchmesser verhalten sich wie die Werte des Wärmeleitvermögens. Die Rotationsachse des Ellipsoids muß aus Symmetrie-
gründen parallel der kristallographischen Hauptachse liegen. Im Calcit
(bei $0°$ C) ist $\lambda \parallel c = 0,096$; $\lambda \perp c = 0,083$ cal/cm sec Grad; im Quarz
$\parallel c = 0,0325$, $\perp c = 0,0173$.

Bei rhombischen, monoklinen und triklinen Kristallen beschreibt ein
dreiachsiges Ellipsoid (in einer der auf S. 45 angegebenen Orientierungen)
die Anisotropie der Wärmeleitung. Sie kann in der oben beschriebenen
Weise auf der (010)-Spaltfläche eines monoklinen Gipskristalls sehr
leicht demonstriert werden. (Die Haupt-Wärmeleitungen, die den
Längen der drei Achsen des Ellipsoids entsprechen, verhalten sich beim
Gips wie $0,42 : 0,64 : 1$).

Fragt man nun nach der Größe oder dem Größenverhältnis des
Wärmeleitvermögens in verschiedenen Richtungen, dann kann das
Kristallsystem keine Auskunft mehr darüber geben; es ist vielmehr
notwendig, die Kristallstruktur zur Erklärung heranzuziehen. Den Einfluß der Kristallstruktur auf das Wärmeleitvermögen (λ) zeigt die
folgende Tab. 53, in der jeweils das Verhältnis von λ in einer kristallographischen Richtung zu λ in einer anderen, durch die Struktur ausgezeichneten kristallographischen Richtung angegeben ist. (Werte bei
Zimmertemperatur.)

Wir sehen aus der Zusammenstellung, daß der Unterschied sehr
groß bei den deutlichen Schichten- und Kettenstrukturen ist, aber auch

andere Strukturen können eine sehr starke Anisotropie der Wärmeleitung aufweisen.

Bei den Schichten- und Kettenstrukturen ist das Wärmeleitvermögen in denjenigen Richtungen und Ebenen beträchtlich größer, in denen die Bausteine beträchtlich dichter gepackt sind; das sind ja die Ebenen der Schichten und die Richtungen der Ketten. Richtiger ist es wohl festzustellen, daß das Wärmeleitvermögen in denjenigen Richtungen und

Tabelle 53. *Verhältnis der Wärmeleitzahlen in verschiedenen Richtungen nicht-kubischer Kristalle.*

	Schichtstrukturen (Schichtebene $\perp$ c-Achse)						Kettenstrukturen (Kettenrichtung c-Achse)
	Bi	Sb	Graphit	Glimmer (monoklin)	Tremolit (Hornblende) (monoklin)	Antimonglanz Sb_2S_3 (rhombisch)	Tellur (hexagonal)
$\dfrac{\lambda \perp c}{\lambda \parallel c}$	1,4	2,5	4,0	$\dfrac{\lambda[100]}{\lambda[001]}=5{,}8$ $\dfrac{\lambda[010]}{\lambda[001]}=6{,}3$	$\dfrac{\lambda[100]}{\lambda[001]}=0{,}36$ $\dfrac{\lambda[010]}{\lambda[001]}=0{,}57$	$\dfrac{\lambda[100]}{\lambda[001]}=0{,}47$ $\dfrac{\lambda[010]}{\lambda[001]}=0{,}29$	$\dfrac{\lambda \perp c}{\lambda \parallel c}=0{,}66$

	Quarz SiO_2	Kalomel Hg_2Cl_2	Rutil TiO_2	Zinnober HgS	Orthoklas $KAlSi_3O_8$
$\dfrac{\lambda \perp c}{\lambda \parallel c}$	0,53	0,59	0,62	0,72	$\sim a/c = 0{,}63$ $b/c\ \ = 0{,}90$

	Hämatit	Korund	Magnesit	Siderit	Calcit
$\dfrac{\lambda \perp c}{\lambda \parallel c}$	1,2	0,85	1,10	1,12	0,85

isotype, annähernd dichteste Sauerstoffpackungen   isotyp

Ebenen des Kristalls größer ist, in denen die Gitterbausteine fester aneinander gebunden sind; also in den Ebenen der Schichten und in den Richtungen der Ketten der Kristallgitter. Es scheint nämlich eine ursächliche Beziehung zwischen der Bindungsfestigkeit zwischen den Bausteinen innerhalb eines Kristalls und der Größe des Wärmeleitvermögens zu bestehen, die maßgeblich die Anisotropie der Wärmeleitung bedingt. Das wird noch begründet werden.

Es soll nun zunächst nach dem Zustandekommen der Wärmeleitzahl gefragt werden. Die von DEBYE entwickelte Theorie ist bislang nicht in der Lage, die experimentellen Daten quantitativ zu erklären; aber eine qualitative Ausdeutung ermöglicht sie. In groben Umrissen besagt sie folgendes: Regt man ein Kontinuum z. B. durch Schall oder durch

Zufuhr von Wärme zum Schwingen an, so bilden sich in ihm bei Einstellung eines einem thermischen Gleitgewicht entsprechenden Dauerzustandes stehende elastische Wellen aus. Würde man annehmen, daß auch in unseren Versuchskörpern die Atome durch Wärmezufuhr zu harmonischen Schwingungen angeregt werden, dann würden sich die entstehenden elastischen Wellen störungsfrei überlagern und ohne Dämpfung mit unverminderter Amplitude den Versuchskörper mit Schallgeschwindigkeit durcheilen; es würde also beim Energietransport kein Temperaturgefälle entstehen können. Das Wärmeleitvermögen wäre dann unendlich groß; tatsächlich werden aber endliche Werte des Wärmeleitvermögens beobachtet. Die Erklärung hierfür ist dadurch gegeben, daß sich im mit Stoff erfüllten Raum keine streng elastischen Wellen bilden, was zur Folge hat, daß sich die einzelnen Wellen nicht mehr störungsfrei überlagern können. Sie werden durch eine Art Streuung geschwächt, derart, daß ihre Amplitude abnimmt und die entsprechende Energie in neue elastische Wellen mit veränderter Wellenlänge umgewandelt wird, die sich nach allen Richtungen ausbreiten. Man kann sich den Vorgang schematisiert so vorstellen, daß eine Welle nach Durchlaufen einer gewissen Wegstrecke (der mittleren freien Weglänge) plötzlich abbricht und eine neue Welle mit anderer Richtung und Frequenz an ihrer Stelle entsteht. Die Fortpflanzung der thermischen Energie von einer warmen zu einer kälteren Stelle eines Kristalls wird dadurch sehr stark behindert, da sie nicht etwa wie harmonische Schallwellen auf dem kürzesten, geraden Wege, sondern auf einem langen Zickzackweg den Kristall durchläuft also beträchtlich langsamer als mit Schallgeschwindigkeit den Kristall durchsetzt.

Nach DEBYE kann man für das Wärmeleitvermögen setzen:

$$\lambda = \mathrm{const}\; \varrho\; c_v\; U\Lambda'$$

(ϱ = Dichte, c_v = spezifische Wärme, U = Schallgeschwindigkeit [mittlere Fortpflanzungsgeschwindigkeit der thermischen Wellen im jeweiligen Stoff], Λ' = mittlere freie Weglänge).

Die Abhängigkeit von der Dichte macht es verständlich, daß das Wärmeleitvermögen in Festkörpern größer ist als in Flüssigkeiten und erst recht als in Gasen. Betrachten wir nun nur Kristalle und vernachlässigen wir ϱ und c_v, dann bestimmen die Fortpflanzungsgeschwindigkeit und die mittlere freie Weglänge maßgeblich die Wärmeleitzahl.

Die mittlere freie Weglänge nimmt mit abnehmender Temperatur sehr stark zu, weil durch die geringere Intensität der atomaren Wärmebewegungen die Anharmonizität der Wellen und damit die Störung der Wellenzüge stark abnimmt. Bei nicht zu kompliziert gebauten Kristallen ist $\lambda \sim 1/T$. Bei Kristallen gleicher Temperatur ist, wie

A. EUCKEN und G. KUHN[1] gezeigt haben, die freie Weglänge kürzer, wenn die Massen der schwingenden Bausteine nicht gleich, sondern verschieden sind. In jener Arbeit befindet sich die nachstehende Tabelle, aus der man ersieht, daß bei den Alkalihalogeniden dann die Wärmeleitzahl (die mittlere freie Weglänge) am größten ist, wenn die Bausteine des Gitters gleich oder nahezu gleich schwer sind.

Außerdem wird die mittlere freie Weglänge um so kleiner sein, je größer die Anzahl der verschieden schweren Bausteine des Kristalls ist. Deshalb ist z. B. die Wärmeleitzahl von Alaun, $KAl(SO_4)_2 \cdot 12\,H_2O$, von Kaliumbichromat, $K_2Cr_2O_7$, und Kaliumferrocyanid, $K_4Fe(CN)_6 \cdot 3\,H_2O$, bei tiefen Temperaturen nur etwa $1/10$ der des KCl.

Tabelle 54.

Salz	NaF	NaCl	NaBr	KF	KCl	KBr	KJ	RbCl	RbBr	RbJ
λ in cal/cm sec Grad	0,124	0,090	0,012	0,057	0,138	0,023	0,030	0,007	0,016	0,014
$\dfrac{\text{Masse Kation}}{\text{Masse Anion}}$	1,2	0,7	0,3	2,1	1,1	0,5	0,3	2,4	1,1	0,7

Schließlich wird die mittlere freie Weglänge und damit die Wärmeleitzahl um so kleiner sein, je weniger gut die Ordnung der Bausteine im Kristall ist; Kristalle mit Gitterfehlordnungen, Baufehlern und Einschlüssen haben also eine geringere Wärmeleitzahl als perfekter gebaute, reine Kristalle. Hierfür werden später Beispiele gegeben.

Der zweite wesentliche Faktor, der neben der mittleren freien Weglänge die Größe der Wärmeleitzahl bestimmt, ist die Fortpflanzungsgeschwindigkeit der thermisch-elastischen Wellen (die mittlere Schallgeschwindigkeit) im Kristall. Diese ist im einfachsten Falle bei isotropen Körpern umgekehrt proportional der Wurzel aus dem Produkt der Kompressibilität und der Dichte. Die in unseren Fällen nur verhältnismäßig wenig sich ändernde Dichte kann hier außer Betracht gelassen werden, so daß die Schallgeschwindigkeit um so größer ist, je geringer die Kompressibilität ist. Diese ist nun ihrerseits wieder ein Maß für die Festigkeit der Bindung zwischen den Gitterbausteinen. Hieraus können wir nun die an anisometrischen Kristallen beobachtete Erscheinung verstehen, daß in denjenigen Ebenen und Richtungen, in denen die Bausteine am festesten gebunden sind, die Wärmeleitzahl am größten ist. Daraus ergibt sich auch, daß die Wärmeleitzahl von Molekülkristallen, zwischen deren molekularen Bausteinen nur schwache Restkräfte wirken, kleiner als die der einfachen hetero- und homöopolaren Kristalle ist. Ein Maß für die Bindungsfestigkeit ist ebenfalls die physikalisch allerdings nicht genauer definierte mittlere Härte der Kristalle

---

[1] EUCKEN, A., u. G. KUHN: Z. phys. Chem. **134**, 193 (1928).

(EUCKEN und KUHN), so daß man erwarten sollte, daß bei gleicher Anzahl der Bausteinarten und gleicher Masse bzw. gleichem Massenverhältnis der beteiligten Bausteine die Wärmeleitzahl um so größer sein wird, je größer die mittlere Härte[1] bzw. je geringer die Kompressibilität der Kristalle ist. Stellt man das allerdings nur spärliche Material zusammen, dann wird bereits dieser qualitative Zusammenhang erkennbar. Das ist in den folgenden beiden Tabellen geschehen, welche das Wärmeleitvermögen von hetero- und homöopolaren Kristallen in Beziehung zu Kompressibilität und Härte setzen.

Tabelle 55a. *Zusammenhang zwischen Kompressibilität bzw. Härte und Wärmeleitzahl. Die Massen der Bausteine sind gleich bzw. nahezu gleich.*

Substanz	Diamant	NaF	KCl	RbBr
λ bei $0°$ C in cal/cm sec grad	0,41	0,025	0,024	0,0091
Massenverhältnis der Bausteine . .	1,0	1,2	1,1	1,1
Härte (MOHS)	10	3,2	2,3	—
Kubischer Kompressibilitätskoeffizient bei $30°$ C $\cdot 10^6$ in cm²/kg . .	0,18	2,11	5,62	7,93

Tabelle 55b. *Zusammenhang zwischen Kompressibilität bzw. Härte und Wärmeleitzahl Das Massenverhältnis der Bausteine ist etwa gleich.*

Substanz	KF	ZnS	SiC	RbJ	NaCl	AgBr	MgO
λ bei $0°$ C in cal/cm sec grad	0,0169	0,0634	0,170	0,014	0,0228	0,0029	0,0145
Massenverhältnis	2,1	2,0	2,3	0,7	0,7	1,4	1,5
Härte (MOHS)	2,3	4	9,5	—	2,5	—	6,5
Kubischer Kompressibilitätskoeffizient bei $30°$ C $\cdot 10^6$ in cm²/kg	3,30	1,30	—	9,56	4,26	2,74	0,60

Bei den in Tab. 53, S. 235, aufgeführten Schicht- bzw. Kettenstrukturen ist die Kompressibilität stets in der Schicht- bzw. in der Kette kleiner als in anderen Richtungen; das spezifische Wärmeleitvermögen ist also in der Schichtebene bzw. in der Richtung der Kette größer ($\lambda \perp/\|\, c$ bei Schichtstrukturen > 1, bei Kettenstrukturen < 1). Beim Quarz und Rutil ist festgestellt worden, daß in Richtung der c-Achse der Kom-

---

[1] Es ist zu beachten, daß selbst in kubischen Kristallen die Härte in verschiedenen Richtungen und auf verschiedenen Flächen verschieden groß ist (siehe S. 281); deshalb wird hier von „mittlerer" Härte gesprochen. Die Härteunterschiede sind jedoch oft so gering, daß sie mit der Methode der MOHSschen Ritzhärtebestimmung nicht erfaßt werden können.

pressibilitätskoeffizient am kleinsten ist (Verhältnis $k \; \|/\perp c = 0{,}72$ bzw. $0{,}55$), so daß bei ihnen die wesentlich bessere Wärmeleitung in Richtung der c-Achse verständlich ist. Beim Feldspat ist der Kompressibilitätskoeffizient (vgl. S. 244) in der Richtung der c-Achse am kleinsten, in Richtung der b-Achse etwas größer und in Richtung der a-Achse wesentlich größer; λ ist daher in $[100]$ am kleinsten, in $[001]$ am größten, und die Unterschiede von λ in $[001]$ und $[010]$ sind nur sehr gering.

Aber nicht bei allen Strukturen kann die reziproke Beziehung zwischen Wärmeleitvermögen und Kompressibilitätskoeffizient bestätigt werden; denn z. B. beim Calcit sind die Kompressibilitäten stark unterschiedlich ($\|/\perp c = 3{,}0$), während die Wärmeleitzahlen sich kaum unterscheiden.

Interessant ist die Beobachtung, daß das Wärmeleitvermögen

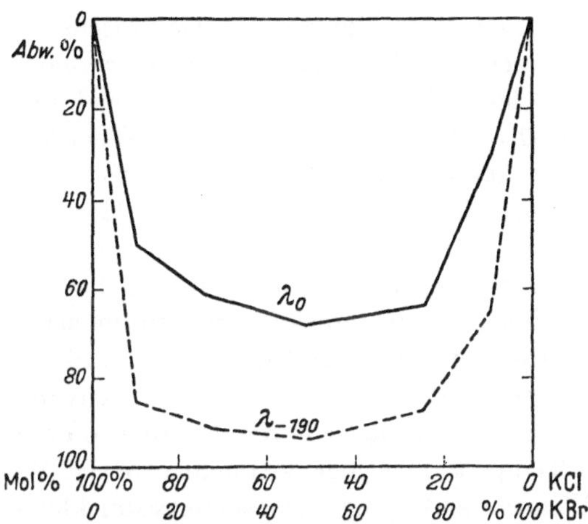

Abb. 92. Abweichungen des Wärmeleitvermögens (Abw.-%) verschiedener KCl-KBr-Mischkristalle von den additiv aus der Menge der beiden Komponenten berechneten Werten. Bei 0° bzw. −190°C. (Aus A. EUCKEN.)

durch Mischkristallbildung sehr stark herabgesetzt wird, wie es die Abb. 92 zeigt. Dieser Effekt dürfte ebenfalls darauf zurückzuführen sein, daß durch die Bildung des Mischkristalls die Anzahl verschieden schwerer Bausteine in der Zelle sich vergrößert hat und teils vielleicht auch darauf, daß der Mischkristall mehr Baufehler als die reine Phase hat. (Es wäre denkbar, daß durch den Einbau von Fremdatomen, also durch die Schaffung von Gitterfehlordnungen, eine größere Tendenz auch zur Bildung von Baufehlern bestünde.) Denn die mittlere freie Weglänge und damit das Wärmeleitvermögen wird auch durch Baufehler verringert, wie man aus der folgenden Übersicht entnehmen kann. In ihr sind schlechtgewachsene, optisch inhomogene natürliche Kristalle von KCl und NaCl künstlich gezogenen und besonders reinen Kristallen bezüglich ihres Wärmeleitvermögens gegenübergestellt. (Meßdaten bei 0° C in cal/cm grad sec.)

	KCl	NaCl
Natürlicher Kristall	0,018	0,015
Künstlicher, besonders reiner Kristall . .	0,022	0,021

In amorphen Stoffen, bei denen man wegen der großen Unordnung der Bausteine nicht mehr von einem Kristallgitter sprechen kann, wie z. B. bei Quarzglas, ist die mittlere freie Weglänge schon wegen dieser Unordnung der Bausteine auf einen kleinen Wert beschränkt. Bei $0°$ ist λ daher für Quarzglas mit 0,0028 cal/cm grad sec sehr beträchtlich geringer als für das kristallisierte SiO_2; für Quarz ist gemessen worden 0,0325 parallel der Hauptachse und 0,0173 senkrecht zur Hauptachse.

Den analogen Unterschied wie zwischen Quarz und Quarzglas findet man auch zwischen kristallisiertem (rhombischem) Schwefel mit λ bei $0° C = 0,00070$ und plastischem ungedehntem amorphem Schwefel mit 0,00047. — Wegen der geringeren Wärmeleitung in Gläsern als in Kristallen kann man z. B. Diamant oder Quarz von Glas auch dadurch unterscheiden, daß man sie in die Hand nimmt; denn Glas fühlt sich zunächst wärmer an als z. B. ein gleich großes Stück Quarz.

Bei amorphen Stoffen ist die mittlere freie Weglänge so klein, daß sie schon bei mittleren Temperaturen etwa von der Größe der Bausteinabstände ist, so daß sich auch bei niedrigerer Temperatur, also bei geringerer Intensität der atomaren Schwingungen, die freie Weglänge nicht mehr vergrößern kann; λ wird also bei Quarzglas nicht mit sinkender Temperatur größer, vielmehr wird das Wärmeleitvermögen in diesen Fällen mit sinkender Temperatur sogar kleiner.

Anhangsweise sei noch kurz auf das Wärmeleitvermögen in Metallen eingegangen, welches größenordnungsmäßig 1 bis 2 Zehnerpotenzen größer ist als das der einfachen Ionenkristalle. Bei echten Metallen ist die theoretische Behandlung der Wärmeleitung noch schwieriger als bei Ionenkristallen, weil ihre Strukturen nicht nur aus Ionen, sondern aus geladenen Atomrümpfen und quasifreien Elektronen aufgebaut sind. Bei echten Metallen ist der Wärmetransport durch die Elektronen aufs engste mit dem durch die Bausteine des Kristallgitters gekoppelt, so daß die Abtrennung einer besonderen Elektronenleitfähigkeit von einer Gitterleitfähigkeit meistens nicht möglich ist, weshalb die einzelnen den Wert der Wärmeleitzahl bestimmenden Faktoren noch schwieriger zu übersehen sind als bei den nichtmetallischen Kristallen. Bei hohen Temperaturen jedoch überwiegt die Elektronenleitfähigkeit (jedenfalls bei gut leitenden Metallen) bei weitem die Gitterleitfähigkeit[1]. Bei der Elektronenleitfähigkeit sind stets die Massen der einzelnen schwingenden Bestandteile (Elektronen) gleich, und die Streuung (Dämpfung) der Wellen ist daher nur gering, die mittlere freie Weglänge ist also relativ groß; und so ist das hohe Wärmeleitvermögen der Metalle zu verstehen. Da der Anteil des Wärmetransportes der durch die Schwingungen der

---

[1] Der Anteil der durch die Elektronen bewirkten Wärmeleitung ist für reine Metalle bei nicht zu tiefer Temperatur von der Temperatur unabhängig; LINDE, J. O.: Kgl. Sv. Akad. Ark. f. Fysik 4, 541 (1952).

Atomrümpfe um ihre Schwerpunktslagen verursacht wird, im allgemeinen nur gering ist, tritt bei höherer Temperatur nur eine geringe zusätzliche Dämpfung, d. h. eine geringe Verkürzung der mittleren freien Weglänge ein, so daß bei Metallen λ nicht so stark mit steigender Temperatur abnimmt wie bei den einfachen Ionenkristallen.

Die Herabsetzung des Wärmeleitvermögens infolge Gitterstörungen (Baufehler und Fehlordnungen) ist natürlich auch bei Metallen sehr ausgeprägt. So tritt z. B. bei Legierungen zwischen Mg und Al durch Zusatz von nur 2% Al zu Mg eine Erniedrigung von $\lambda = 0{,}41$ cal/cm grad sec auf $\lambda = 0{,}21$, also um 50%, ein. Weitere Beispiele vergleiche S. 216.

2. Kompressibilität.

Der lineare Kompressibilitätskoeffizient k_l gibt die relative Verkürzung eines Stoffes in einer Richtung bei konstanter Temperatur an, wenn der allseitig ausgeübte Druck um eine Druckeinheit erhöht wird. In analoger Weise gibt der „kubische", räumliche Kompressibilitätskoeffizient, k, die Volumenverringerung an. Wenn V_p das Volumen eines Körpers unter dem Druck P und V_{p+1} das Volumen unter dem Druck $P + 1$ ist, dann ist $V_{p+1} = V_p(1 + k)$. Der kubische Kompressibilitätskoeffizient ist also

$$k = -\frac{V_{p+1} - V_p}{V_p}.$$

Bei beliebiger Druckänderung gilt

$$k = -\frac{1}{V_p}\left(\frac{\partial V}{\partial P}\right)_t, \quad k \text{ wird also in cm}^2/\text{kg gemessen.}$$

k ist von Druck und Temperatur abhängig und nimmt mit steigendem Druck ab, mit wachsender Temperatur zu. Die Druckabhängigkeit wird angenähert durch $k = a + bp$ angegeben. Hierin ist p der Druck in physikalischen Atmosphären (Atm.) gemessen und a eine von Substanz zu Substanz verschiedene Zahl von der Größenordnung 10^{-6} cm^2/kg, während b eine Zahl von der Größenordnung 10^{-12} cm^4/kg^2 ist. Wenn man nicht sehr hohe Drucke betrachtet, dann kann das Glied bp weggelassen werden und $a = k$ gesetzt werden. Das ist bei den bisherigen und den folgenden Angaben des Kompressibilitätskoeffizienten geschehen.

Der kubische Kompressibilitätskoeffizient ist bei amorphen und kubischen Substanzen dreimal so groß wie der lineare; bei anisotropen Kristallen ist er angenähert gleich der Summe der linearen Kompressibilitätskoeffizienten dreier aufeinander senkrecht stehenden Richtungen. Die Richtungsabhängigkeit des linearen Kompressibilitätskoeffizienten kann wiederum wie bei der Wärmeleitung, der Ausbreitungsweise des

Lichtes usw. durch eine Kugel als Bezugsfläche in kubischen Kristallen und amorphen Körpern bzw. durch ein Rotationsellipsoid oder ein dreiachsiges Ellipsoid in nichtkubischen Kristallen beschrieben werden. Die Lage und Form dieser Bezugsflächen der linearen Kompressibilität fallen gewöhnlich mit denjenigen der linearen Ausdehnungskoeffizienten zusammen, derart, daß die maximale Kompressibilität nahezu in der gleichen Richtung wie die maximale thermische Ausdehnung liegt. So kommt es, daß, wenn Druck und Temperatur sich im gleichen Sinne zur gleichen Zeit ändern, die Effekte sich teilweise aufheben. Das hat seine Bedeutung auch für gewisse geologische Fragen, bei denen z. B. Berechnungen über die Dichte von Mineralen in bestimmten Erdtiefen angestellt werden.

In der folgenden Tabelle sind nun die kubischen Kompressibilitätskoeffizienten der Alkalihalogenide angegeben. Die meisten Daten sind von BRIDGMAN und von SLATER gemessen worden und gelten für eine Temperatur von $30°$ C; die Zahlen entsprechen $k \cdot 10^6$ in cm²/kg.

Man sieht, worauf bereits auf S. 67 hingewiesen worden ist, daß mit zunehmendem Ionenabstand (in der Tabelle von links nach rechts und von oben nach unten) die Kompressibilität zunimmt. Die eingerahmten Verbindungen CsCl, CsBr und CsJ kristallisieren nicht im Gittertyp des NaCl mit der KZ 6, sondern im CsCl-Gitter mit KZ 8, sie bilden eine dichter gepackte Struktur und sind deshalb als eine gesonderte Reihe zu betrachten. Aber innerhalb dieser Reihe beobachtet man ebenfalls die gleiche Gesetzmäßigkeit. Zunehmender Ionenabstand bedeutet eine Abnahme der Bindungskraft zwischen den Bausteinen; und wir sehen auch hier wieder, daß die Kompressibilität um so größer ist, je geringer die Bindungskraft zwischen den Bausteinen ist. Durch höhere Ladung der Ionen wird die Bindungsstärke erhöht, die Kompressibilität also erniedrigt, worauf bereits hingewiesen worden ist. (Vgl. Tab. 8, S. 67 und die folgende Tab. 59, S. 245.)

Tabelle 56.

	F	Cl	Br	J
Li	1,52	3,40	4,30	6,00
Na	2,11	4,26	5,07	7,07
K	3,30	5,62	6,70	8,53
Rb	—	6,64	7,93	9,56
Cs	4,23	5,94	7,05	8,57

zunehmender Ionenabstand ⟶

(linke Randbeschriftung: zunehmender Ionenabstand ↓)

Wenn die Bindungsstärken in den verschiedenen Richtungen eines Kristalls unterschiedlich sind, dann entstehen anisometrische Strukturen. Die strukturelle Abhängigkeit der linearen Kompressibilität parallel und senkrecht der kristallographischen Hauptachse erkennt man aus der folgenden Tabelle (die Werte sind mit 10^6 multipliziert und im cm²/kg angegeben; sie gelten für Zimmertemperatur. Alle Kristalle gehören einem wirteligen Kristallsystem an):

Tabelle 57. *Lineare Kompressibilitätskoeffizienten wirteliger Kristalle.*

	Mg	Be	Sn (met.)	Zn	Cd	Bi	Sb	As	Te
$\parallel c$	0,9842	0,220	0,672	1,376	1,69	1,592	1,648	2,7	—0,423
$\perp c$	0,9845	0,282	0,602	0,159	0,15	0,662	0,526	0,23	2,801
$\parallel / \perp c$	1,0	0,8	1,1	8,6	11,3	2,4	3,1	11,8	—0,15
	Hexagonal dichteste Kugelpackg.	Deformiertes Diamantgitter, tetragonal	Deformierte hexagonal dichteste Kugelpackung, schichtenart.			Schichtengitter			Kettengitter

Bei Mg, Be und Sn ist nur ein geringer Unterschied der linearen Kompressibilität in den verschiedenen Richtungen vorhanden, weil die Bindungskräfte ungefähr räumlich gleichmäßig im Gitter verteilt sind; Mg und (weniger ideal) Be bilden eine hexagonal dichteste Kugelpackung, Sn (metallisch) eine tetragonal deformierte Diamantstruktur. Zn und Cd besitzen keine hexagonal dichteste Kugelpackung mehr, sondern hier tritt bereits ein Übergang zum Schichtengitter auf ($c/a = 1,86$ bzw. $1,89$ anstatt $1,63$ der hexagonal dichtesten Kugelpackung), bei dem die Bindungskräfte senkrecht zur Schicht, also parallel der Hauptachse schwächer sind als in der Schicht ($\perp c$); (größerer Teilchenabstand $\perp$ Schicht als in der Schicht). Dementsprechend ist auch die Kompressibilität bei Zn und Cd parallel der Hauptachse beträchtlich größer als senkrecht dazu, eine Beobachtung, die mit zunehmendem Schichtencharakter der Struktur in der Reihenfolge Bi, Sb und As in zunehmendem Maße ausgeprägt ist. Tellur bildet unendlich ausgedehnte spiralige Ketten von Atomen, die parallel der hexagonalen c-Achse liegen. Innerhalb der Kette ist jedes Atom durch starke Kräfte mit seinen Nachbarn verknüpft; aber zwischen den Ketten sind die Kräfte beträchtlich geringer, und die Atomabstände sind dementsprechend beträchtlich größer als in Richtung der Ketten. Folglich ist auch die Kompressibilität in Richtung senkrecht zur Kette (senkrecht zur Hauptachse) beträchtlich größer als in Richtung der Kette. Es findet sogar in der Kettenrichtung überhaupt keine Kompression durch allseitig wirkenden Druck statt, sondern eine Ausdehnung. Die Gründe hierfür sind noch nicht genügend geklärt; aber man kann sich vorstellen, daß bei sehr großem Kompressibilitätsbetrag in der einen Richtung des Kristalls eine geringe Ausdehnung in der Richtung senkrecht dazu eintritt, wenn die Bindungskräfte sehr stark anisometrisch im Kristall verteilt sind. Die gleiche Beobachtung macht man auch an Graphitkristallen.

Von nichtmetallischen anisometrischen Kristallen sind bisher nur spärlich lineare Kompressibilitätskoeffizienten bestimmt worden. Einige Beispiele sind hier zusammengestellt. (Daten für 30° C; $k \cdot 10^6$ in cm²/kg.)

Tabelle 58.

	Calcit	NaNO$_3$	Graphit	Quarz	Rutil	Orthoklas (Feldspat)
$\parallel c$	0,822	2,48	5	0,718	0,105	a 1,013
						b 0,559
$\perp c$	0,273	0,722	—0,25	0,995	0,190	c 0,468
$\parallel / \perp c$	3,0	3,5	— 20	0,7	0,5	a/b 1,8
						a/c 2,1
Struktur	isotype Strukturen vgl. S. 74		Schichten $\perp c$-Achse	vgl. S. 57	vgl. S. 57	Zickzack-Ketten $\parallel a$-Achse vgl. S. 138

Zur Deutung der Kompressibilität. Die Erscheinung der Kompressibilität beruht darauf, daß in einem unter allseitigem Druck stehenden Kristall die Gitterbausteine einander etwas genähert werden können. Betrachten wir Ionenkristalle, so bedeutet das, daß die sich gegenseitig berührenden Ionenkugeln nicht starr sind. Bei gegebenen Druck- und Temperaturbedingungen befinden sich die Ionen im Gitter jeweils in Gleichgewichtslagen, die durch die Größen der Anziehungs- und Abstoßungskraft bestimmt sind. Wenn nun solche Gleichgewichtslagen unter dem Einfluß eines Druckes gestört werden, dann hängt das Ausmaß der Kompressibilität von dem Widerstand ab, der dem Zusammendrücken entgegenwirkt. Dieser Widerstand ist gegeben durch die Abstoßungskraft, und da diese mit kleiner werdendem Ionenabstand sich ganz wesentlich stärker vergrößert als die ihr entgegenwirkende Anziehungskraft, ist die Kompressibilität bei Ionenkristallen nur gering. (Man hat übrigens für gittertheoretische Berechnungen gerade umgekehrt aus der geringen Kompressibilität auf die sehr starke Zunahme der Abstoßungskraft mit der Verringerung des Abstandes geschlossen.)

Durch Kompression wird natürlich eine Arbeit geleistet, wodurch die potentielle Energie des Kristallgitters sich erhöht; es muß also ein Zusammenhang zwischen kubischer Kompressibilität und Gitterenergie bestehen. Aus diesem Zusammenhang kann dann eine Formel für die Kompressibilität (k) abgeleitet werden, die für Ionenkristalle beim absoluten Nullpunkt für kleine Drucke folgendermaßen lautet[1]:

$$k = \frac{9\,N\,\varDelta^4}{\alpha\,z^2\,e^2\,(n-1)}$$

$\varDelta =$ Ionenabstand im ungedrückten Kristall,
$N =$ Loschmidtsche Zahl $=$ Anzahl der Ionenpaare im Mol,
$\alpha =$ Madelungsche Zahl,
$z =$ Wertigkeit,
$e =$ Elementarladung,
(n hat für Alkalihalogenide etwa den Wert 9).

---

[1] Vollständige Ableitung z. B. bei A. Eucken: Chemische Physik Bd. II, 2, S. 605 ff., 1944 u. E. Fermi: Moleküle und Kristalle S. 151 ff., 1938.

Der genaue Wert von n, der ja bei der Berechnung der Gitterenergie nach Born und Landé von Bedeutung ist, ergibt sich für einen bestimmten AB-Ionenkristall natürlich umgekehrt aus der experimentell beobachteten Kompressibilität; denn

$$n = 1 + \frac{9\,N\,\varDelta^4}{\alpha\,z^2\,e^2\,k}\,.$$

n ist hiernach z. B. für NaCl = 7,8 und für KCl = 8,8.

Diese gitterphysikalisch abgeleitete Beziehung ergibt zwar bei den Halogeniden des Calciums und Rubidiums nur größenordnungsmäßige Übereinstimmung der theoretisch berechneten und der experimentellen Werte. Die obige Beziehung ist also quantitativ noch nicht befriedigend, erklärt aber qualitativ die in den Reihen der Alkalihalogenide beobachtete Änderung der Kompressibilität, nämlich

a) die Zunahme der Kompressibilität mit zunehmendem Ionenabstand (vgl. Tab. 56, S. 242);

b) die Abnahme der Kompressibilität mit zunehmender Ionenladung.

Die letztere Beziehung erkennt man aus folgender paarweisen Zusammenstellung von im NaCl-Typ kristallisierenden Verbindungen, deren Ionenabstand etwa gleich groß ist, während die Ladung eins bzw. zwei beträgt; außerdem ist die Reihe LiF, MgO, TiC angegeben, bei der die Wertigkeit von eins über zwei auf vier steigt. Die Werte der kubischen Kompressibilität in der folgenden Tabelle beziehen sich auf 30° C.

Tabelle 59.

Ionenladung	1	2	1	2	1	2	1	2	4
Verbindung	NaCl	CaS	NaBr	SrS	KCl	BaS	LiF	MgO	TiC
Kubischer Kompressibilitätskoeffizient in cm²/kg · 10⁶	4,26	2,32	5,07	2,47	5,62	2,95	1,53	0,60	0,48
Ionenabstand in Å . . .	2,82	2,84	2,98	3,00	3,14	3,19	2,01	2,10	2,16

Weiterhin entnimmt man aus obiger Formel, daß die Kompressibilität von dem Gittertyp abhängt, denn die Madelungsche Zahl geht ja in die Formel ein. Drei Verbindungspaare können dieses belegen. Bei diesen sind Abstand und Ladung bzw. Wertigkeit der Bausteine in den Kristallen jeweils etwa gleich groß, aber die Gittertypen sind bei den Verbindungen innerhalb eines Paares verschieden. Da die Madelungsche Zahl in der Reihe der Gittertypen CsCl, NaCl, ZnS sinkt, sollte bei vorausgesetzter gleicher Ladung und gleichem Ionenabstand die Kompressibilität eines Kristalls für CsCl-Typ < NaCl-Typ < ZnS-Typ sein. Das zeigt qualitativ die paarweise Zusammenstellung der Tab. 60.

Tabelle 60.

	CuCl	NaF	KBr	TlCl	RbBr	TlBr
Abstand in Å .	2,34	2,31	3,30	3,32	3,43	3,41
Kubischer Kompressibilitätskoeffizient. .	2,51 ZnS-Typ	2,11 NaCl-Typ	6,70 NaCl-Typ	4,9 CsCl-Typ	7,93 NaCl-Typ	5,3 CsCl-Typ

3. Thermische Ausdehnung.

Wie unter dem Einfluß eines allseitigen Drucks ein Kristall elastisch deformiert wird, so wird auch durch allseitige gleichmäßige Erwärmung ein Kristall elastisch deformiert: er dehnt sich aus. Eine Kugel eines kubischen Kristalls bleibt dabei eine Kugel, genau so wie bei der allseitigen Kompression. Kugeln wirteliger Kristalle werden zu einem Rotationsellipsoid deformiert, und Kugeln rhombischer, monokliner und trikliner Kristalle zu einem dreiachsigen Ellipsoid. Die Ausdehnung, d. h. die Vergrößerung des Abstandes zwischen den Gitterbausteinen in den verschiedenen Richtungen, erfolgt stets derart, daß Gittergeraden als Geraden und Gitterebenen als Ebenen erhalten bleiben; es ändern sich durch die unterschiedliche Abstandsvergrößerung der Bausteine nur die Winkel zwischen den Geraden bzw. Ebenen. Bei dieser Art der homogenen Deformation bleibt also die Symmetrie eines Kristalls erhalten, oder, mit anderen Worten, die thermische Ausdehnung ist richtungsabhängig von der Kristallsymmetrie.

Die relative Längenänderung, die ein Körper in einer bestimmten Richtung erfährt, wenn seine Temperatur um 1° erhöht wird, nennt man den „linearen Ausdehnungskoeffizienten", den man mit β bezeichnet. Die relative Volumenänderung bei einer Temperaturerhöhung um 1° wird der „kubische Ausdehnungskoeffizient", α, genannt.

Es ist also

$$\alpha = \frac{V_{t+1} - V_t}{V_t},$$

wobei V_t das Volumen bei der Temperatur $t°$ C und V_{t+1} das Volumen bei $t + 1°$ C ist. Bei beliebiger Temperaturerhöhung gilt

$$\alpha = \frac{1}{V_t}\left(\frac{\partial V}{\partial t}\right)_P;$$

die Dimension ist also [grad^{-1}]. Da der Ausdehnungskoeffizient temperaturabhängig ist (meistens nimmt er mit der Temperatur zu), werden außerdem oft Zusatzkoeffizienten angegeben; da diese aber zwei bis drei Zehnerpotenzen kleiner als die Werte der Ausdehnungskoeffizienten sind, können sie hier fortgelassen werden, da wir hier nicht sehr verschieden hohe Temperaturen betrachten. Häufig wird anstatt des für eine bestimmte Temperatur geltenden Ausdehnungskoeffizienten der für einen bestimmten Temperaturbereich gefundene mittlere Ausdehnungskoeffizient angegeben.

So bedeutet z. B. der mittlere kubische Ausdehnungskoeffizient von $120 \cdot 10^{-6\circ}$ C^{-1} für NaCl, daß ein NaCl-Würfel mit dem Volumen 1 cm^3 bei Erwärmung um $1°$ C sich um $1,2 \cdot 10^{-4}$ cm^3 vergrößert.

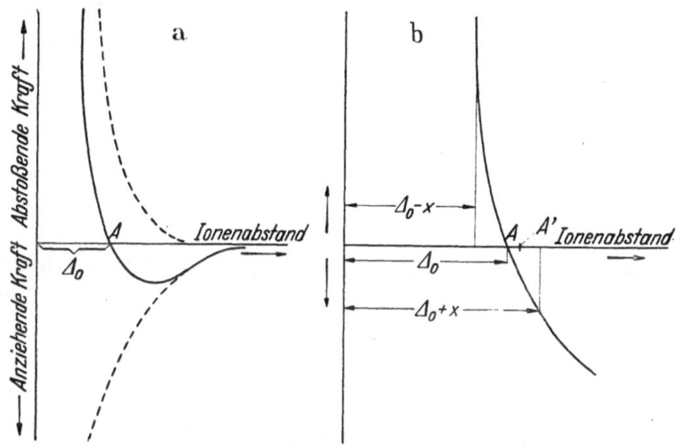

Abb. 93 a u. b. a) Schematische Darstellung der zwischen zwei Partikeln wirkenden Kräfte. b) Resultierende Kraftfunktion in der Nähe eines Ions. (Aus A. Eucken.)

Das Zustandekommen der thermischen Ausdehnung kann folgendermaßen verständlich gemacht werden[1]: Durch die Temperaturerhöhung geraten die einen Kristall aufbauenden Teilchen in lebhaftere Schwingungen um ihre Gleichgewichtslage. Beim absoluten Nullpunkt ruht praktisch ein Ion in seiner Gleichgewichtslage, in der es durch eine anziehende und eine gleich starke abstoßende Kraft festgehalten wird. Die aus diesen beiden Kräften resultierende Kraft ist in der durch die Abb. 93a dargestellten Weise von der Entfernung abhängig. Die Entfernung, bei der anziehende und abstoßende Kraft gleich sind, ist der Gleichgewichtsabstand der Ionen, $\varDelta_0$, bei einer gegebenen Temperatur. Man erkennt nun aus der Kurve der resultierenden Kraft (Abb. 93b), daß eine größere Kraft notwendig ist, um zwei Ionen um eine gewisse Strecke x zu nähern, als um sie voneinander um die gleiche Strecke zu entfernen. (Vgl. die in Abb. 93b eingezeichneten Ordinatenwerte.) Es ist also die Kraft in bezug auf den Punkt A unsymmetrisch. Wenn nun die Atome um den Punkt A schwingen, so werden sie von der Entfernung $\varDelta_0 - x$ mit einer größeren Kraft in die Ruhelage zurückgetrieben als von der Entfernung $\varDelta_0 + x$. Das hat zur Folge, daß sich

---

[1] Eucken, A.: Grundriß der physikalischen Chemie. Leipzig 1942.

der Schwingungsmittelpunkt verschiebt, und zwar nach $+x$ hin. Die durch die Temperaturerhöhung hervorgerufenen größeren Schwingungsamplituden führen also zu einer Veränderung der Gleichgewichtslage von dem Punkt A zum Punkt A', d. h. die Atomabstände vergrößern sich, der Körper dehnt sich aus. Die Größe des Ausdehnungsbetrages hängt (bei gleicher Temperaturänderung) von der Größe der zwischen den Bausteinen wirksamen Kraft ab; ist diese größer, dann ist bei gleicher Temperaturerhöhung die Schwingungsamplitude geringer, und der Schwingungsmittelpunkt kann sich nur sehr wenig verschieben. Die thermische Ausdehnung ist also bei gleicher Temperaturerhöhung um so geringer, je größer die Bindungskräfte zwischen den Bausteinen sind, aber es treten auch noch andere Faktoren hinzu.

In einfach gebauten isotypen Ionenkristallen sind die Bindungskräfte um so größer, je kleiner der Abstand der entgegengesetzt geladenen Ionen und je größer die Ionenladung ist. Infolgedessen müssen wir eine Abnahme des thermischen Ausdehnungskoeffizienten a) mit abnehmendem Ionenabstand und b) mit zunehmender Ladung erwarten.

Die experimentellen Daten der Alkalihalogenide bestätigen die Abnahme des kubischen Ausdehnungskoeffizienten mit abnehmendem Ionenabstand nur teilweise: In der Tab. 61 nimmt in jeder horizontalen Reihe α von rechts nach links ab, also, wie erwartet wurde, mit abnehmendem Ionenabstand. Aber α sollte auch in jeder Vertikalreihe von unten nach oben abnehmen, was nicht der Fall ist. (Vgl. dagegen die Kompressibilitätskoeffizienten der Alkalihalogenide; dort wird die theoretisch erwartete Änderung der Kompressibilitätskoeffizienten stets erfüllt.)

Tabelle 61. *Kubischer Ausdehnungskoeffizient von Alkalihalogeniden bei Zimmertemperatur.* $\alpha \cdot 10^6$ *je Grad.* [Nach W. KLEMM: Z. Elektrochem. **34**, 523 (1928).]
(Alle Verbindungen kristallisieren im NaCl-Typ mit Ausnahme der eingerahmten Cs-Halogenide, welche im CsCl-Typ kristallisieren.)

	F	Cl	Br	J
Li	102	132	150	177
Na	108	120	129	145
K	110	115	120	135
Rb	—	108	114	129
Cs	105	136	139	146

Tabelle 62. *Linearer Ausdehnungskoeffizient β von kubischen isotypen Kristallen in Abhängigkeit vom kürzesten Abstand der Bausteine.*
(Der kubische Ausdehnungskoeffizient α ist dreimal so groß wie β.)

	Diamant	Silicium	Graues Zinn	CuBr	CuJ	AgCl	AgBr
$\beta \cdot 10^6$	~2,5	3,5	5,3	19	23	33	35
Kürzester Abstand in Å .	1,54	2,35	2,79	2,46	2,62	2,77	2,89
		Diamant-Typ		ZnS-Typ		NaCl-Typ	

Aus Tab. 62 erkennt man die Zunahme des linearen thermischen Ausdehnungskoeffizienten mit dem zunehmenden Abstand der Bausteine im Gitter.

Offensichtlich ist die quantitative Deutung des Vorganges der thermischen Ausdehnung recht kompliziert. Das erkennt man auch aus der folgenden Tab. 63: Zwei jeweils paarweise gegenübergestellte Kristalle

Tabelle 63. *Kubische Ausdehnungskoeffizienten ein- und zweiwertiger AB-Verbindungen mit jeweils etwa gleichem Ionenabstand (alle kristallisieren im NaCl-Typ; Zimmertemperatur).*

	LiF	MgO	NaCl	CaS	KCl	BaS
$\alpha \cdot 10^6$	102	40	120	51	115	102
Ionenabstand in Å. . . .	2,01	2,10	2,82	2,84	3,14	3,19
Ladung	1	2	1	2	1	2

haben fast den gleichen Ionenabstand, unterscheiden sich aber wesentlich durch die Ladung. Bei der zweiwertigen AB-Verbindung müßte die thermische Ausdehnung beträchtlich kleiner sein als bei der einwertigen, weil die Bindungskräfte größer sind. Das wird durch die Paare NaCl, CaS und durch LiF, MgO experimentell bestätigt, aber der Vergleich zwischen KCl und BaS bestätigt das nicht, denn der Wert für BaS ist (wenn er richtig ist) beträchtlich größer, als man erwarten sollte.

Im allgemeinen dürfte sich jedoch eine höhere Wertigkeit der Bausteine beträchtlich stärker zugunsten einer Verkleinerung des Koeffizienten der thermischen Ausdehnung auswirken als eine Abstandsverminderung.

Bisher sind jeweils Gruppen isotyper Kristalle betrachtet worden. Daß auch der Gittertyp von Einfluß auf die thermische Ausdehnung ist, erkennt man aus der folgenden paarweisen Zusammenstellung von Kristallen, bei denen jeweils Wertigkeit und Abstand der Bausteine gleich sind, während der Gittertyp jeweils verschieden ist. Die experimentellen Daten der Tab. 64 lassen erkennen, daß bei Gleichheit von Wertigkeit und Abstand die thermische Ausdehnung in Kristallen vom Gittertyp folgendermaßen abhängt: CsCl-, > NaCl-, > ZnS-Typ. Sie ist also um so

Tabelle 64.

	TlBr	RbBr	TlCl	KBr	KF	CuJ	NaF	CuCl	CaO	ZnS
$\beta \cdot 10^6$	57	38	56	40	36	23	39	22	21	7
Kürzester Abstand	3,40	3,43	3,32	3,30	2,67	2,62	2,31	2,34	2,40	2,35
Gittertyp . . .	CsCl	NaCl	CsCl	NaCl	NaCl	ZnS	NaCl	ZnS	NaCl	ZnS
Koordinationszahl	8	6	8	6	6	4	6	4	6	4

größer, je größer die Koordination eines Bausteins mit seinen nächsten Nachbarn ist. Auf diesen Zusammenhang hat H. D. MEGAW[1] hingewiesen. (Beachte, daß dieses Verhalten der thermischen Ausdehnung gerade umgekehrt zu demjenigen der Kompressibilität ist.)

Es sind also bis jetzt drei Faktoren erkannt worden, welche die Größe des thermischen Ausdehnungskoeffizienten in kubischen Kristallen bestimmen: Wertigkeit, kürzester Abstand und Koordination der Bausteine (Gittertyp). Und zwar ist der Ausdehnungskoeffizient proportional der Koordinationszahl und dem Abstand der Bausteine und umgekehrt proportional ihrer Wertigkeit. Da Wertigkeit und Koordination, wie aus den experimentellen Daten ersichtlich ist, einen beträchtlich stärkeren Einfluß als der Abstand haben, hat MEGAW, unter Ausscheidung der Kristalle mit besonders großen und besonders kleinen Ionen, den Ionenabstand völlig außer Betracht gelassen. Sie gelangte dann zu der empirischen Beziehung:

$$\text{Ausdehnungskoeffizient } \beta = \text{Konstante} \cdot \left(\frac{\text{Koordinationszahl}}{\text{Wertigkeit}}\right)^2.$$

Diese Beziehung ist aber, wenn sie an einem umfangreicheren Material erprobt wird, noch nicht sehr befriedigend. Es spielen offensichtlich bei der quantitativen Deutung des thermischen Ausdehnungskoeffizienten kubischer Kristalle noch andere, bis jetzt noch nicht erfaßte Faktoren mit, deren Zahl sich bei der Behandlung der thermischen Ausdehnung in niedriger-symmetrischen, nichtkubischen Kristallen noch vergrößert.

Will man die Verschiedenheit der thermischen Ausdehnung bei anisotropen Kristallen theoretisch verstehen, so muß man auf die von E. GRÜNEISEN u. E. GOENS[2] hierfür entwickelte recht schwierige Gittertheorie zurückgreifen, in der die verschiedenen Elastizitätsmoduln und die spezifische Wärme mit der thermischen Ausdehnung in Verbindung gebracht werden. Für unsere Zwecke möge jedoch die bisher benutzte grobe Vorstellung von den Bindungskräften zwischen den Bausteinen genügen, denn auch die bisherige Gittertheorie kann viele Beobachtungen, wie z. B. den *negativen* Ausdehnungskoeffizienten des Calcits und Graphits senkrecht der c-Achse noch nicht erklären. Mit Hilfe der Vorstellung von den Bindungskräften können wir wenigstens plausibel machen, daß z. B. bei Schichtengittern, bei denen zwischen den Schichten schwächere Bindungskräfte als in der Schicht wirken, der lineare Ausdehnungskoeffizient senkrecht zur Schicht beträchtlich größer ist als in der Schicht. Das zeigen uns die Beispiele des $Ca(OH)_2$ und $Mg(OH)_2$, die im Gittertyp des CdJ_2 kristallisieren, ferner Graphit und Antimon (Tab. 65, S. 251).

---

[1] MEGAW, H. D.: Z. Kristallogr. **100**, 58 (1939).
[2] GRÜNEISEN, E., u. E. GOENS: Z. Phys. **29**, 141 (1924).

Wenn die Bindungskräfte gleichmäßiger im Gitter verteilt sind, wie z. B. beim Magnesium, dessen Atome eine hexagonal dichteste Kugelpackung bilden, und den Silikaten Topas, $Al_2SiO_4(F, OH)_2$, und Chrysoberyll, $BeAl_2O_4$, deren Strukturen angenähert als hexagonal dichteste Kugelpackung der Sauerstoff-Ionen, in deren Lücken die Metall-Ionen sitzen, beschrieben werden können, dann sollte man keine großen Unterschiede des linearen thermischen Ausdehnungskoeffizienten in den verschiedenen Richtungen erwarten. Das wird durch die entsprechenden Daten der angeführten Kristalle bestätigt. Außerdem sind in der Tab. 65 noch Quarz und Beryll aufgeführt, deren lineare thermische Ausdehnung parallel der c-Achse nur $1/_2$ bzw. $1/_3$ so groß ist wie senkrecht dazu. Beim Beryll dürfte, wie HUMMEL[1] meint, eine erhebliche Änderung des Winkels der Bindungen Si — O — Si zwischen den zu Sechserringen verknüpften SiO_4-Tetraedern die starke Ausdehnung in der Ringebene (d. h. senkrecht c-Achse) verursachen. Eine Änderung des Winkels der Bindungen liegt auch bei der sehr starken thermischen Ausdehnung der Feldspäte in Richtung der a-Achse (das ist die Richtung der zickzack-ähnlichen Tetraederanordnung) vor (s. S. 138). Es ist jedoch die Frage, ob diese Winkeländerung die Ursache oder nur die Folge der starken linearen thermischen Ausdehnung ist. Beim Quarz muß die nur halb so große Ausdehnung $\parallel c$ im Vergleich zu $\perp c$ mit der spiraligen Anordnung der SiO_4-Tetraeder in Richtung der c-Achse

[1] HUMMEL, F. A.: Amer. Ceram. Soc. **33**, 102 (1950).

Tabelle 65. *Linearer thermischer Ausdehnungskoeffizient, $\beta \cdot 10^6$ in verschiedenen kristallographischen Richtungen.*

	Graphit	Mg(OH)$_2$ Brucit	Ca(OH)$_2$ Portlandit	Sb	NaNO$_3$	CaCO$_3$ Calcit	Quarz	Beryll	Mg	Topas (rhombisch)	Chrysoberyll (rhombisch)
$\parallel c$	26	45	33	17	112	24	10	1	27	a 4,8 b 4,1	a 6 b 6
$\perp c$	—1,2 (18° C)	11	10 (20—100° C)	8	12 (20—100° C)	—5 (20—100° C)	18 (20—100° C)	3 (20—200° C)	24 (15—35° C)	c 5,9 (20—100° C)	c 5
	Schichtengitter				isotyp; Unterschied bezügl. Wertigkeit				hexagonal dichteste Kugelpackung	angenähert hexagonal dichteste Kugelpackung	

zusammenhängen; vielleicht wird dadurch eine Art,,Versteifung'' $\parallel c$ erreicht, denn auch die Kompressibilität ist $\parallel c$ wesentlich geringer als $\perp c$.

Calcit und Graphit sind besonders interessant, weil der Ausdehnungskoeffizient in Richtungen senkrecht der c-Achse negativ ist. NELSON und RILEY[1] haben röntgenographisch die thermische Ausdehnung beim Graphit ermittelt, wobei sie folgende mittlere Ausdehnungskoeffizienten in Richtung senkrecht der c-Achse, also in der Schichtebene, erhielten:

$$\beta \cdot 10^6 \perp c\text{-Achse}$$

Im Temperaturbereich	
von 0—150° C	−1,5
bei etwa 400° C	0
von 600—800° C	+0,9

Der Koeffizient der linearen thermischen Ausdehnung schlägt also von negativen zu positiven Werten um. D. P. RILEY[2] hat eine Theorie entwickelt, die den experimentellen Befund recht befriedigend erklärt. Hierauf kann jedoch nur hingewiesen werden.

Es sei nun noch ein Vergleich der linearen thermischen Ausdehnungsdaten der Metalle Be, Ru und Os angestellt, der ebenfalls noch ungelöste Probleme aufzeigt. Diese drei Metalle kristallisieren im Gitter einer fast idealen hexagonal dichtesten Kugelpackung mit dem gleichen Achsenverhältnis $c/a = 1,58$; sie unterscheiden sich also nur hinsichtlich ihres chemischen Stoffbestandes. Die linearen Ausdehnungskoeffizienten wurden von OWEN u. Mitarb.[3] mit röntgenographischen Methoden ermittelt:

Tabelle 66. *Linearer Ausdehnungskoeffizient bei 50° C. $\beta \cdot 10^6$.*

	Be	Ru	Os
$\parallel c$	11,1	8,8	5,9
$\perp c$	13,7	5,9	4,0
$\parallel / \perp$	0,8	1,5	1,5

Das Verhältnis der linearen Ausdehnungskoeffizienten ist, wie man erwarten sollte, wenigstens bei Ru und Os dasselbe; warum es beim Be so verschieden ist, d. h. warum bei Be die thermische Ausdehnung nicht wie bei Os und Ru parallel c größer als senkrecht c ist, ist noch unverständlich angesichts der gleichen Gitterstruktur dieser drei Metalle. Auch die lineare Kompressibilität zeigt dies ungewöhnliche Verhalten des Be; sie ist kleiner parallel c als senkrecht dazu (das Verhältnis dieser beiden Kompressibilitätskoeffizienten bei 30° ist 0,78). Die geringeren Absolutwerte des Os gegenüber Ru sind ebenfalls noch nicht erklärbar, denn der mittlere Abstand eines Atoms zu seinen zwölf Nachbarn ist in beiden Metallen fast gleich; er beträgt bei Os 2,70 und bei Ru 2,67 Å.

[1] NELSON, J. B., u. D. P. RILEY: Proc. Phys. Soc. **57**, 477 (1945).
[2] RILEY, D. P.: Proc. Phys. Soc. **57**, 486 (1945).
[3] OWEN u. Mitarb.: Philosophic. Mag. **22**, 290 u. 303 (1936).

Möglicherweise könnte eine Erklärung für die niedrigeren Ausdehnungs-koeffizienten des Os gegeben werden, wenn wir mit Sicherheit wüßten, wie groß die Anzahl der an das Elektronengas abgegebenen Bindungselektronen bei diesen beiden Metallen der VIII. Gruppe ist (PAULING gibt sechs Elektronen an). Andererseits ist es verständlich, daß die Koeffizienten der linearen thermischen Ausdehnung beim Be größer sind als beim Ru und Os; denn trotz eines geringeren Abstandes zwischen den Be-Atomen, der nur 2,25 Å beträgt, ist die Bindungsstärke zwischen den Be-Teilchen beträchtlich geringer, weil die Be-Atome weniger Bindungselektronen zur Verfügung stellen als Os und Ru.

Die Erscheinung der thermischen Ausdehnung von kristallinen Stoffen und von Gläsern spielt eine wichtige technische Rolle in der Metallurgie, keramischen Industrie und Glas-Technologie. In neuester Zeit hat die Entwicklung des Düsen- und Raketenantriebs ein starkes Interesse an hochtemperaturbeständigen keramischen Materialien ausgelöst. Solche aus unorientierten Kristallen bestehenden keramischen Körper müssen (außer einer großen Zerreiß- und Korrosionsfestigkeit) Temperaturänderungen von über 1400° C innerhalb weniger Sekunden aushalten können, ohne zu zerspringen. Es ist offensichtlich, daß für jene Zwecke ein möglichst kleiner Ausdehnungskoeffizient von den in Betracht kommenden Materialien gefordert werden muß, wie z. B. bei Korund, Zirkon, Cordierit und bei den keramischen Produkten aus lithiumhaltigen Mineralen wie Spodumen und Petalit. Spodumen, $LiAl[Si_2O_6]$, wandelt sich bei etwa 1000° monotrop in die β-Modifikation um; diese hat einen linearen Ausdehnungskoeffizienten von $1,9 \cdot 10^{-6}$, der recht klein und weniger als halb so groß ist wie bei der α-Tief-Modifikation.

4. Optische Eigenschaften.

Von den verschiedenen optischen Eigenschaften wollen wir hier nur die Größe und die Anisotropie der Brechzahl in Kristallen behandeln. Die Brechzahl eines Stoffes ist bekanntlich definiert als das Verhältnis der Ausbreitungsgeschwindigkeit des Lichtschwingungszustandes im Vakuum zu derjenigen im Medium. Durchsichtige Körper werden von elektromagnetischen Lichtwellen durchdrungen; das elektrische Wechselfeld einer Lichtwelle induziert in den atomaren Bausteinen oszillierende Dipolmomente (man sagt, die Atome werden durch Deformation der Elektronenhüllen polarisiert; vgl. S. 109), die mit dem Feld der Lichtwelle in Wechselwirkung treten, wodurch die Lichtgeschwindigkeit im Stoff gegenüber derjenigen im Vakuum vermindert wird. Das Ausmaß der Geschwindigkeitsverminderung, d. h. die Größe der Brechzahl, ist natürlich abhängig a) von der Größe des erzeugten Dipolmoments, welches bei bestimmter Feldstärke (bei einer bestimmten Wellenlänge des Lichts) proportional der Polarisierbarkeit, α, der atomaren Bausteine ist, und b) von der Anzahl der Atome in der Volumeneinheit, N. Die Beziehung für die Brechzahl würde lauten: $n^2 = 1 + 4\,\pi\,N \cdot \alpha$. Da sich aber bei kleinem Abstand der Atome ihre Dipolmomente erheblich gegenseitig beeinflussen, gilt nach LORENTZ-LORENZ (für ein Gramm-Atom) folgende Beziehung:

$$\frac{n^2 - 1}{n^2 + 2}\,\frac{M}{D} = \frac{4}{3}\,\pi\,N_L \cdot \alpha \equiv R.$$

(Hier bedeuten N_L = Loschmidtsche Zahl, M = Atom- bzw. Molekulargewicht, D = spezif. Gewicht.) Der

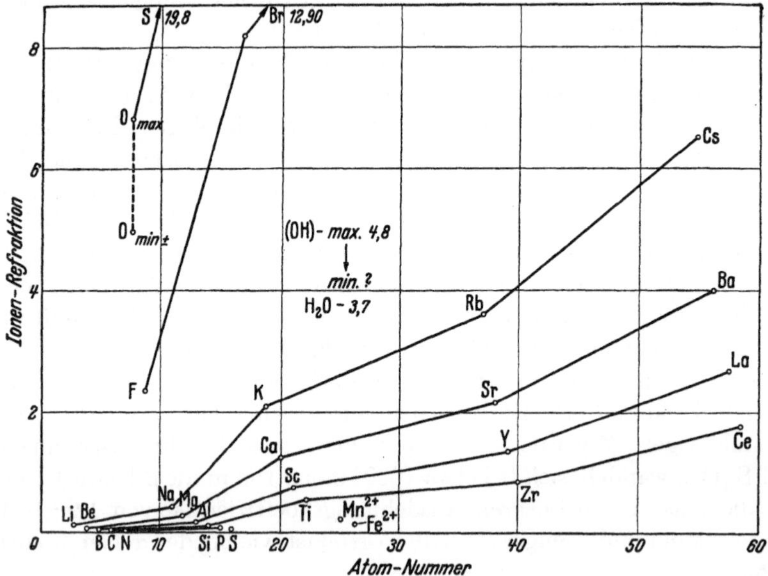

Abb. 94. Ionenrefraktionen. (Aus FAIRBAIRN.)

mittlere Ausdruck ist für eine bestimmte Lichtwellenlänge eine charakteristische Größe der jeweiligen Atomart, die man Refraktion, R, des Atoms nennt. Bei Stoffen, die aus verschiedenen Atomen bzw. Ionen oder aus Molekülen bestehen, spricht man von Ionen- bzw. Molrefraktion. Diese setzt sich bei heteropolaren Verbindungen ungefähr additiv aus den verschiedenen Ionenrefraktionen, R_I, zusammen, wobei natürlich der stöchiometrischen Anzahl, z, der verschiedenen Ionen Rechnung getragen werden muß. Es ist dann

$$R = \frac{n^2 - 1}{n^2 + 2}\,\frac{M}{D} \approx z_1 R_{I_1} + z_2 R_{I_2} + z_3 R_{I_3} \cdots,$$

(bei nicht kubischen Kristallen ist n die mittlere Brechzahl).

Die Refraktion einer Anzahl von Ionen ist in der Abb. 94 wiedergegeben. Man erkennt aus ihr deutlich, daß die Refraktion der Anionen diejenige der Kationen bei weitem überwiegt und daß die Refraktion mit zunehmender Ionengröße stark zunimmt; siehe z. B. folgende Reihen:

Ionenrefraktion	F⁻	Cl⁻	Br⁻	J⁻	
	2,4	8,2	12,9	19,2	

Größer werdende Elektronenhülle bei gleicher Ladung hat größere Refraktion, d. h. größere Polarisation der Ionen durch den elektrischen Vektor des einfallenden Lichts zur Folge.

	O^{--}	S^{--}
	~6	19,8

Den Einfluß der Bindung der Elektronen an den Kern erkennt man aus der folgenden Reihe, in der die negative Ladung abnimmt, während die Konfiguration der Hülle gleichbleibt:

Ionenrefraktion	O^{--}	F⁻	Ne	Na⁺	Mg⁺⁺
	6	2,4	1,0	0,5	0,3 .

Diese Zahlen zeigen, daß die Refraktion der *Anionen* i. a. beträchtlich größer als die der Kationen ist.

In einem Kristall ist jedoch die Molrefraktion nicht mehr genau additiv; denn durch die Wechselwirkung der erzeugten Dipolmomente der Ionen im Kristall wird in der Regel die Refraktion der (großen) Anionen durch benachbarte (beträchtlich kleinere) Kationen verringert, und zwar um so mehr, je stärker das elektrische Feld (d. h. je kleiner und je höher geladen die Kationen sind) und je größer die Polarisierbarkeit des Anions ist. Andererseits wird in der Regel die Refraktion der Kationen durch benachbarte Anionen vergrößert, und zwar um so mehr, je größer die Feldstärke des Anions und je größer die Polarisierbarkeit des Kations ist[1]. Die Polarisation der Atome wird also nicht nur durch den elektrischen Lichtvektor verursacht, sondern auch durch die Wechselwirkung der durch ihn erzeugten Dipole aufeinander. Bei nicht-kubischer Atomanordnung ist das Ausmaß der Polarisation von der Richtung des elektrischen Lichtvektors in bezug auf die jeweilige atomare Anordnung abhängig. In nicht-kubischen Kristallen schwingt das Licht in bestimmten Richtungen, so daß demnach die Brechzahl in den verschiedenen Schwingungsrichtungen verschieden groß ist (Doppelbrechung; siehe auch Indikatrix, S. 43ff.).

Die folgende Zusammenstellung[2], Tab. 67, belegt die vorhin geschilderte Abnahme der Refraktion des Cl-Anions infolge des Einflusses des mit dem Chlor verbundenen Kations.

Tabelle 67. *Ionenrefraktion des Chlor-Ions in Abhängigkeit vom Kation.*
(Abnahme der Größe von links nach rechts.)

Kation	Cs⁺	K⁺	Na⁺	Li⁺	H⁺
Ionenrefraktion des Cl-Ions	8,97	8,6	8,0	7,4	6,67

[1] Bezüglich experimenteller und theoretischer Einzelheiten sei verwiesen auf K. Spangenberg: Z. Kristallogr. **57**, 517 (1923). Fajans, K., u. G. Joos: Z. Phys. **23**, 1 (1924); Fajans, K.: Z. phys. Chem. A **130**, 724 (1927). Schoppe, R.: Z. phys. Chem. B **24**, 259 (1934). Über Ausnahmen von der Regel, z. B. beim CsF und LiJ, siehe: Kordes, E.: Z. Kristallogr. **105**, 237 (1944).

[2] Eucken, A.: Grundriß der physikalischen Chemie, S. 506, Leipzig 1942.

Die Formel der Molrefraktion besagt nun, daß bei konstantem Molekularvolumen, M/D, die Brechzahl mit steigender Molrefraktion ansteigt. Dafür seien als Beispiele einige im NaCl-Typ kristallisierende Alkalihalogenide in der folgenden Tab. aufgeführt.

Tabelle 68. *Molrefraktion und Brechzahl bei Alkalihalogeniden mit jeweils etwa gleichem Molvolumen.*
(Brechzahl n für Na-Licht bei 18° C; Daten nach SPANGENBERG.)

	KF	LiCl	RbF	NaCl	LiBr	NaBr	LiJ	RbCl	KBr	NaJ
Mol-refraktion	5,16	7,59	6,74	8,52	10,56	11,56	15,98	12,55	13,98	17,07
n_D bei 18°C	1,361	1,662	1,398	1,544	1,784	1,641	1,955	1,494	1,559	1,775
Mol-volumen	23,3	20,5	27,9	27,0	25,1	32,1	33,0	43,1	43,3	41,0

Hieraus erkennt man auch den starken Einfluß der Anionen, die mit zunehmender Größe in zunehmendem Maße die Molrefraktion und, entsprechend des Wertes M/D, die Brechzahl des Kristalls erhöhen; der Einfluß der Kationen ist durchaus untergeordnet. Vergleiche z. B. die Reihe RbF, NaCl, LiBr oder RbCl, KBr, NaJ usw., in denen jeweils die Größe des Anions ansteigt, was zu einer Erhöhung der Refraktion und der Brechzahl führt, obwohl die Kationengröße jeweils abnimmt. Der Einfluß der Kationen ist also nur gering.

Bleiben dagegen innerhalb einer Reihe von Verbindungen die Anionen jeweils gleich, dann erkennt man sehr wohl den Einfluß der Kationen auf die Molrefraktion R, aus der sich je nach dem Wert von M/D die Brechzahl ergibt; vgl. z. B. die Molrefraktionen LiCl < NaCl < RbCl oder LiBr < NaBr < KBr. Wir können diesen Vergleich auch auf doppelbrechende Kristalle ausdehnen, z. B. auf die Reihe der mit Calcit isotypen Carbonate; dann muß zunächst die *mittlere* Brechzahl, $(\omega^2 \cdot \varepsilon)^{1/3}$, und mit ihrer Hilfe die mittlere Molrefraktion berechnet werden. In Tab. 69 sind für einige Carbonate und Oxyde die mittlere Molrefraktion und außerdem die mittlere Brechzahl und das Molvolumen aufgeführt worden.

Tabelle 69.

	$MgCO_3$	$CaCO_3$	$FeCO_3$	$MnCO_3$	$\alpha\text{-}Al_2O_3$	$\alpha\text{-}Fe_2O_3$
R mittel beobachtet .	10,05	12,45	12,61	13,28	10,54	22,60
n mittel . . .	1,634	1,599	1,789	1,738	1,765	3,054
M/D	28,8	37,0	29,8	33,8	25,5	30,7

Auf Grund der Ionenrefraktionen der Kationen (Abb. 94) und der Additivitätsregel sollte man ein Ansteigen der Molrefraktion in folgender Reihenfolge erwarten: $FeCO_3 < MnCO_3 < MgCO_3 \ll CaCO_3$. Wie erwartet, hat $MgCO_3$ eine wesentlich kleinere Molrefraktion als $CaCO_3$, auch $FeCO_3$ hat eine kleinere als $MnCO_3$; aber wir lernen jetzt eine Erscheinung kennen, die ganz allgemein ist, nämlich daß die beobachtete Molrefraktion von Fe- und Mn-Verbindungen wesentlich größer ist, als man aus den einzelnen Ionenrefraktionen jener Elemente erwarten sollte: Denn R von $MgCO_3$ und selbst von $CaCO_3$ werden von R des $FeCO_3$ und $MnCO_3$ übertroffen! Bei Carbonaten, die ein annähernd gleiches Molvolumen haben, macht sich das größere R des $FeCO_3$ natürlich auch deutlich im Unterschied der mittleren Brechzahlen bemerkbar (vgl. $MgCO_3$ $\bar{n} = 1{,}634$ gegenüber $1{,}789$ bei $FeCO_3$; wenn das Molvolumen größer als das des $FeCO_3$ ist, dann ist natürlich der Unterschied der mittleren Brechzahlen sehr erheblich (vgl. $CaCO_3$ $\bar{n} = 1{,}599$ gegenüber $1{,}789$ bei $FeCO_3$). Ein Vergleich der Refraktionen der isotypen Kristalle $\alpha\text{-}Al_2O_3$ (Korund) und $\alpha\text{-}Fe_2O_3$ (Hämatit) zeigt, daß hier der Einfluß der Fe noch stärker als bei den Carbonaten ist.

Aus der Formel für die Molrefraktion geht ferner hervor, daß bei ein und derselben Verbindung, welche in mehreren verschieden dicht gepackten Modifikationen kristallisiert, die dichtere Modifikation auch eine höhere Brechzahl haben muß. Denn wenn infolge dichterer Packung das spezifische Gewicht größer und damit das Molekularvolumen M/D kleiner wird, dann muß, da ja die mittlere Molrefraktion trotz verschiedenen Gitterbaues etwa die gleiche bei dem gleichen Stoffbestand der Modifikationen bleibt, die mittlere Brechzahl größer sein. Das wird

Tabelle 70.

	Modifikationen	D	Mittlere Brechzahl
SiO_2	Tief-Tridymit	2,26	1,471
	Tief-Cristobalit . . .	2,32	1,486
	Tief-Quarz	2,65	1,549
$Al_2O_3 \cdot SiO_2$	Andalusit	3,15	1,639
	Sillimanit	3,23	1,666
	Disthen.	3,6	1,720
$CaCO_3$	Calcit	2,72	1,572
	Aragonit	2,94	1,632
TiO_2	Anatas	3,84	2,524
	Brookit	3,95	2,637
	Rutil	4,24	2,760
$LiAlSiO_4$	Hoch-Eukryptit . .	2,31	1,522
	Tief-Eukryptit . . .	2,63	1,580

belegt durch Modifikationen, die in der vorstehenden Tab. jeweils nach steigender Dichte angeordnet sind; man überzeugt sich, daß dann auch die mittlere Brechzahl in jeder Gruppe ansteigt.

Da die Anionen den weitaus größten Anteil der Molrefraktion von Verbindungen liefern, kann man auch folgende Kristalle miteinander vergleichen, in denen stets Sauerstoff das Anion ist. In der einen Gruppe

Tabelle 71. *Verbindungen mit dicht gepackten Sauerstoff-Anionen.*

Verbindung	Mittlere Brechzahl	Art der annähernd dichtesten Anionenpackung
Forsterit Mg_2SiO_4	1,65	hexagonal
Disthen Al_2OSiO_4	1,72	kubisch
Spinell $MgAl_2O_4$	1,72	kubisch
Bromellit BeO	1,73	hexagonal
Chrysoberyll Al_2BeO_4 . .	1,75	hexagonal
Korund Al_2O_3	1,77	hexagonal

Verbindungen mit locker gepackten Sauerstoff-Anionen.

Verbindung	Mittlere Brechzahl	
Orthoklas $KAlSi_3O_8$ . . .	1,52	
Albit $NaAlSi_3O_8$	1,53	
Nephelin $Na_{0,75}K_{0,25}AlSiO_4$	1,54	Gerüstsilikate
Quarz SiO_2	1,55	
Anorthit $CaAl_2Si_2O_8$ . . .	1,58	

der Tab. 71 sind die Sauerstoffatome sehr dicht gepackt, und die Brechzahlen sind hoch; in der anderen Gruppe liegt eine beträchtlich lockerere Sauerstoffpackung vor, und infolgedessen sind die Brechzahlen beträchtlich niedriger.

H. W. FAIRBAIRN[1] hat die Zusammenhänge zwischen mittlerer Brechzahl und Packungsdichte der Ionen weiter untersucht. Er führte dazu den „Packungsindex" ein. Der Prozentanteil des absoluten Volumens einer Formeleinheit eines Kristalls, der von kugelig gedachten Ionen eingenommen wird, ist

$$\frac{\text{Volumen der Ionen}}{\text{Volumen der Elementarzelle}} \times 100 \,.$$

Aus den Ionenradien, den Abmessungen der Elementarzelle und der Anzahl der Formeleinheiten in ihr ist der entsprechende Zahlenwert für eine bestimmte Kristallart leicht zu berechnen. FAIRBAIRN dividiert ihn noch durch 10 und nennt ihn „Packungsindex", der also die Packungsdichte mit Zahlen von 0 bis 10 bezeichnet. 7,4 ist z. B. der Packungsindex für eine dichteste Kugelpackung gleicher Kugeln, denn 74% des Volumens werden von den Kugeln ausgefüllt.

---

[1] FAIRBAIRN, H. W.: Bull. Geol. Soc. Amer. **54**, 1305 (1943).

Ordnet man nun die verschiedensten chemischen Verbindungen in Gruppen, wie z. B. Na-reiche Silikate, Ca-reiche Silikate, Oxyde, Sulfate usw., nach steigendem Packungsindex und vergleicht man die mittlere Brechzahl damit, dann stellt man in großen Zügen eine Zunahme

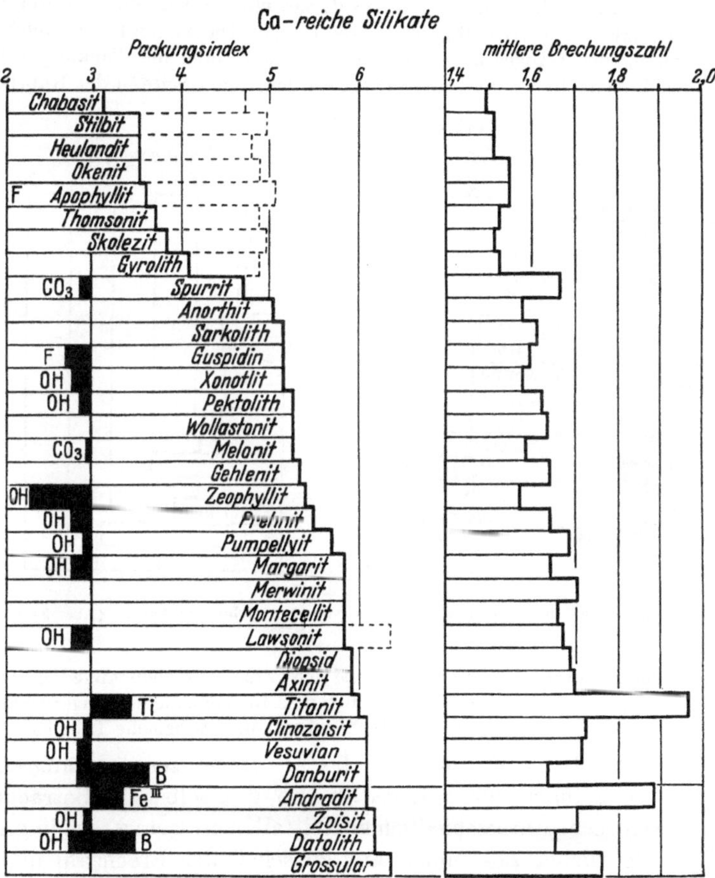

Abb. 95. Mittlere Brechzahl und Packungsindex von Ca-reichen Silikaten. (Aus FAIRBAIRN.)
(Statt Guspidin muß es Cuspidin heißen und statt Clinozoisit: Klinozoisit.)

der Brechzahl mit dem Packungsindex fest. Das ist ein Ausdruck dafür, daß die Dichte der Packung der großen Anionen den wesentlichen Beitrag zur Brechzahl liefern. Aber bereits aus den hier wiedergegebenen Zusammenstellungen der Ca-reichen und der Na-reichen Silikate (Abb. 95 und 96) erkennt man auffällige Abweichungen, die auf die Art des Kations und/oder des Anions zurückzuführen sind. So wird durch das Vorhandensein von Fe^{II}, Fe^{III}, Ti und Zr stets die Brechzahl deutlich erhöht, und zwar in einem stärkeren Maße, als man auf Grund ihrer Ionenrefraktion

17*

erwarten sollte, während K und wohl auch B und Be und vor allem die Anionen (OH) und F die Brechzahl erniedrigen. Kristallwasser scheint ebenfalls die Brechzahl etwas herunterzudrücken.

In den Abb. 95 u. 96 ist bei wasserhaltigen Verbindungen der Packungsindex ohne und mit Berücksichtigung des Wassers dargestellt worden, und zwar durch die ausgezogenen bzw. die gestrichelt gezeichneten Linien. Diejenigen Ionen, welche für die Abweichung des Ganges der Brechzahl mit dem Gang des Packungsindexes verantwortlich gemacht werden, sind jeweils an der linken Seite in der Rubrik des

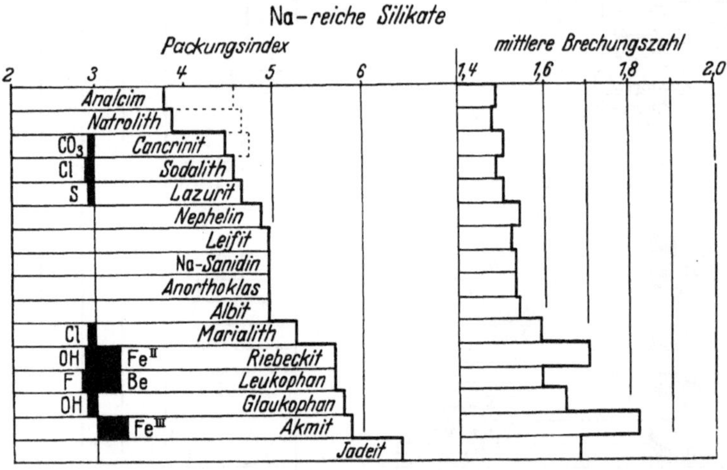

Abb. 96. Mittlere Brechzahl und Packungsindex von Na-reichen Silikaten. (Aus FAIRBAIRN.)

Packungsindexes durch entsprechend große schwarze Kästchen angedeutet. Die chemische Zusammensetzung der aufgeführten, sehr verschiedenartig zusammengesetzten Minerale findet man z. B. in H. STRUNZ: Mineralogische Tabellen (1949).

Die Untersuchung FAIRBAIRNs, die an einem sehr umfangreichen Material durchgeführt wurde, bestätigt also, daß selbst bei Betrachtung von chemisch recht unterschiedlichen Kristallarten wenigstens in großen Zügen ein deutlicher Zusammenhang zwischen der Brechzahl und der Packungsdichte der Bausteine im Gitter besteht; sie weist aber auch auf Abweichungen hin, deren Ursachen heute noch weitgehend ungeklärt sind.

Bei den Beispielen dieses Abschnitts wurde bisher aus den zwei bzw. drei Haupt-Brechzahlen anisotroper Kristalle der Mittelwert gebildet, um eine etwas allgemeinere Auskunft über die Größe der Lichtbrechung zu erhalten. Wir wollen jetzt einen Überblick gewinnen über den Unterschied der Brechzahlen in den *verschiedenen Richtungen* eines anisotropen Kristalls, d. h. über die Doppelbrechung. Die optische Anisotropie der Kristalle ist ursächlich auf die anisometrische Anordnung der Bausteine in einem Gitter zurückzuführen, so daß der Gittertyp und der chemische Stoffbestand weitgehend die unterschiedlichen Brech-zahlen erklären. Der qualitative Zusammenhang zwischen Doppel-brechung und Kristallstruktur ist vor allem von W. A. WOOSTER[1] be-handelt worden. Da wir hier nur einen kurzen Überblick geben, sei auf jenes Buch verwiesen.

Es sei zunächst betont, daß wir immer die Schwingungsrichtung polarisierter Lichtwellen (d. h. die jeweilige Richtung ihres elektrischen Vektors) betrachten, nicht die Wellennormalenrichtung, welche stets *senkrecht* zur Schwingungsrichtung einer Welle steht.

Bei *Schichtenstrukturen* stellt man nun fest, daß die Geschwindigkeit derjenigen Lichtwellen, deren Schwingungsrichtung *in* der Ebene der mit atomaren Bausteinen dichter gepackten Schichten einer Kristallstruktur liegt, *geringer* ist als die Geschwindigkeit solcher Wellen, deren Schwin-gungsrichtungen nicht in der Schichtebene liegen. Insbesondere haben Wellen, deren Schwingungsrichtung senkrecht zu den Schichtebenen liegt, eine meistens erheblich größere Geschwindigkeit (d. h. eine er-heblich kleinere Brechzahl) als die in der Schicht schwingenden Wellen; die maximale Doppelbrechung ist also bei solchen stark anisometrischen Strukturen meistens groß. Wenn der Kristall nun einem wirteligen Kristallsystem angehört, also optisch einachsig ist, dann steht die Schar der Schichten senkrecht zur kristallographischen Hauptachse, der c-Achse; Licht, welches den Kristall in jener Richtung durchsetzt, zeigt keine Doppelbrechung. Zu jeder anderen Wellennormalenrichtung jedoch gehören zwei Wellen mit verschiedener Brechzahl. Durchsetzt nun ein Lichtbündel einen wirteligen Kristall senkrecht zur optischen Achse, dann schwingt die eine Welle in Richtung der optischen Achse, ihre Brechzahl ist ε, während die andere Welle senkrecht zur optischen Achse (und natürlich senkrecht zur Wellennormalenrichtung) schwingt; ihre Brechzahl ist ω. Bei wirteligen Schichtstrukturen schwingt demnach ω in der Schicht und ε senkrecht zur Schicht. Da ε meistens wesentlich kleiner als ω ist, ist die maximale Doppelbrechung meistens groß, und der optische Charakter wird, wenn $\varepsilon < \omega$ ist, definitionsgemäß als *negativ* bezeichnet. Bei optisch zweiachsigen Schichtengittern weisen die größeren Brechzahlen der in der Schicht schwingenden Wellen, n_γ und n_β, unter sich nur wesentlich geringe Unter-schiede auf als gegenüber n_α, dessen Schwingungsrichtung genau oder fast senkrecht der Schar der strukturellen Schichten steht; es ist demnach $(n_\gamma - n_\beta) < (n_\beta - n_\alpha)$, was definitionsgemäß wieder den negativen optischen Charakter bezeichnet.

Beispiele für starke negative Doppelbrechung sind die bereits be-sprochenen Schichtstrukturen der Glimmer, des Talks, Pyrophyllits,

---

[1] WOOSTER, W. A.: Z. Kristallogr. **80**, 495 (1931) und „A Text-book on Crystal Physics". Cambridge 1938 und 1949.

Kaolinits, des $CdCl_2$- und CdJ_2-Typs. Im letzteren Typ kristallisieren jedoch einige Hydroxyde, die eine Ausnahme von der Regel bilden, denn sie haben eine positive Doppelbrechung. Während $Ca(OH)_2$ Portlandit, $Mn(OH)_2$ Pyrochroit und $Cd(OH)_2$ noch eine negative Doppelbrechung zeigen, sind Brucit $Mg(OH)_2$ und der homöotype Hydrargillit γ-$Al(OH)_3$ optisch positiv. Eine exakte Erklärung liegt hierfür noch nicht vor, aber man kann sich vorstellen, daß bei diesen Hydroxyden die Hydroxylionen durch ein senkrecht zur Schicht der Struktur gerichtetes elektrisches Feld zylinderförmig polarisiert werden, derart, daß ein recht großes Dipolmoment in Richtung senkrecht zu den Schichten (d. h. in Richtung der c-Achse) entsteht, wodurch dann ε größer als ω wird. Die spezielle Art der Polarisierbarkeit des Hydroxylions wirkt also der durch die schichtige Atomanordnung der Struktur erzeugten negativen Doppelbrechung entgegen und kann diese sogar positiv werden lassen; beim Brucit beträgt diese $\varepsilon - \omega = + 0,021$, während beim $Ca(OH)_2$ noch $\varepsilon - \omega = - 0,029$ beträgt. Ähnlich ist es bei den hydroxylhaltigen Schichtsilikaten der chemisch recht variablen Chloritgruppe: Ihre meistens kleine Doppelbrechung hat bei eisenreichen Chloriten einen negativen Charakter, bei eisenarmen, magnesiumreichen Vertretern meistens einen positiven.

Wenn in der Kristallstruktur keine deutlichen Schichten ausgebildet sind, wenn aber dafür planare Komplexanionen, wie CO_3, NO_3 oder ClO_3 untereinander parallel angeordnet sind, dann tritt ebenfalls eine starke Doppelbrechung auf; es sind die Brechzahlen der in der Ebene dieser Gruppen schwingenden Lichtwellen größer als senkrecht dazu. Liegen die planaren Gruppen alle senkrecht zur kristallographischen Hauptachse wirteliger Kristalle, dann ist der Charakter der Doppelbrechung stark *negativ* wie beim Calcit und den mit ihm isotypen Kristallen.

Die starke Doppelbrechung des Calcits hat W. L. BRAGG[1] theoretisch berechnet. Dazu wurde angenommen, daß jedes Atom unter dem Einfluß eines elektrischen Feldes durch Polarisation zu einem elektrischen Dipol wird; die Doppelbrechung wird dann durch die Wechselwirkung benachbarter Dipole erklärt. Es stellte sich dabei heraus, daß die Doppelbrechung des Calcits allein durch die Wechselwirkung der drei zu einer CO_3-Gruppe gehörenden Sauerstoffe erklärt werden kann, während der Einfluß des C vernachlässigbar und der Einfluß des Ca unabhängig von der Richtung des elektrischen Feldes des Lichts ist. Durch die spezielle Anordnung der Sauerstoffe im Gitter des Calcits wird nun in Richtungen der (0001)-Ebene durch die gegenseitige Wechselwirkung der in dieser Ebene liegenden Sauerstoffe, die Polarisation jedes Ions stark vergrößert, während in Richtung senkrecht (0001), also in Richtung der c-Achse,

---

[1] BRAGG, W. L.: Proc. Roy. Soc. (London) A **105**, 370 (1924).

die Polarisation verringert wird; also $\varepsilon \ll \omega$. Das ist schematisch in der Abb. 97a und b durch die Dipolmomente dargestellt.

Die langen Pfeile stellen das elektrische Moment dar, welches durch das elektrische Feld induziert wird. Die Ionen A und C influenzieren nun ein zusätzliches Moment auf B in Richtung des elektrischen Feldes. Durch den Einfluß von B auf A wird ein gewisses Moment in Richtung des Feldes und senkrecht dazu in A erzeugt. Diese letzte Komponente wird kompensiert durch eine gleich große und entgegengesetzt gerichtete Komponente, welche von B auf C induziert wird. Die gegenseitige Wechselrichtung zwischen A und C endlich bewirkt eine in beiden Teilchen induzierte Komponente in entgegengesetzter Richtung des elektrischen Feldes, welche jeweils kleiner ist als die von B auf A und C in Richtung des Feldes induzierte.

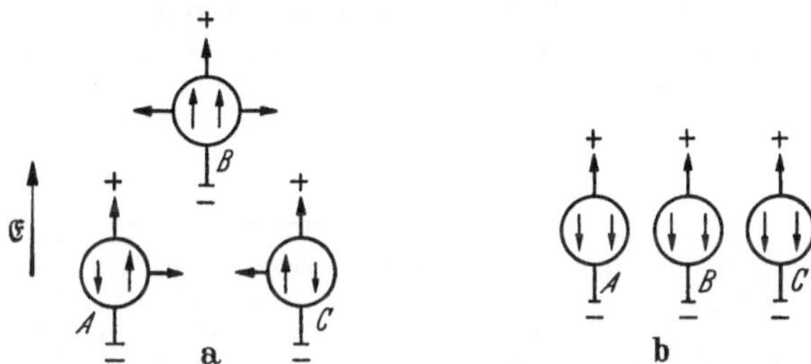

Abb. 97 a u. b. Die Sauerstoffionen einer CO_3-Gruppe des Calcits im elektrischen Feld. (Aus W. A. WOOSTER.) a) Elektrisches Feld $\mathfrak{E}$ wirkt in der Ebene der CO_3-Gruppe. Die Polarisation wird durch die Wechselwirkung der Nachbarn *vergrößert*. b) Elektrisches Feld wirkt senkrecht zur Ebene der CO_3-Gruppe. Die Polarisation wird durch die Wechselwirkung *verringert*.

Daraus folgt dann, daß die Polarisation jedes Sauerstoffs durch den Einfluß seiner Nachbarn vergrößert wird, wenn das elektrische Feld in Richtung der ebenen Anordnung der Sauerstoffe wirkt. Die Brechzahl der in der Ebene der CO_3-Gruppen schwingenden Welle ist also größer als die Brechzahl der senkrecht zu den ebenen CO_3-Gruppen (also parallel der c-Achse) schwingenden Welle; denn in dieser Richtung wird die Polarisation der Sauerstoffe infolge ihrer Wechselwirkung *verringert*, wie man aus der Abb. 97b sieht.

Unter Berücksichtigung der Ionenrefraktion des Ca·· und der sich aus der Polarisation der Sauerstoffe einer CO_3-Gruppe ergebenden Refraktion ergab sich, wenn auch noch der Einfluß benachbarter CO_3-Gruppen auf ein Sauerstoff berücksichtigt wird, $\varepsilon = 1{,}488$ und $\omega = 1{,}631$, die recht gut mit den beobachteten Daten von $\varepsilon = 1{,}486$ und $\omega = 1{,}658$ übereinstimmen. So konnte die negative starke Doppelbrechung des Calcits quantitativ verständlich gemacht werden. Die gleiche Methode hat sich auch bei der Berechnung der Brechzahlen des rhombischen Aragonits (BRAGG), des Natriumbicarbonats (W. H. ZACHARIASEN[1]) und der vier Modifikationen des Ammoniumnitrats (S. B. HENDRICKS u. a.[2]) bewährt.

Auch die Kristalle vom Typ des rhombischen Aragonits sind optisch negativ; denn die CO_3-Gruppen sind senkrecht zur c-Achse angeordnet, wie man aus Abb. 44, S. 74, ersieht. In Richtung c liegt die niedrigste Brechzahl, n_α, während in Richtung der a- und b-Achse wegen der in der a-b-Ebene liegenden CO_3-Gruppen die Brechzahlen n_β und n_γ sich nur wenig unterscheiden und beträchtlich größer als in der Richtung der

[1] ZACHARIASEN, W. H.: J. Chem. Phys. 1, 640 (1933).
[2] HENDRICKS, S. B., u. a.: Z. Kristallogr. 85, 143 (1933).

c-Achse sind. Es ist also $(n_\gamma - n_\beta) < (n_\beta - n_\alpha)$; d. h. der Kristall ist optisch negativ. Das sei durch einige Kristalle des Aragonittyps in Tab. 72 belegt, aus der man auch für die Carbonate, unter Berücksichtigung von M/D und der Refraktion des Kations, Hinweise für den Gang der Brechzahlen gewinnen kann. Die vom $CaCO_3$ über $SrCO_3$ zum $BaCO_3$ abnehmende Größe der Doppelbrechung dürfte aus dem größer werdenden Abstand benachbarter CO_3-Gruppen (was aus den angegebenen Gitterkonstanten deutlich ist) zu erklären sein. Bei $PbCO_3$ liegen anscheinend besondere Verhältnisse vor.

Tabelle 72. Kristalle vom Aragonittyp.
(Hinter den Brechzahlen ist die kristallographische Achse angegeben, in deren Richtung die Welle mit der Brechzahl n schwingt.)

Kristall-art		n_α	n_β	n_γ	Doppel-brechung $\alpha - \gamma$	M/D	R_{Kation}	Gitterkonstanten $a_0 \mid b_0 \mid c_0$ in Å-Einheiten		
Aragonit	$CaCO_3$	$1{,}530\,c$	$1{,}681\,a$	$1{,}686\,b$	—0,156	33,9	1,3	4,94	7,94	5,72
Strontianit	$SrCO_3$	$1{,}516\,c$	$1{,}664\,a$	$1{,}666\,b$	—0,150	39,9	2,2	5,12	8,40	6,08
Witherit	$BaCO_3$	$1{,}529\,c$	$1{,}676\,b$	$1{,}677\,a$	—0,148	46,1	4,0	5,25	8,83	6,54
Cerussit	$PbCO_3$	$1{,}804\,c$	$2{,}076\,b$	$2{,}078\,a$	—0,274	41,1	viel größer	5,14	8,45	6,10
Kalisalpeter	KNO_3	$1{,}335\,c$	$1{,}505\,a$	$1{,}506\,b$	—0,171					

Wenn nun die ebenen Baugruppen nicht mehr einander parallel, sondern nur noch parallel einer *Richtung* liegen, dann ist nur die Brechzahl der in dieser einen Richtung schwingenden Welle wesentlich größer als die der anderen Wellen; der Charakter der Doppelbrechung ist dann positiv, wie z. B. beim hexagonalen Bastnäsit (Ce, La, Nd) [F|CO_3], bei dem die CO_3-Gruppen parallel der Hauptachse liegen, und beim festen Benzol, in dem die ebenen Ringe parallel der kristallographischen b-Achse, aber nicht mehr parallel einer Ebene angeordnet sind. Ähnlich ist es im Prinzip beim rhombischen Schwefel, bei dem die (mittleren) Ebenen der S_8-Ringe nur parallel der Richtung der c-Achse liegen (vgl. S. 93). In jener Richtung liegt also die größte Brechzahl wie bei typischen Kettenstrukturen.

Bei *Kettengittern* liegt wiederum die größte Brechzahl in Richtung der dichtesten Lagerung der Bausteine, also in Richtung der Ketten. Die Doppelbrechung ist stark. Wenn die Ketten parallel der kristallographischen Hauptachse wirteliger Kristalle ziehen, dann ist der Charakter der Doppelbrechung natürlich *positiv*. Die trigonalen Kettengitter des HgS (Zinnober) und des Se, in denen die Atome in spiraligen Ketten parallel der Hauptachse angeordnet sind, haben nebenstehende Brechzahlen. Hierher gehören auch die Kristalle der Paraffine

	$\varepsilon = \|\, c$	$\omega = \perp c$	$\varepsilon - \omega$
HgS	3,201	2,854	+0,347
Se	4,04	3,0	+1,04

mit ihren Molekülketten. Bei den rhombischen Pyroxenen und Amphibolen liegt ebenfalls — wie man erwarten muß — die größte Brechzahl n_γ in Richtung der c-Achse; $n_\alpha||a$-Achse, $n_\beta||b$-Achse.

Bei den monoklinen Pyroxenen und Augiten bildet n_γ mit der c-Achse einen Winkel von 39 bis 45°, bisweilen von 54° bei Augiten; n_α verläuft nahezu parallel der a-Achse und n_β geht parallel der b-Achse.

Man könnte zunächst vielleicht meinen, daß n_α parallel der b-Achse liegen sollte. Da aber die einzelnen Ketten sich mit ihren Sauerstoffen seitlich in dieser Richtung berühren, wenn auch zwischen ihnen keine elektrostatischen Kräfte, sondern nur Restkräfte wirken, so ist die Raumerfüllung in dieser Richtung des Kristalls doch größer als in Richtung der a-Achse. Dort sitzen zwischen den Sauerstoffen wenige Kationen [parallel (100)], und der Kristall ist in dieser Richtung weniger dicht gepackt (obwohl fester gebunden) als in Richtung der b-Achse. Aus diesem Grunde schwingt also n_α parallel der a-Achse, n_β parallel der b-Achse. Bei den monoklinen Amphibolen und den Hornblenden bildet n_γ mit der c-Achse einen Winkel von 10 bis 27° und n_β verläuft ebenfalls $||b$-Achse. Da bei den Pyroxenen und Amphibolen n_γ nicht sehr viel größer als n_β ist und der Unterschied zwischen n_β und n_α etwa so groß ist wie der zwischen n_γ und n_β, kann der optische Charakter sowohl positiv als auch negativ sein (der optische Achsenwinkel ist recht groß). Die Pyroxene sind meistens positiv, die Amphibole meistens negativ.

Die *kettenartigen* Gitter des tetragonalen Hg_2Cl_2 (Kalomel) und des NaN_3, in denen die kettenartigen Anordnungen ...Cl—Hg—Hg—Cl—Cl—Hg—Hg—Cl... bzw. gestreckte N—N—N-Gruppen in Richtung der c-Achse ziehen, haben eine sehr starke positive Doppelbrechung: $\varepsilon - \omega = + 0,683$ bei Hg_2Cl_2. Auch die dichtere Packung der O infolge der Kanten-Verknüpfung der TiO_6-Koordinationsoktaeder in Richtung der tetragonalen Hauptachse des Rutilgitters gibt Anlaß zu einer positiven Doppelbrechung; $\varepsilon - \omega$ ist für Rutil (TiO_2) $+ 0,287$, für Zinnstein (SnO_2) $+ 0,096$ und für den ebenfalls isotypen Sellait (MgF_2) $+ 0,012$.

Andererseits sind im KHF_2 und KN_3 lineare Gruppen von F—H—F bzw. N—N—N nicht mehr parallel einer Richtung, sondern einer *Ebene*, nämlich der Ebene senkrecht zur kristallographischen Hauptachse angeordnet. Hier ist, wie wir erwarten sollten, der Charakter der Doppelbrechung sehr stark negativ; denn ω, welches senkrecht c schwingt, ist hier natürlich größer als ε. Das gleiche beobachtet man bei der organischen Verbindung $C_{18}H_{37}NH_3Cl$. Wenn andererseits die Molekülketten weder parallel einer Ebene noch einer Richtung sind, sondern in mehreren Richtungen angeordnet sind, wie die O—C—O-Moleküle des CO_2, dann kann natürlich keine starke Doppelbrechung auftreten; CO_2 ist sogar isotrop.

Man erkennt hieraus deutlich, daß die Größe und der Charakter der Doppelbrechung von der speziellen Lage der anisometrischen Gruppen im Kristallgitter abhängen.

Es ist aus dem Vorhergehenden verständlich, daß beim Vorliegen *isometrischer* Gruppen, wie SO_4-, ClO_4-, BO_4- und SiO_4-Tetraedern, wenn sie als „Inseln" auftreten und nicht zu Ketten oder Netzen zusammengeschlossen sind, die Doppelbrechung der Kristalle geringer ist, als wenn anisometrische parallel gelagerte Gruppen im Gitter vorhanden sind. (Über den Charakter der Doppelbrechung können ohne detaillierte Betrachtung der Struktur in diesen Fällen keine allgemeinen Aussagen gemacht werden.)

Beispiele für Gitter mit Tetraedergruppen sind: NH_4ClO_4, $KClO_4$, $RbClO_4$, $CsClO_4$, $SrSO_4$, $BaSO_4$ (Schwerspat), $PbSO_4$, Be_2SiO_4 (Phenakit) und $(Mg, Fe)_2SiO_4$ (Olivin), $CaSO_4$ (Anhydrit). Die Sauerstoffe bilden fast genau reguläre Tetraeder, in deren Mitte S, Cl bzw. Si sitzt. Die Größe der Doppelbrechung liegt bei diesen Beispielen zwischen 0,004 und 0,04; sie ist also niedriger als bei den stark anisometrischen Kristallen.

Gerüststrukturen, in denen die SiO_4-Tetraeder über alle vier Sauerstoffecken verknüpft sind, also keine stark anisometrischen Ketten oder Schichten bilden und außerdem beträchtlich lockerer als die Tetraederinseln z. B. des Olivins und des Phenakits usw. gepackt sind, haben eine noch geringere Doppelbrechung. Das erkennt man, indem man z. B. die Doppelbrechung vergleicht von:

$$\text{Olivin} \quad + 0,037 \text{ mit Feldspäten} \pm \cong 0,010$$
$$\text{Phenakit} + 0,016 \qquad \text{Quarz} \qquad + \quad 0,009.$$

Abschließend können wir feststellen, daß in vielen Fällen die Kristallstruktur uns die Ausbreitungsweise des Lichtes im Kristall verständlich macht. Es muß aber darauf hingewiesen werden, daß bis jetzt nur wenige Fälle quantitativ bearbeitet worden sind, so daß noch manches Problem bezüglich der Größe der Brechzahlen ungeklärt ist; vor allem sei hier an die Tatsache erinnert, daß insbesondere die Kationen Ti und Fe die Lichtbrechung über Erwarten stark erhöhen.

5. Härte.

Die technisch so wichtige Eigenschaft der Härte ist physikalisch nicht einheitlich definiert. Man unterscheidet je nach der Art des Meßverfahrens verschiedene „Härten". So kennt man z. B. die *Ritzhärte*. Zu ihrer Bestimmung wird die ebene Fläche eines Kristalls unter der belasteten Spitze einer harten Nadel hinweggezogen und das Gewicht der Belastung bestimmt, bei der gerade eine Ritzfurche auf der Kristallfläche entsteht. Die apparative Vorrichtung wird seit SEEBECK (1833) „Sklerometer" genannt. Je größer das Gewicht, d. h. je größer der Widerstand

des Stoffes gegenüber dem *ritzenden* Eindringen der Spitze ist, um so
„härter" nennt man den Stoff. Auf diese Weise kann man zwar keine
absoluten Härtebestimmungen ausführen, aber sehr schön die Härteunterschiede in den verschiedenen Richtungen einer Kristallfläche
messend verfolgen, wie es besonders F. Exner[1] getan hat. Beträchtlich
roher, aber für die diagnostischen Zwecke der Mineralogen und Geologen
durchaus brauchbar, ist die Bestimmung der sog. Mohsschen Ritzhärte
(1812). Mohs hat aus zehn Mineralen steigender Härte eine Härteskala
aufgestellt, die so angeordnet ist, daß die Ecke eines Minerals der Skala
das vorangehende Mineral ritzt, aber von dem folgenden Mineral geritzt
wird. Die Härte wird in Zahlen von 1 (Talk) bis 10 (Diamant) angegeben
(s. Tab. 73, S. 272).

Eine andere Methode zur Bestimmung der sogenannten *Eindruckhärte*[2]
ist vor allem in der metallverarbeitenden Technik eingeführt. Sie beruht
darauf, daß der Widerstand ermittelt wird, den der Versuchskörper dem
pressenden Eindringen eines härteren Körpers entgegensetzt. Man kennt
z. B. die *Brinellhärte*[3], bei der die Eindruckfläche gemessen wird, die durch
Hineindrücken einer mit einem bestimmten Gewicht belasteten Kugel in
dem metallischen Körper infolge plastischer Deformation entstanden ist.
Die Härte wird durch das Verhältnis aus Belastung zu bleibender
Eindruckfläche in kg/mm² angegeben. Bei der jetzt gebräuchlicheren
Vickershärte wird an Stelle der Kugel eine tetragonale Diamantpyramide verwendet, bei der gegenüberliegende Pyramidenflächen einen
Winkel von 136° einschließen. Von Knoop wurde eine flache rhombische
Pyramide als Druckstempel vorgezogen, die aber nicht so verbreitete An-
wendung wie die Vickerspyramide gefunden hat. Bei diesen Eindruck-
härten wird der Widerstand bestimmt, den der Stoff der plastischen
Verformung durch das recht steile Eindringen eines härteren Stoffes
entgegensetzt.

Beim Eindrücken eines Stempels in die Fläche eines Körpers wird
dieser sowohl plastisch als auch elastisch deformiert. Da der Eindruck
erst gemessen werden kann, nachdem der Druckstempel gehoben worden
ist, kann die *elastische* Deformation nicht mehr gemessen werden. Sie
bleibt auch bei den etwa quadratmillimetergroßen Eindrücken der sog.
Makrohärte-Bestimmung noch ohne Bedeutung, aber bei der Bestimmung
der Mikrohärte, wo die Eindrücke nur eine Seitenlänge von tausendstel
bis hundertstel Millimetern haben, muß die elastische Deformation berücksichtigt werden; erst dann ist es möglich, die Werte der Mikro- und

---

[1] Exner, F.: Preisschr. Akad. Wiss. Wien 1873.

[2] Siehe z. B. D. Tabor: The Hardness of Metals. Oxford 1951.

[3] Brinell, J. A.: II. Congr. int. des méthodes d'essai des materiaux de con-
struction. Paris 1900.

Makrohärtebestimmungen miteinander zu korrelieren[1]. Die elastische Deformation, die sich — wie Abb. 98 zeigt — in einer teilweisen Rückfederung des erzeugten Eindrucks äußert, beträgt nach Messungen von Schulze[1] (unabhängig von der Belastung) z. B. bei einem Stahl 0,7 μ, bei einem Glas 1,6 μ. Man darf also bei der heute immer stärker verwendeten *Mikrohärte* nicht von einer reinen plastischen Eindruckhärte sprechen, sondern muß auch eine elastische Härte berücksichtigen.

In Kristallen ist das elastische Verhalten richtungsabhängig, so daß der quadratische Umriß der Projektion des Pyramideneindrucks bei Einkristallen verzerrt sein kann; die Verzerrung ist verschieden auf kristallographisch ungleichwertigen Flächen und hängt überdies noch von der Orientierung der Kanten der Diamantpyramide zur Kristallsymmetrie ab[2]. Denn der Druck einer Vickers-Pyramide auf eine Fläche erfolgt nicht vertikal, sondern in vier Richtungen, nämlich senkrecht zu den Pyramidenflächen der tetragonalen Diamantpyramide, welche gegenüber der Vertikalen um jeweils 22° geneigt sind. Aber nicht nur durch elastisches Rückfedern, sondern auch durch verschieden starke *seitliche* plastische Aufwölbungen bzw. Einsenkungen (s. Abb. 98) können Verzerrungen der Kontur des Pyramideneindrucks verursacht werden[1,3]. Der Haupteffekt bei der Schaffung eines Vickers-Eindrucks ist jedoch die Translation unter den annähernd vertikal auf eine Kristallfläche wirkenden Drucken. Es wird also überwiegend jener Eindruckswiderstand bestimmt; da aber bei der Mikrohärte auch die anderen genannten Faktoren eine Rolle spielen, dürfen die Meßwerte an einzelnen Kristallen nur unter Berücksichtigung der kristallographischen Orientierung, der in der Kristallstruktur möglichen Translationssysteme, der Elastizitätsmoduln und der Elastizitätsgrenzen diskutiert werden. Dieses interessante Gebiet ist bisher noch unbearbeitet geblieben, obwohl mit wertvollen Erkenntnissen zu rechnen ist.

Ein besonders interessantes, extremes Beispiel liefert der Anhydrit. Stellt man mit dem Mikrohärteprüfer „Durimet" der Fa. Leitz Eindrücke auf einer (010)-Spaltfläche des Anhydrits her, dann ergibt sich — im Interferenzmikroskop betrachtet — das in Abb. 99 wiedergegebene Bild. Hier ist es unmöglich, eine „Eindruckhärte" zu bestimmen, aber die „schmetterlingsartigen" Formen sind folgendermaßen zu deuten: Die Diamantpyramide hat einen plastischen Eindruck erzeugt,

---

[1] Schulze, R.: Trans. of Instruments and Measurements Confer. Stockholm 1952, oder: Microtechnic 8, 13 (1954).

[2] Tertsch, H.: Mikroskopie 5, 172 (1950); N. Jb. Mineral., Mh. **1951**, 73.

[3] Betrachtet man die Eindrücke im Interferenzmikroskop, dann bilden im Falle von allein plastischer Deformation die Interferenzstreifen *im* z. B. deltoidartig verzerrten Eindruck Quadrate; schließen dagegen die Interferenzstreifen keine rechten Winkel ein, dann hat eine gewisse Rückfederung infolge elastischer Deformation stattgefunden. — Ich danke Herrn Dr. Schulze von den Leitz-Werken, Wetzlar, für das Entgegenkommen, den Mikrohärteprüfer und das Interferenzmikroskop zu benutzen, sowie für anregende Diskussionen.

wobei in unmittelbarer Nachbarschaft des Eindrucks *in Richtung der a-Achse* des Anhydrits ungefähr kontinuierliche plastische *Absenkungen* zum Eindruck hin geschaffen wurden, während in *Richtung der c-Achse* plastische *Aufwölbungen* entstanden. In den Flanken jener „Berge" (die in der Abb. 99 rechts und links vom Eindruck liegen) hat die Kante der Diamantpyramide jeweils einen scharfen plastischen Eindruck hinterlassen. Die hier etwas spitzen Winkel der Interferenzstreifen sind ein Zeichen für eine geringe elastische Rückfederung der „Berge" in

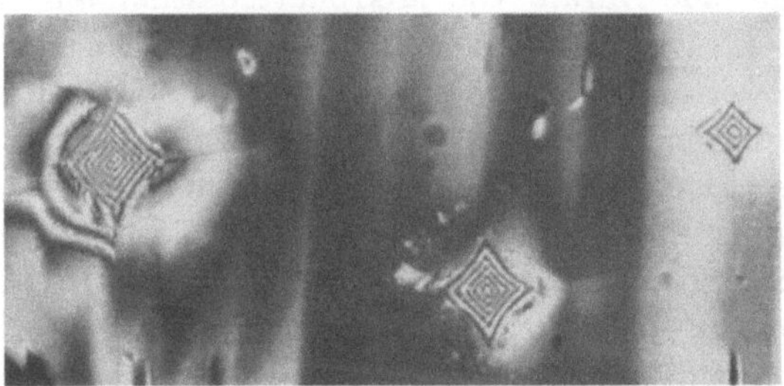

Abb. 98. Eindrücke der Vickerspyramide des „Durimet" auf (10$\bar{1}$0) des Quarzes. Richtung der c-Achse verläuft von rechts nach links . Eindrücke mit Belastung durch 100 g, 200 und 300 g. Vergrößerung etwa 500fach. Elastische Rückfederung an den konkaven Seitenflächen und Aufwölbungen vor allem am großen Eindruck sichtbar. Aufgenommen mit Interferenzmikroskop im Labor der Fa. Ernst Leitz, Wetzlar.

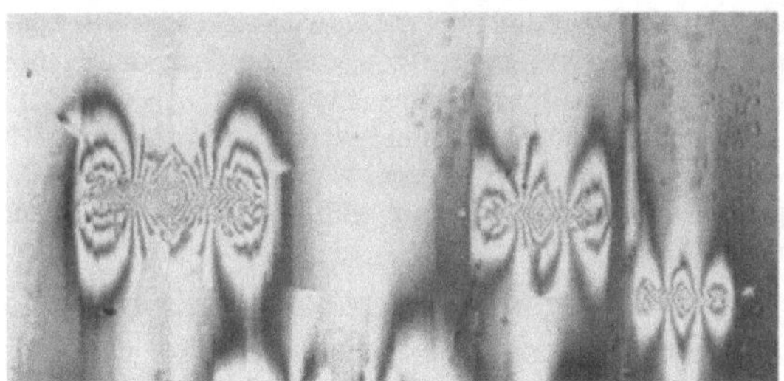

Abb. 99. Eindrücke der Vickerspyramide auf der Spaltfläche (010) des Anhydrits. Die a-Achse verläuft im Bild vertikal, die c-Achse horizontal. Eindrücke bei 15, 25 bzw. 50 g Belastung. Vergrößerung etwa 500fach.

Richtung der a-Achse auf ihr Zentrum hin. Eine wesentlich stärkere elastische Rückfederung der „Berge" hat jedoch in Richtung der c-Achse auf das Zentrum des Eindrucks hin stattgefunden, denn *im* Eindruck bilden die Interferenzstreifen sehr ausgeprägte Rhomben. Der Übergang des stumpfen Interferenzstreifenwinkels (im Eindruck) zum spitzen (im Berg) liegt an dem den Eindruck zugewendeten Fuß des „Berges". Dieser komplexe Befund kann nun leicht verstanden werden; denn durch das Eindrücken der Diamantpyramide ungefähr vertikal zur (010)-Fläche des Anhydrits wird ein Translationssystem des Anhydrits betätigt, welches durch die Translationsebene (001) und die Translationsrichtung [010] charakterisiert ist. Die Spur der Schar der Translationsebenen (001) verläuft in der Abb. 99 von oben nach unten, die Translationsrichtung entspricht der Vertikalen auf der Fläche. Es ist daher verständlich, daß ein plastischer Eindruck in die Fläche (010) in Richtung der a-Achse leicht erfolgen konnte; Nachbarbereiche sind sogar noch in Richtung der a-Achse etwas mit in die Tiefe geschleppt worden (Absenkungen). Andererseits hat die Diamantpyramide senkrecht zur Schar der Translationsfläche erhebliche plastische Aufwölbungen (in Richtung der c-Achse) erzeugt, die starke elastische

Spannungen enthalten mußten und daher nach Entfernung des Diamanten durch teilweise elastische Rückfederung den Eindruck derart deformiert haben, daß die Interferenzstreifen im Eindruck rhombenförmig, nicht mehr quadratisch, sind. Absenkungen bzw. Aufwölbungen in unmittelbarer Umgebung des Eindrucks sowie die Verzerrung des Eindrucks werden also verständlich durch Berücksichtigung des dem Kristall eigenen Translationssystems und des dadurch bedingten richtungsabhängigen elastischen Verhaltens.

Es liegt nun eine Anzahl von Mikrohärtebestimmungen an Einzelkristallen vor, z. B. an den Mineralen der Mohsschen Härteskala, die aber kritisch gewertet werden müssen, weil sich die Bearbeiter wohl nicht ganz des komplexen Vorganges bei der Bestimmung der Mikrohärte bewußt waren[1]. Der Anlaß zu jenen Untersuchungen war wohl die zunächst überraschende Beobachtung, daß Minerale und Gläser, die als „spröde" bezeichnet werden, bei *kleinen* Belastungen z. B. einer VICKERS-Pyramide durchaus oft gute Eindrücke zeigen, während sie bei größeren Belastungen zersplittern. Es kann also eine Mikrohärteprüfung auch an solchen spröden Kristallen vorgenommen werden, was durch eine nur im kleinen Ausmaß (in kurzer Zeit) mögliche plastische Deformation bedingt ist.

Wahrscheinlich ist die geringe plastische Verformung „spröder" Stoffe z. T. darauf zurückzuführen, daß nämlich beim Eindrücken eines Stempels in die Fläche eines Körpers nur ein gewisser Teil des aufgewendeten Drucks gerichtet ist, während der größte Teil (etwa 2/3) hydrostatischer Art ist[2]. Da von BRIDGMAN[3] gezeigt werden konnte, daß "plastic deformation without fracture may be indefinitely increased with the cooperation of hydrostatic pressure", wird auch die plastische Deformation „spröder" Stoffe, wie Gläser, Silikate usw., bei der Eindruckhärtebestimmung verständlich.

Es liegen also Messungen der VICKERS-Mikrohärte an Mineralen vor[4, 5], die wir aber nur als grobes qualitatives Maß werten dürfen, denn häufig wird nicht einmal die geprüfte Kristallfläche angegeben, geschweige denn die Orientierung der VICKERS-Pyramide zu kristallographischen Richtungen; bisweilen wurden natürliche Flächen, bisweilen Anschliffe geprüft. Selbst methodisch sind nur die Messungen von ONITSCH[4] befriedigend, weil dort die Mikrohärte jeweils auf die gleiche Eindruckgröße (von 10 μ Diagonalenlänge) bezogen worden ist. Deshalb sind, trotz fehlender kristallographischer Angaben, die von ONITSCH für die Minerale der Mohsschen Härteskala angegebenen Mittelwerte der

---

[1] Die Untersuchungen von TERTSCH am Calcit bilden eine Ausnahme, denn von ihm wurden gerade die meisten der oben angeführten Feststellungen getroffen. Leider liegen von ihm nur wenige Messungen an Einkristallen vor.

[2] PRANDTL, L.: Nachr. Ges. Wiss. Göttingen, Math.-Phys. Kl. 74 (1920).

[3] BRIDGMAN, P. W.: Studies on large plastic flow and fracture. New-York — Toronto—London 1952.

[4] TAYLOR, E. W.: Mineral. Mag. 28, 718 (1949). — CHRUSCHTSCHOW, M. M.: Zavod. Lab. 15, 213 (1949).

[5] ONITSCH, E. M.: Berg- u. Hüttenmänn. Mh. 95, 12 (1950).

Vickers-Mikrohärte in Tab. 73 aufgeführt worden. Obgleich der physikalische Vorgang bei der Eindruck- bzw. Ritzhärte nicht ohne weiteres vergleichbar ist, konnte von Chruschtschow[1] folgende empirische Beziehung als ungefähr zutreffend festgestellt werden: Mohssche Härtezahl $= 0{,}673 \cdot \sqrt[3]{\text{Vickers-Mikrohärte}}$; Onitsch fand, daß der Faktor 0,7 besser paßt. Allerdings gilt diese Beziehung nicht mehr für die Härtezahl 10 des Diamanten, weil seine Vickers-Härte mit etwa 10000 kg/mm² weit größer gegenüber der Härte des Korunds (Härtezahl 9) ist, als es die Mohsschen Härtezahlen ausdrücken.

Eine andersgeartete Härte wird durch die sog. *Schleifhärte* von A. D. Rosival (1893) angegeben[2]. Es wird unter der Schleifhärte der reziproke Wert des unter konstanten Schleifbedingungen und bei einer Anschlifffläche von 4 cm² erzielten Volumenverlusts verstanden. Rosival bezieht nun alle Werte der so bestimmten Schleifhärte auf Quarz und setzt dessen Härte willkürlich gleich 100. (Zuerst wurden die Werte auf Korund gleich 1000 bezogen, was aber aufgegeben wurde, weil der Korund beträchtlich größere Härteunterschiede auf verschiedenen Flächen aufweist als der Quarz.) Bei der Schleifhärte handelt es sich um die Zerkleinerung eines festen Stoffes, wobei neben der plastischen Verformung vor allem die Bildung von feinen Sprüngen infolge Überschreitung der Festigkeit maßgeblich ist; denn nachdem durch den Druck der Schleifkörner eine genügende Anzahl sich kreuzender Sprünge unter der Oberfläche geschaffen worden ist, können splitterige Teile herausgebrochen werden. Das Volumen des Abgeschliffenen ist, wie v. Engelhardt[3] gezeigt hat, um so größer, je geringer die spezifische freie Grenzflächenenergie ist.

Es ist daher verständlich, daß der Abschliff in verschiedenen Flüssigkeiten sich wesentlich von dem unterscheidet, der in Wasser erreicht wird. So ist z. B. der Volumenverlust von in Oktanol statt in Wasser geschliffenem Quarz um 80% größer. Ohne diese Zusammenhänge zu kennen, verwendet z. B. die metallverarbeitende Industrie Seifenlösungen als „Kühlflüssigkeiten" beim Schleifen und Bohren, weil sich empirisch ein größerer Effekt als bei Verwendung von Wasser ergab; das ist darauf zurückzuführen, daß die Seifenlösung gegenüber Metallen eine geringere spezifische Grenzflächenenergie als Wasser hat.

Es ist nun sehr interessant, daß v. Engelhardt experimentelle Daten bringt, die die Vorstellung Smekals (1931) zu bestätigen scheinen, daß nämlich ein Zusammenhang zwischen dem Widerstand gegenüber schleifender Beanspruchung und der Zerreißfestigkeit besteht. Aus diesem Grunde und aus den Vorgängen beim Abschleifen selbst schlägt von Engelhardt vor, den Ausdruck „Schleifhärte" durch *Schleiffestigkeit* zu ersetzen. Die Bezeichnung „Härte" sollte also nur gebraucht

---

[1] Siehe Fußnote 4, S. 270.

[2] Siehe besonders A. Rosival: Verh. Geol. Reichsanstalt. Wien 1916.

[3] Engelhardt, W. von: Naturwiss. **33**, 195 (1946).

werden, wenn der Widerstand gemessen wird, den ein Körper dem pressenden bzw. ritzenden Eindringen eines härteren Körpers entgegensetzt, wie bei den Eindruckhärten und der Ritzhärte. Ein Zusammenhang zwischen den verschiedenen Härten und der Schleiffestigkeit besteht sicher nicht, wie man aus der Gegenüberstellung in Tab. 73 und noch anschaulicher aus der Tatsache ersehen kann, daß Quarz eine größere Eindruck- und Ritzhärte als Messing hat, während die Schleiffestigkeit des relativ spröden Quarzes erheblich kleiner als die des plastisch gut deformierbaren Messings ist.

Eine wiederum andersgeartete Art, Angaben über die „Härte" zu machen, ist die besonders von W. F. Eppler[1] entwickelte Methode zur Bestimmung der „*relativen mechanischen Korrosionshärte*". Hierbei wird der reziproke Wert des unter konstanten Bedingungen mit einem Sandstrahlgebläse von dem Versuchskörper abgeschlagenen Volumens als Härtemaß genommen. Die Werte werden auf Quarz = 100 bezogen. Da der Vorgang dieser Art der Korrosion physikalisch noch ungeklärt, jedenfalls aber recht kompliziert ist, besonders weil die Elastizitätsmoduln des Prüfkörpers das Ergebnis stark beeinflussen, ist die relative mechanische Korrosionshärte für unsere kristallphysikalische Betrachtungsweise bislang wenig geeignet. Das erkennt man auch aus der Gegenüberstellung in der Tab. 73, aus der man sieht, daß Talk und Steinsalz bzw. Kalkspat und Flußspat die gleiche Korrosionshärte haben und weiter, daß Quarz eine höhere Korrosionshärte als Topas hat. Das steht sowohl im Gegensatz zur Ritzhärte als auch zur Schleiffestigkeit. Diese beiden letzteren Methoden lieferten die bisher brauchbarsten Angaben über „Härte" bzw. „Festigkeit" nichtmetallischer Festkörper[2].

Tabelle 73. *Vergleich der verschiedenen „Härten" an den Mineralen der* Mohs*schen Härteskala.*

Mineral	Mohssche Ritzhärte	Vickers-Härte in kg/mm² nach Onitsch[3]		Rosivals relative Schleiffestigkeit (Quarz = 100)	Epplers relative Korrosionshärte (Quarz = 100)
Talk	1	A	2	0,03	6,2
Steinsalz . . .	2	A	35	1,04	6,2
Kalkspat . . .	3	N	172	3,75	10,1
Flußspat . . .	4	A	248	4,17	9,9
Apatit	5	A	610	5,42	5
Orthoklas . . .	6	A	930	31	46
Quarz	7	N	1120	100	100
Topas	8	A	1250	146	81
Korund . . .	9	A	2100	833	594
Diamant . . .	10		(∼10000)	117000	109000

[1] Eppler, W. F.: Zbl. Min. Geol. A **1941**, 1 u. 73.

[2] Bezüglich weiterer Methoden zur Härtebestimmung und ihrer Leistungsfähigkeit sei verwiesen auf: H. Tertsch: Die Festigkeitserscheinungen der Kristalle. Wien 1949.

[3] Bezogen auf eine Eindruckdiagonale von 10μ Länge: A bedeutet Anschliff, N bedeutet natürliche Fläche.

Härte und Kristallstruktur. Wie wir bereits vorher sahen, sind die Ritz- und Eindruckhärte und auch die Schleiffestigkeit von der Kristallstruktur abhängig; diese Härtedaten müssen daher auch in einem Kristall richtungsabhängig sein. Bevor jedoch darauf näher eingegangen wird, sollen die kristallstrukturellen Zusammenhänge mit der *Ritzhärte* zusammengestellt werden.

Beim Ritzen eines Festkörpers mit einem härteren Gegenstand werden Gitterbereiche verschoben und/oder herausgebrochen. Der Widerstand, der diesem Vorgang entgegengesetzt wird, muß bei isotypen Kristallen um so größer sein, d. h. der kristalline Körper muß um so härter sein, je größer seine Gitterenergie ist. Bei isotypen Ionenkristallen, bei denen die Gitterenergie proportional dem Quadrat der Ladung und umgekehrt proportional dem Ionenabstand ist, muß daher die Härte um so größer sein, je höher die Ladung und je kleiner der Ionenabstand ist. Dies ersieht man aus den Tab. 8 u. 9 (S. 67f.), in denen isotype Kristalle zusammengestellt sind. Die Tab. 21 u. 22 (S. 105) zeigen weiter, daß die gleiche Beziehung auch für homöopolare Kristalle gilt, wenn für Ladung die Wertigkeit gesetzt wird. Und bei den metallischen Elementen haben wir erkannt, daß im allgemeinen die Härte (Brinellhärte) dann am größten ist, wenn die Anzahl der Bindungselektronen ein Maximum und der Atomabstand ein Minimum erreicht (s. Tab. 35 u. 36, S. 152). Hieraus folgt, daß man den Einfluß der Wertigkeit auf die Härte durch den Atomabstand kompensieren kann. Das wurde von V. M. GOLDSCHMIDT gezeigt, der empirisch zu folgendem Ergebnis kam:

Kristalle vom NaCl-Typ haben beim Übergang von ein- zu zweiwertigen Bausteinen dann die *gleiche* Härte, wenn der Abstand um 24 bis 37% vergrößert wird. Kristalle vom ZnS-Typ haben beim Übergang von ein- zu zweiwertigen Bausteinen dann die gleiche Härte, wenn der Abstand um 20% vergrößert wird. Findet der Übergang von zwei- zu dreiwertigen Bausteinen statt, dann muß, um gleiche Härte zu erhalten, die Abstandsvergrößerung 6 bis 14% betragen, und beim Übergang von drei- zu vierwertigen Atomen 11 bis 23%.

Interessant ist auch die Feststellung, daß bei Gittern mit Radikal-Ionen die Zahl der Bindungseinheiten *innerhalb* der Komplexe keine Rolle für die Härte spielt. Maßgeblich ist nur die Bindung zwischen den Komplexionen als Ganzes und dem anderen Partner. So haben $LiK(BeF_4)$ und $LiK(SO_4)$, welche gleiche Gitterabstände haben, die gleiche Härte, trotzdem innerhalb der Komplexe $(BeF_4)^{--}$ und $(SO_4)^{--}$ die Bindung verschieden stark ist. Liegen dagegen keine selbständigen Komplexionen im Gitter vor, wie bei den im Perowskit-Typ $(CaTiO_3)$ kristallisierenden Verbindungen $KNiF_3$ und $KNbO_3$, bei denen K von 12 F bzw. O, und Ni bzw. Nb von 6 F bzw. O regelmäßig umgeben sind, dann nimmt natürlich die Härte mit der Bindungsstärke zwischen den Bausteinen zu, die zwischen Nb und O größer ist als zwischen Ni und F:

	$KNiF_3$	$KNbO_3$
Gitterkonstante .	4,01	4,01
Ritzhärte	3,5	4,5

Von verschiedenen Modifikationen ein und derselben Substanz hat diejenige die größere Gitterenergie, deren Teilchen die höhereKoordinationszahl haben; d. h. allgemeiner, diejenige Modifikation, deren Teilchen am dichtesten gepackt sind. Diese hat dann natürlich auch das größere spezifische Gewicht, und man sollte erwarten, daß sie auch am härtesten ist. Durch Tab.74 wird diese Beziehung erläutert; man sieht aus ihr, daß die Härte der jeweils dichtest gepackten Modifikation (größtes D; D = spezifisches Gewicht) tatsächlich am größten ist.

Tabelle 74. *Zusammenhang zwischen Härte und Packungsdichte bei Modifikationen.*

	Kristallart	D	MOHS-Härte
$CaCO_3$	Calcit	2,72	3
	Aragonit	2,94	4
SiO_2	Tridymit	2,26	6,5
	Quarz	2,65	7
TiO_2	Anatas	3,84	5,7
	Brookit	3,9	6
	Rutil	4,24	6,3

Vergleicht man nun chemisch verschiedene Kristallarten, bei denen jedoch Abstand und Ladung bzw. Wertigkeit *gleich* sind, dann sieht man, daß — wie erwartet — die Kristalle, welche im NaCl-Gitter mit der Koordinationszahl 6 kristallisieren, eine größere Härte als die im Zinkblende- bzw. Wurtzitgitter mit der

Tabelle 75.

	Gittertyp		Wertigkeit
	NaCl-Typ	Zinkblende bzw. Wurtzittyp	
Substanz . .	NaF	CuCl (Z)	
Abstand .	2,31	2,34	1
Härte	3,2	2,5	
Substanz . .	NaCl	AgJ (W)	
Abstand . .	2,81	2,81	1
Härte	2,5	1,5	
Substanz . .	CaO	BeTe (Z)	
Abstand . .	2,40	2,43	2
Härte . . .	4,5	3,8	
Substanz . .	BaO	CdTe (W)	
Abstand . .	2,77	2,80	2
Härte	3,3	2,8	

Koordinationszahl 4 kristallisierenden Verbindungen haben. Denn Kristalle mit jeweils gleichen Bausteinabständen sind um so dichter gepackt, je größer die Koordinationszahl ist. Die Tab. 75, die unter Benutzung der von V. M. GOLDSCHMIDT ermittelten Werte von C. W. CORRENS[1] für die Ritzhärte zusammengestellt wurde, belegt das Gesagte.

Der Abhängigkeit der Härte von der Packungsdichte entspricht auch die von F. EXNER gemachte Beobachtung, daß bei Pressung eines Kristalls seine Härte zunimmt; denn infolge der elastischen Kompressibilität werden die Kristallbausteine etwas dichter gepackt. Ganz entsprechend tritt bei Temperaturerhöhung eine Herabsetzung der Härte ein, weil infolge der thermischen Ausdehnung die Bausteinabstände größer und damit die Packungsdichte geringer wird. Das wurde häufig an Metallen messend verfolgt und auch beim Eis in besonders starkem Maße beobachtet.

Für Eis ergab sich bei $-78{,}5°$ C die Ritzhärte 6, bei $-44°$ C die Ritzhärte 4, in der Nähe des Schmelzpunktes die Ritzhärte 2—1,5.

Tabelle 76.

Isotype Minerale	MOHS-Härte	Grund für die Härteerhöhung
Zinkit, ZnO . . . . . . Bromellit, BeO . . .	4 9	Radius von Be viel kleiner als von Zn
Hämatit, $\alpha\text{-}Fe_2O_3$ . . . Korund, $\alpha\text{-}Al_2O_3$ . . .	6—5 9	Radius von Al kleiner als von Fe
Magnetit, $FeFe_2O_4$ . . Spinell, $MgAl_2O_4$. . . .	6 8	Radius von Al kleiner als von Fe; Radius von Mg etwas kleiner als von Fe^{++}
Witherit, $BaCO_3$ . . . Aragonit, $CaCO_3$ . . .	3 4	Radius von Ca kleiner als von Ba
Calcit, $CaCO_3$ . . . . . Siderit, $FeCO_3$	3 4	Radius von Fe kleiner als von Ca
Willemit, Zn_2SiO_4 . . . Eukryptit, $LiAlSiO_4$ . . Phenakit, Be_2SiO_4 . . .	5,5 6,5 7,5	Radius von Be viel kleiner als von Li und Al; diese Radien kleiner als von Zn
Natronsalpeter, $NaNO_3$ Calcit, $CaCO_3$	2 3	Zweiwertiges Ca statt einwertigem Na
Kalisalpeter, KNO_3 . . Aragonit, $CaCO_3$ . . .	2 4	Zweiwertiges Ca statt einwertigem K und außerdem Radius von Ca kleiner als von K

Auf Grund der bisher abgeleiteten Gesetzmäßigkeiten wird nun auch der Härteunterschied folgender komplizierter gebauten, isotypen Minerale verständlich (Tab. 76).

---

[1] CORRENS, C. W.: Einführung in die Mineralogie, S. 97, 1949.

Durch eine große Härte sind die *Edelsteine* und viele *Halbedelsteine* ausgezeichnet, von denen die wichtigsten in der Tab. 77 zusammengestellt sind. Die Härte der meisten Beispiele ist deshalb so groß, weil die Teilchen im Gitter sehr dicht gepackt sind, was hier durch

Tabelle 77. *Härte und Packungsdichte bei Edel- und Halbedelsteinen.*

MOHS-Härte	Packungs-index	Substanz	Bemerkungen
9	7,2	$\alpha\text{-}Al_2O_3$ Korund, Saphir, Rubin	annähernd hexagonal dichteste Sauerstoffpackung
8,5	7,2	$Al_2[BeO_4]$ Chrysoberyll, Alexandrit	annähernd hexagonal dichteste Sauerstoffpackung
8	7,0	$Al_2[(OH, F)_2|SiO_4]$ Topas	—
8	~6,4	$M^{2+}(M^{3+}O_4)$ Spinelle	annähernd kubisch dichteste Sauerstoffpackung M^{2+} = Mg, Fe, Mn, Zn, Ni M^{3+} = Al, Fe, Cr
8—7,5	5,1	$Al_2Be_3(Si_6O_{18})$ Beryll, Smaragd, Aquamarin	trotz kleinen Packungsindexes große Härte, weil Be· sehr klein ist
7,5	6,7	$Zr(SiO_4)$ Zirkon	—
7,5—6,5	6,6—6,1	$M_3^{2+}M_2^{3+}(SiO_4)_3$ Granate	M^{2+} = Mg, Fe, Mn, Ca M^{3+} = Al, Fe, Cr Die Ca-Granate (Andradit und Grossular) haben das größere zweiwertige Kation gegenüber den Fe- bzw. Mg-Granaten und daher die geringere Härte 6,5—7
7	6,0	$NaMg_3Al_6[(OH)_4(BO_3)_3|Si_6O_{18}]$ Turmalin	idealisierte Formel

den Packungsindex angegeben ist. Beryll jedoch ist beträchtlich lockerer gepackt [Packungsindex nahezu wie beim Quarz (5,2)], aber das sehr kleine Be-Ion setzt wegen seiner großen Feldstärke die Härte wesentlich herauf. Die extrem große Härte des Diamanten, die absolut betrachtet viel größer ist, als es die Härtezahl 10 vermuten läßt, ist auf die hohe Wertigkeit der C-Atome und ihre kleine Größe zurückzuführen, wodurch trotz der geringen Packungsdichte der Bausteine im Gitter (Packungsindex = 3,4) die Härte so überaus groß wird. Das gleiche gilt für SiC und B_4C mit der Härte 9,5 bzw. 9,75. Man muß hierbei bedenken, daß der

Härteunterschied zwischen der MOHS-Härte 9 und 10 noch größer als der Unterschied zwischen 1 und 9 ist!

Anisotropie der Härte. Weil die Härte von der Größe, Ladung bzw. Wertigkeit und Packungsdichte der Bausteine im Gitter abhängt und damit also auch von der geometrischen Anordnung der Bausteine, können die verschiedenen Flächen eines Kristalls nicht die gleiche Härte haben, sondern es müssen mehr oder weniger deutliche Härteunterschiede auftreten. Das ist ein weiteres Zeichen für die Anisotropie eines Raumgitters, so daß grundsätzlich Härteanisotropie sowohl bei Kristallen mit isometrischem Gitterbau wie mit anisometrischem auftreten muß. Die größeren Unterschiede müssen wir jedoch bei den anisometrischen Gittern erwarten.

Man sollte zunächst aus energetischen Überlegungen meinen, daß diejenige Fläche die größte Härte hätte, in der die Bausteine am dichtesten gepackt sind, weil das zunächst notwendige Eindringen der dann ritzend wirkenden Spitze hier am schwersten ist. Solche dichtest gepackten Netzebenen sind häufig — aber nicht grundsätzlich — auch die besten Spaltebenen. Nun beobachtet man aber gerade, daß die Ritz- und auch die Schleifhärte eines Kristalls in allen bisher untersuchten Fällen (mit Ausnahme des äußerst harten Diamanten) auf der besten Spaltfläche am *kleinsten* ist im Vergleich zu allen anderen Kristallflächen. Das ist offensichtlich so zu verstehen, daß es beim Ritzen und Schleifen nicht nur auf das Eindringen einer Spitze in die Kristallfläche ankommt, sondern daß durch die Bewegung der ritzenden Spitze bzw. der Schleifkörner ein Herausbrechen und Abreißen von Gitterteilen aus dem Kristall erfolgt, wodurch erst die im Experiment beobachtete Ritzfurche bzw. der durch den Abschliff verursachte Volumenverlust zustande kommt. Es ist nun einleuchtend, daß ein Abtrennen, ein Abheben von Gitterteilchen dann besonders erleichtert wird, wenn parallel zur untersuchten Kristallfläche eine Schar von Spaltflächen zieht, wie es ja bei denjenigen Flächen der

Tabelle 78. *Mittlere Schleifhärte auf verschiedenen Kristallflächen eines Minerals und Angabe der besten Spaltfläche.*

Mineral	Beste Spaltfläche	Niedrigste Härte auf		Andere Härteangaben	
		Fläche	Härte	Fläche	Härte
Apatit	0001	0001	3,3	10$\bar{1}$0	5,2
Topas	001	001	87	110	121
Orthoklas. . . .	001	001	17	010	26
				100	28
Gips	010	010	0,4	$\perp$ c-Achse	0,6
Steinsalz	100	100	1,2	111	1,4
Flußspat	111	111	2,8	100	3,1
Calcit	10$\bar{1}$1	10$\bar{1}$1	1,9	0001	3,4
				10$\bar{1}$0	2,7
				11$\bar{2}$0	3,9

Fall ist, die selbst gute Spaltflächen sind. Deshalb wird also die geringste Ritz- und Schleifhärte auf den besten Spaltflächen eines Kristalls beobachtet. Das ersieht man aus Tab. 78, in der neben der Fläche bester Spaltbarkeit auch die auf verschiedenen Kristallflächen einer Anzahl von Mineralen gefundenen Härtewerte aufgeführt sind. Die Zahlenangaben geben die *mittlere* relative Schleifhärte, bezogen auf Quarz = 100, an und stammen von ROSIVAL.

Für die VICKERS-Härte trifft — wie zu erwarten ist — jene Regel jedoch nicht zu; denn TERTSCH (1950) hat die geringste Härte beim

Tabelle 79. *Mittlere Vickers-Mikrohärte auf verschiedenen Flächen des Topas (in kg/mm²).*

Fläche	$MH_{5\mu}$	$MH_{10\mu}$	$MH_{15\mu}$	MEYER-Exponent
(001)	1820	1640	1540	1,811
(110)	1560	1440	1370	1,881
(011)	1630	1390	1275	1,797
(120)	1355	1140	1020	1,732

Calcit auf $(11\overline{2}0)$ [evtl. auch auf $(10\overline{1}0)$] festgestellt, aber nicht auf der Spaltfläche $(10\overline{1}1)$. Eigene Messungen der mittleren Mikrohärte mit dem Durimet der Fa. Ernst Leitz, Wetzlar, auf verschiedenen natürlichen Flächen des Topases zeigen ebenfalls, daß keineswegs die Fläche (001), welches die Ebene vollkommener Spaltbarkeit ist, die geringste Eindruckhärte hat, sondern sogar die größte.

Es ist zu bemerken, daß die deutlich in Erscheinung tretenden Härteunterschiede absolut betrachtet oft gering sind, so daß sie mit der beträchtlich gröberen Methode der MOHSschen Ritzhärte meistens nicht erfaßt werden können. Es behalten also die vorher gemachten Feststellungen über die durch Zahlen der MOHSschen Skala bezeichnete mittlere Ritzhärte von Kristallen voll ihre Gültigkeit. Hier handelt es sich nur um feinere Bestimmungen, die bei der Ritz- und Schleifhärte auch den starken Einfluß der Spaltbarkeiten eines Kristalls auf die Härte zum Ausdruck bringen. Dieser Einfluß äußert sich auch besonders deutlich in den Härteunterschieden, welche auf ein und derselben Kristallfläche in verschiedenen Richtungen festgestellt worden sind. Bevor jedoch darauf näher eingegangen wird, muß noch die Härteanisotropie des Diamanten behandelt werden, denn der Diamant ist der einzige bisher untersuchte Kristall, der die soeben aufgestellte Erfahrungsregel nicht bestätigt, welche besagt, daß die beste Spaltfläche eines Kristalls auch die Fläche geringster Schleiffestigkeit ist.

Den Diamantschleifern ist es seit langem geläufig, daß die Oktaederfläche (111), die zugleich die beste Spaltfläche ist, keineswegs die Fläche geringster Härte darstellt, sondern von allen Flächen des Diamanten die größte Härte besitzt und somit nur schwer geschliffen werden

kann. Die Oktaederfläche, in der die C-Atome am dichtesten gepackt
sind (wenn man eine Doppellage eng benachbarter C-Atome betrachtet;
vgl. das Gitter Abb. 35b, S. 56), ist im Mittel wesentlich härter als die
Würfelfläche (100) und die Rhombendodekaederfläche (110). Wir können auch feststellen, daß in den parallel (111) verlaufenden Atomdoppel-
lagen *drei* homöopolare Bindungen liegen, welche die große Härte der
(111)-Fläche bewirken. Die Frage, warum die parallel (111) ziehende
gute Spaltbarkeit sich beim Diamanten nicht in einer Härteverminderung
wie z. B. beim Flußspat äußert, ist noch ungeklärt. Man könnte annehmen, daß infolge der ganz besonders festen Bindung zwischen den
C-Atomen, die ja überhaupt die außerordentlich große Härte des Diamanten bedingt, der Einfluß der Spaltbarkeit auf die Härte so gering
ist, daß er nicht mehr in Erscheinung tritt.

Es steht zwar fest, daß die Oktaederfläche die härteste Fläche des
Diamanten ist, aber es ist wenig sinnvoll, auch zwischen den anderen
Flächen eine Reihenfolge verschiedener *mittlerer* Härten aufstellen zu
wollen, weil die Anisotropie der Härte auf jenen Flächen sehr groß ist.

**Anisotropie der Schleiffestigkeit auf verschiedenen Flächen des Diaman-
ten.** Zunächst sei festgestellt, daß beim Diamanten die Härteunterschiede
nicht durch die Spaltbarkeit beeinflußt werden; das geht aus einem Vergleich der Härtekurve der (100)-Fläche zwischen Diamant einerseits und
Flußspat andererseits hervor (Abb. 100 und Abb. 102, S. 282). Beide
Kristalle haben die gleiche Spaltbarkeit nach dem Oktaeder {111}, und
es sollte die Härtekurve auf (100) in beiden Fällen die gleiche Orientierung haben, wenn beim Diamanten die Härteanisotropie auf dieser
Fläche wie beim Flußspat durch den Verlauf der Spaltebenen wesentlich
beeinflußt wäre (auf diesen Einfluß wird näher im nächsten Abschnitt
eingegangen). Wie man sieht, ist das beim Diamanten nicht der Fall;
hier liegt die geringste Härte in Richtung der kristallographischen a-
Achsen, nicht aber die größte wie beim Flußspat. (Die Härtekurven auf
den Flächen des Diamanten sind für (111) nach Untersuchungen von
Slawson und Kohn[1] konstruiert worden, für (100) und (110) nach
Denning[2]; sie stehen zueinander nur in relativer Beziehung, denn die
Härtekurve auf (111) müßte größere Ausdehnung haben.) Auch die auf
den Rhombendodekaederflächen (110) eingezeichneten Minima in Richtung der a-Achse beweisen, daß keine Abhängigkeit der Härteanisotropie
von der Spaltbarkeit vorliegt. Wäre das der Fall, dann müßten die
Minima um 90° verdreht liegen.

Wir stellen nun fest[3], daß es auf (100) zwei Richtungen und auf (110)
eine Richtung gibt, in denen sich der Diamant nicht schleifen läßt, d. h. in

---

[1] Slawson, C. B., u. J. A. Kohn: Industrial Diamond Rev. **10**, 168 (1950).
[2] Denning, R. M.: Amer. Mineral. **38**, 108 (1953); siehe auch: **40**, 186 (1955).
[3] Kraus, E. H., u. C. B. Slawson: Amer. Mineral. **24**, 661 (1939).

denen die Härte praktisch unendlich groß ist. (In Abb. 100 sind die
Härtekurven in diesen Richtungen nicht geschlossen, sondern offen.)
Diese Richtungen sind alle kristallographisch gleichwertig, es ist die
Richtung [110], die im kubisch holoedrischen Diamantkristall ins-
gesamt sechsmal auftritt, z. B. auf der Würfelfläche (100) als deren
Diagonalen [011] und [0$\overline{1}$1] und auf der Rhombendodekaederfläche
(110) als [1$\overline{1}$0]. Diese Richtung allergrößter Härte ist diejenige Rich-
tung der Kristallstruktur des Diamanten, in der zickzackförmig durch

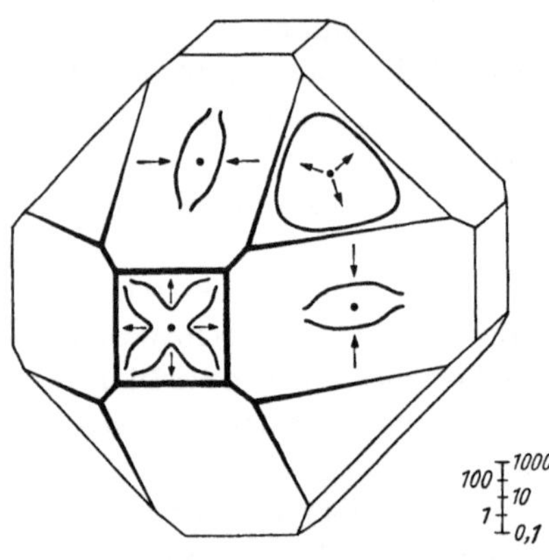

gerichtete Elektronenpaarbindungen
fest verbundenen C-Atome die Struktur durchziehen (siehe Abb.55, unten;
man blickt in Richtung [110]); in
dieser Richtung haben die Atome
kürzesten Abstand.

Die Richtung *geringster* Härte
ist, wie man in Abb. 100 sieht, stets
die Richtung der kristallographischen *a*-Achse, also [100] bzw. deren
gleichwertige Richtungen [010] und
[001]. DENNING hat zeigen können,
daß die Schleiffestigkeiten in Richtung [001] auf (100) und (110)
fast gleich groß sind. In der
Fläche (111) liegt keine kristallographische Achse, sie hat zu allen
drei kristallographischen Achsen

Abb. 100. Diamant. Härteanisotropie auf den
Flächen (100), (110) und (111); beachte, daß
auf (111) die Härte in Richtung und Gegenrichtung nicht gleich ist. Pfeile geben die
Richtungen leichtester Schleifbarkeit an.

gleiche Neigungen und daher in keiner Richtung ein so ausge-
sprochenes Härteminimum wie die Flächen {110} und {100}. Die
kristallographischen Achsen, in deren Richtung die Härteminima liegen,
sind Richtungen mit großem Atomabstand, und keine Bindungsrichtungen liegen in ihnen[1] (vgl. Abb. 35a, Seite 56); vielmehr halbieren
sie genau jeweils zwei der vier Valenzwinkel, so daß in diesen [100]-
Richtungen am ehesten ein Zerreißen der Bindungen möglich ist. (Vgl.
Abb. 35b, Seite 56, besonders die links oben bzw. rechts unten gestrichelte Linie.)

Die Oktaederfläche des Diamanten galt, wenn man genau parallel zu
ihr schleift, als unpolierbar. Das trifft auch für die Praxis zu, weil die
Schleifkörner sich nicht in die (111)-Fläche graben; führt man aber
ständig neuen Diamantstaub als Schleifmittel zu, dann kann, wie
SLAWSON und KOHN (1950) festgestellt haben, sehr wohl parallel zur
(111)-Fläche poliert werden. Es zeigte sich auch bei jenen Versuchen,
daß die Härteanisotropie auf (111) sehr wesentlich kleiner ist, als man

[1] Siehe Fußnote 3, S. 279.

früher gemeint hatte. In der Tat sind — wie man aus der Kristallstruktur schließen muß — die Härteunterschiede auf (111) in den verschiedenen Richtungen nur gering; sie gehorchen der trigonalen Symmetrie der Oktaederfläche. Die Härte auf (111) ist in denjenigen Richtungen, die sich den Richtungen der „weicheren" kristallographischen Achsen zuneigen, etwas kleiner als in denjenigen Richtungen, die mit den „härteren" Diagonalen der Würfelflächen, das sind die Richtungen [110], einen nur kleinen Winkel bilden. Die in Abb. 100 eingezeichneten Pfeile geben die Schleifrichtungen an, die der Diamantschleifer möglichst einhält, um mit geringstem Aufwand an Zeit und Diamantstaub zu schleifen.

Würde man eine entsprechende Betrachtung der Atomabstände und Bindungsfestigkeit wie beim Diamanten auch auf Steinsalz und Flußspat übertragen, dann wäre die Lage der Härteminima und -maxima z. B. auf der Würfelfläche nicht verständlich. Da auf (100) des Steinsalzes der kürzeste Abstand Na—Cl in Richtung der kristallographischen Achsen liegt, müßte man in diesen Richtungen die Härtemaxima erwarten; das ist nicht der Fall, sondern die Minima werden in diesen Richtungen beobachtet, was nur durch den zusätzlichen Einfluß der Lage der Spaltebenen bei diesen beträchtlich weniger harten Kristallen erklärt werden kann; hierauf sei jetzt näher eingegangen.

Härteanisotropie auf Kristallflächen. Nachdem wir gesehen haben, daß verschiedene Flächen eines Kristalls verschieden hart sind und daß beim Diamanten die Größe der Schleiffestigkeit auf ein und derselben Kristallfläche in verschiedenen Richtungen verschieden ist, wollen wir nun bei anderen Kristallen die Anisotropie der Ritzhärte in verschiedenen Richtungen auf einer Fläche betrachten. Am triklinen Disthen kann man bereits mit der recht groben Methode der Mohsschen Ritzhärte nachweisen, daß die Härte auf einer Fläche in verschiedenen Richtungen verschieden ist. Auf der gut ausgebildeten (100)-Fläche (der besten Spaltfläche) der breitstengeligen, nach der c-Achse gestreckten Kristalle kann man sich leicht selbst davon überzeugen, daß in Richtung der c-Achse der Kristall mit einer Nähnadel leicht geritzt werden kann, während senkrecht dazu keine Ritzfurche entsteht; die Ritzhärte beträgt parallel der c-Achse nur 4,5 der Mohsschen Härteskala, während sie senkrecht dazu, also in Richtung der b-Achse, 6,5 ausmacht. Das Mineral hat wegen dieser schon von Hauy erkannten Härteanisotropie seinen Namen erhalten; di sthenos = zwei Kraft. In dem Gitter dieses Minerals, $Al_2(O|SiO_4)$, bilden die Sauerstoffatome fast eine kubisch dichteste Kugelpackung, in der Si in tetraedrischen, Al in oktaedrischen Lücken sitzt. Die SiO_4-Tetraeder sind voneinander isoliert und haben mit den AlO_6-Oktaedern nur Ecken gemeinsam. Die Al sind nicht statistisch über die möglichen Lücken verteilt, sondern in Schichten parallel (100) angeordnet. Das äußert sich darin, daß der Disthen sehr ungleichwertige Spaltbarkeiten hat; (100) sehr vollkommen, (010) gut, (001) keine.

Der Verlauf der Spaltbarkeit im Kristall dürfte vor allem die Anisotropie der Härte verursachen, denn die Spaltebenen (010) durchsetzen fast genau senkrecht die (100)-Fläche in Richtung der c-Achse. Wenn dieses System von Spaltspuren mit einer ritzenden Nadel im rechten Winkel gequert wird, dann ist das Herausbrechen von Gitterteilen offenbar schwieriger, d. h. die Härte ist größer, als wenn parallel zu den Spaltspuren geritzt wird. Es ist also auf der (100)-Fläche die Ritzhärte senkrecht zur c-Achse größer als parallel zur c-Achse. Den gleichen

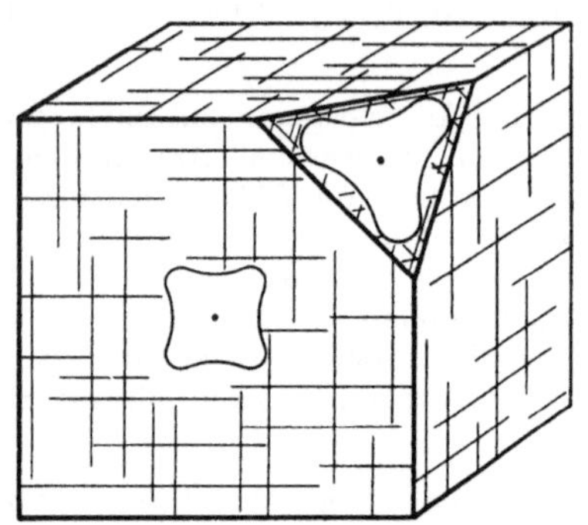

Abb. 101. Steinsalz. Härtekurven auf (100) und (111). Spuren der Spaltflächen nach {100} sind eingezeichnet. (Nach Exner aus Correns.)

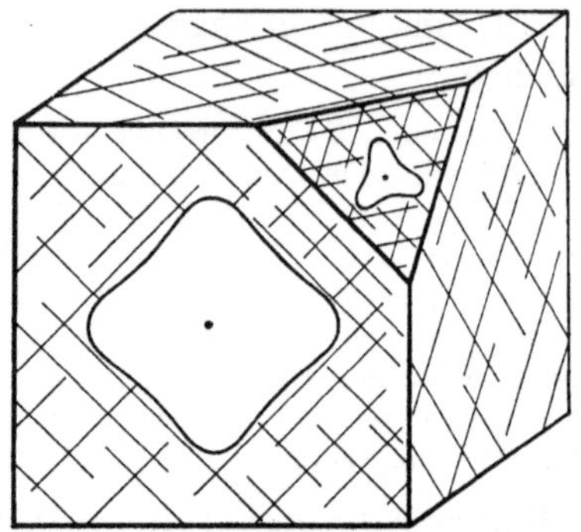

Abb. 102. Flußspat. Härtekurven auf (100) und (111). Spuren der Spaltflächen nach {111} sind eingezeichnet. (Nach Exner aus Correns.)

qualitativen Unterschied beobachtet man am Disthen wegen der perfekten Spaltbarkeit nach (100) natürlich auch auf der (010)-Fläche; quantitativ sind die entsprechenden Härten auf dieser Fläche etwas größer als auf der (100)-Fläche, welche ja die beste Spaltfläche ist.

Da die (010)-Spaltebenen nahezu senkrecht auf (100) stehen, ist es gleichgültig, ob auf dieser Fläche von rechts nach links oder umgekehrt bzw. von oben nach unten oder umgekehrt geritzt wird; die Ritzhärten sind in diesem Falle in Richtung und Gegenrichtung gleich. Das trifft nicht mehr zu, wenn die Spaltebenen eine zu untersuchende Fläche nicht senkrecht, sondern schräg durchsetzen.

Es ist also eine deutliche Abhängigkeit der Ritz- wie auch der Schleifhärte von der Spaltbarkeit vorhanden, wenn nicht extrem harte Kristalle wie Diamant und SiC betrachtet werden. Das wird illustriert durch die mittels Sklerometermessungen gefundenen Härtekurven auf den Flächen des Steinsalzes und des Flußspats (Abb. 101 und Abb. 102 nach F. Exner). Die Härtekurve verbindet die Enden der von einem Punkt nach allen Richtungen der Fläche als Strecke aufgetragenen Härte. Man sieht aus den Abbildungen, daß auf der (100)-Fläche der beiden kubischen Kristalle, deren Spaltflächen verschieden verlaufen, die Härte jeweils am größten ist, wenn sie in Richtung der Winkelhalbierenden der beiden

Spaltrißscharen gemessen wird. Da beim NaCl die Spaltebenen senkrecht auf der (100)-Fläche, bzw. da beim CaF_2 beide Scharen gleicher Güte genau symmetrisch unter gleichem Neigungswinkel auf der (100)-Fläche des CaF_2 stehen, ist die Figur der Härtekurve auf dieser Fläche zentrosymmetrisch, d. h. die Härte ist in Richtung und Gegenrichtung gleich. Das ist nicht mehr der Fall auf den (111)-Flächen. Hier kreuzen sich sowohl bei Steinsalz als bei Flußspat *drei* Spaltflächen, welche die Fläche (111) geneigt durchsetzen. Die Härte ist deshalb in Richtung und Gegenrichtung nicht mehr gleich. Man hat empirisch festgestellt, daß in derjenigen Richtung, in der die Spaltebenen mit der zu untersuchenden Fläche einen *spitzen* Winkel bilden, die Härte *größer* ist als in der Gegenrichtung. Das zeigt schematisch die Abb. 103.

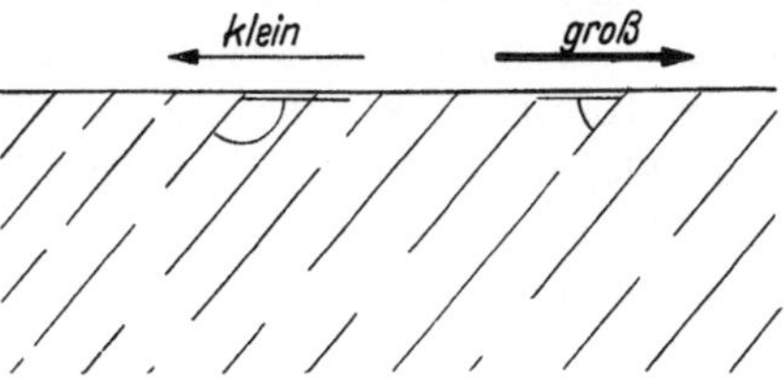

Abb. 103. Verschiedene Größe der Ritzhärte beim Queren von Spaltspuren, welche zur untersuchten Fläche geneigt sind. Stumpfer Winkel = kleine Härte; spitzer Winkel = große Härte. (Nach P. Niggli.)

Wenn der Winkel der Spaltebenenschar mit der zu untersuchenden Fläche ein stumpfer ist, dann ist die Härte natürlich kleiner als in der Gegenrichtung. Man kann sich das so vorstellen, daß in Richtung des stumpfen Winkels die ritzende Spitze leichter Kristallteilchen etwa wie Schüppchen abheben kann; der mechanische Angriff wird erleichtert, und es entsteht leichter ein Ritz als in der Gegenrichtung.

Hieraus verstehen wir sofort die verschiedene Lage der Härtekurve auf der (111)-Fläche des Steinsalzes und des Flußspats: in jedem Falle befindet sich das Härteminimum in derjenigen Richtung, in der die eine quer zur Ritzrichtung verlaufende Spaltflächenschar einen stumpfen Winkel mit der (111)-Fläche bildet. Die beiden anderen Spaltflächenscharen stehen symmetrisch zu dieser Ritzrichtung und unter gleichem Einfallswinkel zur Fläche. In der entgegengesetzten Richtung bildet die Spaltfläche, deren Spur quer zur Ritzrichtung verläuft, einen spitzen Winkel mit der untersuchten (111)-Fläche; die Härte besitzt daher in dieser Richtung ihr Maximum.

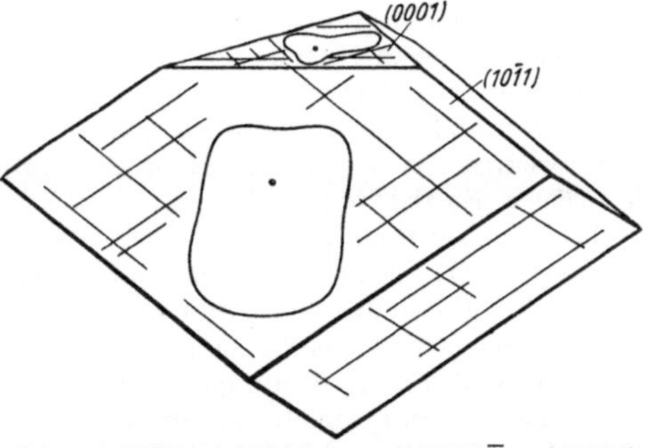

Abb. 104. Kalkspat. Härtekurven auf (101Ī) und (0001). Spuren der Spaltflächen nach {101Ī} sind eingezeichnet. (Nach Grailich und Pekarek aus Correns.)

Analog läßt sich auch die Härteanisotropie auf den Flächen des Calcits verständlich machen. Die Abb. 104 zeigt die Form der Härtekurven auf (0001) und der Rhomboederspaltfläche $(10\bar{1}1)$, die mittels Sklerometermessungen von J. GRAILICH und F. PEKAREK[1] gefunden worden sind. Zu der Abb. 104 ist zu bemerken, daß die Härten auf der (0001)-Fläche in Wirklichkeit größer sind als auf der Rhomboeder-Spaltfläche (vgl. Tab. 78); der Bereich der von der Härtekurve eingeschlossenen Fläche hätte also beträchtlich größer gezeichnet werden müssen.

Besonders auffällig ist beim Calcit die Härteanisotropie auf der Rhomboederspaltfläche: Während in Richtung und Gegenrichtung zum spitzen Kantenwinkel der Flächen des Spaltrhomboeders (lange Flächendiagonale) die Härten gleich sind, ist die Härte in Richtung zur Polecke (in der Abb. 104 nach oben) ganz beträchtlich kleiner als in der entsprechenden Gegenrichtung. Das wird wiederum durch den Verlauf der Spaltflächen verständlich.

Die $(10\bar{1}1)$-Fläche wird von zwei Spaltflächenscharen durchsetzt, welche parallel zu den beiden oberen in der Abbildung nach hinten geneigten Rhomboederflächen $(\bar{1}101)$ und $(0\bar{1}11)$ verlaufen. In Richtung der kurzen Diagonale gesehen bilden die beiden Spaltflächenscharen einen stumpfen Winkel mit der Rhomboederfläche $(10\bar{1}1)$; sie liegen symmetrisch zu einer Spiegelebene, deren Spur parallel der kurzen Diagonalen verläuft. Da die beiden Spaltflächenscharen die $(10\bar{1}1)$-Fläche unter symmetrisch gleichen Einfallswinkeln schneiden, wirken sie sich in bezug auf die Härte so aus, daß senkrecht zur kurzen Diagonale, also parallel der langen Diagonale der Rhomboederfläche, die Härte in Richtung und Gegenrichtung gleich ist. Aber die Spaltflächenscharen von $(\bar{1}101)$ und $(0\bar{1}11)$ sind in Richtung der kurzen Diagonale gesehen, derart zur $(10\bar{1}1)$-Fläche geneigt, daß sie einen *stumpfen* Winkel mit ihr bilden, wenn man vom Mittelpunkt der Fläche zur Polecke (nach oben) blickt, während sie in umgekehrter Blickrichtung einen spitzen Winkel mit ihr bilden. Entsprechend der in der Abb. 103 skizzierten Vorstellung ist demnach die Härte auf der $(10\bar{1}1)$-Fläche in Richtung der kurzen Flächendiagonale nach oben zu gemessen geringer als nach unten. Man sieht also, daß auch bei diesem Beispiel des Calcits die auffällige Art der Härteverschiedenheit auf der Spaltfläche $(10\bar{1}1)$ aus der Beeinflussung der Härte durch die Spaltbarkeit verständlich gemacht werden kann.

Schwieriger ist die Beeinflussung der Härte durch die Spaltbarkeit auf der Basisfläche des Calcits zu erkennen. Man könnte zunächst meinen, daß auf der (0001)-Fläche in Richtung auf die Kante $(0001)/(10\bar{1}1)$ [in der Abbildung von der Mitte der (0001)-Fläche nach vorne gesehen] ein Härteminimum und kein Maximum liegen sollte, weil in dieser Richtung die Spaltfläche $(10\bar{1}1)$ einen stumpfen Winkel mit der untersuchten Basisfläche bildet. Aber im Vergleich mit der Gegenrichtung ist dieser Winkel *weniger* stumpf als derjenige Winkel, welcher als resultierender Winkel der beiden symmetrisch zur Ritzrichtung (von der Mitte nach hinten gesehen) liegenden Rhomboederspaltflächen $(\bar{1}101)$ und $(0\bar{1}11)$ mit der Basis zustande kommt. In dieser Richtung (von der Mitte nach hinten) können also noch leichter „Schüppchen" des Kristalls herausgehoben werden (Härteminimum) als in der Gegenrichtung. Da wegen der Dreizähligkeit der Symmetrie der Basisfläche die gleichen Verhältnisse sich nach 120° wiederholen, wird der Verlauf der Härtekurve auch auf der Basis des Calcits durch den Einfluß der Spaltbarkeiten verständlich.

---

[1] GRAILICH, J., u. F. PEKAREK: Ber. Akad. Wiss. Wien **13**, 410 (1854).

Zusammenfassend können wir als gesicherten Befund feststellen, daß die *mittlere* Ritz- und Schleifhärte eines Kristalls um so größer ist, je kleiner die Ionen bzw. Atome, je größer die Ladung bzw. Wertigkeit und je größer die Packungsdichte der den Kristall aufbauenden Bausteine ist. Darüber hinaus werden Härteunterschiede zwischen verschiedenen Kristallflächen und zwischen verschiedenen Richtungen auf ein und derselben Kristallfläche nicht nur durch die Anzahl der Bindungen, mit denen die Bausteine einer Fläche an den Kristall gebunden sind, und durch die Bausteinabstände in den Netzebenen hervorgerufen (wie beim Diamanten), sondern in einem oft starken Maße auch durch den Verlauf und die Neigung der Spaltebenen . Es ist bis jetzt noch nicht gelungen, die Größe des Einflusses der Spaltbarkeit auf die beobachteten Härteanisotropien abzuschätzen. Es hat jedoch den Anschein, daß der Spaltbarkeitseffekt bei extrem harten Kristallen wie beim Diamanten so gering wird, daß er ohne Einfluß ist, während er bei weniger harten Kristallen eine sehr wesentlicher Bedeutung hat.

6. Spaltbarkeit[1].

Unter Spaltbarkeit eines Kristalls versteht man die Eigenschaft, durch Einwirkung mechanischer gerichteter Kräfte parallel einer oder mehrerer ebener Flächen teilbar zu sein. Diese Spaltflächen gehorchen durchweg dem Gesetz der rationalen Indizes und sind niedrig indizierte Flächen der Kristallstruktur.

Je nach dem Widerstand, der vom Kristall der Spaltung entgegengesetzt wird, wird sie leicht oder schwer erfolgen, und es wird die Spaltfläche groß und glatt oder klein und unregelmäßig sein. Man unterscheidet infolgedessen verschiedene Grade der Spaltbarkeit: sehr vollkommen oder perfekt, vollkommen, gut, deutlich und schlecht. Der Grad der Spaltbarkeit ist für jede bestimmte Fläche eines Kristalls derselbe, für kristallographisch verschiedene Flächen dagegen meistens verschieden. Die Lage der Spaltflächen sowie der Grad der Spaltbarkeiten sind für jede Kristallart stets gleichbleibend und charakteristische Merkmale, welche u. a. für diagnostische Zwecke sehr wichtig sind. Der Grund hierfür liegt, wie wir sehen werden, in dem engen Zusammenhang, welcher zwischen Spaltbarkeit und Kristallstruktur besteht.

H. TERTSCH[2] unterschied drei nach dem Vorgang verschiedene Arten der Spaltung: Druckspaltung, Schlagspaltung und Zugspaltung. Er macht es wahrscheinlich, daß es sich bei diesen drei Arten um physikalisch verschiedene Dinge handelt, die gittermechanisch nicht auf die gleiche Weise erklärt werden können. Wenn auch bei allen

---

[1] Für diesen Abschnitt wurde weitgehend eine Arbeit des Verfassers verwendet aus: Heidelberger Beitr. Mineral. u. Petrogr. **2**, 255 (1950).

[2] TERTSCH, H.: Die Festigkeitserscheinungen der Kristalle. Wien 1949.

drei Spaltungsarten stets die gleichen Flächen als Spaltflächen an
einer Kristallart auftreten, so sind doch quantitative Unterschiede
bei einigen Kristallen bemerkt worden. So ist z. B. die Druckspaltung,
die bei Verwendung einer *stumpfen* Schneide unter der Einwirkung
einer Dauerkraft auftritt, bei (100) des Steinsalzes deutlich vollkommener
als bei (110), während bei der unter einer Momentankraft erfolgenden
Schlagspaltung, die mit Hilfe einer *scharfen* Schneide (Rasierklinge)
durchgeführt wird, die (110)-Fläche die leichtere (bessere) Spaltbarkeit zeigt. Beim Anhydrit dagegen, dessen Spaltbarkeiten ebenfalls
von H. TERTSCH untersucht worden sind, ist die Reihenfolge der Spaltbarkeitsgrade bei allen drei Spaltarten dieselbe; es ergab sich: (001)
sehr vollkommen, (010) vollkommen, (100) nur deutlich.

Beim Spalten tritt also eine Trennung des Kristalls parallel bestimmten Netzebenen ein, und wir werden deshalb erwarten, daß solche
Netzebenen als Spaltflächen bevorzugt sind, senkrecht zu denen möglichst wenige Bindungen aufgehoben werden müssen. Wirken in Kristallen zwischen bestimmten Netzebenen nur sehr schwache VAN DER
WAALSsche Kräfte, dann werden wir erwarten, daß diese sehr leicht
„durchschnitten" werden können, so daß die entsprechenden Netzebenen
als Spaltflächen in Erscheinung treten. Das ist z. B. beim Graphit
der Fall.

Der Graphit bildet ein Schichtengitter, bei dem die C-Atome *in*
einer Schicht durch starke homöopolare (und metallische) Bindungskräfte
zusammengehalten werden, während zwischen den weit voneinander
entfernten Schichten nur sehr schwache VAN DER WAALSsche Kräfte
wirksam sind. Diese können durch mechanische Beanspruchung leicht
durchrissen werden, und so wird der Graphitkristall in sehr dünne
Blättchen zerlegt. Da die Blättchenebenen die Basisfläche (0001) des
hexagonalen Kristalls darstellen, spricht man von einer sehr vollkommenen Spaltbarkeit nach (0001).

Gleichartig sind die Verhältnisse bei den Kristallen, die dem CdJ_2-
Typ angehören, also z. B. bei Brucit, $Mg(OH)_2$, und auch bei Hydrargillit,
γ-$Al(OH)_3$, ferner bei den Mineralen der Chloritgruppe und beim Talk,
der seine technische Bedeutung gerade der Tatsache verdankt, daß er
sich entlang der Spaltfläche sehr leicht zerteilen und deshalb fein zer-
mahlen läßt (Talkum, Puder). Außerdem gehören hierher das Tonmineral Kaolinit und weiter wohl auch As, Sb und Bi, zwischen deren
Schichten nur noch schwache Kräfte wirken. Die Kristalle all dieser
Beispiele bilden deutliche Schichtengitter, bei denen jeweils in der
Schicht starke Bindungskräfte (homöopolare bzw. ionare) wirken,
während zwischen den Schichten überwiegend, zum Teil sogar ausschließlich, nur sehr schwache VAN DER WAALSsche Kräfte sich betätigen. Infolgedessen tritt bei all diesen Gittern eine sehr vollkommene

Spaltbarkeit parallel der Schichtebene auf, die in diesen Beispielen stets die Basis des Kristalls, also (0001) bzw. (001) ist.

Bei den deutlichen Kettengittern werden innerhalb der Kette, also in einer *Richtung*, die Bausteine sehr fest durch im wesentlichen homöopolare Kräfte, wie beim Tellur, oder durch ionare und homöopolare Kräfte, wie bei den Amphibolen und Pyroxenen, zusammengehalten. In anderen Richtungen dagegen wirken z. T. beträchtlich schwächere Kräfte. Die Spaltfläche verläuft dann derart, daß die Ketten intakt bleiben. Da bei den angeführten Beispielen die Ketten parallel der kristallographischen c-Achse ziehen, verläuft die Spaltfläche ihr parallel. Beim Tellur geht die Spaltbarkeit nach $(10\overline{1}0)$, sie ist sehr vollkommen. [Beim isotypen Selen verläuft die allerdings nur gute Spaltbarkeit nach $(01\overline{1}2)$, also nicht mehr parallel der Kette; das dürfte wahrscheinlich darauf zurückzuführen sein, daß die Kettenanisometrie beim Se weniger stark ausgeprägt ist als beim Te.]

Bei Pyroxenen und Amphibolen verläuft die Spaltbarkeit parallel $\{110\}$. Der Grad der Spaltbarkeit jedoch ist unterschiedlich; er ist bei Amphibolen vollkommen, bei Pyroxenen weniger vollkommen. Dieser Unterschied dürfte folgendermaßen zu erklären sein:

Bei beiden Mineralarten werden die Ketten bzw. Bänder an zwei Seiten durch schwache Restkräfte verbunden, an den beiden anderen dagegen durch heteropolare Kräfte. Da bei den Pyroxenen mehr Kationenladungen pro Flächeneinheit die Ketten verbinden als bei den Amphibolen, ist bei den Pyroxenen die Spaltung schwerer zu erreichen, sie ist weniger gut als bei den Amphibolen. Wir sehen also, daß sich ein Unterschied der Bindungsstärke zwischen den Ketten auch in einem unterschiedlichen Grad der Spaltbarkeit äußert. Der Verlauf der Spaltspur in einer Projektion des Gitters ist in der Abb. 105 nicht nach WARREN eingezeichnet worden; vielmehr dürfte die Spur im „Rücken" der Ketten verlaufen, was auch von H. STRUNZ entsprechend einer brieflichen Mitteilung bereits 1935 gefunden, aber nicht von STRUNZ, sondern von W. KLEBER[1] veröffentlicht worden ist. Wenn man die Lage der die Ketten verbindenden Kationen näher betrachtet, dann wird es einem klar, daß die Spaltbarkeit so, wie es die Abbildung zeigt, verlaufen muß. Denn es werden einerseits nur VAN DER WAALSsche Bindungen und andererseits [in dem Stück der Spaltfläche, welches parallel (100) geht] die pro Flächeneinheit jeweils geringste Anzahl ionarer Bindungen durchschnitten. In der WARRENschen Darstellung ist das nicht der Fall, und daher ist sie unwahrscheinlicher als die hier gegebene Deutung.

Aus der Abb. 105 erkennt man auch, daß der Winkel, den die Spaltflächen (110) und $(1\overline{1}0)$ einschließen, bei Pyroxen und Amphibolen wesentlich verschieden sein muß; bei Pyroxenen beträgt er 87°, bei Amphibolen 124°; zwischen (110) und $(\overline{1}10)$ beträgt der Winkel dann natürlich 93° bzw. 56°. Dieses ist das wichtigste makroskopische Unterscheidungsmerkmal zwischen Pyroxenen und Amphibolen.

Bei den bisherigen Beispielen anisometrischer Strukturen ist stets die sehr schwache VAN DER WAALSsche Kraft in gewissen Richtungen

---

[1] KLEBER, W.: Angewandte Gitterphysik. Berlin 1949.

bzw. Ebenen wirksam, während sonst beträchtlich stärkere Kräftearten die Bausteine zusammenhalten. Bei den jetzt zu behandelnden Beispielen sind keine so stark unterschiedlichen Kräftearten vorhanden, d. h. die van der Waalssche Kraft spielt bei ihnen keine Rolle. Aber trotzdem gibt es eine große Anzahl von Kristallen, deren Gitter mehr oder weniger stark anisometrisch sind, welches ein Ausdruck für eine anisometrische Kräfteverteilung im Gitter ist. Typische Beispiele hierfür sind

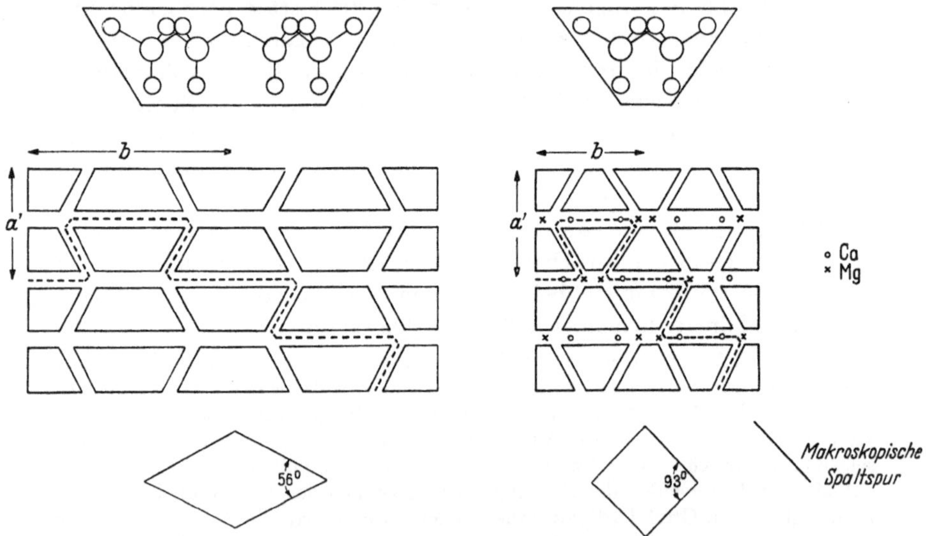

Abb. 105. Spaltbarkeit nach {110} bei Pyroxenen und Amphibolen. (Nach W. Kleber.) Blickrichtung ist die auf der Zeichenebene senkrecht stehende c-Achse.)

die Glimmer, die sich aus Schichtpaketen relativ dichtgepackter Bausteine aufbauen. Innerhalb dieser Schichtpakete sind die Bausteine durch starke hetero- und homöopolare (resonierende) Kräfte fest zusammengehalten, während zwischen den Schichtpaketen allerdings auch heteropolare Kräfte wirken. Diese betätigen sich aber nur über eine pro Flächeneinheit geringe Zahl von Kationen, die zumal beim Muskovit, Phlogopit und Biotit nur einwertig und noch dazu recht groß sind (K-Ionen), so daß also die Stärke der Bindung zwischen den Schichtpaketen recht gering ist. Diese Tatsache bewirkt nun die sehr vollkommene Spaltbarkeit der Glimmer parallel zu den Schichtpaketen, also parallel (001). Weniger stark ist die Anisometrie des Gitters bei Zn und Cd, aber sie ist immerhin noch deutlich. Denn die hexagonal dichteste Kugelpackung, auf die sich ihre Gitter zurückführen lassen, erscheint in Richtung der c-Achse auseinandergezogen, so daß eine schichtenartige Anordnung der Atome in der (0001)-Ebene entsteht. Die Bindungskräfte zwischen den Atomen sind in allen Richtungen gleichen Charakters, aber infolge des größeren Abstandes der Atome in Richtung der c-Achse, also zwischen den (0001)-Ebenen, ist die Stärke der Bindung *in* den dichtest gepackten Schichten größer als senkrecht dazu. Infolgedessen erfolgt die Spaltbarkeit bei diesen Kristallen ebenfalls parallel (0001); sie ist sehr vollkommen. Selbst wenn keine so deutliche Deformation zu einem schichtenartigen Gitter vorliegt, sondern wenn die Teilchen in einer normalen hexagonal dichtesten Kugelpackung angeordnet sind, wie bei dem Metall Osmium, dann erfolgt die Spaltbarkeit auch nach (0001); sie ist recht schwer zu bewerkstelligen, aber der Grad ist sehr vollkommen. Diese Fläche ist die dichtest besetzte Netzebene und hat von ihren äquivalenten Netzebenen den größten Abstand. Das bedeutet aber, daß die Bindungskraft zwischen (0001)-Ebenen geringer ist als zwischen anderen. (Den gleichen Verlauf der Spaltbarkeit sollte man auch beim Mg und anderen isotypen Kristallen erwarten, aber diese sind zu plastisch, um die Spaltbarkeit beobachten zu lassen.)

Hieraus erkennen wir, daß in Kristallen die dichtest besetzten Netzebenen besonders bevorzugt als Spaltflächen auftreten können. Diese Ansicht wurde bereits von BRAVAIS geäußert und seitdem häufig als das die Spaltbarkeit beherrschende Prinzip hingestellt. Zweifellos ist diese geometrische Beziehung zwischen Gitter und Spaltbarkeit in vielen Kristallen verwirklicht; sie gilt aber eigentlich nur für solche Kristalle, bei denen keine heteropolare Bindung zwischen den Bausteinen wirkt. Denn wir werden sehen, daß bei Kristallen mit völlig oder teilweise heteropolarem Bindungscharakter häufig die dichtest besetzte Netzebene *nicht* die beste Spaltfläche ist (vgl. z. B. Zinkblende und Anhydrit). Es spielen hier nicht nur geometrische, sondern auch elektrostatische Faktoren eine Rolle. Es ist deshalb richtiger, wenn man sich überhaupt von der BRAVAISschen Vorstellung freimacht, also nicht nach den dichtest besetzten Netzebenen fragt, vielmehr nach denjenigen Ebenen, zwischen denen die schwächsten Bindungskräfte bzw. die wenigsten Bindungen wirksam sind; denn dieses sind stets die besten Spaltflächen. Bei heteropolaren Kristallen muß jedoch außerdem noch eine zweite Bedingung erfüllt sein, damit Spaltung erfolgen kann; es muß nämlich durch Verschiebung eines Kristallteiles gegenüber dem anderen parallel der Spaltebene erreicht werden können, daß gleichnamige Ionen einander auf kürzestmöglichem Abstand gegenüberstehen, so daß eine elektrostatische Abstoßung wirksam werden kann. Das ist der Inhalt der Hypothese J. STARKs[1], die durch unsere Untersuchung bewiesen wird. Wir werden dies noch eingehend später begründen.

Daß häufig auch in Ionenkristallen die dichtest besetzte Ebene als die beste Spaltebene auftritt, ist eine Tatsache (z. B. bei NaCl), die aber

---

[1] STARK, J.: Jb. Radioakt. u. Elektr. **12**, 279 (1915).

nicht zu der Annahme verleiten darf, daß die Dichte der Flächen-
besetzung allein für das Zustandekommen der Spaltbarkeit verantwortlich zu machen ist. Bei solchen Kristallen jedoch, in denen nur eine
metallische oder homöopolare Bindungsart wirksam ist, ist häufig die
dichtest besetzte Netzebene identisch mit derjenigen Ebene, von der
aus die schwächsten Kräfte bzw. die wenigsten Bindungen zu den
äquivalenten Nachbarnetzebenen gehen. Da nun in diesen Fällen dieses
die einzige für das Zustandekommen einer Spaltung zu erfüllende
Bedingung ist, kann man hier mit Hilfe der Belegungsdichten der
Netzebenen die Spaltbarkeit z. B. bei dem isometrischen, kubischen
Diamanten erklären. Es ist aber zweckmäßiger, weil von grundsätzlicher
Bedeutung, anstatt nach den Belegungsdichten zu fragen, zu untersuchen, wie groß die Anzahl der Bindungen pro Flächeneinheit ist, die
von einer Spaltfläche „durchschnitten" werden muß. Wir werden im
folgenden sehen, daß sich aus solchen Überlegungen heraus der Verlauf
der Spaltbarkeiten stets erklären läßt.

Diamant. Im Gitter des Diamanten wird jedes C-Atom tetraedrisch
von vier Atomen im gleichen Abstand umgeben. Betrachten wir nun
die (100)-Netzebene, so ist sie deutlich von ihrer parallelen Netzebene
getrennt und zwei der vier tetraedrischen C—C-Bindungen wirken pro
Atom bindend zwischen je zwei Netzebenen. Berücksichtigt man die
Anzahl der Atome pro Fläche (2 Atome pro Fläche a^2), dann ergibt sich,
daß vier C—C-Bindungen auf einer Fläche von der Größe a^2 zwischen
zwei nächsten (100)-Netzebenen wirksam sind.

Zwischen zwei nächsten (110)-Netzebenen wirkt von jedem Atom
nur eine Bindung, aber auf eine Fläche von der Größe $a^2 \sqrt{2}$ entfallen
vier C—C-Bindungen; denn vier Atome kommen auf die Fläche von der
Größe $a^2 \sqrt{2}$. Betrachten wir schließlich noch in Abb. 106 die (111)-Fläche,
dann stellen wir fest, daß die Netzebenen nicht wie bei (110) und (100) stets
einen gleichen Abstand voneinander haben, sondern daß zwei sehr eng
beieinanderliegende (111)-Netzebenen durch sehr viele, nämlich durch
drei C—C-Bindungen pro Atom miteinander verbunden sind; diese beiden
Netzebenen können zusammen als eine feste Einheit betrachtet werden.
Sie ist von gleichartigen „zusammengesetzten" (111)-Netzebenen durch
einen großen Abstand getrennt und — was in diesem Zusammenhang
besonders wichtig ist — nur durch eine C—C-Bindung je Atom mit der
nächsten zusammengehalten. Also zwischen (111)- und (110)-Netz-
ebenen wirkt nur jeweils eine C—C-Bindung pro Atom. Während aber bei
der (110)-Netzebene vier Atome auf eine Fläche $a^2 \sqrt{2}$ entfallen, liegen
bei der (111)-Fläche vier Atome in einer Fläche von der Größe $a^2 \sqrt{3}$.
Die Anzahl der zwischen parallelen Netzebenen pro Fläch*eneinheit* wirksamen Bindungen ist also nicht gleich, sondern bei (111) kleiner als bei

(110). Die folgende Zusammenstellung, in der auch noch die Fläche (221) berücksichtigt ist, gibt die Anzahl der pro Flächeneinheit zwischen benachbarten Netzebenen wirksamen C—C-Bindungen an:

Tabelle 80. *Diamant.*

Netzebene	C—C-Bindungen pro Fläche zwischen benachbarten Netzebenen wirksam	C—C-Bindungen pro Fläche*einheit* (Å²) zwischen benachbarten Netzebenen wirksam
(111)	4 pro $a^2 \sqrt{3}$	0,18
(110)	4 pro $a^2 \sqrt{2}$	0,22
(221)	5 pro $a^2 \cdot 1{,}55$	0,25
(100)	4 pro a^2	0,32
	($a = 3{,}56$ Å)	

Da zu erwarten ist, daß die Spaltung am leichtesten erfolgt, wenn die pro Flächeneinheit geringste Anzahl von Bindungen durchschnitten wird, ist es völlig verständlich, daß die (111)-Fläche die beste Spaltfläche des Diamanten ist (Abb. 106). Sie wird meistens als die einzige beim Diamanten beobachtete Spaltfläche angegeben. Zweifellos erfolgt nach (111) die Spaltung sehr vollkommen, aber es ist auch noch eine andere, weniger vollkommene Spaltbarkeit, nämlich nach (110),

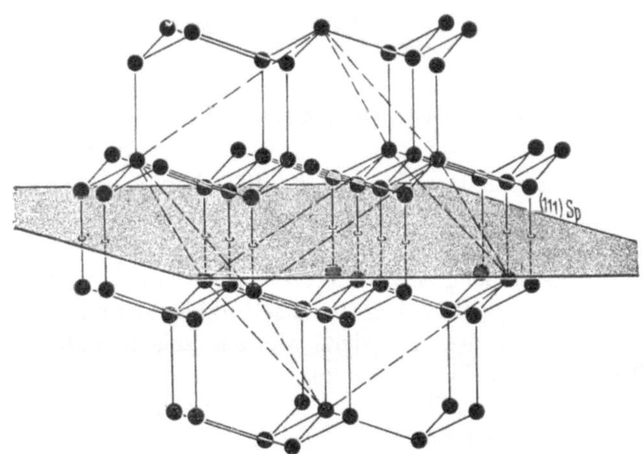

Abb. 106. Diamantgitter mit Spaltebene (111). (Aus CORRENS.)

beobachtet worden, von der sogar einige amerikanische Diamantschleifer praktischen Gebrauch machen[1]. Das entspricht durchaus unserer Vorstellung von der Spaltbarkeit; denn wenn neben (111) noch eine andere Spaltfläche beobachtet wird, dann muß es die (110)-Fläche sein, weil sie nach (111) die *nächst*geringste Anzahl der Bindungen pro Flächeneinheit hat, welche zwischen benachbarten Netzebenen wirken.

[1] Siehe E. H. KRAUS u. CH. B. SLAWSON: Amer. Mineral. **24**, 661 (1939).

Noch weitere Spaltflächen sind von RAMASESHAN[1] am Diamanten festgestellt worden. Insgesamt sind es die Flächen: (111), (221), (110), (322), (331), (211) und (332). Von diesen sind nach (111) die Spaltflächen (221) und (110) am häufigsten beobachtet worden. Das häufige Auftreten auch der Fläche (221) wird durch unsere Überlegungen verständlich (vgl. Tab. 80, S. 291).

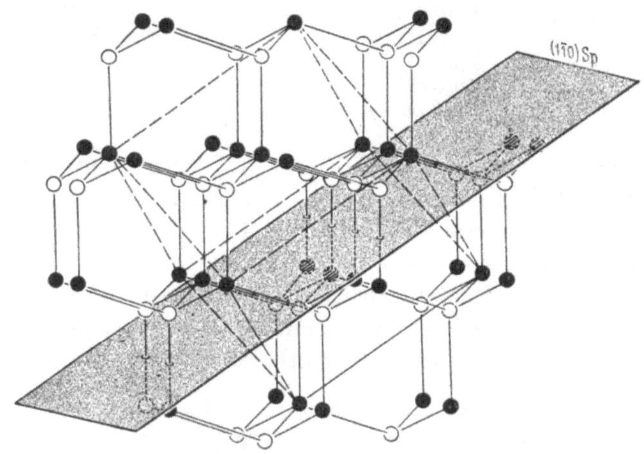

Abb. 107. Zinkblendegitter mit Spaltebene (110). (Aus CORRENS.)

Beim Diamanten hätten wir die Spaltflächen auch noch mit der alten BRAVAISschen Vorstellung erklären können, denn die dichtest besetzten Netzebenen sind folgende:

(111) [als „zusammengesetzte" Netzebene] > (110) > (100).

Aber bereits die Spaltbarkeit bei der Zinkblende und das später zu behandelnde Beispiel des Anhydrits werden zeigen, daß es auf die Flächendichten nicht primär ankommt.

Zinkblende. In Kristallen, deren Bausteine neben homöopolarem oder metallischem Bindungscharakter auch einen heteropolaren Charakter haben, ist die zwischen Netzebenen wirksame Anzahl der Bindungen pro Flächeneinheit nicht *allein* für das Zustandekommen einer Spaltung verantwortlich. Das ersieht man aus dem Beispiel der Zinkblende. Ihr Gitter kann bekanntlich aus dem Diamantgitter abgeleitet werden, indem man die eine Hälfte der C-Atome durch Zn, die andere Hälfte durch S abwechselnd ersetzt. Die auf die Flächeneinheit bezogene Anzahl der Bindungen Zn—S entspricht im Verhältnis genau der für die verschiedenen Diamantflächen abgeleiteten Bindungsanzahl;

---

[1] RAMASESHAN, S.: Proc. Indian Acad. Sci. 24 A, 114 (1946).

aber trotzdem verläuft die Spaltbarkeit bei der Zinkblende nicht nach (111), sondern nur nach (110) (Abb. 107). Hier äußert sich nun der bereits erwähnte elektrostatische Faktor, der für die Spaltbarkeit von Ionenkristallen und solchen Kristallen, deren Bausteine einen, wenn auch nur geringen heteropolaren Bindungscharakter tragen, wesentlich ist. (Daß Zn und S in geringem Maße Ionencharakter haben, geht eindeutig aus dem piezoelektrischen Effekt der Zinkblende hervor.) Denn es ist offensichtlich die Spaltung eines Kristalls dann besonders leicht möglich, wenn nicht nur die geringste Anzahl von Bindungen durchschnitten werden muß, sondern wenn durch sehr geringe Verschiebung eines Kristallteiles gegen den anderen (wobei bereits solche Bindungen zerrissen werden) *gleichnamige* Ionen auf kürzeste Entfernung einander gegenüberzuliegen kommen, so daß durch die erfolgende elektrostatische Abstoßung der Kristall entlang der Spaltfläche von innen heraus „zersprengt" wird. (Explosionsartige Geräusche sind auch tatsächlich bei der Druckspaltung von Ionenkristallen beobachtet worden[1].) Bei der Zinkblende können nun durch keine Art der Verschiebung parallel (111) die Gitterteile in eine Abstoßungsstellung gebracht werden; denn stets grenzt eine (111)-Netzebene, die sich aus engbenachbarten Zn- und S-Lagen zusammensetzt, derart an die benachbarte (111)-Ebene, daß *un*gleichnamige Ionen, aber nicht gleichnamige einander gegenüberliegen, die Ebenenfolge ist nämlich: Zn-S—Zn-S—Zn-S—Zn ... (die Länge der Striche schematisiert die Abstände). (111) ist also keine Spaltfläche, aber dafür eine gute Translationsfläche, denn der Zusammenhang des Kristalles wird ja nicht „zersprengt". Verschiebt man jedoch einen Gitterteil gegenüber dem anderen parallel (110) in Richtung $[\bar{1}12]$ um $\frac{a}{2}\sqrt{\frac{3}{2}}$, dann liegen alle gleichnamigen Ionen einander auf kürzestmöglichem Abstand gegenüber. Die elektrostatische Abstoßung kann also wirksam werden. Wegen dieser zusätzlichen Wirkung kann eine Zerteilung des Kristalls nach (110) beträchtlich leichter erfolgen als nach (111). Die zusätzliche Wirkung ist trotz der zwischen (110)-Netzebenen etwas größeren Bindungsanzahl pro Flächeneinheit so groß, daß die Spaltbarkeit sehr leicht parallel dieser Fläche verläuft und nach (111) überhaupt nicht.

Die vollkommene Spaltbarkeit des *Flußspats* nach (111) erklärt sich ebenfalls durch den elektrostatischen Abstoßungseffekt. Die Netzebenenfolge (111) ist folgende:

$$\ldots F\text{——}Ca\text{——}F\overset{\downarrow}{\text{——}}F\text{——}Ca\text{——}F\overset{\downarrow}{\text{——}}F \ldots$$

(111)-Netzebenen sind also „zusammengesetzte" Netzebenen, die

---

[1] NIGGLI, P.: Mineralogie u. Kristallchemie Teil 1, 431 (1941). — TERTSCH, H.: Die Festigkeitserscheinungen der Kristalle. S. 43ff. Wien 1949.

durch Ca—F-Bindungen im ungestörten Kristall fest miteinander verbunden sind. Findet aber eine Verschiebung eines Gitterteils gegenüber dem anderen parallel (111) in Richtung $[\bar{2}11]$ oder $[11\bar{2}]$ oder $[1\bar{2}1]$ um den Betrag $a\sqrt{1/6}$ statt, dann stehen sämtliche F-Ionen des einen Gitterteils den F-Ionen der benachbarten Netzebene des anderen Gitterteils spiegelbildlich auf kürzestem Abstand gegenüber. Die elektrostatische Abstoßung wird wirksam, so daß der Kristall parallel (111) zwischen den Fluor-Ionen spaltet, wie es durch den Pfeil in der oben angegebenen Netzebenenfolge angedeutet ist. (Nur die nächstbenachbarten Ionen, die Fluor-Ionen, stehen dann in Abstoßungsstellung, während die übernächsten gleichnamigen Ionen, die Ca-Ionen, einander nicht auf kürzestmöglichen Abstand genähert werden können; sie tragen also nicht zur elektrostatischen Abstoßung bei.)

Wir wollen nun das Zusammenwirken der beiden für das Zustandekommen der Spaltbarkeit in Ionenkristallen verantwortlichen Faktoren an weiteren Beispielen studieren. Am geeignetsten sind hierzu Kristalle, welche verschiedene Spaltbarkeitsgrade aufweisen. Wir wählen deshalb noch folgende zwei Kristallarten aus: Steinsalz: $(100) \gg (110)$ und Anhydrit: $(001) > (010) \gg (100)$[1].

Steinsalz. Steinsalz hat eine sehr vollkommene Spaltbarkeit nach (100) und eine weniger vollkommene nach (110). Betrachten wir nun das NaCl-Gitter, dann sehen wir, daß jedes Na von 6 Cl in Form eines Oktaeders umgeben wird und jedes Cl in gleicher Weise von 6 Na. Wir können uns für den vorliegenden Zweck vereinfachend vorstellen, daß von jedem Na sechs Bindungen zu Cl-Ionen und von jedem Cl sechs Bindungen zu Na-Ionen gehen. (Dieses ist natürlich nur ein stark schematisiertes Bild, denn wegen der allseitig ungerichtet wirkenden heteropolaren Bindung ist unter diesen Na-Cl-Bindungen keine gerichtete Bindung wie bei homöopolar gebundenen Bausteinen zu verstehen, es sind jedoch die Richtungen kürzester Ionenabstände und damit stärkster Bindungen.)

Wenn man nun eine (100)-Netzebene betrachtet, dann sieht man aus dem Gitter sofort, daß vier von den sechs Bindungen eines jeden Ions *in* der (100)-Ebene liegen und daß nur je eine Bindung pro Atom von der (100)-Ebene zu seinem vorderen bzw. hinteren Nachbarn reicht, welche von der Spaltebene durchschnitten wird. Da auf die Fläche von der Größe a^2 zwei Na^+ und zwei Cl^- entfallen, werden parallele (100)-Netzebenen je a^2 Flächengröße durch vier AX-Bindungen verbunden. Im Falle der (110)-Ebene liegen nur zwei AX-Bindungen jedes Ions in

---

[1] Auch der *Rutil* mit seiner vollkommenen Spaltbarkeit nach (110), aber nur noch deutlichen Spaltbarkeit nach (100) ist ein sehr geeignetes Beispiel; siehe H. G. F. WINKLER: Heidelberger Beitr. Mineral. u. Petrogr. **2**, 255 (1950), oder 1. Aufl. dieses Buches 1950, S. 231 ff.

dieser Ebene, zwei Bindungen sind jeweils zwischen benachbarten Netzebenen wirksam. Berücksichtigt man nun die Anzahl der Ionen pro Fläche und die Anzahl der Bindungen zwischen den Netzebenen, dann erhält man folgende Bindungsanzahlen pro Flächeneinheit, welche beim Steinsalz zwischen benachbarten Netzebenen wirksam sind:

Tabelle 81. *Steinsalz.*

Fläche	AX-Bindungen pro Fläche zwischen benachbarten Netzebenen wirksam	AX-Bindungen pro Fläche*einheit* ($Å^2$) zwischen benachbarten Netzebenen wirksam
(100)	4 pro a^2	0,126
(110)	8 pro $a^2 \sqrt{2}$ ($a = 5,63\ Å$)	0,180

Da (100) die geringere Bindungsanzahl pro Flächeneinheit hat, ist es völlig verständlich, daß sie die beste Spaltfläche ist, wenn die zweite für Ionenkristalle zu erfüllende Bedingung verwirklicht ist, nämlich daß durch Verschiebung parallel der Spaltebene die Ionen beider Gitterteile in Abstoßungsstellung gebracht werden können. Das ist sowohl für (100) wie für (110) gegeben: die Kristallhälften brauchen nur parallel (110) bzw. (100) in Richtung der in der Fläche liegenden c-Achse um $a/2$ verschoben zu werden. Es wird dann also der Gitterverband elektrostatisch gesprengt und die Spaltung ist parallel (100) wegen der geringeren Anzahl der aufzuhebenden Bindungen pro Flächeneinheit beträchtlich vollkommener als nach (110).

Wenn dagegen die Verschiebung nicht in der angegebenen Richtung [001] erfolgt, sondern eine gerichtete Kraft so angesetzt wird, daß sie parallel der Fläche (110) in Richtung [1$\overline{1}$0] bzw. parallel (100) in Richtung [011] vor sich geht, dann wird keine Abstoßungsstellung erreicht, vielmehr bleiben stets ungleichnamige Ionen einander zugekehrt. Es kann also keine elektrostatische Sprengung erfolgen, sondern der Zusammenhang des Kristalls bleibt bei Verschiebung von Kristallteilen gegeneinander gewahrt; es ist eine *Translation* parallel diesen Ebenen erfolgt. Wenn die Translationsrichtungen genau eingehalten werden, dann sollte bei Verschiebung parallel (110) mehr Arbeit aufgewendet werden müssen als parallel (100). Da quantitative Versuche hierüber fehlen, kann diese Vermutung noch nicht nachgeprüft werden. Beim mit NaCl isotypen Bleiglanz, PbS, ist als Translations- und als Spaltebene *nur* die Fläche (100) beobachtet worden.

Diese Beobachtung am PbS könnte auf Baufehler zurückzuführen sein; denn man hat sogar an kristallographisch gleichwertigen Oktaederflächen des Steinsalzes beobachtet, daß die Güte[1] der Oktaederebenen als Gleitflächen *verschieden* ist

---

[1] Sie wurde durch die Schubfestigkeit an der Streckgrenze gemessen.

und von der Lage zur Wachstumsrichtung des aus der Schmelze gezogenen NaCl-Kristalls abhängt[1]. Das mag darauf zurückzuführen sein, daß durch die Lage der Flächen zur Wachstumsrichtung eine bevorzugte orientierte Anordnung von Baufehlern möglich ist. Baufehler können die Gleitung und auch die Spaltbarkeit behindern, vielleicht sogar verhindern. Es erscheint möglich, daß auf ähnliche Weise das Fehlen der (110)-Spalt- und Translationsebene beim PbS zu erklären ist.

Wir erkannten also, daß es nur auf die Beanspruchungsrichtung ankommt, ob beim Steinsalz die Flächen (110) und (100) Translationsflächen *oder* Spaltflächen sind. Es ist also nicht richtig — wie bisweilen noch angenommen wird —, daß beim NaCl (100) nur Spaltfläche und (110) nur Translationsfläche ist; beide Flächen sind sowohl Spalt- als auch Translationsfläche. Diese beiden Flächen erkennt man in der Abb. 108 sehr deutlich. Daß auch (111) eine beobachtete Translationsfläche beim NaCl ist, ist völlig verständlich, weil durch Verschiebung parallel (111) die Ionen benachbarter Netzebenen niemals in Abstoßungsstellung gebracht werden können, so daß der Kristall nicht „zersprengt"

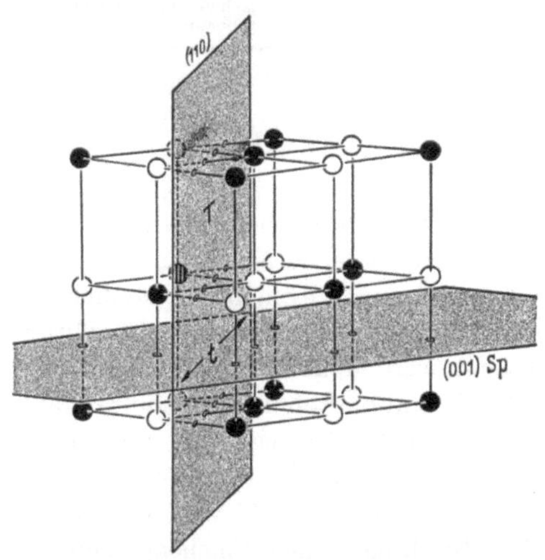

Abb. 108. NaCl-Gitter mit den Ebenen (001) und (110). Bei einer in Richtung des Pfeiles wirkenden Druckkraft sind beide Flächen Translationsebenen; wirkt der Druck in Richtung der in der Fläche liegenden kristallographischen *a*-Achse, dann tritt Spaltbarkeit nach (001) bzw. (110) ein. (Aus CORRENS.)

werden kann. Der Zusammenhang des Kristalls bleibt also erhalten, weil stets entgegengesetzt geladene Netzebenen beim Translatieren übereinander gleiten; die Netzebenenfolge bleibt stets Na—Cl—Na—Cl—Na.

Es sei hier noch darauf hingewiesen, daß die plastische Deformation *nicht*metallischer Kristalle auch für die angewandte Forschung von Bedeutung ist. So wird das Aufdringen des Steinsalzes zu den geologisch besonders wichtigen Salzdomen zwanglos durch die leichte plastische Deformierbarkeit des Steinsalzes erklärt, und entsprechend wird die Gletscherbewegung durch die Translation der Eiskristalle parallel ihrer hexagonalen Basisfläche verständlich[2]. Allgemeiner hat sich mit der

---

[1] EDNAR, A.: Z. Physik **73**, 623, (1932). — SPERLING, G. F.: Z. Physik **74**, 476, (1932).

[2] MÜGGE, O.: N. Jb. Mineral **2**, 211 (1895); **2**, 123 (1899); neuere Untersuchungen von M. F. PERUTZ u. G. A. SELIGMAN: Proc. Roy. Soc. (London) A **172**, 335 (1939).

Translation nichtmetallischer Kristalle in neuerer Zeit H. SEIFERT[1] beschäftigt.

Wie beim Steinsalz, so verläuft auch bei mit ihm isotypen Verbindungen die Spaltbarkeit sehr vollkommen nach (100); z. B. bei Sylvin (KCl), Periklas (MgO), weiter bei MnO, CaO und bei PbS. Die weniger vollkommene Spaltbarkeit nach (110) ist außer bei NaCl auch bei CaO beobachtet worden.

In der Literatur ist die Bemerkung verbreitet, daß auch CsCl nach (100) spaltet. Wenn das richtig wäre, dann würde es der Vorstellung der elektrostatischen Zersprengung bei der Spaltung von Ionenkristallen widersprechen, weil CsCl bei Zimmertemperatur nicht im NaCl-Typ, sondern im CsCl-Typ kristallisiert. Aber die Angabe GROTHs[2] über die Spaltbarkeit des CsCl nach (100) konnte nicht bestätigt werden. Vielmehr stellte JOHNSEN[3] ausdrücklich fest, daß eine Spaltbarkeit, insonderheit nach (100), bei CsCl und auch bei NH_4Cl und NH_4Br (welche bei Zimmertemperatur ebenfalls im CsCl-Typ kristallisieren) fehlt[4].

Kalkspat. Die so perfekte Spaltbarkeit des Calcits mag hier gleich anschließend erwähnt werden, weil sie sich ganz so wie die sehr vollkommene Spaltbarkeit des NaCl nach (100) erklären läßt. Man braucht sich nämlich nur daran zu erinnern, daß das Calcitgitter als ein in Richtung einer dreizähligen Achse gestauchtes NaCl-Gitter betrachtet werden kann, in dem Na durch Ca und Cl durch CO_3 ersetzt sind. Dann entspricht der (100)-Fläche des Steinsalzes die Rhomboederfläche ($10\bar{1}1$) des Calcits und den drei gleichwertigen kristallographischen a-Achsen des NaCl entsprechen die drei rhomboedrischen Achsen des Calcits. So ist analog der perfekten Spaltbarkeit des NaCl nach (100) die perfekte Spaltbarkeit des Calcits nach ($10\bar{1}1$) leicht verständlich. Eine weniger gute zweite Spaltfläche, wie beim NaCl, ist bei Calcit nicht beobachtet worden.

Wir werden jetzt noch ein Beispiel behandeln, welches zwar etwas komplizierter, aber dafür auch besonders aufschlußreich ist und uns klar den Einfluß der elektrostatischen Abstoßung aufzeigt. Damit wird der Beweis für die STARKsche Hypothese geliefert. Der Anhydrit ist hierfür besonders geeignet.

Anhydrit. Der Anhydrit, $CaSO_4$, kristallisiert rhombisch. Jedes S ist tetraedrisch von vier Sauerstoffen umgeben und jedes Ca hat acht fast gleich weit entfernte Sauerstoffnachbarn. Die ganze Struktur ist

---

[1] SEIFERT, H.: Z. Elektrochem. **50**, 78 (1944); Z. Kristallogr. **106**, 50 (1945).

[2] GROTH, P. v.: Chem. Kristallogr. **1**, 181 (1906).

[3] JOHNSEN, A.: Sitzgsber. preuß. Akad. Wiss., Phys.-Math. Kl. 24, 14 u. 15 (1929).

[4] Wegen der Weichheit der Kristalle ist die Bestimmung der Spaltbarkeit schwierig. Da bei tieferer Temperatur die Härte größer ist, sollten Spaltbarkeitsversuche am CsCl unter flüssiger Luft ausgeführt werden, was vorgesehen ist.

pseudotetragonal nach der a-Achse[1], denn $b = 6{,}94$ Å und $c = 6{,}97$ Å) also $b \cong c$; $a_0 = 6{,}20$ Å. Die Abweichungen von der tetragonalen Symmetrie erkennt man erst, wenn die Atomkoordinaten in Richtung der a-Achse betrachtet werden. Das Gitter des Anhydrits ist in der Abb. 109 dargestellt.

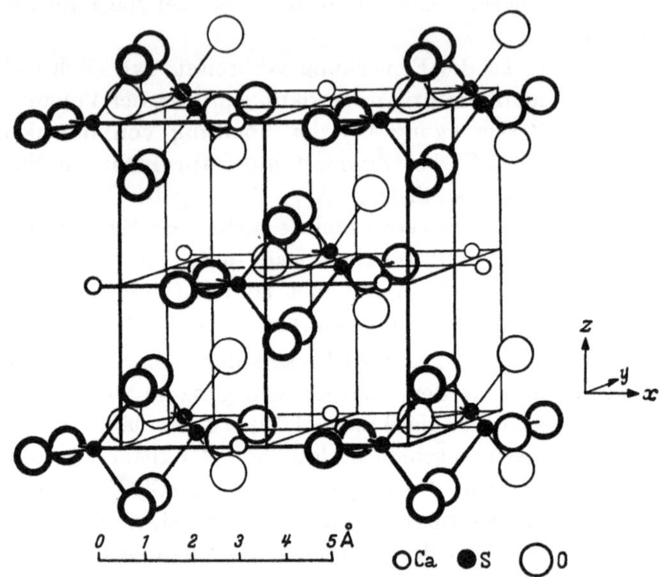

Abb. 109. Anhydritgitter, CaSO$_4$ (aus Strukturberichten der Z. Kristallogr.)

Die bei Anhydritkristallen beobachtete Spaltbarkeit verläuft

nach (001) sehr vollkommen,

nach (010) vollkommen,

nach (100) deutlich bis schlecht.

Diese auch von H. TERTSCH[2] mit halbquantitativer Methode für Druck-, Schlag- und Zugspaltung ermittelte gleiche Reihenfolge der so deutlich verschiedenen Spaltbarkeitsgrade regt besonders an, Spaltbarkeit und Kristallstruktur des Anhydrits zu studieren.

Wie man aus den Projektionen der Atomlagen in die (100)-Ebene (Abb. 110) bzw. in die (010)-Ebene (Abb. 111) erkennt, sind alle drei

---

[1] In DANAS System of Mineralogy, 7. Aufl., 1951, ist eine andere Aufstellung gewählt worden, indem unsere a-Achse als c-Achse, unsere b-Achse als a-Achse und unsere c-Achse als b-Achse bezeichnet worden ist; dann ist die Struktur natürlich pseudotetragonal nach der c-Achse.

[2] TERTSCH, H.: Die Festigkeitserscheinungen der Kristalle, S. 30. Wien 1949.

Spaltebenen „zusammengesetzte" Netzebenen, die sich folgendermaßen aufbauen:

(001): .... O_2——$Ca_2S_2O_4$——O_2——O_2——$Ca_2S_2O_4$——O_2——O_2 ....

(010): .... O_2——$Ca_2S_2O_4$——O_2——O_2——$Ca_2S_2O_4$——O_2——O_2 ....

(100): .... O_2–CaS——O_4——CaS–O_2——O_2–CaS——O_4——CaS–O_2——O_2 ....

Es kann nun die elektrostatische Abstoßungsstellung erreicht werden:

1. durch Verschiebung des einen Kristallteiles gegenüber dem anderen parallel (001) in Richtung a um $a/2$,
2. durch Verschiebung parallel (010) in Richtung a um $a/2$,
3. durch Verschiebung parallel (100) in Richtung b um $b/2$.

Die Verschiebung erfolgt jeweils parallel der Fläche, die in den Abbildungen durch die gestrichelt gezeichnete Flächenspur dargestellt ist. Diese trennt die Netzebenen dort, wo in der oben angeführten Netzebenenfolge der Pfeil angegeben ist. Alle drei Flächen können also Spaltflächen sein.

Nun ist aber trotz gleichen Netzebenenaufbaues, trotz gleicher Belegungsdichte und gleichem Netzebenenabstand und, wie wir unten sehen werden, trotz gleicher Bindungsanzahl pro Å^2 die Güte der Spaltbarkeit nach (001) wesentlich vollkommener als nach (010). Dieses experimentelle Ergebnis erklärt sich sofort, wenn wir die einzelnen Ionenlagen in der Abstoßungsstellung vergleichen. Bei der Verschiebung parallel (001) stehen sich nicht nur die nächstbenachbarten mit Sauerstoffatomen besetzten Netzebenen auf kleinstmöglichem Abstand spiegelbildlich zur Spaltebene gegenüber, sondern auch die übernächsten mit $(CaSO_2)$ besetzten Netzebenen. [Vgl. Abb. 110. Die zur Spur der (001)-Ebene symmetrischen Atomlagen unterscheiden sich in der Höhe x (a-Achse) alle um 50, d. h. um $a/2$, so daß nach Verschiebung des einen Gitterteiles um $a/2$ alle entsprechenden, gleichnamigen Ionen paarweise in gleicher x-Höhe sich gegenüberstehen.] Im Gegensatz hierzu stehen nach einer Verschiebung parallel der (010)-Ebene um $a/2$ sich *nur* die nächsten Sauerstoffnetzebenen auf kürzestem Abstand gegenüber, während die mit $(CaSO_2)$ besetzten übernächsten Netzebenen nicht in solch eine perfekte Abstoßungsstellung gebracht worden sind. [Vgl. die durch Zahlen bezeichneten Höhenangaben der Punktlagen in Richtung x, symmetrisch zur Spur der Spaltfläche (010), die wesentlich von 50, dem Verschiebungsbetrag, abweichen.]

Es werden also bei Verschiebung parallel (010) nur die nächstbenachbarten Sauerstoffnetzebenen, nicht aber auch die übernächsten mit

(CaSO$_2$) besetzten Netzebenen in Abstoßungsstellung gebracht. Das ist der einzige und daher wesentliche Unterschied gegenüber der Verschiebung parallel (001). Da die Spaltbarkeit nach (001) deutlich vollkommener ist als nach (010), kann der Grund hierfür nur in diesem Unterschied der beiden Abstoßungsstellungen liegen. Wir müssen daraus

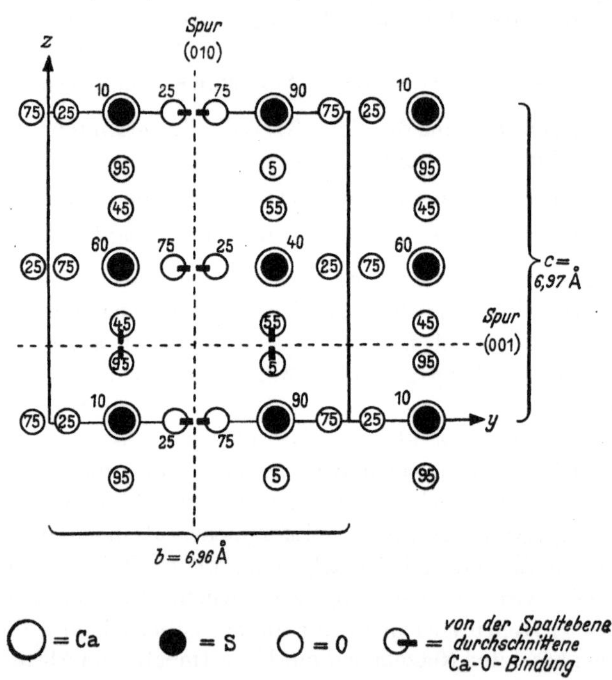

Abb. 110. Projektion der Gitterpunkte des Anhydrits auf die b—c-Ebene. Gestrichelte Linie = Spur der Spaltebene (010) bzw. (001). Die Ca erscheinen in der Projektion an der gleichen Stelle wie die S; die Ca-Positionen unterscheiden sich nur in der Höhe x um $\pm$ 50 von den S-Positionen. Nur die x-Koordinaten der S-Positionen sind durch Zahlen angegeben, die sich auf die gefüllten Kreise beziehen. [Beispiel: Über S in $x = 10$ (links unten) liegt Ca in $x = 60$.]

schließen, daß die elektrostatische Abstoßung nicht nur zwischen den unmittelbar benachbarten Netzebenen wirksam ist, sondern auch noch merklich zwischen den übernächsten Nachbarnetzebenen. Dann leuchtet es ohne weiteres ein, daß die Abstoßung nach Verschiebung parallel (001) stärker sein muß als nach Verschiebung parallel (010), so daß der vollkommenere Spaltbarkeitsgrad nach (001) verständlich ist. Ganz allgemein aber ist durch diese Untersuchung sichergestellt, daß die elektrostatische Abstoßung ein wesentlicher Teil des Spaltvorganges in heteropolaren Kristallen ist.

Um nun noch zu verstehen, warum die Spaltung nach (100) so sehr viel schwieriger erfolgt als nach (001) und (010), müssen wir wieder nach dem anderen, die Güte einer Spaltfläche bestimmenden Faktor fragen, nämlich nach der Anzahl der pro Flächeneinheit von der Spaltfläche durchschnittenen Bindungen. Denn da nach Verschiebung der

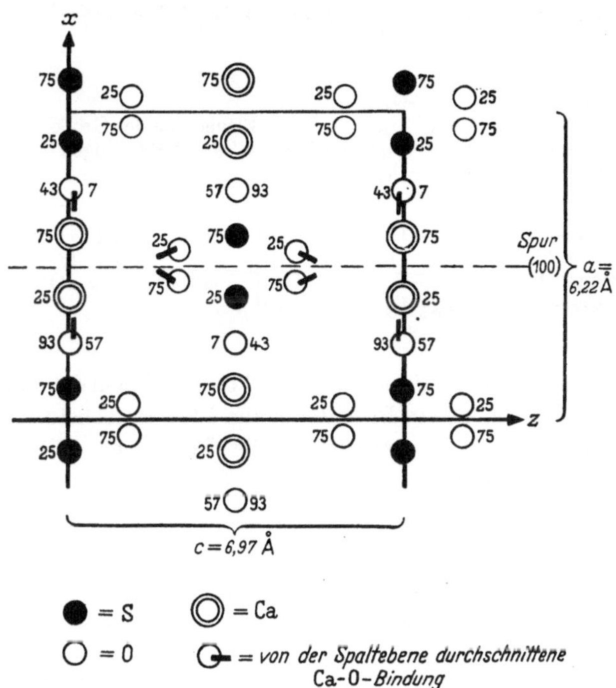

Abb. 111. Projektion der Gitterpunkte des Anhydrits in die a—c-Ebene. Gestrichelte Linie = Spur der Spaltebene (100).

Gitterteile parallel (100) um $\frac{b}{2}$ sowohl die nächsten als auch die übernächsten gleichnamigen Ionennachbarn sich genau spiegelbildlich auf kürzestmögliche Entfernung gegenüberstehen, kann die bedeutend schlechtere Spaltbarkeit parallel (100) nicht auf den Unterschied der elektrostatischen Abstoßung zwischen *nur* nächsten Nachbarn bzw. nächsten *und* übernächsten Nachbarn zurückgeführt werden. Wir betrachten deshalb also wieder das Gitter und untersuchen, wie viele Bindungen von der Spaltfläche durchschnitten werden müssen, wenn die Kristallteile gegeneinander verschoben werden sollen. Wir stellen zunächst fest, daß bei den Verschiebungen parallel (001), (010) und (100) die SO_4-Koordinationstetraeder stets völlig intakt bleiben, was wir wegen der starken Bindung innerhalb dieser Baukomplexe auch erwarten sollten. Zerschnitten werden lediglich Ca-O-Bindungen.

Diese seien hier im einzelnen aufgeführt:

(001)

1 Ca—O	$(Ca_{60}—O_{45})$	
1 Ca—O	$(Ca_{10}—O_{95})$	Auf eine Fläche von der Größe $b\,a = 43,4$ Å^2
1 Ca—O	$(Ca_{40}—O_{55})$	entfallen 4 Ca—O-Bindungen
1 Ca—O	$(Ca_{90}—O_{5})$	

(010)

1 Ca—O	$(Ca_{60}—O_{75})$	
1 Ca—O	$(Ca_{40}—O_{25})$	Auf eine Fläche von der Größe $c\,a = 43,5$ Å^2
1 Ca—O	$(Ca_{10}—O_{25})$	entfallen 4 Ca—O-Bindungen
1 Ca—O	$(Ca_{90}—O_{75})$	

(100)

2 Ca—O	$(Ca_{75}—O_{75})$	
2 Ca—O	$(Ca_{25}—O_{25})$	Auf eine Fläche von der Größe
2 Ca—O	$(Ca_{75}—O_{57}, Ca_{75}—O_{93})$	$c\,b = 48,5$ Å^2
2 Ca—O	$(Ca_{25}—O_{7}, Ca_{25}—O_{43})$	entfallen 8 Ca—O-Bindungen

(In Klammern sind die genauen Ca- und O-Positionen durch die Höhe über der Projektionsebene in Bruchteilen des Identitätsabstandes (gleich 100) angegeben, so daß man selbst die Positionen mit Hilfe der Abb. 110 und 111 ablesen kann.)

Es werden also folgende Anzahlen von Ca—O-Bindungen bei der Spaltung durchschnitten:

Tabelle 82. Anhydrit.

Fläche	Anzahl der Ca—O-Bindungen pro Fläche	Anzahl der Ca—O-Bindungen pro Flächeneinheit (Å^2)
(001)	4 pro Fläche $b\,a$	0,092
(010)	4 pro Fläche $c\,a$	0,092
(100)	8 pro Fläche $c\,b$	0,165
	$a = 6,22;\ b = 6,94;\ c = 6,97$ Å	

Da bei der Spaltung, d. h. bei der für die Spaltung notwendigen Verschiebung, parallel (100) weitaus die meisten Ca—O-Bindungen je Flächeneinheit aufgehoben werden müssen, erfolgt die Spaltung nach ihr am schwersten. So ist der experimentelle Befund zu verstehen, daß der Spaltbarkeitsgrad parallel (100) deutlich schlechter ist als nach (001) und (010).

Eine experimentelle Beobachtung scheint ebenfalls die von der vorgetragenen Spaltbarkeitstheorie verlangte Verschiebung von Kristallteilen zu bestätigen: Auf den Spaltflächen des Anhydrits erkennt man eine Art Striemung, die auf (001) und (010) parallel der a-Achse, auf

(100) parallel der b-Achse verläuft, also parallel den oben jeweils geforderten Verschiebungsrichtungen. Ferner hatte ich bei Spaltbarkeitsversuchen parallel (100) den Eindruck, daß dann, wenn der Schlag in Richtung der c-Achse erfolgte, die Spaltfläche weniger glatt ist, als wenn der Schlag in Richtung der b-Achse erfolgte, also in derjenigen Richtung, in der sich entsprechend unserer Theorie die Kristallteile verschieben müssen, wenn Spaltung erfolgen soll. Außerdem wird die Theorie auch noch unterbaut durch die Tatsache, daß beim Anhydrit parallel (001) in Richtung der b-Achse eine mechanische Translation möglich ist (was man sich mit Hilfe der Abb. 110 und 111 leicht erklären kann), während bei Verschiebung in Richtung der a-Achse Spaltung erfolgt.

Zusammenfassend erkennen wir an diesen Beispielen, die besonders ausgewählt worden sind, um zu zeigen, worauf es bei der Spaltbarkeit ankommt, daß der Spaltvorgang bei Ionenkristallen und selbst solchen Kristallen, deren Bausteine nur einen kleinen Anteil eines heteropolaren Charakters haben (wie bei der Zinkblende), in zwei Einzelvorgänge zerlegt werden kann:

1. Die Auflösung von Bindungen, welche quer zwischen den parallel einer potentiellen Spaltfläche angeordneten Netzebenen wirken, durch Verschiebung von Gitterteilen parallel dieser Ebene und in bestimmter Richtung.

2. Die elektrostatische Abstoßung, die zu einer „Zersprengung" des Kristalls parallel der Spaltfläche führt und so den Gitterzusammenhalt aufhebt.

Der Spaltbarkeitsgrad ist entsprechend um so vollkommener,

a) je weniger Bindungen pro Flächeneinheit zwecks Einleitung der Verschiebung zerrissen werden müssen und

b) je mehr und je vollständiger gleichnamige Ionen einander auf kürzestmöglichen Abstand in Abstoßungsstellung gebracht werden können, wobei nicht nur die unmittelbar benachbarten gleichnamigen Ionen, sondern auch die übernächsten gleichnamigen Nachbarn von Einfluß sind.

Durch das Zusammenwirken dieser beiden Faktoren können wir z. B. auch die Spaltbarkeit des Wurtzits, ZnS, und des mit ihm isotypen Zinkits, ZnO, verstehen. Sie haben eine gute Spaltbarkeit nach $(11\bar{2}0)$. Auch in diesen Fällen ist die Spaltfläche keineswegs die dichtestbesetzte Netzebene, aber sie erfüllt die vorstehend abgeleiteten Voraussetzungen, um als Spaltfläche auftreten zu können.

In neuerer Zeit haben H. TERTSCH und SMEKAL[1] versucht, die Entstehung von Spaltflächen durch Baufehler des Kristalls zu erklären. Nun dürften sich aus energetischen Gründen Baufehler gerade etwa parallel

---

[1] SMEKAL, A.: Acta phys. Austriaca **4**, 313 (1950).

solchen Netzebenen einstellen, zwischen denen nur schwache Bindungskräfte bzw. zwischen denen nur eine pro Flächeneinheit geringe Anzahl von Bindungen wirksam sind; das sind jedoch gerade die Netzebenen der Spaltflächen. Unsere Kenntnis von der Lage und der Art von Baufehlern im Kristall ist aber bis heute noch sehr mangelhaft, und es scheint mit unbefriedigend zu sein, mit ihrer Hilfe die Spaltbarkeit deuten zu wollen. Wie wir gesehen haben, brauchen wir für die Erklärung der speziellen kristallographischen Lage der Spaltflächen und für die Erklärung der unterschiedlichen Spaltbarkeitsgrade nicht auf Baufehler zurückzugreifen, sondern wir kommen mit dem Bild des Idealkristalls noch aus. Das wird sicher nicht mehr möglich sein, wenn *quantitative* Spaltbarkeitsdaten ihre Erklärung finden sollen. Aber bis heute steht uns noch keine brauchbare Methode zur Verfügung, wie gerade die umfangreichen Untersuchungen H. Tertschs gezeigt haben, experimentell die Spaltbarkeit quantitativ zu bestimmen.

Immerhin gibt es einige Versuche, die qualitativ sehr deutlich zeigen, wie stark Baufehler sich auf die „Güte" der Spaltbarkeit, die man ja nach der Ebenheit der erzeugten Spaltfläche beurteilt, auswirken. Sind keine Baufehler vorhanden, dann ist die Spaltfläche glatt, aber wenn Baufehler vorhanden sind, dann ist die gleiche kristallographische Spaltfläche derselben Kristallart u. U. treppenartig aufgerauht. In derselben Weise wird auch die Güte einer Translationsfläche durch Baufehler verändert. So ist z. B. die Schubfestigkeit an der Streckgrenze für die kristallographisch gleichwertigen {110}-Ebenen eines aus der Schmelze gezogenen Steinsalzkristalls nicht stets dieselbe, sondern von der Lage zur Wachstumsrichtung abhängig, weil dadurch eine Vorzugsrichtung für die Entwicklung und Beschaffenheit von Baufehlern gegeben zu sein scheint[1].

<hr>

[1] Ender, A.: Z. Physik **73**, 632 (1932); **74**, 476 (1932).

Anhang
Ionen-Radien[1].

Radien bei ionarer Bindung für 6-er Koordination. Korrektur für andere Koordinationszahlen: KZ = 4 : −6 %, KZ = 8 : +3 %, KZ = 12 : +12 %.

Atom-nummer	Symbol	Ladung	I GOLD-SCHMIDT 1926	II AHRENS 1952	III STOCKAR 1950	IV ZACHA-RIASEN 1931	V PAULING 1927
89	Ac	3+	—	1,18	1,20	—	—
47	Ag	1+	1,13	1,26	1,18	—	1,26
		2+	—	0,89	—	—	—
13	Al	3+	0,57	0,51	0,51	0,55	0,50
95	Am	3+	—	1,07	—	—	—
		4+	—	0.92	—	—	—
33	As	3+	0,69	0,58	0,59	—	—
		5+	—	0,46	0,48	—	0,49
85	At	7+	—	0,62	0,61	—	—
79	Au	1+	—	1,37	1,29	—	1,37
		3+	—	0,85	0,97	—	—
5	B	3+	—	0,23	0,21	0,24	0,20
56	Ba	2+	1,43	1,34	1,37	1,31	1,35
4	Be	2+	0,34	0,35	0,32	0,39	0,31
83	Bi	3+	—	0,96	0,93	—	—
		5+	—	0,74	0,74	—	0,74
35	Br	1−	1,96	—	—	—	1,95
		5+	—	0,47	0,45	—	—
		7+	—	0,39	0,40	—	0,39
6	C	4+	0,2	0,16	0,15	0,19	0,15
20	Ca	2+	1,06	0,99	0,99	0,98	0,99
48	Cd	2+	1,03	0,97	0,97	—	0,97
58	Ce	3+	1,18	1,07	1,15	—	—
		4+	1,02	0,94	1,01	0,89	1,01
17	Cl	1−	1,81	—	—	1,81	1,81
		5+	—	0,34	0,31	—	—
		7+	—	0,27	0,26	—	0,26
27	Co	2+	0,82	0,72	0,82	—	0,72
		3+	0,64	0,63	0.70	—	—
24	Cr	2+	~0,83	—	0,89	—	—
		3+	0,64	0,63	0,76	—	—
		6+	~0,35	0,52	0,52	—	0,52
55	Cs	1+	1,65	1,67	1,61	1,67	1,69
29	Cu	1+	—	0,96	0,90	—	0,96
		2+	—	0,72	0,77	—	—
66	Dy	3+	1,07	0,92	1,08	—	—
68	Er	3+	1,04	0,89	1,08	—	—
63	Eu	2+	1,24	—	1,29	—	—
		3+	1,13	0,98	1,11	—	—
9	F	1−	1,33[2]	—	—	1,33	1,36
		7+	—	0,08	0,07	—	0,07
26	Fe	2+	0,82	0,74	0,84	—	0,80
		3+	0,67	0,64	0,72	—	—

[1] Nach einer Zusammenstellung von S. KORITNIG in Landolt-Börnstein, I/4 (1955).

[2] Von WASASTJERNA 1923 auf optischer Grundlage für F in AB-Verbindungen vom NaCl-Typ berechnet.

Atom-nummer	Symbol	Ladung	I GOLD-SCHMIDT 1926	II AHRENS 1952	III STOCKAR 1950	IV ZACHA-RIASEN 1931	V PAULING 1927
87	Fr	1+	—	1,80	1,67	—	—
31	Ga	3+	0,62	0,62	0,62	—	0,62
64	Gd	3+	1,11	0,97	1,10	—	—
32	Ge	2+	0,9	0,73	0,69	—	—
		4+	0,44	0,53	0,54	—	0,53
1	H	1−	1,54[1]	—	—	1,36	2,08
72	Hf	4+	0,84	0,78	0,91	—	—
80	Hg	1+	—	—	1,27	—	—
		2+	1,12	1,10	1,10	—	1,10
67	Ho	3+	1,05	0,91	1,08	—	—
49	In	3+	0,92	0,81	0,81	—	0,81
77	Ir	4+	0,66	0,68	0,87	—	0,64
53	J	1−	2,20	—	—	2,19	2,16
		5+	0,94	0,62	0,60	—	—
		7+	—	0,50	0,50	—	0,50
19	K	1+	1,33	1,33	1,22	1,33	1,33
57	La	3+	1,22	1,14	1,16	1,06	1,15
3	Li	1+	0,78	0,68	0,50	0,68	0,60
71	Lu	3+	0,99	0,85	1,04	—	—
12	Mg	2+	0,78	0,66	0,65	0,71	0,65
25	Mn	2+	0,91	0,80	0,87	—	0,80
		3+	0,70	0,66	0,74	—	—
		4+	0,52	0,60	0,64	—	0,50
		7+	—	0,46	0,46	—	0,46
42	Mo	4+	0,68	0,70	0,78	—	0,66
		6+	—	0,62	0,61	—	0,62
7	N	3+	—	0,16	0,14	—	—
		5+	~0,15	0,13	0,11	—	0,11
—	NH₄	1+	1,43	—	—	—	—
11	Na	1+	0,98	0,97	0,86	0,98	0,95
41	Nb	4+	0,69	0,74	0,79	—	0,67
		5+	0,69	0,69	0,70	—	0,70
60	Nd	3+	1,15	1,04	1,14	—	—
28	Ni	2+	0,78	0,69	0,79	—	0,69
93	Np	3+	—	1,10	1,18	—	—
		4+	—	0,95	1,04	—	—
		7+	—	0,71	0,73	—	—
8	O	2−	1,32[2]	1,40	—	1,40	1,40
		6+	—	0,10	0,08	—	0,09
76	Os	4+	0,67	—	0,88	—	0,65
		6+	—	0,69	0,71	—	—
15	P	3+	—	0,44	0,45	—	—
		5+	~0,35	0,35	0,34	—	0,34
91	Pa	3+	—	1,13	1,19	—	—
		4+	—	0,98	1,05	—	—
		5+	—	0,89	0,92	—	—
82	Pb	2+	1,32	1,20	1,08	—	1,21
		4+	0,84	0,84	0,84	—	0,84
46	Pd	2+	—	0,80	1,01	—	—
		4+	—	0,65	0,74	—	—
61	Pm	3+	—	1,06	1,13	—	—

[1] Steigt von LiH zum CsH von 1,26—1,54 an (E. ZINTL u. A. HARDER).
[2] Von WASASTJERNA 1923 auf optischer Grundlage für NaCl-Typ berechnet.

Atom-nummer	Symbol	Ladung	I GOLD-SCHMIDT 1926	II AHRENS 1952	III STOCKAR 1950	IV ZACHA-RIASEN 1931	V PAULING 1927
84	Po	6+	—	0,67	0,67	—	—
59	Pr	3+	1,16	1,06	1,14	—	—
		4+	1,00	0,92	1,00	—	0,92
78	Pt	2+	—	0,80	1,12	—	—
		4+	—	0,65	0,87	—	—
94	Pu	3+	—	1,08	—	—	—
		4+	—	0,93	—	—	—
88	Ra	2+	1,52	1,43	1,42	—	—
37	Rb	1+	1,49	1,47	1,40	1,48	1,48
75	Re	4+	—	0,72	0,89	—	—
		7+	—	0,56	0,65	—	—
45	Rh	3+	0,68	0,68	0,87	—	—
44	Ru	4+	0,65	0,67	0,76	—	0,63
16	S	2−	1,74	—	—	1,85	1,84
		4+	—	0,37	0,36	—	—
		6+	0,34	0,30	0,29	—	0,29
51	Sb	3+	0,90	0,76	0,79	—	—
		5+	—	0,62	0,62	—	0,62
21	Sc	3+	0,83	0,81	0,81	—	—
34	Se	2−	1,91	—	—	1,96	1,98
		3+	0,83	—	0,57	0,78	0,81
		4+	—	0,50	0,51	—	—
		6+	~0,35	0,42	0,43	—	0,42
14	Si	4+	0,39	0,42	0,41	0,44	0,41
62	Sm	3+	1,13	1,00	1,12	—	—
50	Sn	2+	—	0,93	0,94	—	—
		4+	0,74	0,71	0,70	—	0,71
38	Sr	2+	1,27	1,12	1,15	1,15	1,13
73	Ta	5+	0,68	0,68	0,80	—	—
65	Tb	3+	1,09	0,93	1,09	—	—
		4+	0,89	0,81	0,96	—	—
43	Tc	7+	—	0,56	0,55	—	—
52	Te	2−	2,11	—	—	2,18	2,21
		4+	0,89	0,70	0,68	—	0,81
		6+	—	0,56	0,55	—	0,56
90	Th	4+	1,10	1,02	1,05	—	1,02
22	Ti	2+	0,80	—	0,94	—	—
		3+	0,69	0,76	0,79	—	—
		4+	0,64	0,68	0,68	0,62	0,68
81	Tl	1+	1,49	1,47	1,26	—	1,44
		3+	1,05	0,95	0,95	—	0,95
69	Tm	3+	1,04	0,87	1,06	—	—
92	U	4+	1,05	0,97	1,04	—	0,97
		6+	—	0,80	0,81	—	—
23	V	2+	0,72	0,88	0,92	—	—
		3+	0,65	0,74	0,77	—	—
		4+	0,61	0,63	0,67	—	0,59
		5+	~0,4	0,59	0,59	—	0,59
74	W	4+	0,68	0,70	0,90	—	0,66
		6+	—	0,62	0,72	—	—
39	Y	3+	1,06	0,92	0,95	0,93	0,93
70	Yb	3+	1,00	0,86	1,05	—	—
30	Zn	2+	0,83	0,74	0,74	—	0,74
40	Zr	4+	0,87	0,79	0,80	0,79	0,80

Additional material from *Struktur und Eigenschaften der Kristalle*
ISBN 978-3-642-94659-2, is available at http://extras.springer.com